Stephen P. Maran

Astronomie für Dummies

Intergalaktisch gut!

Übersetzung aus dem
Amerikanischen von
Barbara Jaekel und Adriane Steinacker

Die Deutsche Bibliothek – CIP-Einheitsaufnahme:

Maran, Stephen P.:
Astronomie für Dummies / Stephen P. Maran. Übers. aus dem Amerikan.
von Barbara Jaekel und Adriane Steinacker. - Bonn : MITP-Verlag, 2000
  Einheitssacht.: Astronomy For Dummies <dt.>
  ISBN 3-8266-2890-X

ISBN 3-8266-2890-X
1. Auflage 2000

Alle Rechte, auch die der Übersetzung, vorbehalten. Kein Teil des Werkes darf in irgendeiner Form (Druck, Fotokopie, Mikrofilm oder einem anderen Verfahren) ohne schriftliche Genehmigung des Verlages reproduziert oder unter Verwendung elektronischer Systeme verarbeitet, vervielfältigt oder verbreitet werden. Der Verlag übernimmt keine Gewähr für die Funktion einzelner Programme oder von Teilen derselben. Insbesondere übernimmt er keinerlei Haftung für eventuelle aus dem Gebrauch resultierende Folgeschäden.

Die Wiedergabe von Gebrauchsnamen, Handelsnamen, Warenbezeichnungen usw. in diesem Werk berechtigt auch ohne besondere Kennzeichnung nicht zu der Annahme, dass solche Namen im Sinne der Warenzeichen- und Markenschutz-Gesetzgebung als frei zu betrachten wären und daher von jedermann benutzt werden dürften.

Übersetzung der amerikanischen Originalausgabe:
Stephen P. Maran: Astronomy For Dummies

Copyright © 2000 by MITP-Verlag GmbH, Bonn
Original English language edition text and art copyright © 1999 by IDG Books Worldwide, Inc.
All rights reserved including the right of reproduction in whole part or in part in any form.
This edition published by arrangement with the original publisher, IDG Books Worldwide, Inc.,
Foster City, California, USA.

Printed in Germany

Ein Unternehmen der verlag moderne industrie AG & Co. KG, Landsberg

Lektorat: Sabine Schulz
Korrektorat: Katrin Sauerländer
Druck: Media-Print, Paderborn
Umschlaggestaltung: Sylvia Eifinger, Bornheim
Satz und Layout: Lieselotte und Conrad Neumann, München

*Astronomie
für Dummies*

Astronomie für Dummies – Schummelseite

Ein Astronomischer Kalender

2000 v.Chr. Einer Legende zufolge wurden zwei chinesische Astronomen hingerichtet, weil sie eine Sonnenfinsternis nicht vorhersagten und während sie stattfand betrunken waren.

129 v. Chr. Hipparch vollendet den ersten Sternkatalog.

150 n. Chr. Ptolemäus veröffentlicht die Theorie des geozentrischen Universums.

970 Al-Sufi erstellt einen über 1.000 Sterne umfassenden Katalog.

1420 Ulugh-Beg, der Prinz von Turkestan, errichtet ein großes Observatorium und fertigt Tabellen an, die Stern- und Planetendaten enthalten.

1543 Während Kopernikus im Sterben liegt, wird seine Theorie des heliozentrischen Systems veröffentlicht, nach der die Sonne von den Planeten umkreist wird.

1609 Galileo entdeckt mit Hilfe des Teleskops Krater auf dem Erdmond, Monde des Jupiter, die Sonnenrotation und unzählige Sterne in der Milchstraße.

1666 Isaac Newton beginnt, an seiner universalen Gravitationstheorie zu arbeiten.

1671 Newton führt seine Erfindung des reflektierenden Teleskops vor.

1705 Edmond Halley sagt die Wiederkehr eines großen Kometen im Jahr 1758 voraus.

1758 Der Farmer und Amateurastronom Johann Palitzch entdeckt Weihnachten die Wiederkehr des Halleyschen Kometen.

1781 Wilhelm Herschel entdeckt Uranus.

1791 Benjamin Banneker, der erste Afroamerikanische Wissenschaftler, beginnt die Sternbeobachtungen, welche für die geografische Durchmusterung zur Bestimmung der zukünftigen Hauptstadt der Vereinigten Staaten, Washington, D.C., erforderlich waren.

1833 Tausende von Menschen werden in der Nacht vom 12ten zum 13ten November Zeugen eines enormen Meteorschauers über Nord Amerika.

1842 Christian Doppler entdeckt das Prinzip, auf dem die Frequenz und Wellenlängenverschiebung einer sich relativ zum Beobachter bewegenden Quelle basiert.

1846 Johann Galle entdeckt Neptun.

1916 Albert Einstein schlägt die Allgemeine Relativitätstheorie vor, welche die Natur der Gravitation und die Ablenkung des an der Sonne vorbeiziehenden Lichts erklärt und welche letztendlich die Existenz schwarzer Löcher und die Verzerrung der Raum-Zeit in der Nähe massereicher, rotierender Objekte vorhersagt.

1923 Edwin Hubble beweist die Existenz von Galaxien jenseits der Milchstraße.

1926 Start der ersten Flüssigbrennstoffrakete, die von Robert Goddard entwickelt wurde.

1930 Clyde Tombaugh entdeckt Pluto.

1931 Der Ingenieur Karl Jansky empfängt Radiowellen aus dem All.

1939 Hans Bethe erklärt die Energiequelle der Sonne und anderer Sterne.

1940 Der Ingenieur Grote Reber kündigt die erste mit einem Radioteleskop vorgenommene Himmelsdurchmusterung an.

Astronomie für Dummies – Schummelseite

Das Weltraumzeitalter

1957 Die Sowjetunion startet Sputnik 1, den ersten künstlichen Satelliten der Erde. Geoffrey Burbridge, E. Margaret Burbridge, William Fowler und Fred Hoyle erklären, wie die Elemente im Inneren der Sterne erzeugt werden.

1958 James Van Allen entdeckt mit Hilfe des ersten U.S. Satelliten die Strahlungsgürtel der Erde und damit die Magnetosphäre.

1960 Frank Drake beginnt am National Radio Astronomy Observatory in Green Bank, West Virginia, die Suche nach außerirdischem Leben.

1961 Yuri Gagarin unternimmt den ersten bemannten Flug ins All.

1963 Valentina Tereschkova ist die erste Frau im Weltall.

1967 Jocelyn Bell und Anthony Hewish entdecken die Pulsare.

1969 Neil Armstrong und Buzz Aldrin spazieren auf dem Mond umher.

1979 Linda Morabito entdeckt auf von Voyager 1 aufgenommenen Bildern des Jupitermondes Io ausbrechende Vulkane.

1987 Ian Shelton entdeckt die erste Supernova, die seit 1604 mit dem bloßen Auge gesehen werden kann.

1990 Das Hubble Weltraumteleskop wird gestartet.

1991 Alexander Wolszczan entdeckt Planeten um einen Pulsar, die ersten bekannten Planeten außerhalb unseres Sonnensystems.

1995 Michael Mayor und Didier Queloz entdecken 51 Pegasi B, den ersten Planeten eines gewöhnlichen Sterns jenseits unserer Sonne.

1998 Zwei Astronomenteams entdecken, dass die Expansion des Universums sich zu beschleunigen scheint. Die Ursache dafür könnte eine mysteriöse Kraft sein, welche mit dem im Weltraum existierenden Vakuum zusammenhängt.

1999 Der Satellit »Mars Global Surveyor« sammelt Hinweise für die einstmalige Existenz eines riesigen Ozeans auf dem Mars.

Berühmte Frauen in der Astronomie

Caroline Herschel (1750-1848) Entdeckte acht Kometen.

Annie Jump Cannon (1863-1941) Erdachte eine grundlegende Methode zur Sternklassifikation.

Henrietta Swan Leavitt (1868-1921) Entdeckte ein Verfahren zur Bestimmung großer Abstände im All.

Zeitgenössisch:

E. Margaret Burbidge Leistete bahnbrechende Arbeit für die Untersuchung der Galaxien und Quasare.

Wendy Freedman Ist führend auf dem Gebiet der Messung der Expansionsrate und des Alters des Universums.

Sally Ride Die ausgebildete Astrophysikerin war die erste U.S. Frau im All.

Nancy G. Roman Die erste Chefastronomin der NASA verfocht die Entwicklung von Teleskopen im Weltraum.

Vera C. Rubin Untersuchte die Galaxienrotation und entdeckte die Existenz dunkler Materie.

Carolyn Shoemaker Entdeckte zahlreiche Kometen, einschließlich demjenigen, der gegen Jupiter krachte.

Jill Tarter Leiterin der umfangreichsten Suche für außerirdische Intelligenz, dem Phoenix Projekt.

Inhaltsverzeichnis

Einführung	**17**
Wer sind Sie?	18
Wie dieses Buch organisiert ist: Ihre himmlische Reise	18
Teil 1: Den Schleier des Weltalls lüften	18
Teil II: Die Reise rund um das Sonnensystem	19
Teil III: Der alte Sol und andere Sterne	19
Teil IV: Das bemerkenswerte Universum	19
Teil V: Der Teil der Zehn	20
Teil VI: Anhänge	20
Die in diesem Buch vorkommenden Symbole	20
Und wohin jetzt?	21

Teil I
Den Schleier des Weltalls lüften   23

Kapitel 1
Lichtbilder: Die Kunst und Wissenschaft der Astronomie   25

Die Astronomie als beobachtende Wissenschaft	25
Die Sprache des Lichts	27
Sie wanderten und man wunderte sich: Planeten gegenüber Sternen	28
Seien Sie auf der Hut vor dem Großen Bären: Die Namen der Sterne und ihre Bilder	29
Messier und andere Himmelsobjekte	35
Je kleiner, desto heller: Größenklassen	36
Das Lichtjahr bei Licht betrachtet	37
Fixsterne sind Zugvögel	39
Die Gravitation: Eine Kraft, mit der zu rechnen ist	42
Ein Bewegungstumult	43

Kapitel 2
Himmelsbeobachtung: Schließen Sie sich den Massen an   45

Alle Blicke gen Himmel: Sie sind nicht alleine	45
Bekanntschaft mit den Sternen: Schließen Sie sich einem Astronomieverein an	45
Ein Haufen Informationen: Websites, Zeitschriften und vieles mehr	47
Besuchen Sie Observatorien und Planetarien	50
Observatorien	50
Planetarien	52

Ferien mit den Sternen: Sternpartys, Sonnenfinsterniskreuzfahrten und Teleskopmotels	53
Sternpartys	53
Sonnenfinsterniskreuzfahrten und Touren auf dem Totalitätspfad	54
Teleskopmotels	56

Kapitel 3
Wie Sie des Nachts Ausschau halten können: Himmelsbeobachtung   59

Beginnen Sie mit Beobachtungen mit dem bloßen Auge	60
Sterne sehen: Ein Leitfaden zur Himmelsgeographie	62
Während sich die Erde dreht ...	62
Den Polarstern finden	63
Besser sehen mit Fernglas oder Teleskop	65
Das Fernglas: Das Beste, um den Himmel zu durchstreifen	65
Teleskope: Wenn die Nähe zählt	68
Ein Plan für Astronomieeinsteiger	73

Kapitel 4
Besucher aus dem All: Meteore, Kometen und selbstgemachte Monde   75

Meteore: Und dein Wunsch wird in Erfüllung gehen	75
Sporadische Meteore, Feuerkugeln und Boliden	76
Meteorschauer – manchmal der Lichtblick des Jahres	78
Kometen: Was es mit den schmutzigen Eiskugeln auf sich hat	83
Kopf oder Schweif: Die Struktur eines Kometen	84
»Jahrhundertkometen«	87
Ihre Jagd nach dem Großen Kometen	88
Künstliche Satelliten: Geliebt und gehasst	90
Wie man künstliche Satelliten beobachtet	91
Wie man Vorhersagen künstlicher Satelliten findet	92

Teil II
Die Reise rund um das Sonnensystem   95

Kapitel 5
Die Erde und ihr Mond   97

Die Erde: Was ist an ihr so besonders?	98
Einflusssphären: Die Erde wird aufgeteilt	98
Meeresbodenwachstum mit Streifen	101
Die Zeit und die Bewegungsabläufe der Erde	101
Was hat die Neigung mit den Jahreszeiten zu tun?	103

Das Alter der Erde: Äonen und nochmals Äonen! … 105
Der Erdmond … 106
    Die Mondphasen … 107
    Mondfinsternisse … 108
    Mondgeologie … 110
    Giant Impact: Die Einschlagstheorie der Mondherkunft … 113

Kapitel 6
Die nächsten Nachbarn der Erde: Merkur, Venus und Mars — 117

Heiß, eingefallen und arg mitgenommen: Merkur ist ein großer Eisenball … 117
Die Venus: Kein schöner Ort zum Leben und auch keinen Besuch wert … 118
Mars: Ein geheimnisvoller Planet … 120
    Wo ist das ganze Wasser geblieben? … 120
    Kann auf Mars Leben existieren? … 121
Beobachtung der erdähnlichen Planeten … 122
    Was steckt hinter Elongation, Opposition und Konjunktion? … 124
    Wie Sie obere und untere Konjunktionen identifizieren können … 125
    Venus und ihre Phasen beobachten … 126
    Mars beim Looping beobachten … 128
    Übertreffen Sie Kopernikus, indem Sie Merkur beobachten … 131
Warum die Erde die Beste ist: Vergleichende Planetologie … 133

Kapitel 7
Der Asteroidengürtel und die erdnahen Objekte — 135

Asteroiden: Überbleibsel von der Geburt des Sonnensystems … 135
Erdnahe Objekte: Befindet sich die Erde in Gefahr? … 137
    Vorsicht ist die Mutter der Porzellankiste: Die Überwachung der NEOs … 139
Kleine Lichtpunkte: Die Suche nach Asteroiden … 140
    Das Abpassen der Asteroidenbedeckungen … 141
    Sie helfen, eine Bedeckung zu verfolgen … 141

Kapitel 8
Jupiter und Saturn: Die großen Gasbälle — 143

Das Innenleben Jupiters und Saturns: Der Schein trügt … 143
Beobachten Sie Jupiter … 144
    Auf der Suche nach dem Großen Roten Fleck … 145
    Auf der Jagd nach Galileos Monden … 146
Laden Sie Ihre Freunde zu einer Saturn-Beobachtung ein! … 150
    Ohne Kippen keine Ringe … 151
    Nehmen Sie sich vor Stürmen in Acht! … 151
    Ein Mond beachtlicher Größe … 151

Kapitel 9
Ganz weit draußen: Uranus, Neptun und Pluto — 153

- Die Natur des Uranus und des Neptun — 153
  - Das Ochsenauge: Der (um)gekippte Uranus und seine Ringe und Monde — 154
  - Neptun und sein rückläufiger Mond — 154
- Pluto ist keine Zeichentrickfigur — 155
  - Ist Pluto ein Planet? — 157
  - Was sind Plutinos? — 157
- Die äußeren Planeten: Herausfordernde Beobachtungen — 158
  - Uranus ins Auge fassen — 158
  - Wie man Neptun von einem Stern unterscheidet — 159
  - Das Ringen um Pluto — 160

Teil III
Der Alte Sol und andere Sterne — 161

Kapitel 10
Die Sonne: Der Stern der Erde — 163

- Folgen Sie nicht blindlings Galileo: Schützen Sie Ihr Augenlicht vor der Sonne — 164
- Die Sonnenlandschaft begutachten — 164
  - Die Größe und Form der Sonne: Was hält all das heiße Gas zusammen? — 165
  - Die Regionen der Sonne: Zwischen Kern und Korona gefangen — 166
  - Der Sonnenwind: Das Magnetenspiel — 168
  - Die Sonnenaktivität und Sonnenzyklen: Wie ist denn das Wetter da draußen? — 168
  - Das Geheimnis der solaren Neutrinos: Warum werden einige vermisst? — 172
  - Die Lebensspanne der Sonne: Wird sie je sterben? — 173
- Projizieren oder Filtern: Sicher in die Sonne sehen — 173
  - Die Sonne mit dem Projektionsverfahren beobachten — 174
  - Die Sonne durch Objektivfilter gesehen — 176
- Stürzen wir uns ins Vergnügen: Sonnenbeobachtungen — 178
  - Den Sonnenflecken auf der Spur — 179
  - Sonnenbilder im World Wide Web — 180
  - Eine totale Sonnenfinsternis erleben — 181

Kapitel 11
Die Sterne: Kernkraftwerke des Universums — 187

- Lebenszyklen der Heißen und Massereichen — 187
  - YSOs: Die ersten kleinen Stern-Schritte — 189
  - Hauptreihensterne: Ein langes Erwachsenenleben — 189
  - Rote Riesen — 190

Sterne in den Endstadien der Sternentwicklung ... 190
Sterne im Diagramm: Temperatur, Masse und Hertzsprung-Russell ... 196
    Spektralklassen: Welche Farbe hat mein Stern? ... 197
    Sternenlicht, helle Sterne: Die Leuchtkraft klassifizieren ... 197
    Die Masse bestimmt die Klasse ... 198
    Wie Sie das H-R-Diagramm interpretieren ... 199
Zusammen geboren, zusammen geblieben: Doppel- und Mehrfachsterne ... 200
    Wenn zwei oder mehr zusammen kommen ... 201
    Der Dopplereffekt. Wie wichtig es ist, ein Doppelstern zu sein ... 201
Veränderliche Sterne ... 204
    Pulsierende Sterne: Jedermanns Lieblinge ... 205
    Flaresterne ... 206
    Explodierende Sterne: Supernovas und Kataklysmische Veränderliche ... 207
    Bedeckungsveränderliche Sterne ... 208
    Microlensing-Effekte ... 209
Sternnachbarn, die man kennen muss ... 210
Sternbeobachtungen im Dienste der Wissenschaft ... 211

Kapitel 12
Galaxien: Die Milchstraße und jenseits davon   213

Eine Reise entlang der Milchstraße: Das galaktische Heim der Erde ... 213
    Welche Form hat die Milchstraße? ... 214
    Wo können Sie die Milchstraße finden? ... 216
    Wann und wo bildete sich die Milchstraße? ... 216
Galaktische Verbündete: Die Sternhaufen ... 217
    Offene Haufen ... 217
    Kugelhaufen ... 219
    OB-Assoziationen ... 220
Die Nebel: Hellleuchtende und dunkle Wolken ... 221
    Planetarische Nebel ... 222
    Supernova-Überreste ... 224
    Nebel sind eines Blickes würdig ... 224
Die Galaxien: Inseln im Universum ... 226
    Spiral-, Balken- und linsenförmige Galaxien ... 227
    Elliptische Galaxien ... 227
    Irreguläre Galaxien, Zwerggalaxien und Galaxien niedriger
    Oberflächenhelligkeit ... 228
    Großartige Galaxien für Schaulustige ... 229
    Die Lokale Gruppe ... 231
    Galaxienhaufen ... 232
    Superhaufen, Große Mauern und kosmische Leeren ... 232
Galaktische Bilder im World Wide Web ... 233

Kapitel 13
Schwarze Löcher und Quasare — 235

- Schwarze Löcher: Unheimlich, und doch unwiderstehlich — 235
  - Typen von Schwarzen Löchern — 236
  - Was befindet sich in einem Schwarzen Loch? — 236
  - Was sich außerhalb von Schwarzen Löchern befindet — 238
  - Verzerrungen von Raum und Zeit — 239
- Quasare: Die jeder Definition trotzen — 240
- Aktive galaktische Kerne: Was zum Teufel sind Blazare? — 242

Teil IV
Das bemerkenswerte Universum — 247

Kapitel 14
SETI und die Planeten anderer Sonnen — 249

- Ist da draußen jemand? — 249
- SETI und Drakes Gleichung — 250
- Gegenwärtige SETI-Fahndungen: Horchen auf E.T. — 252
  - Das Phoenix-Projekt — 252
  - Andere SETI-Projekte — 255
  - SETI-Fahnder brauchen Ihre Hilfe! — 255
- Heiße Jupiter: Die Wahrheit über extrasolare Planeten — 256
  - 51 Pegasis warme kleine Welt — 256
  - Das System Ypsilon Andromedae — 258
  - Lebenstaugliche Planeten? — 258
- Die Suche wird fortgesetzt — 258

Kapitel 15
Dunkle Materie und Antimaterie — 261

- Dunkle Materie: Der Klebstoff, der die Welt zusammenhält — 261
  - Die Materie hinter der fehlenden Masse — 261
  - Die Preisfrage: Was zum Teufel steckt hinter der dunklen Materie? — 264
- Auf der Suche nach der dunklen Materie — 265
  - WIMPs sind scheu, aber sie hinterlassen ihre Spuren — 265
  - MACHOs lassen Sterne heller leuchten — 265
  - Dunkle Materie kann abgebildet werden — 266
  - Dunkle Materie darf nicht im Dunkeln bleiben — 266
- Antimaterie: Gegensätze ziehen sich an — 267

Kapitel 16
Der Urknall und die Evolution des Universums — 269

- Hinweise auf den Urknall — 270
- Inflation: Das große Schwellen — 271
  - Etwas aus dem Nichts: Inflation und das Vakuum — 271
  - Inflation und die Form des Universums — 272
- Merkwürdige Energie: Beschleunigt sie die Expansion? — 273
- Die Samen der Galaxienbildung: Eine genauere Betrachtung der kosmischen Hintergrundstrahlung — 274
- Hubbles Konstante und das Alter des Universums — 275
  - Wie schnell bewegen sich Galaxien wirklich? — 275
  - Eine veränderliche Konstante? — 276
  - Wie werden Entfernungen zwischen Galaxien gemessen? — 276

Teil V
Der Teil der Zehn — 279

Kapitel 17
Zehn seltsame Fakten zur Astronomie und dem Weltraum — 281

- Ein Kometenschweif führt oftmals an, statt hinterher zu hängen — 281
- Marsgestein gibt es überall auf der Erde — 281
- In Ihrem Haar hängen kleine Meteoriten — 282
- Sie könnten den Urknall in einem alten Fernseher gesehen haben — 282
- Pluto wurde dank der Voraussagen einer falschen Theorie entdeckt — 282
- Sonnenflecken sind nicht dunkel — 282
- Auf Venus fällt der Regen nie auf den Grund — 283
- Die Gezeiten sind auf der dem Mond zugewandten Seite der Erde nicht stärker als auf der abgewandten Seite — 283
- Ein in voller Sicht liegender Stern könnte in eine wuchtige Supernova-Explosion ausgebrochen sein, doch keiner weiß es wirklich — 283
- Die Erde besteht aus seltener und ungewöhnlicher Materie — 283

Kapitel 18
Zehn häufige Irrtümer über die Astronomie und den Weltraum — 285

- Wenn Sie im Asteroidengürtel stünden, so wären Sie rundherum von Asteroiden umgeben — 285
- Einen auf Kollisionskurs mit der Erde stehenden »Killer-Asteroiden« mit einer Nuklearrakete zu sprengen, würde die Erde retten — 285
- Asteroiden sind rund wie kleine Planeten — 286
- Der Urknall ist tot — 286

Ein gerade auf den Boden gefallener Meteorit ist »noch heiß« ... 286
Sommer ist, wenn die Erde der Sonne am nächsten steht ... 286
»Das Licht dieses Sterns hat 1000 Lichtjahre gebraucht,
um die Erde zu erreichen « ... 286
Wenn die Entfernung einer Galaxie als, sagen wir mal,
»zwei Milliarden Lichtjahre« gemeldet wird, dann ist das eine Tatsache ... 287
»Der Morgenstern« ist ein Stern ... 287
Die Sonne ist ein Durchschnittsstern ... 287
Das Hubble-Weltraumteleskop geht ganz nah ran ... 287

Teil VI
Anhänge
289

Anhang A
Wie Sie die Planeten finden: von 2000 bis 2004
291

2000 ... 292
2001 ... 294
2002 ... 296
2003 ... 298
2004 ... 300

Anhang B
Sternkarten
303

Anhang C
Glossar
311

Stichwortverzeichnis
315

Einführung

Die Astronomie befasst sich mit dem Studium des Himmels, sie ist die Wissenschaft der kosmischen Objekte und der Himmelsereignisse. Astronomen üben ihren Beruf aus, indem sie betrachten, lauschen und rechnen. Astronomie wird mithilfe von Heimteleskopen, riesigen Observatorieninstrumenten, die Erde umkreisenden Satelliten und durch das Eindringen in die Weiten des Weltalls betrieben. Es werden Teleskope an Bord von Raumsonden weit in das Sonnensystem hinaus- und auf unbemannten Ballons hinaufgeschickt.

An der Astronomie erfreuen sich sowohl Profis als auch Amateure. Weltweit befassen sich rund 13 000 professionelle Astronomen mit dem Studium des Weltalls und alleine in den USA gibt es 300 000 Amateure, in Deutschland gibt es bereits auch schon weit über 50 000.

Professionelle Astronomen erforschen die Sonne und das Sonnensystem, die Milchstraße und das Universum jenseits dieser. Sie lehren an Universitäten, entwerfen Satelliten in staatlichen Laboratorien und halten Planetarien in Betrieb. Manchmal schreiben Sie auch Bücher, wie dieses hier. Die meisten besitzen einen Doktortitel – viele studieren die abstruseste Physik oder arbeiten mit automatisierten Teleskopen und kennen möglicherweise die Sternbilder gar nicht.

Amateurastronomen dagegen kennen sich mit den Sternbildern sehr gut aus. Sie teilen ein aufregendes Hobby, einige auf eigene Faust, andere wiederum in Astronomievereinen und anderen Organisationen. In den Vereinen wird Wissen von den alten Hasen an die Anfänger übermittelt, Teleskope und Ausrüstung werden gemeinschaftlich genutzt und es werden Versammlungen abgehalten, während derer sich die Mitglieder über astronomische Themen austauschen.

Amateurastronomen halten Beobachtungsversammlungen ab, zu denen jeder sein Teleskop mitbringt (oder man durch die Teleskope anderer durchgucken kann). Diese Sitzungen werden in regelmäßigen Abständen abgehalten (beispielsweise am ersten Samstag eines jeden Monats) oder zu besonderen Ereignissen (wie z.B. der Wiederkehr eines bedeutenden Meteorschauers jeden August oder das Erscheinen eines hellen Kometen, wie etwa Hale-Bopp oder Hyakutake). Sie sparen für wirklich große Anlässe, wie die totale Sonnenfinsternis, zu der Tausende von Amateuren und Dutzende Professionelle quer über die Erde reisen, um in der Totalitätszone Zeugen einer der großartigsten Naturerscheinungen zu sein.

Das vorliegende Buch erklärt alles, was Sie benötigen, um in das wunderbare Hobby Astronomie einzusteigen. Es unterstützt Sie zudem darin, die Grundlagen der Wissenschaft des Universums zu verstehen. Sinn und Zweck der neuesten Raummissionen werden Ihnen klarer sein: Sie werden z.B. verstehen, warum gerade jetzt Raumsonden auf dem Weg zu Saturn und seinem großen Mond Titan sind oder auf der Jagd nach etwas Staub aus dem Schweif eines Kometen.

Wer sind Sie?

Wahrscheinlich lesen Sie dieses Buch, weil Sie wissen wollen, was am Himmel los ist. Oder den Wissenschaftlern in die Weltraummissionssuppe gucken wollen. Vielleicht haben Sie gehört, die Astronomie sei ein nettes Hobby, und Sie fragen sich, ob es nicht etwas für Sie sein könnte und was Sie dafür an Ausrüstung benötigen.

Sie sind kein Wissenschaftler, sondern betrachten gerne den Nachthimmel. Der Wissensdurst hat Sie gepackt, Sie wollen einfach die volle Schönheit des Universums sehen und begreifen.

Sie möchten die Sterne beobachten, doch gleichzeitig wollen Sie auch wissen, was Sie da sehen. Vielleicht träumen Sie sogar von einer eigenen Entdeckung. Man muss nämlich kein Astronom sein, um einen neuen Kometen zu entdecken. Sie sind sogar willkommen, nach E.T. zu lauschen. Welches auch immer Ihr Ziel sein mag, dieses Buch wird Ihnen helfen, es zu erreichen.

Lesen Sie nur die Seiten, die Sie interessieren, und in jeder von Ihnen gewünschten Reihenfolge. Ich werde versuchen, Ihnen zu erklären, was Sie dabei benötigen.

Die Astronomie ist faszinierend und macht Spaß. Bleiben Sie also am Ball. Noch bevor Sie alles gelernt haben, werden Sie Jupiter ausfindig machen können, berühmte Sternbilder und Sterne entdecken, oder der Internationalen Raumstation (ISS) bei ihrem Durchzug auf der Spur sein. Die Nachbarn werden Sie »Sterngucker« nennen. Polizeibeamte werden Sie fragen, was Sie nachts im Park treiben, und mancher wird wissen wollen, was Sie mit dem Fernglas auf dem Dach vorhaben. Sagen Sie ihnen, Sie seien ein Astronom. Diese Ausrede haben sie sicher noch nicht zu hören bekommen.

Wie dieses Buch organisiert ist: Ihre himmlische Reise

Wenn Sie bereits einen Blick in das Inhaltsverzeichnis geworfen haben, so wissen Sie, dass dieses Buch in Teile gegliedert ist. Es folgt nun eine kurze Inhaltsbeschreibung eines jeden der sechs Hauptteile.

Teil 1: Den Schleier des Weltalls lüften

Die Sterne können Sie allnächtlich sehen (nun, vielleicht doch nicht ganz so häufig, aber immerhin...). Sie entwickeln dieselbe Faszination, die Menschen immer schon mit dem Kosmos verbunden haben. Sie beobachten, wundern sich, und es dürstet Sie nach mehr Wissen. Was mögen wohl jene Lichter am Himmel sein? Was steckt hinter ihren Erscheinungsbildern und warum bewegen sie sich auf die entsprechende Art und Weise. Sind manche unter ihnen gefährlich? Sollten Sie Ihrem kosmischen Zwillingsbruder zuwinken?

Dieser Teil wird Sie darauf vorbereiten, mithilfe bereits vorhandener Antworten auf einige dieser Fragen Ihre eigenen Antworten zu finden. Tausende von Amateurastronomen versammeln sich, um sich gegenseitig zu unterstützen und sich auszutauschen. Astronomie macht Spaß und ist praktisch (und nebenbei bemerkt auch bildend).

In diesem Teil werde ich Ihnen Wegweiser zur Verfügung stellen, mit deren Hilfe Sie mit oder auch ohne optische Hilfsmittel Objekte am Himmel beobachten können, bei der Wahl des Teleskops oder Fernglases beratend zur Seite stehen und Sie zu den Stellen mit den besten Ausblicken lotsen. Ich werde Sie mit entzückenden Besuchern aus dem All bekannt machen und Sie auf die Fortsetzungsepisoden der abenteuerlichen Entdeckungsreise durch das Universum vorbereiten.

Teil II: Die Reise rund um das Sonnensystem

Seine Nachbarn wenigstens einmal gesehen haben zu wollen, ist normal und menschlich. Die Nachbarn der Erde sind eine Sammlung von Planeten, Monden und planetarischen Trümmern, die auf ihren Bahnen um die Sonne kreisen. Wie unter allen Nachbarn gibt es auch hier einige Gemeinsamkeiten und krasse Unterschiede.

Den in diesem Teil zusammengefassten Kapiteln liegen die Beobachtungsaspekte der Planeten zugrunde. Darüber sollen Sie erfahren, was Sie am Himmel sehen, und die sich Ihnen bietenden Ausblicke schätzen lernen. Ich werde dennoch auch versuchen, die so viele Menschen bewegende Frage zu beantworten: Gibt es irgendwo dort draußen Leben? Die Antwort darauf wissen wir leider noch nicht. Wir bemühen uns jedoch weiter. Vielleicht sind Sie ja eines Tages der- oder diejenige, der die endgültige Antwort darauf findet.

Teil III: Der alte Sol und andere Sterne

Haben Sie sich jemals über weit entfernte Galaxien gewundert? Dieser Teil beginnt mit der Sonne und führt Sie durch die Sterne, stellt Sie den Roten Riesen und Weißen Zwergen vor. Gemeinsam werden wir entfernten Galaxien und exotischen Himmelsobjekten einen unerwarteten Besuch abstatten. Unsere Reise wird schließlich in einem Schwarzen Loch enden. Sind Sie sich sicher, dass Sie dorthin mitkommen möchten? Sie könnten nämlich aufgesaugt werden.

Doch wie einst der große Carl Sagan bemerkte, sind wir alle Sternstaub. Die Sterne zu verstehen und sich an deren Vielfalt zu erfreuen, vertieft daher unsere Verbindung mit den Dingen im Universum. Dieser Teil wird Sie zu Ihrem eigenen Beobachtungsvergnügen auf die besten und hellsten Himmelsobjekte aufmerksam machen. Damit Sie sich der Gewalt der Naturkräfte bewusst werden, welche das Universum regieren und es so fesselnd machen, werde ich die Lebenszyklen der Sterne zerlegen.

Teil IV: Das bemerkenswerte Universum

Lesen Sie diesen Teil, wenn Sie etwas Abwechslung benötigen, etwas, wodurch Ihr Geist mit provokativen Thesen und Ideen angeregt wird. Machen Sie es sich mit einem Glas Wein gemütlich und lesen Sie über SETI, der Suche nach außerirdischer Intelligenz. Haben Wissenschaftler Hinweise für die Existenz jener kleinen grünen Wesen dort draußen gefunden? Sie werden über die dunkle Materie und Antimaterie erfahren (jawohl, die Antimaterie gibt es tatsächlich nicht nur in den Science Fictions!). Sind Sie damit durch, so sinnen Sie über das gesamte Universum nach: Wie hat es begonnen, welche Form hat es und was wird daraus werden?

Teil V: Der Teil der Zehn

Haben Sie sich jemals in einer Gesellschaft in der verzweifelten Lage befunden, etwas Intelligentes und Einmaliges sagen zu wollen? Sie durchwühlten Ihr Hirn nach einem Gedanken, der wie eine Bombe einschlagen soll und mit dem Sie die Aufmerksamkeit eines jeden Anwesenden auf Ihre bemerkenswerte Intelligenz lenken würden. Lesen Sie diesen Teil und Sie werden für die nächste Konversationslücke gerüstet sein. Ich biete Ihnen zehn seltsame Fakten über den Weltraum an und garantiere Ihnen damit Erfolg. Anschließend weihe ich Sie in zehn Hauptfehler ein, welche von den Medien und den Leuten oft gemacht wurden – und immer noch werden – wenn sie von der Astronomie sprechen.

Teil VI: Anhänge

In den Anhängen habe ich Informationen zusammengefasst, anhand derer Sie Ihre Himmelsbeobachtungserfahrung über die Jahre vergrößern können. Der erste Anhang stellt Ihnen einige Tabellen zur Verfügung, in denen die ungefähren Lagen der vier größten und meist beobachteten Planeten, Venus, Mars, Jupiter und Saturn, in den Jahren 2000 bis 2004 angegeben werden. Im zweiten Anhang finden Sie Himmelskarten, die Ihnen helfen werden, interessante Sterne am Himmel zu finden.

Die in diesem Buch vorkommenden Symbole

In diesem Buch werden hilfreiche kleine Symbole dafür eingesetzt, um bestimmte Informationen hervorzuheben. Sie haben folgende Bedeutung:

Dieses Zeichen setzt Sie ins Bild über Insiderinformationen, während Sie Ihr Beobachtungsziel verfolgen.

Die Beobachtung ist der Schlüssel zur Astronomie und diese Hinweise werden Ihnen helfen, ein Profi darin zu werden. Sie werden Verfahren und Möglichkeiten zur Feineinstellung Ihrer Linsen finden.

Mitunter müssen Sie wissen, was Sie zu sagen haben, um Ihre Freunde zu beeindrucken und Ihre eigenen Sternguckeraktivitäten zu aktualisieren. Dieses Menschlein wird Ihnen den Jargon liefern.

 Welchen Ärger können Sie sich beim Sterngucken einhandeln? Wenn Sie vorsichtig sind, nicht viel. Es gibt jedoch manche Dinge, mit denen man nie vorsichtig genug sein kann. Diese Bombe warnt Sie, damit Sie sich nicht die Augen verbrennen.

 Lassen Sie sich nicht in die Irre führen. Dieses Symbol lässt Sie die Wahrheit hinter den üblichen Berichten und Annahmen über die Astronomie erkennen.

 Dieser etwas vertrottelte Kerl taucht hinter Diskussionen auf, die nicht entscheidend sind, wenn Sie nur die Startgrundlagen zur Beobachtung des Himmels wissen wollen. Der wissenschaftliche Hintergrund ist immer hilfreich, doch viele Leute haben Freude an ihren Beobachtungen, ohne viel über die Physik der Supernovas, die Mathematik der Galaxienjagd und irgendwelche seltsamen Energieformen zu wissen. Dieses Symbol lässt Sie wissen, wo Sie dran sind.

 Die Astronomie und der Weltraum sind im Internet reichlich vertreten. Sie können sich über die entsprechenden Websites über nahezu jedes astronomische Thema auf dem Laufenden halten. Websites unterliegen bekanntlich einem ständigen Wandel. Die Angaben in diesem Buch waren beim Drucken aktuell. Wundern Sie sich jedoch nicht, wenn sich das eine oder andere geändert hat. ich gehe davon aus, dass Sie vor den Adressen immer `http://` eingeben.

 Einige Techniken und Ausrüstungen in der Astronomie und Weltraumwissenschaft sind der Knüller. Die von mir bevorzugten werden mit diesem Zeichen gekennzeichnet, was bedeutet, dass sie in Ordnung sind.

Und wohin jetzt?

Sie können anfangen, wo Sie wollen. Wenn Sie um das Schicksal des Universums besorgt sind, dann lesen Sie zuerst über den Urknall.

Es ist jedoch wahrscheinlicher, dass Sie wissen wollen, was Sie alles erwartet, wenn Sie Ihrer Leidenschaft für die Sterne folgen.

Unabhängig davon, wo Sie starten, hoffe ich, dass Sie Ihre kosmische Expedition, die Freude und Begeisterung, die Menschen seit jeher mit dem Himmel verbinden, fortsetzen werden.

Teil I

Den Schleier des Weltalls lüften

In diesem Teil...

Die Himmelsobjekte und -ereignisse haben seit jeher eine faszinierende Wirkung auf die Menschheit gehabt. Im Laufe unserer Geschichte hatte das Interesse für die Astronomie sowohl profane als auch fromme Gründe. Die Menschen orientierten sich beim Navigieren an den Sternen und pflanzten nach den Mondphasen an. Sie errichteten Steinmonumente (wie etwa Stonehenge) und entwickelten Zeremonien zur Feier astronomischer Ereignisse. Sie dachten über die Natur der Objekte in den Himmelsgefilden nach.

Ich heiße Sie willkommen, sich dieser grandiosen Tradition anzuschließen. In diesem Teil stelle ich Ihnen den Gegenstand der Astronomie vor und biete Ihnen Techniken und Ratschläge an, welche Ihnen bei Ihren ersten Schritten in die Beobachtung der Planeten, Kometen, Meteore und anderer Sehenswürdigkeiten des Himmels unterstützend zur Seite stehen werden.

Lichtbilder: Die Kunst und Wissenschaft der Astronomie

In diesem Kapitel

▶ Lernen Sie den Gegenstand der Astronomie kennen

▶ Unternehmen Sie lichtjahrelange Reisen

▶ Haben Sie mit der Schwerkraft ein leichtes Spiel

An einer klaren (wolkenlosen) Nacht treten Sie vor die Tür und blicken zum Himmel hinauf. Wenn Sie ein Stadtbewohner sind oder in einem nahe gelegenen Vorort wohnen, werden Sie Dutzende, vielleicht sogar Hunderte funkelnder Sterne sehen. Zu bestimmten Zeiten eines Monats werden Sie auch den Mond und bis zu fünf der neun um die Sonne kreisenden Planeten sehen.

Es blitzt plötzlich eine »Sternschnuppe« auf – das ist ein Meteor, das von einem klitzekleinen Staubkorn eines Kometen beim Fall durch die obere Atmosphäre erzeugte Leuchten.

Deutlich langsamer gleitet ein Lichtpunkt über den Himmel. Ist es ein Satellit, wie das Hubble-Weltraumteleskop oder nur ein in sehr großer Höhe fliegendes Flugzeug? Wenn Sie ein Fernglas besitzen, können Sie vielleicht den Unterschied ausmachen.

Das Flugzeug kann laufende Lichter haben und seine Form wird mit der Zeit wahrscheinlich deutlich werden.

Befinden Sie sich am Meer, weit weg vom Trubel der Erholungsorte, oder in den Bergen, abseits jeglicher lichtüberfluteter Schneebahnen, so können Sie Tausende von Sternen sehen. Die Milchstraße ist eine wunderschöne perlmutartige Schwade am Firmament, das kumulative Leuchten Millionen matter Sterne, die mit bloßem Auge nicht als einzelne zu erkennen sind. An einem richtig tollen Beobachtungsort, wie dem Cerro Tololo in den Chilenischen Anden, können Sie sogar noch mehr Sterne sehen. Sie hängen wie Diamanten an dem kohlschwarzen Himmel, manchmal ohne zu funkeln, wie in einem von Van Goghs Sternennacht-Gemälden.

Wenn Sie sich den Himmel anschauen, dann betreiben Sie eigentlich Astronomie – Sie beobachten das Sie umgebende Universum und versuchen, das, was Sie sehen, zu verstehen.

Die Astronomie als beobachtende Wissenschaft

Die Astronomie befasst sich mit dem Studium des Himmels, der kosmischen Objekte und der Ereignisse im Weltall. Sie ist die Untersuchung der Natur des Universums, in dem wir leben. Professionelle Astronomen führen ihren Beruf durch Gucken und (im Falle von Radioastronomen)

»Horchen« aus. Dafür verwenden sie Teleskope, riesige Observatorieninstrumente und Satelliten, welche die Erde umkreisen und verschiedene Lichtsorten (wie beispielsweise die ultraviolette Strahlung) aufsammeln, die von der Erdatmosphäre abgeblockt werden und die Erde nicht erreichen können. Teleskope werden auf sondierenden Raketen (das sind Raketen, welche mit Instrumenten zur Beobachtung in großen Höhen ausgerüstet sind) und auf unbemannten Ballons hochgeschickt. Einige Instrumente werden an Bord von Raumsonden weit ins Sonnensystem hinaus gesandt.

Professionelle Astronomen untersuchen die Sonne und das Sonnensystem, die Milchstraßengalaxie und die Weiten des dahinter liegenden Universums. Sie lehren an Universitäten, entwerfen Satelliten und halten Planetarien in Betrieb. Manchmal schreiben sie Bücher, so wie dieses. Die meisten führen einen Doktortitel. Viele studieren die abstruseste Physik und arbeiten mit automatisierten Teleskopen. Den beobachtbaren Nachthimmel haben sie verlassen und operieren in einer abstrakteren Welt, oftmals ohne überhaupt die *Sternbilder* zu kennen (das sind Gruppen von Sternen die von frühzeitlichen Sternschwärmern z.B. *Ursa Major*, der Große Bär, getauft wurden), welche in den meisten Einführungskursen zur Astronomie vorkommen. (Wahrscheinlich kennen Sie bereits den Großen Wagen, ein in Ursa Major befindlicher *Asterismus*. Ein Asterismus ist ein benanntes Sternmuster, welches sich nicht unter den 88 anerkannten Sternbildern befindet. Abbildung 1.1 zeigt den Großen Wagen am Nachthimmel.)

Abbildung 1.1: Ein Foto des Großen Wagens

Zusätzlich zu den 13 000 weltweit arbeitenden professionellen Astronomen haben Tausende von Amateurastronomen am Studium der Himmelsgefilde viel Freude, darunter 300 000 alleine in den USA, weit über 50 000 in Deutschland. Auch zahlreiche Amateure liefern wichtige wissenschaftliche Beiträge.

Amateurastronomen kennen die Sternbilder normalerweise. Sie lernen, sich bei ihren Beobachtungen mit bloßem Auge, dem Fernglas oder Teleskop daran zu orientieren.

1 ➤ Lichtbilder: Die Kunst und Wissenschaft der Astronomie

Alles, was man jahrhundertelang über den Himmel wusste, wurde aus dem hergeleitet, was man am Himmel sah. Demzufolge müssen Sie zunächst verstehen, dass beinahe alles in der Astronomie

- ✔ durch die Untersuchung des von den Objekten im Weltraum zu uns durchdringenden Lichts gelernt wird.
- ✔ aus der Entfernung gesehen wird.
- ✔ sich unter dem Einfluss der Gravitation durch den Weltraum bewegt.

Dieses Kapitel führt Sie in die Begriffe Licht, Entfernung und Gravitation ein.

Die Sprache des Lichts

Das Licht liefert uns Informationen über die Planeten, Monde und Kometen unseres Sonnensystems, über die Sterne, Sternhaufen und Nebel unserer Galaxie und die jenseits davon liegenden Objekte.

Was die Astronomie auf keinen Fall ist

Astronomie und Astrologie sind zwei verschiedene Dinge! Es gibt nichts, was einen Astronomen oder eine Astronomin mehr aus der Fassung bringt, als »Astrologe(in)« genannt zu werden. Wenn Jupiter und Mars von uns aus gesehen auf einer Linie liegen, dann betrachten Astronomen dieses als eine wunderschöne Darbietung für Sterngucker und nicht etwa als ein gutes oder schlechtes Omen.

Astronomen sind keine UFOlogen. Sie sind keineswegs in die Suche nach nicht identifizierbaren Flugobjekten eingespannt (UFOs). *Im Allgemeinen* sind sie durchaus in der Lage, das, was Sie beobachten, auch zu identifizieren. Sowohl Astronomen als auch UFOlogen gucken sich den Himmel an. Beide sehen Sterne und Planeten, doch nur UFOlogen nehmen bevorstehende Zusammenstöße mit vermeintlichen außerirdischen Raumschiffen oder Wesen ernst.

SETI, die Suche nach außerirdischen Zivilisationen, ist dagegen eine andere Geschichte. Dieses Programm wird von Astronomen geführt. Diese betreiben empfindliche Radioteleskope und horchen auf jegliche Form reproduzierbarer Signale aus dem All, die vielleicht beabsichtigt von Planeten anderer jenseits der Sonne liegender Sterne gesendet worden sein könnten. Neuerdings suchen sie auch nach als Lichtsignale verschlüsselten Botschaften. Fortschrittlichere Zivilisationen als die unsere könnten diese Signale möglicherweise mithilfe starker Laser senden.

Von E.T. haben Astronomen soweit noch keine Nachricht, wir horchen jedoch weiter. Alles, was wir über Planeten und Sterne gelernt haben, lässt die meisten unter uns glauben, dass es auch anderswo bewohnbare Planeten gibt. Viele Astronomen glauben, wie Carl Sagan zu sagen beliebte, dass wir nicht alleine sind.

Im Altertum dachten die Leute nicht über die Physik und die Chemie der Sterne nach, sondern erzählten sich Geschichten und Mythen über den Großen Bären, den Dämonenstern, den Mann auf dem Mond, den Drachen, der (während der Sonnenfinsternis) die Sonne verschlang, und vieles mehr. Die Geschichten unterschieden sich von einem Kulturkreis zum nächsten, doch viele Menschen lernten, die Sternmuster wiederzuerkennen. In Polynesien ruderten geschickte Navigatoren über Hunderte von Kilometern auf offenem Ozean ohne Seezeichen und Kompass. Sie navigierten nach den Sternen, der Sonne und ihrem Wissen über die vorherrschenden Winde und Strömungen.

Durch reines Hinsehen haben die Alten schon mittels des Lichts der Sterne deren Helligkeit, Farbe und Lage am Himmel festgestellt. Anhand dieser Information können Objekte voneinander unterschieden und wiedererkannt werden. Grundlegend für die Erkennung und Beschreibung dessen, was Sie am Himmel sehen, ist Folgendes:

✔ Die Sterne von den Planeten zu unterscheiden.

✔ Die Sternbilder und Sterne anhand ihres Namens zu erkennen.

✔ Die (als Größenklasse gegebene) Helligkeit zu beobachten.

✔ Himmelslagen (gemessen in speziellen Einheiten) einzuzeichnen.

✔ Meteore und Kometen zu erkennen.

Sie wanderten und man wunderte sich: Planeten gegenüber Sternen

Der Begriff Planet geht auf die alten Griechen zurück und stammt von *planetes*, d.h. Wanderer. Nebst vielem anderen bemerkten die Griechen, dass es fünf bezüglich des Sternenhintergrunds wandernde Lichtpunkte am Himmel gab. Einige eilten stetig voraus, andere wiederum drehten Loopings. Niemandem war bekannt, warum diese Lichtpunkte, im Gegensatz zu den Sternen im Allgemeinen, nicht funkelten. Es gab dafür keine geeignete Erklärung. In jedem Kulturkreis besaßen jene fünf Lichtpunkte, oder Planeten, Namen. Wir nennen sie Merkur, Venus, Mars, Jupiter und Saturn und nahezu jedem ist bekannt, dass sie nicht an den Sternen vorbeiziehen, sondern um die Sonne, ihren Zentralstern, kreisen.

Heutzutage wissen wir, dass die Planeten kleiner oder größer als die Erde sein können, doch allesamt deutlich kleiner als die Sonne sind. Ihre Entfernung zu uns ist wesentlich geringer als zu anderen, jenseits der Sonne liegenden Sternen. Damit weisen sie, zumindest durch ein Teleskop gesehen, wohl definierte runde Formen und eine erkennbare Größe auf – man sagt, sie haben wahrnehmbare Scheiben. Die Sterne sind dagegen von der Erde derart weit entfernt, dass sie selbst durch große Teleskope lediglich wie Lichtpunkte erscheinen.

Von der Mythologie zur Wissenschaft

Nach den Zeitaltern der Finsternis begann man die Mythen durch wissenschaftliche Erklärungen zu ersetzen. Anstelle des alten ägyptischen Mythos, nach dem Sonne und Mond auf dem Rücken der Göttin Nut rund um den Himmel getragen wurden, stellten Astronomen fest, dass sich die Erde dreht, um die Sonne kreist, und dass der Mond um die Erde kreist.

Isaac Newton formulierte die Gravitationstheorie und die Menschen fingen an zu begreifen, wodurch die Objekte auf ihren Bahnen gehalten werden und warum die von der Sonne entfernteren Planeten länger brauchten, um eine vollständige Bahnbewegung abzuschließen, als die näher liegenden.

Es wurden Spektrographen und andere Instrumente gebaut und auf die Teleskope montiert. Diese Geräte verraten den Astronomen, wie heiß die Sterne sind, welche Substanzen darin vorkommen, wie schnell sie sich von der Erde weg oder auf diese zu bewegen, und andere physikalische Informationen. Wenn sie Magnetfelder besitzen, können wir diese aus der Ferne messen und wir sind in der Lage, die Gravitationsstärke auf der Oberfläche eines Sterns, dessen Gasdichte und vieles mehr zu messen. (Das Wort Gas bedeutet in diesem Zusammenhang einen bestimmten physikalischen Zustand der Materie – im Gegensatz zu einer Flüssigkeit – und nicht etwa ein bestimmtes Gas. Auf einem Stern ist das Eisen ein Gas.)

Eine der am schwierigsten zu ermittelnde physikalische Information war die Entfernung der Sterne und anderer Objekte jenseits der Planeten unseres Sonnensystems. Manche Feld-Wald-und-Wiesen-Sterne sehen hell aus, weil sie einfach näher dran sind (näher bedeutet in diesem Fall um die vier Lichtjahre anstatt hundert Lichtjahre. Das Lichtjahr ist ein Entfernungsmaß und wird im später folgenden Abschnitt dieses Kapitels »Das Lichtjahr bei Licht betrachtet« definiert.) Andere Sterne sind derart leuchtschwach, dass Sie ein hoch auflösendes Observatoriumsteleskop benötigen, um sie zu sehen, obwohl sie sich gerade mal ein paar Blocks weiter (soll heißen, ein oder zwei Dutzend Lichtjahre entfernt) befinden.

Seien Sie auf der Hut vor dem Großen Bären: Die Namen der Sterne und ihre Bilder

Besucher des Planetariums, die sich den Hals nach den über ihnen projizierten Sternen verrenkten, pflegte ich zu warnen: »Seien Sie unbesorgt, wenn Sie den Großen Bären dort oben nicht sehen. Diejenigen, die ihn sehen, sollten sich schon eher Gedanken machen.«

Unsere Urahnen teilten den Himmel in imaginäre Gestalten auf: Ursa Major (Lateinisch für Großer Bär); Cygnus, der Schwan; Andromeda, die festgekettete Dame; und Perseus, der Held. Jedes dieser Bilder wurde mit einem Sternenmuster identifiziert. Kaum jemand findet jedoch, dass Andromeda wie eine gefesselte Person oder etwas anderes aussieht (siehe Abbildung 1.2).

Derzeit ist der Himmel in 88 Sternbilder aufgeteilt, welche alle sichtbaren Sterne enthalten. Die Grenzen zwischen den Sternbildern wurden von der Internationalen Astronomischen Union, der Zentralverwaltung der Astronomie, festgelegt, sodass Astronomen sich darüber einig sind, zu welchem Sternbild ein bestimmter Stern zählt. Früher stimmten die von verschiedenen Astronomen gezeichneten Sternkarten nicht überein. Wenn Sie vom in Dorado (siehe Kapitel 12) liegenden Tarantelnebel lesen, dann wissen Sie, dass Sie, um diesen Nebel zu sehen, auf der Südhalbkugel im Sternbild Dorado, dem Schwertfisch oder Goldfisch, suchen müssen.

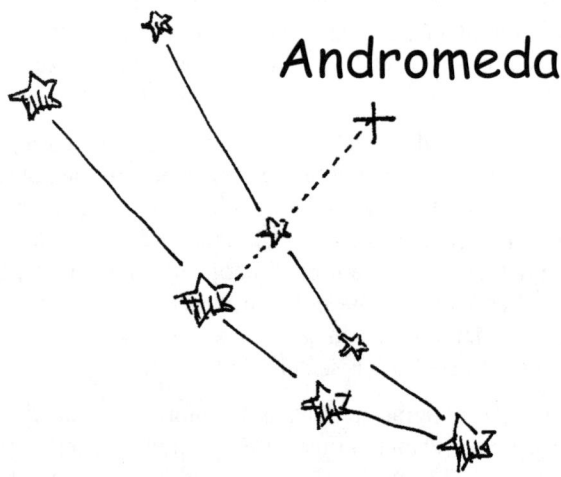

Abbildung 1.2: Ist Andromeda wirklich gefesselt?

Das größte Sternbild ist Hydra, die Wasserschlange, und das kleinste ist Crux, das Kreuz, welches von jedem »Kreuz des Südens« genannt wird. Es gibt auch ein Kreuz des Nordens, nur werden Sie dieses in einem Verzeichnis der Sternbilder nicht finden; es handelt sich dabei um einen Asterismus in Cygnus, dem Schwan. Obwohl, was die Namen der Sternbilder betrifft, allgemeine Übereinstimmung herrscht, gibt es keine Einigkeit über die Bedeutung eines jeden Bildes. Manche Astronomen bezeichnen Dorado als den »Schwertfisch«, ich dagegen kann mich mit dieser Bezeichnung nicht anfreunden. Das Sternbild Serpens, die Schlange, besteht aus zwei unzusammenhängenden Teilen. Die beiden Teile liegen zu beiden Seiten von Ophiucus, dem Schlangenträger, und werden als Serpent Caput (der Schlangenkopf) und Serpent Cauda (der Schlangenschwanz) bezeichnet.

Die einzelnen Sternbilder haben nichts weiter gemeinsam als ihre – von der Erde aus betrachtet – scheinbare Nähe zueinander am Himmel, wobei sie im Raum dagegen sehr weit auseinander liegen können. Für Beobachtungen stellen sie jedoch einfach zu erkennende Muster dar.

Jedem der helleren Sterne eines Sternbildes wurde entweder von den alten Griechen oder von Astronomen späterer Zeitalter ein griechischer Buchstabe zugeordnet. Der hellste Stern sollte mit Alpha, dem ersten Buchstaben des griechischen Alphabets, gekennzeichnet werden. Der zweithellste Stern war Beta, der zweite griechische Buchstabe, usw. bis hin zu Omega, dem vierundzwanzigsten und letzten griechischen Buchstaben. (Diese sind allesamt Kleinbuchstaben und werden also als α, β, ..., ω bezeichnet.)

Damit erhielt der hellste Stern am Nachthimmel, der sich in Canis Major (Großer Hund) befindende Sirius, die Bezeichnung Alpha Canis Majoris. (Astronomen fügen, um Sternnamen den lateinischen Genitiv zu verleihen, hier und da eine Nachsilbe an – Wissenschaftler haben Latein stets gemocht.) In Tabelle 1.1 wird das griechische Alphabet mit den Bezeichnungen der Buchstaben und der entsprechenden Symbole aufgelistet.

Buchstabe	Bezeichnung
α	Alpha
β	Beta
γ	Gamma
δ	Delta
ε	Epsilon
ζ	Zeta
η	Eta
θ	Theta
ι	Iota
κ	Kappa
λ	Lambda
μ	Mue
ν	Nue
ξ	Xi
ο	Omicron
π	Pi
ρ	Rho
σ	Sigma
τ	Tau
υ	Ypsilon
φ	Phi
χ	Chi
ψ	Psi
ω	Omega

Tabelle 1.1: Das griechische Alphabet

Wenn Sie sich die Sternbilder heutzutage ansehen, dann werden Sie viele Ausnahmen zu der Regel finden, die Reihenfolge der Helligkeitsgrade eines Sterns entspräche der Buchstabenreihenfolge im griechischen Alphabet, nach denen sie auf der Sternkarte verzeichnet wurden. Die Ausnahmen existieren, weil

✔ Buchstaben mittels Helligkeitsbeobachtungen mit dem bloßen Auge zugeordnet wurden, einer nicht sehr genauen Methode.

✔ Sternbildgrenzen über die Jahre von Atlasautoren geändert wurden, sodass manche Sterne einem anderen Sternbild zugeordnet wurden, nachdem die Sterne in diesem Bild bereits mit Buchstaben versehen worden waren.

✔ viele kleine Sternbilder der Südhalbkugel lange nach der griechischen Periode verzeichnet und diese Praxis nicht stets befolgt wurde.

✔ die Helligkeit einiger Sterne sich über die vielen Jahrhunderte seit der Zeit der Griechen geändert hat.

Ein gutes (oder schlechtes) Beispiel dafür ist das Sternbild Vulpecula, das Füchslein, wo nur ein Stern (Alpha) mit einem griechischen Buchstaben versehen ist.

Wenn Sie in einen Sternatlas schauen, dann werden Sie herausfinden, dass die einzelnen Sterne in einem Sternbild nicht als α Canis Majoris, β Canis Majoris usw. verzeichnet sind. In der Regel wird der Bereich des gesamten Sternbilds »Canis Major« und die einzelnen Sterne α, β usw. bezeichnet werden. Lesen Sie in einer astronomischen Zeitschrift über einen in einer Liste zu beobachtender Objekte verzeichneten Stern, dann wird dieser wahrscheinlich nicht in der Form Alpha Canis Majoris aufgeführt sein, auch nicht α Canis Majoris, sondern aus platzsparenden Gründen als α CMa gedruckt sein; »CMa« ist das Drei-Buchstaben-Kürzel für Canis Majoris (und auch für Canis Major). Die Kürzel für die einzelnen Sternbilder werden in Tabelle 1.2 angegeben.

Astronomen haben sich nicht für jeden Stern in Canis Major einen Namen einfallen lassen. Außer dem Stern Sirius haben alle weiteren Sterne griechische Buchstaben oder andere Symbole erhalten. Schließlich gibt es Sternbilder, deren Sterne allesamt unbenannt sind. (Fallen Sie nicht auf den Werbetrick rein, demnach Ihnen gegen Bezahlung ein Stern zur Taufe angeboten wird. Die Internationale Astronomische Union erkennt keine käuflich erworbenen Sternnamen an.) Andere Sternbilder wiederum enthalten mehr als vierundzwanzig sichtbare Sterne, sodass die griechischen Buchstaben für deren Kennzeichnung nicht ausreichen und man auf das römische Alphabet zurückgreifen musste. Beispiele solcher Sterne sind 236 Cygni, b Vulpeculae, HR 1516 und noch schlimmer. Es gibt sogar RU Lupi und SX Sex genannte Sterne (ich habe mir das jetzt wirklich nicht ausgedacht.) Aber auch diese können Sie wie jeden anderen Stern anhand ihrer (entsprechend tabellierten) Positionen am Himmel, ihrer Helligkeit und Farbe oder anderer Eigenschaften erkennen, wenn nicht anhand ihrer Namen.

Weil Alpha nicht immer der hellste Stern eines Sternbildes ist, wurde ein weiterer Begriff, *Lucida*, erfunden, um diesen gehobenen Status zu bezeichnen. Die Lucida in Canis Major ist der Alpha-Stern Sirius, doch Orions Lucida ist der Beta Orionis-Stern Rigel und die Lucida des Leo Minor, des Kleinen Löwen, einem unscheinbaren Sternbild, ist 46 Leo Minoris.

In Tabelle 1.2 werden die 88 Sternbilder zusammen mit der Helligkeit und *Größenklasse* ihres hellsten Sterns aufgeführt. (Die Größenklasse werde ich im Abschnitt »Je kleiner, desto heller: Wie Sie der Größenklasse auf den Grund gehen« später in diesem Kapitel ausführlicher beschreiben.) Wenn die Lucida eines Sternbildes gleichzeitig deren Alpha-Stern ist, dann gebe ich nur diesen Namen an. In Auriga, dem Fuhrmann, beispielsweise, ist der hellste Stern Alpha Aurigae, auch Capella genannt. Wenn jedoch der hellste Stern nicht Alpha ist, dann gebe ich seinen entsprechenden griechischen Buchstaben oder seine andere Bezeichnung in Klammern an. Der hellste Stern in Cancer, dem Krebs, ist der Beta Cancri Stern Al Tarf.

1 ➤ Lichtbilder: Die Kunst und Wissenschaft der Astronomie

Name	Kürzel	Bedeutung	Stern	Größenklasse
Andromeda	And	Andromeda	Alpheratz	2,1
Antlia	Ant	Luftpumpe	Alpha Antliae	4,3
Apus	Aps	Paradiesvogel	Alpha Apodis	3,8
Aquarius	Aqr	Wassermann	Sadalmelik	3,0
Aquila	Aql	Adler	Altair	0,8
Ara	Ara	Altar	Beta Arae	2,9
Aries	Ari	Widder	Hamal	2,0
Auriga	Aur	Fuhrmann	Capella	0,1
Bootes	Boo	Viehhüter	Arcturus	-0,04
Caelum	Cae	Grabstichel	Alpha Caeli	4,5
Camelopardalis	Cam	Giraffe	Beta Camelopardalis	4,0
Cancer	Cnc	Krebs	Al Tarf (Beta Cancri)	3,5
Canes Venatici	CVn	Jagdhunde	Cor Caroli	2,8
Canis Major	Cma	Großer Hund	Sirius	-1,5
Canis Minor	Cmi	Kleiner Hund	Procyon	0,4
Capricornus	Cap	Steinbock	Deneb Algedi (Delta Capricorni)	2,9
Carina	Car	Schiffskiel	Canopus	-0,7
Cassiopeia	Cas	Kassiopeia	Schedar	2,2
Centaurus	Cen	Zentaur	Rigil Kentaurus	-0,3
Cepheus	Cep	Kepheus	Alderamin	2,4
Cetus	Cet	Walfisch	Deneb Kaitos (Beta Ceti)	2,0
Chamaeleon	Cha	Chamäleon	Alpha Chamaeleontis	4,1
Circinus	Cir	Zirkel	Alpha Circini	3,2
Columba	Col	Taube	Phakt	2,6
Coma Berenices	Com	Haupthaar der Berenike	Beta Comae Berenices	4,3
Corona Australis	CrA	Südliche Krone	Alpha Coronae Australis	4,1
Corona Borealis	CrB	Nördliche Krone	Alphekka	2,2
Corvus	Crv	Rabe	Gienah (Gamma Corvi)	2,6
Crater	Crt	Becher	Delta Crateris	3,6
Crux	Cru	Kreuz (des Südens)	Acrux	0,7
Cygnus	Cyg	Schwan	Deneb	1,3
Delphinus	Del	Delphin	Rotanev (Beta Delphini)	3,6
Dorado	Dor	Goldfisch (Schwertfisch)	Alpha Doradus	3,3
Draco	Dra	Drache	Thuban	3,7
Equuleus	Equ	Füllen	Kitalpha	3,9
Eridanus	Eri	Eridanus (Fluss)	Achernar	0,5

Name	Kürzel	Bedeutung	Stern	Größenklasse
Fornax	For	Chemischer Ofen	Alpha Fornacis	3,9
Gemini	Gem	Zwillinge	Pollux (Beta Geminorum)	1,1
Grus	Gru	Kranich	Alnair	1,7
Hercules	Her	Herkules	Ras Algethi	2,6
Horologium	Hor	Pendeluhr	Alpha Horologii	3,9
Hydra	Hya	Wasserschlange	Alphard	2,0
Hydrus	Hyi	Südliche Wasserschlange	Beta Hydri	2,8
Indus	Ind	Inder	Alpha Indi	3,1
Lacerta	Lac	Eidechse	Alpha Lacertae	3,8
Leo	Leo	Löwe	Regulus	1,4
Leo Minor	LMi	Kleiner Löwe	Praecipua (46 Leo minoris)	3,8
Lepus	Lep	Hase	Arneb	2,6
Libra	Lib	Waage	Zubeneschemali (Beta Librae)	2,6
Lupus	Lup	Wolf	Alpha Lupus	2,3
Lynx	Lyn	Luchs	Alpha Lyncis	3,1
Lyra	Lyr	Leier	Vega	0,0
Mensa	Men	Tafelberg	Alpha Mensae	5,1
Microscopium	Mic	Mikroskop	Gamma Microscopii	4,7
Monoceros	Mon	Einhorn	Beta Monocerotis	3,7
Musca	Mus	Fliege	Alpha Muscae	2,7
Norma	Nor	Winkelmaß	Gamma Normae	4,0
Octans	Oct	Oktant	Nue Octantis	3,8
Ophiucus	Oph	Schlangenträger	Rasalhague	2,1
Orion	Ori	Orion (Jäger)	Rigel (Beta Orionis)	0,1
Pavo	Pav	Pfau	Alpha Pavonis	1,9
Pegasus	Peg	Pegasus	Enif (Epsilon Pegasi)	2,4
Perseus	Per	Perseus	Mirphak	1,8
Phoenix	Phe	Phönix	Ankaa	2,4
Pictor	Pic	Maler	Alpha Pictoris	3,2
Pisces	Psc	Fische	Eta Piscium	3,6
Pisces Austrinus	PsA	Südlicher Fisch	Fomalhaut	1,2
Puppis	Pup	Achterdeck	Zeta Puppis	2,3
Pyxis	Pyx	Kompass	Alpha Pyxidus	3,7
Reticulum	Ret	Netz	Alpha Reticuli	3,4
Sagita	Sge	Pfeil	Gamma Sagittae	3,5

Name	Kürzel	Bedeutung	Stern	Größenklasse
Sagittarius	Sgr	Schütze	Kaus Australis (Epsilon Sagittarii)	1,9
Scorpius	Sco	Skorpion	Antares	1,0
Sculptor	Scl	Bildhauer	Alpha Sculptoris	4,3
Scutum	Sct	Schild	Alpha Scuti	3,9
Serpens	Ser	Schlange	Unukalhai	2,7
Sextans	Sex	Sextant	Alpha Sextantis	4,5
Taurus	Tau	Stier	Aldebaran	0,9
Telescopium	Tel	Fernrohr	Alpha Telescopium	3,5
Triangulum	Tri	Dreieck	Beta Trianguli	3,0
Triangulum Australe	TrA	Südliches Dreieck	Alpha Trianguli Australis	1,9
Tucana	Tuc	Tukan	Alpha Tucanae	2,9
Ursa Major	UMa	Großer Bär	Alioth (Epsilon Ursae Majoris)	1,8
Ursa Minor	UMi	Kleiner Bär	Polaris	2,0
Vela	Vel	Segel (Pl.)	Suhail al Muhlif (Gamma Velorum)	1,7
Virgo	Vir	Jungfrau	Spica	1,0
Volans	Vol	Fliegender Fisch	Gamma Volantis	3,6
Vulpecula	Vul	Füchslein	Anser	4,4

Tabelle 1.2: Die Sternbilder und ihre hellsten Sterne

Es wäre deutlich leichter, die Sterne zu identifizieren, trügen sie, wie Teilnehmer einer Tagung, kleine Namensschilder, die Sie durch Ihr Teleskop sehen könnten.

Messier und andere Himmelsobjekte

Den Sternen Namen zu geben, war eine leichte Aufgabe. Was nun mit allen anderen Objekten am Himmel, den Galaxien, Nebeln, Sternhaufen und Ähnlichem (worüber ich in Teil III erzähle)? Der im 18. Jahrhundert wirkende französische Astronom Charles Messier erstellte eine Liste von etwa 100 undeutlichen Himmelsobjekten, indem er diese mit Zahlen versah. Seine Liste wurde zum *Messier-Katalog*. Wenn Sie die Andromeda-Galaxie unter ihrer Fachbezeichnung, M31, finden, so wissen Sie, was dies bedeutet. Heutzutage gibt es in dem Standardkatalog 110 Objekte.

Bilder der Messier-Objekte und deren vollständige Liste können Sie auf der Messier-Katalog-Website von »Students for the Exploration and Development of Space« (Studenten im Dienst der Erforschung und Entwicklung des Weltraums) unter www.nerdnet.nl/~angelo/phoenix/messier/Messier.html abrufen. Auf

der Messier-Website der »Astronomical League« (Astronomische Liga) unter www.astroleague.org/al/obsclubs/messier/mess.html finden Sie heraus, wie Sie sich eine Urkunde für die Beobachtung von Messier-Objekten verdienen können.

Oftmals engagieren sich erfahrene Amateure in Messier-Marathons, bei denen es darum geht, alle im Messier-Katalog verzeichneten Objekte in einer langen Nacht zu beobachten. Während eines Marathons haben Sie jedoch keine Zeit, jeden einzelnen Nebel, Sternhaufen oder jede Galaxie zu genießen. Dazu sage ich nur: »Immer mit der Ruhe«; nehmen Sie sich lieber für jedes einzelne Objekt genügend Zeit. Ein besonders empfehlenswertes Buch über die Messier-Objekte, in welchem Sie auch Ratschläge zur Beobachtung eines jeden finden werden, ist *The Messier Objects* von Stephen J. O'Meara (Cambridge University Press and Sky Publishing Corporation, 1998). Ein deutschsprachiger Messier-Katalog finden Sie im Internet unter www.maa.mhn.de/Messier/dt_messier.html.

Es gibt Tausende anderer *Deep-Sky-Objekte* (das ist der Sammelbegriff, den Amateure für Sternhaufen, Nebel und Galaxien verwenden, um diese von Sternen und Planeten zu unterscheiden). Viele von ihnen werden Sie in Beobachtungsratgebern und Sternkarten mit ihren entsprechenden NGC- und IC-Zahlen (NGC steht für *New General Catalogue*, den Neuen Allgemeinen Katalog, IC für *Index Catalogue*, den Index-Katalog) aufgeführt finden. Der helle Doppelhaufen in Perseus beispielsweise besteht aus NGC 869 und NGC 884.

Je kleiner, desto heller: Größenklassen

In Sternkarten, Zeichnungen der Sternbilder oder Sternlisten wird die Größenklasse stets mit aufgeführt. Die *Größenklassen* stellen einfach eine Helligkeitsskala dar. Hipparch, einer der alten Griechen, teilte sämtliche Sterne, die er sehen konnte, in sechs Klassen auf. Die hellsten Sterne wurden Sterne *1. Größe* (auch *magnitudo*) genannt, die nächstschwächeren *2. Größe* usw., bis hin zu den schwächsten, gerade noch mit bloßem Auge erkennbaren Sternen *6. Größe*.

Es sei jedoch betont, dass, im Gegensatz zu den üblichen Messskalen und Einheiten, je heller der Stern, desto kleiner dessen Größenklasse ist. Die Griechen waren eben auch nicht perfekt. Selbst Hipparch hatte eine Achillesferse: Er ließ den allerhellsten Sternen in seinem System keinen Platz übrig.

So erkennen wir heutzutage Sterne, deren Größenklasse 0 ist oder sogar negativ. Sirius beispielsweise hat die Größenklasse -1,5 und der hellste Planet, Venus, hat manchmal Größenklasse -4 (der genaue Wert variiert je nach Entfernung zur Erde und der Richtung zur Sonne zum gegebenen Zeitpunkt).

Ein weiteres Versäumnis: Die Griechen hatten für Sterne, die sie nicht sehen konnten, keine Größenklasse. Heutzutage wissen wir jedoch, dass, jenseits der mit dem bloßen Auge sichtbaren, Millionen weiterer Sterne existieren, die auch durch Größenklassen beschrieben werden. Deren Größenklassen sind sehr große Zahlen: 7 und 8 für Sterne, die mit dem Fernrohr leicht sichtbar sind, und 10 oder 11 im Falle von Sternen, die mit einem kleinen, aber guten Teleskop gesehen werden können. Die Größenklasse reicht bis hinauf zu 21 für die schwächsten Sterne der am Palomar-Observatorium durchgeführten Himmelsdurchmusterung und 30 oder 31 im Falle der schwächsten mit dem Hubble-Weltraumteleskop aufgenommenen Objekte.

Die Mathematik der Helligkeit

Die Sterne der Größenklasse 1 sind etwa hundertmal heller als Sterne der sechsten Größenklasse. Insbesondere sind die Sterne der ersten Größenklasse 2,512 mal heller als die der dritten usw. Die Mathematiker unter Ihnen werden dies als eine Reihe erkannt haben. Jede Größenklasse ist die fünfte Wurzel von 100 (d.h. wenn Sie eine Zahl fünfmal mit sich selbst multiplizieren – z.B. 2,512 x 2,512 x 2,512 x 2,512 x 2,512 – ist das Ergebnis 100). Wenn Sie an meinen Worten zweifeln und diese Rechnung lieber selbst durchführen wollen, so werden Sie, da ich einige Nachkommastellen weggelassen habe, ein leicht abweichendes Resultat erhalten.

Damit können Sie anhand der Größenklasse berechnen, wie schwach ein Stern im Vergleich zu einem anderen ist. Liegen zwei Sterne um fünf Größenklassen auseinander (wie in dem Beispiel mit den Sternen der ersten und sechsten Größenklasse), so unterscheiden sie sich um einen Faktor $2,512^5$ (2,512 hoch fünf) und die Antwort eines guten Taschenrechners lautet in diesem Falle 100. Befinden sich die Sterne sechs Größenklassen auseinander, dann ist der eine 250-mal heller als der andere, und wenn Sie einen Stern der ersten mit einem der elften Größenklasse vergleichen, dann unterscheiden sie sich in der Helligkeit um $2,512^{10}$, d.h. um einen Faktor 100 zum Quadrat, also um 10 000.

Die schwächsten mit dem Hubble-Weltraumteleskop sichtbaren Objekte sind etwa 25 Größenklassen schwächer als die schwächsten mit dem bloßen Auge sichtbaren Sterne (ein normales Sehvermögen und gute Sichtbedingungen vorausgesetzt – manche Experten und eine gewisse Anzahl an Lügnern und Angebern behaupten, sie könnten Sterne der 7. Größenklasse sehen). 25 sind fünf mal fünf Größenklassen, was bedeutet, dass das Objekt um einen Faktor 100^5 schwächer ist. Hubble kann also 100 x 100 x 100 x 100 x 100 oder 10 Milliarden-mal schwächere Objekte sehen als das menschliche Auge. Das kann man aber auch wohl von einem 10 Milliarden Dollar teuren Teleskop erwarten.

Ein gutes Teleskop können Sie für bereits weniger als 2000 DM erstehen und Sie können die Milliarden Dollar wertvollen besten Hubble-Bilder kostenfrei vom Internet ziehen (www.stsci.edu).

Das Lichtjahr bei Licht betrachtet

Die Entfernungen zu den Sternen und anderen sich jenseits der Planeten unseres Sonnensystems befindlichen Objekte werden in *Lichtjahren* gemessen. Als Längenmaß beträgt ein Lichtjahr 9,5 Milliarden Kilometer.

Weil es das Wort »Jahr« enthält, wird ein Lichtjahr häufig mit einer Zeiteinheit verwechselt. Ein Lichtjahr stellt jedoch eine Längeneinheit dar – es ist die Strecke, welche das Licht bei seiner

Reise durch den Weltraum mit einer Geschwindigkeit von 300 000 Kilometern pro Sekunde in einem Jahr zurücklegt.

Wann immer Sie ein Objekt im Weltraum beobachten, sehen Sie dieses so, wie es aussah, als das Licht es verließ. Betrachten Sie folgende Beispiele:

✔ Wenn Astronomen eine Explosion auf der Sonne entdecken, sehen sie diese nicht im Augenblick des Geschehens, da das Licht 8 Minuten benötigt, um vom Explosionsort zur Erde zu gelangen.

✔ Der nächstgelegene Stern jenseits der Sonne, Proxima Centauri, befindet sich etwa vier Lichtjahre von uns entfernt. Wir können Proxima daher nie so sehen, wie er im Augenblick ist, sondern nur so, wie er vor vier Jahren war.

✔ Schauen Sie in einer klaren, dunklen Herbstnacht zur Andromeda-Galaxie hin. Es ist das entfernteste Objekt, das wir ohne jegliche Hilfsmittel sehen können. Das Licht, das Ihr Auge empfängt, hat die Galaxie vor etwa 2 Millionen Jahren verlassen. Verschwände die Galaxie aus irgendeinem unerfindlichen Grunde, so würden es die Menschen auf der Erde für weitere 2 Millionen Jahre gar nicht mitbekommen.

Folgendes trifft den Nagel auf den Kopf:

✔ Ein Blick in den Weltraum ist ein Blick in die Vergangenheit.

✔ Es gibt *keine Möglichkeit* genau zu wissen, wie ein beliebiges Objekt im Weltraum in diesem Augenblick aussieht.

A.E. ade!

Die Erde ist etwa 150 Millionen Kilometer oder eine Astronomische Einheit (A.E. oder auch A.U. von »Astronomical Unit«) von der Sonne entfernt. Die Entfernungen zwischen Objekten innerhalb des Sonnensystems werden gewöhnlich in A.U. angegeben. Dessen Plural ist ebenfalls A.U. Einigen wir uns im Folgenden auf die englische Schreibweise der Einheit, die man in Tabellen und Fachzeitschriften üblicherweise vorfindet, und sagen der A.E. ade.

In öffentlichen Ankündigungen, Pressekonferenzen und populärwissenschaftlichen Büchern legen die Astronomen dar, wie weit die Sterne und Galaxien, die sie untersuchen, »von der Erde« entfernt sind. Im Wissenschaftsalltag und in Fachzeitschriften hingegen werden diese Abstände immer auf die Sonne, dem Zentrum unseres Sonnensystems, bezogen. Da die Entfernungen der Sterne nicht so genau gemessen werden können (und diese auch gleichzeitig viel weiter von uns entfernt sind als der Abstand Sonne-Erde), ist es im Grunde egal, welchen Bezugspunkt man wählt. Ein A.U. mehr oder weniger spielt hierbei keine gewichtige Rolle, doch um der Konsistenz willen ist es wünschenswert, sich auf einen Bezugspunkt zu einigen.

Wenn wir uns große, helle Sterne einer weit entfernten Galaxie anschauen, ist es gut möglich, dass jene bestimmten Sterne gar nicht mehr existieren. Manche massereiche Sterne leben nur 10 oder 20 Millionen Jahre. Betrachten wir die Sterne einer 50 Millionen Lichtjahre entfernten Galaxie, so sähen wir im Grunde nur Karteileichen.

Würden wir einen Lichtblitz auf eine der Galaxien zuschießen, so würde das Licht 10 bis 14 Milliarden Jahre bis dorthin reisen, da diese Galaxien 10 bis 14 Milliarden Lichtjahre von der Erde entfernt sind. In nur 5 bis 6 Milliarden Jahren wird sich die Sonne jedoch aufblähen und sämtliches Leben auf der Erde vernichten. Somit wird das Licht eine nutzlose Anzeige über die Existenz unserer Zivilisation sein, eine Fata Morgana des Himmels.

Fixsterne sind Zugvögel

In der Vergangenheit wurden die Sterne als »Fixsterne« bezeichnet, um sie von den wandernden Planeten zu unterscheiden. In Wirklichkeit befinden sich die Sterne jedoch in ständiger Bewegung, Real- und Scheinbewegung. Wegen der Erdrotation sieht es so aus, als ob der Himmel über uns hinwegzöge. Die Sterne gehen auf und unter, ebenso wie die Sonne und der Mond, doch sie bleiben in Formation. Das bedeutet beispielsweise, dass die Sterne des Großen Bären nicht etwa zu dem Kleinen Hund oder zu Aquarius, dem Wassermann, umziehen. Unterschiedliche Sternbilder gehen aber, an unterschiedlichen Daten und von verschiedenen Orten auf der Erde aus gesehen, zu unterschiedlichen Zeiten auf.

Tatsächlich bewegen sich die Sterne der Ursa Major (und auch die anderer Sternbilder) zueinander mit atemberaubenden Geschwindigkeiten von Hunderten von Kilometern pro Sekunde, doch sind sie so weit weg, dass Wissenschaftler genaue Messungen über beträchtliche Zeitintervalle vornehmen müssen, um ihre Bewegung am Himmel wahrnehmen zu können. Das heißt, dass die Sterne der Ursa Major in 20 000 Jahren ein anderes Muster am Himmel bilden werden. Vielleicht wird es dann auch wirklich wie ein großer Bär aussehen.

Inzwischen sind die Positionen vieler Millionen Sterne gemessen, in Kataloge eingetragen und auf Sternkarten eingezeichnet worden. Sie werden in Einheiten aufgeführt, die als Rektaszension und Deklination bezeichnet werden und allen Astronomen, Amateuren und Profis als RA und Dec bekannt sind.

- ✔ Die RA ist die Lage eines Sterns gemessen in ostwestlicher Himmelsrichtung (ähnlich der geographischen Länge, der Lage eines Ortes auf der Erde ost-westlich des ersten Breitengrades in Greenwich, England).
- ✔ Die Dec ist die Lage eines Sterns gemessen in nordsüdlicher Richtung, ähnlich der geographischen Breite einer Stadt, die nördlich oder südlich des Äquators gemessen wird.

Die RA wird ebenso wie die Zeit üblicherweise in Einheiten von Stunden, Minuten oder Sekunden angegeben.

Für RA- und Dec-Anwender

Ein Stern mit der RA von $2^h\ 00^m\ 00^s$ befindet sich östlich eines Sterns mit der RA $0^h\ 00^m\ 00^s$, unabhängig von seiner Deklination. Die RA nimmt von Osten nach Westen zu, angefangen mit der RA $0^h\ 00^m\ 00^s$, was einer Linie am Himmel entspricht (eigentlich einem im Erdmittelpunkt zentrierten Halbkreis) zwischen dem Himmelsnordpol und dem Himmelssüdpol. Der erste Stern kann sich bei Dec 30° nördlich und der zweite bei Dec 15° 25′ 12″ südlich befinden, und sie sind dennoch in ostwestlicher Richtung 2 Stunden voneinander entfernt. (Und 45° 25′ 12" in nordsüdlicher Richtung).

Zu den Einheiten der RA und Dec gibt es einige Spielregeln:

- ✔ Eine RA von einer Stunde entspricht einem Bogen der Länge 15° am Himmelsäquator. Ein vollständiger Kreis am Himmel wird in einer Erdumdrehung (24 Stunden) vollführt und entspricht damit 24 x 15° = 360°. Eine RA von einer Minute, auch *Zeitminute* genannt, beträgt 1/60 einer Stunde und entspricht einem Bogen am Himmel der Länge 15°/60, oder ¼°. Eine RA von einer Sekunde, oder eine *Zeitsekunde* ist sechzigmal kleiner als eine Zeitminute.

- ✔ Die Dec wird in Grad gemessen, analog zu den Graden eines Kreises, in Bogenminuten und -sekunden. Ein halbes Grad entspricht in etwa dem scheinbaren Durchmesser des Vollmondes. Jedes Grad wird in 60 Bogenminuten unterteilt (60′). Wenn Sie durch ein Heimteleskop mit großem Vergrößerungsvermögen auf einen Stern schauen, dann erscheint dessen Bild durch die Turbulenz in der Luft verschwommen. Unter guten Sichtbedingungen (geringe Luftturbulenz), misst das Bild etwa 1″ oder 2″ im Durchmesser.

Einige einfache Regeln können hilfreiche Erinnerungsstützen für die Funktionsweise von RA und Dec sein und dabei helfen, eine Sternkarte zu lesen (siehe Abbildung 1.3):

- ✔ Der Himmelsnordpol (NCP von North Celestial Pole) ist der Ort am Himmel, auf den die Erdachse in nördliche Richtung zeigt. Wenn man am geographischen Nordpol steht, befindet sich der NCP darüber.

- ✔ Der Himmelssüdpol (SCP von South Celestial Pole) ist der Ort am Himmel, auf den die Erdachse südlich zeigt. Steht man am geographischen Südpol, so befindet sich der SCP genau darüber. Ich hoffe, Sie sind warm angezogen. Sie befinden sich nämlich in der Antarktis!

- ✔ Die imaginären Linien gleicher RA laufen durch den NCP und den SCP und sind in Wirklichkeit im Erdmittelpunkt zentrierte Halbkreise. Sie sind auf allen Himmelskarten eingezeichnet, um Leuten zu helfen, Sterne bei bestimmten RA zu finden.

✔ Die imaginären Linien gleicher Dec, wie z.B. die Linie am Himmel, die Dec 30° nördlich markiert, verlaufen genau über den entsprechenden geographischen Längen. Steht man beispielsweise in New York, 41° nördlicher Länge, so entspricht der darüber liegende Punkt der Dec 41° nördlich, während sich die RA wegen der Erdrotation stets ändert. Diese imaginären Linien befinden sich ebenfalls auf den Sternkarten und werden *Deklinationskreise* genannt.

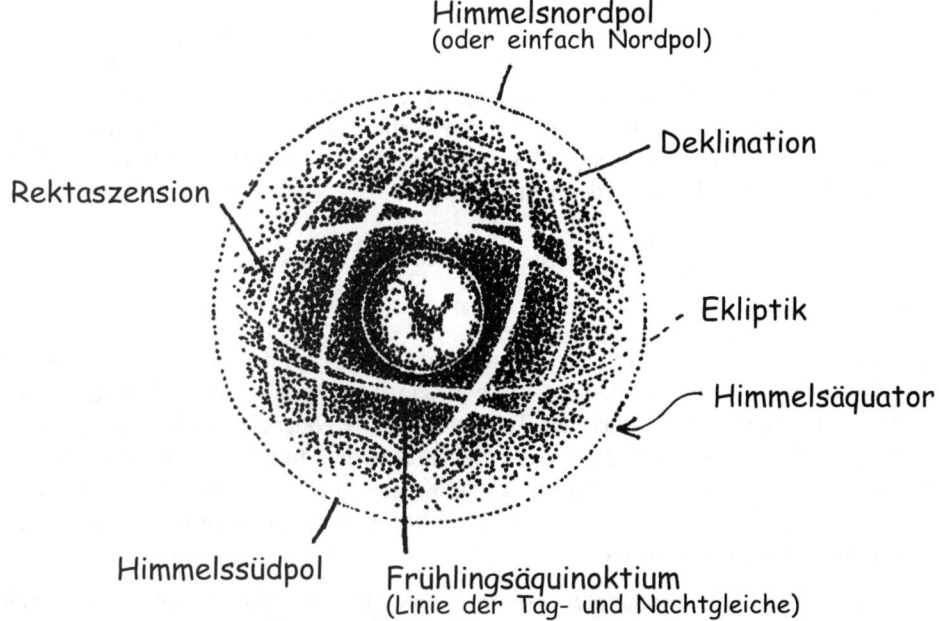

Die Himmelssphäre

Abbildung 1.3: Die Himmelssphäre entziffern

Angenommen Sie möchten, sofern aus Ihrem Garten sichtbar, den NCP finden: Schauen Sie in Richtung Norden und lassen Sie Ihren Blick vom Horizont bis auf eine Höhe von X Grad am Himmel wandern, wobei X die geographische Breite Ihres Ortes ist. (Ich setze voraus, dass Sie in Nordamerika, Europa oder einem anderen Ort auf der nördlichen Halbkugel leben. Leben Sie dagegen in Südamerika, Südafrika, Australien oder einem beliebigen anderen Ort auf der südlichen Halbkugel, so können Sie den NCP natürlich nicht sehen. Statt dessen sollten Sie den SCP suchen. Das ist der Punkt, der sich in südlicher Richtung befindet und dessen Höhe auf dem Himmel gemessen in Grad über dem Horizont gleich der geographischen Breite am Beobachtungsort ist.)

In fast jedem Astronomiebuch bedeutet das Symbol »″« Sekunden eines Bogens (keineswegs Inch). An jeder amerikanischen Universität verwenden Studenten der Astronomievorlesung für Anfänger in der Prüfung unglücklicherweise folgende Definition: »Das Bild der Sonne betrug etwa 1 Inch im Durchmesser«. Verstehen ist eindeutig hilfreicher als Büffeln.

Hier nun die erfreuliche Nachricht: Wollen Sie nur die Konstellationen und Planeten ausfindig machen, so benötigen Sie die RA und Dec nicht. In diesem Fall brauchen Sie nur eine für die gegebene Zeit im Jahr und in der Nacht eigens angefertigte Sternkarte, anhand derer Sie sich am Nachthimmel orientieren können. Wollen Sie jedoch Sternkataloge und Karten lesen können und die Galaxien mit Ihrem Teleskop unter die Lupe nehmen, so wäre es hilfreich, das Prinzip zu verstehen.

Wenn Sie über eines jener tollen neuen und dennoch erstaunlich erschwinglichen computergesteuerten Teleskope verfügen (siehe Kapitel 3), so können Sie die RA und Dec eines Kometen, der gerade entdeckt und angekündigt worden ist, eingeben, und schon wird es mit dem Finger darauf zeigen. Jede Ankündigung eines Kometen wird von kleinen Tabellen begleitet (den so genannten *Ephemeriden*), woraus die vorausgesagte Position des Objekts am Himmel (die RA und Dec) als Funktion des Datums abgelesen werden kann.

Astronomie von zu Hause aus

Verfügen Sie über ein Stück Garten mit Blick auf den Himmel – mit wenigen Bäumen und nicht zu vielen benachbarten Häusern, die den Horizont einengen – so haben Sie bereits gewonnen. Dann können Sie in einer klaren Nacht ein Teleskop aufstellen oder sich ein Fernglas greifen und damit anfangen, die Sterne zu erspähen. Wer nun gerade in der Münchner Innenstadt lebt, wo der Himmel wegen des Streulichts der Stadt diffus ist, kann sich einem Astronomieverein anschließen, dessen Mitglieder zu einem dunkleren Beobachtungsort pilgern. Amateurastronomen suchen bekanntlich des öfteren das Weite.

Wer vorwiegend an der Wissenschaft interessiert ist, den astronomischen Entdeckungen, der kann sich in den eigens auf Amateurastronomen zugeschnittenen monatlich erscheinenden Zeitschriften kundig machen. Besser noch, Sie können die entsprechenden freien Websites aufsuchen, die einem alles verraten, was man immer schon über das himmlische Geschehen wissen wollte und dazu noch alles, worüber man noch nicht einmal so viel Bescheid wusste, um fragen zu können.

Die Astronomie ist eine familienfreundliche Freizeitbeschäftigung. Man stelle das Teleskop auf, und jeder wird für einen flüchtigen Blick Schlange stehen. Sie haben keinen Babysitter? Dann bringen Sie die Kinder zur Sternparty einfach mit! Sie werden Ihnen bestimmt sogar beim Tragen der Teleskope helfen. Bringen Sie Decken und Schlafsäcke mit. Welche bessere Gelegenheit gibt es denn schon, über die Welt nachzudenken, als eine sternparadiesischen Vorstellung, während Sie langsam in den Schlaf gleiten?

Die Gravitation: Eine Kraft, mit der zu rechnen ist

Seit Newton dreht sich alles in der Astronomie um die Gravitation. Er erklärte diese als eine Kraft zwischen zwei beliebigen Objekten, die von der Masse dieser Objekte und ihrem Abstand voneinander abhängt. Je größer der Gegenstand, desto stärker seine Anziehung. Je größer der Abstand, desto schwächer die gravitative Anziehung.

Einstein hat die Gravitationstheorie weiterentwickelt und revolutioniert, sodass sie experimentelle Tests bestätigt, bei denen die Newtonsche Theorie ins Schleudern geriet. Die Newtonsche Theorie war auf die alltäglichen Begegnungen mit der Gravitation zugeschnitten. Der Apfel, der ihm auf den Kopf gefallen sein soll, ist nur ein Beispiel dafür. Doch Einsteins Theorie sagt auch Effekte voraus, die in der Nähe massereicher Objekte stattfinden, wo die Gravitation ungeheuer stark ist. Für Einstein war die Gravitation im Grunde keine Kraft, sondern die Krümmung des Raums und der Zeit durch die Anwesenheit eines massereichen Objekts wie beispielsweise eines Sterns. Ich fühle mich total verbogen, wenn ich nur daran denke.

Newtons Gravitationslehre erklärt Folgendes:

✔ Warum der Mond die Erde, die Erde die Sonne, die Sonne das Zentrum der Milchstraße umkreist und ebenfalls viele andere Bahnen.

✔ Warum ein Stern oder Planet rund ist.

✔ Warum Gas und Staub im All zu verklumpen beginnen, um neue Sterne zu bilden.

Einsteins Gravitationstheorie, die Allgemeine Relativitätstheorie, erklärt Folgendes:

✔ Warum Sterne, die in Sonnennähe während einer Finsternis sichtbar werden, leicht verschoben erscheinen.

✔ Warum Schwarze Löcher existieren können.

✔ Warum die Erde den gekrümmten Raum und die Zeit bei ihrer Drehung mitzerrt, einen Effekt, den manche Wissenschaftler behaupten, gemessen zu haben, während andere auf eindeutigere Beobachtungshinweise warten.

Sie können einiges über Schwarze Löcher in Kapitel 13 erfahren, ohne jedoch die Allgemeine Relativitätstheorie kennen zu müssen. Sie können vielleicht schlauer werden, wenn Sie jedes Kapitel lesen. Dennoch werden Ihre Freunde Sie solange nicht für Einstein halten, bis Sie sich die Haare wachsen lassen, mit einem schmutzigen Pullover herumlaufen und die Zunge herausstrecken, wenn man Sie fotografiert.

Die Relativitätstheorie ist eine bedeutende Grundlage für das Studium des Universums. Mit dem Wissen, dass »alles relativ ist« und der Wertschätzung der paradoxen Natur eines Großteils des Universums (ja, Licht ist sowohl Teilchen als auch Welle) wurde der Deckel einer Pandorabüchse voller astronomischer Spekulationen und Fortschritte geöffnet.

Ein Bewegungstumult

Alles im Weltraum bewegt und dreht sich. Die Objekte können nicht stillstehen. An allen Sternen, Planeten, Galaxien oder Raumschiffen zieht immer irgendein anderer Körper. Das Universum besitzt keinen Mittelpunkt.

Die Erde z.B.

- ✔ dreht sich um ihre eigene Achse, was Astronomen als *Rotation* bezeichnen. Sie benötigt einen Tag, um sich einmal um sich selbst zu drehen.
- ✔ kreist um die Sonne, was von Astronomen als *Revolution* bezeichnet wird. Eine vollständige Umkreisung dauert ein Jahr.
- ✔ reist mit der Sonne auf einer riesigen Bahn um das Zentrum der Milchstraße, wobei eine volle Umdrehung etwa 226 Millionen Jahre dauert. Die Dauer dieser Reise wird als *galaktisches Jahr* bezeichnet.
- ✔ bewegt sich mit der Milchstraße auf einer Trajektorie um das Massenzentrum der *Lokalen Galaxiengruppe*, die mit ihren zwei Dutzend Galaxien schließlich ein Provinznest im Universum ist.
- ✔ bewegt sich durch das Universum mit der Lokalen Gruppe als Teil der *Hubble-Strömung*, der durch den Urknall verursachten allgemeinen Raumexpansion.

Sie als Erdbewohner nehmen an all diesen Bewegungen teil – an der Rotation, der Umkreisung, der galaktischen Drehbewegung, der Lokalgruppenkreuzfahrt und der kosmischen Expansion. All dieses findet statt, während Sie zur Arbeit fahren, und Sie waren sich dessen möglicherweise gar nicht bewusst. Bitten Sie doch um etwas Rücksichtnahme, wenn Sie sich das nächste Mal ein kleines bisschen verspäten.

Erinnern Sie sich an Ginger Rogers? Sie folgte Fred Astaires Bewegungen beim Tanz, doch tat sie dies rückwärts. Wie Ginger und Fred folgt der Mond den Bewegungen der Erde (jedoch nicht rückwärts und mit einer Ausnahme: ohne um sich selbst zu kreisen). Der Mond dreht sich langsamer, und zwar vollführt er eine vollständige Umdrehung etwa einmal im Monat. Gleichzeitig kreist er ebenfalls in etwa einem Monat einmal vollständig um die Erde.

Der Urknall ist das theoretische Ereignis, welches das Universum hervorgerufen und die gewaltige Expansion des Raumes gezündet hat. Damit lassen sich viele der beobachteten Phänomene erklären und manche voraussagen, die, bevor die Theorie verbreitet wurde, nie beobachtet wurden. Sie ist die beste aller Theorien über den Anfang des Universums, über die wir verfügen.

Das muss doch wohl ein großartiges Buch werden. Schon das erste Kapitel endet mit einem Knaller!

Himmelsbeobachtung: Schließen Sie sich den Massen an

In diesem Kapitel

▶ Schließen Sie sich Astronomievereinen an und nutzen Sie allerlei Hilfsmittel

▶ Besuchen Sie Planetarien und Sternwarten

▶ Haben Sie Spaß an Sternpartys, Finsternisreisen und Teleskopmotels

---

Die Astronomie erfreut sich allgemeiner Beliebtheit. Die Menschen sind schon seit Urzeiten von den Sternen fasziniert gewesen. Frühzeitliche Beobachtungen des Himmels haben zu allerlei Theorien des Universums geführt, zu Machtzuschreibungen und dem Nachdenken über den Zweck von Stern-, Planeten- und Kometenbewegungen. Während Sie den Himmel betrachten, schauen Tausende, sogar Millionen anderer Menschen weltweit mit. Im Laufe der Zeit haben solche Beobachter die Grundlagen für das moderne Verständnis des Himmels und dessen Bewohner bereitgestellt. Wenn es um die Himmelsbeobachtung geht, sind Sie nicht alleine. Es gibt viele Menschen, Publikationen und andere Ressourcen, mithilfe derer Sie einsteigen, dabei bleiben und zu der großen Aufgabe, das Universum zu erklären, beitragen können.

In diesem Kapitel stelle ich Ihnen diese Hilfsmittel vor und schlage Ihnen vor, wie Sie anfangen können. Alles Übrige hängt von Ihnen ab. Schließen Sie sich doch an!

Alle Blicke gen Himmel: Sie sind nicht alleine

Ein Haufen bereits vorhandener Informationen, Organisationen, Menschen und Einrichtungen können Ihnen beim Start hilfreich zur Seite stehen und Sie unterstützen, am Ball zu bleiben. Sie können Websites mit grundlegenden Informationen zur Astronomie und den aktuellen Ereignissen am Himmel finden. Sie können sich Vereinen und Organisationen anschließen, um die Wissenschaftler über Sterne und Planeten auf dem Laufenden zu halten und an Versammlungen astronomischer Vereine, Vorlesungen und informativen Unterweisungen teilnehmen, bei denen Ihnen ermöglicht wird, Teleskope zu benutzen, Objekte zu beobachten und den Himmel in Gesellschaft zu genießen.

Bekanntschaft mit den Sternen: Schließen Sie sich einem Astronomieverein an

Die einfachste und kostengünstigste Möglichkeit, in die Astronomie einzusteigen, ist, sich zu einem Verein zu gesellen und dessen aktive Mitglieder kennen zu lernen. Diese halten monatliche

Treffen ab, bei denen die älteren Mitglieder Hinweise, Techniken und Ausrüstung an Anfänger weitergeben und wo ortsansässige und Gastwissenschaftler Vorträge halten und Dias vorführen. Mitglieder solcher Vereine wissen, wo man gebrauchte Teleskope oder Ferngläser gut kaufen kann und welche Produkte auf dem Markt ihr Geld wert sind.

Darüber hinaus sponsern Vereine Beobachtungstreffen, die normalerweise am Wochenende und gelegentlich zu besonderen Ereignissen stattfinden, wie beispielsweise dem Auftreten eines Meteorschauers oder einer Finsternis. Bei einer Beobachtungsveranstaltung können Sie mehr über die astronomische Praxis und Ausrüstung erfahren als sonstwo. Sie müssen gar nicht erst ein Teleskop mitbringen. Die meisten Leute werden Ihnen gerne einen Blick durch das ihrige gewähren. Ziehen Sie sich nur warm an, tragen Sie passendes Schuhwerk, bringen Sie Fäustlinge mit und gute Laune!

Wenn Sie in einer Stadt leben oder in einem Vorort, ist die Wahrscheinlichkeit, dass der Himmel hell ist, sehr hoch, sodass es günstiger wäre, an einem dunkleren Ort auf dem Lande zu beobachten. Ihr örtlicher Astronomieverein hat sicherlich bereits einige gute Hinweise dazu parat. Wenn viele Leute an einem entlegenen Ort zusammenkommen, so fühlen Sie sich auch besser aufgehoben. Gesellen Sie sich also hinzu!

Amerikanische, kanadische und andere Vereine

Die Astronomical Society of the Pacific mit Sitz in San Francisco ist Herausgeber des *Mercury*, einer Zeitschrift für Amateure. Sie organisieren ein Jahrestreffen, welches an unterschiedlichen Orten an der Westküste, mitunter aber auch an Orten wie Boston oder Toronto stattfindet. Ihre Webadresse ist www.aspsky.org. Sie bieten auch didaktisches Material für Schullehrer an.

Leben Sie in Kanada? Die kanadische Royal Astronomical Society verfügt über 23 Astronomieklubs. Oftmals sind ein oder zwei professionelle Astronomen einer naheliegenden Universität in der Vereinsarbeit engagiert. Eine Liste dieser Zentren finden Sie auf der RASC-Website unter www.rasc.ca.

In England ist die Zentralorganisation die vor einem Jahrhundert gegründete British Astronomical Association. Die entsprechende Website findet sich unter www.ast.cam.ac.uk/~baa.

Eine Liste der Vereine in Deutschland, Österreich und der Schweiz finden sie unter der Webadresse www.astronomie.de.

In den meisten Ländern gibt es solche Vereine. Die Astronomie ist wahrlich eine »universale« Leidenschaft.

Um den nächstgelegenen aktiven Astronomieverein ausfindig zu machen, konsultieren Sie beispielsweise die Rückseiten des bei Kosmos jährlich erscheinenden *Himmelsjahr* von Hans-Ulrich Keller, das in der Regel jeden Herbst für das folgende Jahr erscheint. Auf Websites wie www.astronomie.de finden sie ebenfalls wichtige

Informationen und Adressen rund um die Astronomie. Hier wird z.B. für Juli dieses Jahres ein Online-Einsteigerkurs Astronomie angeboten. Für die USA ist die Astronomical League die zentrale Adresse. Auf deren Website `www.astroleague.org` finden Sie die über 200 in den USA ansässigen Vereine, nach Staaten geordnet. Für jeden Verein werden auf jeder Website die Adresse, Telefonnummer und Internet-Adresse einer Kontaktperson angegeben. Die Astronomy Mall hat eine Website mit Vereinslisten rund um die Welt. Diese finden Sie unter `astronomy-mall.com/regular/club-setc/clubsetc.html`. Eine weitere schöne Liste befindet sich auf Claude Marcottes Website unter `www.dsuper.net/~leia/clubs/usa.html`. Einige Vereine haben ihre eigenen Websites.

Ein Haufen Informationen: Websites, Zeitschriften und vieles mehr

Es ist wahrlich nicht schwierig, an Informationen zur Astronomie heranzukommen. Dazu existiert eine ganze Palette an Möglichkeiten, Websites, Zeitschriften, neue, innovative Software eingeschlossen. Die nächsten Abschnitte sollen als Wegweiser zu den Quellen wichtiger Informationen dienen.

Cyberspace

Das World Wide Web bietet zu jedem astronomischen Thema Informationen an, und deren Fülle wächst mit astronomischen Geschwindigkeiten an. Eine der besten Adressen hierzu (englisch) ist die Homepage der Zeitschrift *Sky&Telescope* unter `www.skypub.com`. Auch auf der Homepage der deutschen Zeitschrift *Sterne und Weltraum* finden Sie wichtige Links und zahlreiche aktuelle Informationen. Diese ist unter `www.mpia-hd.mpg.de/SUW` zu erreichen. Unter dieser Adresse finden Sie auch einen kostenlosen astronomischen Nachrichtendienst in deutscher Sprache.

Auf Ihre erste Beobachtungsnacht können Sie sich vorbereiten, indem Sie die Rubrik *This Week's Sky at a Glance* unter `www.skypub.com/sights/sights.shtml` auf der Website von *Sky& Telescope* konsultieren. Wöchentlich wird dort ein Farbbild vorgestellt, welches die interessanteste, mit bloßem Auge beobachtbare Region am Himmel darstellt. Es werden der Mond und helle Planeten zusammen mit der Angabe einer Richtung am Horizont gezeigt und benannt. Sie brauchen sich dieser Richtung nur zuzuwenden, um beispielsweise den Mond zu entdecken. Danach können Sie in Bezug auf den Mond einen nach dem anderen der sichtbaren Planeten und hellen Sterne ausfindig machen. Der Himmel verändert sich täglich, sodass Sie auch tägliche Zusammenfassungen finden können. In manchen Nächten ist der Mond nicht sichtbar und Sie müssen sich etwas anstrengen, um Objekte und Muster am Himmel zu erkennen.

Zur Aufstellung Ihres monatlichen Beobachtungsplans können Sie die monatlichen Zusammenfassungen der Himmelsereignisse auf der Website der Zeitschrift *Astronomy* unter `www2.astronomy.com/astro` oder unter `www.astronomie.de` konsultieren, wo Sie die Rubrik *Unser Himmel* anklicken können. Wenn ein Meteoritenschauer angekündigt wird, wollen Sie vielleicht rechtzeitig eine Reise zu einem sicheren und dunklen Ort im Lande planen. Auch in der Zeitschrift *Sterne und Weltraum* gibt es eine Rubrik, in der Sie ausführlich auf aktuelle Himmelsereignisse hingewiesen werden.

Wegweiser zu diesen und anderen Websites werden Sie überall in diesem Buch finden. Das Internet stellt eine hervorragende Quelle für Informationen über Planeten, Kometen, Meteore oder Finsternisse und viele andere astronomische Zielen dar.

Publikationen

Um Ihr theoretisches und Beobachterwissen zu verbreitern, können Sie hervorragende Zeitschriften erstehen. Die meisten Amateurastronomen haben mindestens eine abonniert. Als Mitglied eines Astronomievereins könnten Sie für einige Zeitschriften vielleicht sogar Ermäßigungen erhalten.

Welche Zeitschrift wäre denn für Sie geeignet? Bei dieser Frage kann ich Sie leider schlecht beraten. Dabei verhält es sich nämlich wie beim Schuh- oder Autokauf. Ein Auto werden Sie vermutlich erst nach einer zufrieden stellenden Probefahrt kaufen und die Schuhe nur, wenn Sie Ihnen passen. Wenden Sie dieselbe Taktik auch im Falle der Zeitschrift an: Begeben Sie sich in einen großen Buch- oder Zeitschriftenladen und schmökern Sie erst mal eine Weile. Planetarien und Wissenschaftsmuseen führen solche Zeitschriften manchmal ebenfalls. Einige Zeitschriften kann man auch zunächst probeweise abonnieren. Fragen Sie beim Abonnentenservice nach. In Deutschland ist die wichtigste Zeitschrift *Sterne und Weltraum*, die Webadresse ist `www.mpia-hd.mpg.de/SUW`.

In den USA sind die beiden wichtigsten Zeitschriften *Sky&Telescope* und *Astronomy*. *Sky&Telescope* kann über *Vehrenberg* (Düsseldorf) bezogen werden. Die Webadresse ist `www.vehrenberg.de`. Kanadische Leser abonnieren das alle zwei Monate erscheinende farbenfrohe *SkyNews*, welches von der National Museum of Science and Technology Corporation erstanden werden kann. Für Informationen rufen Sie 800-267-3999 an. In Frankreich ist die entsprechende Zeitschrift *Ciel&Espace*; in Österreich *Sky&Space*.

Unabhängig von Ihrem Wohnort benötigen Sie einen Beobachtungsführer, z.B. das von drei Dutzend Experten zusammengestellte *Observer's Handbook of the Royal Astronomical Society of Canada* (`www.rasc.ca`), das Ihnen helfen wird, den Himmel in seiner vollen Pracht zu genießen. Das jährlich im Herbst bei Kosmos erscheinende *Himmelsjahr* ist ebenfalls ein hilfreicher und preisgünstiger Beobachtungsbegleiter über das Jahr, ebenso wie *Ahnerts Jahreskalender* von *Sterne und Weltraum*.

Software

Ein Planetariumsprogramm für Ihren Computer ist eine lohnenswerte Investition. Dieses wird Ihnen täglich von zu Hause aus den Himmel zeigen. Schauen Sie sich die Software an, bevor Sie hinaustreten, um den wahren Nachthimmel zu beobachten. Manche Beobachter bedienen sich bei der Planung ihrer Beobachtungen dieser Software. Um ihre »Dunkelzeit« effektiv auszunutzen, stellen sie Zeitpläne für die Beobachtung verschiedener Objekte auf. Diese werden dann mit dem Fernglas oder Teleskop mitunter zu unterschiedlichen Zeiten während der Nacht durchmustert.

Planetariumsprogramme werden in einer großen Vielfalt und mit verschiedenen Besonderheiten angeboten. Suchen Sie nach den neuesten, für die in den nationalen astronomischen Zeitschriften oder auf Websites geworben wird. Diese sind in der Regel die besten, da sie die Vorteile der neuesten Technologien und Forschungsergebnisse ausnutzen. Sie werden genau ein solches Programm benötigen.

Ich stelle Ihnen im Folgenden zwei solcher Programme vor, die ich persönlich für nützlich halte:

✔ Ein preiswertes Planetariumsprogramme ist *Starry Night Deluxe* und wird von Sienna Software Toronto hergestellt. Die entsprechende Website ist www.siennasoft.com. Um dieses (sowie andere neuere Modelle) anwenden zu können, muss auf Ihrem Computer ein CD-ROM-Laufwerk vorhanden sein. Nachdem Sie das Programm installiert haben, klicken Sie auf den Starry Night Icon, und schon taucht ein Farbbild des Himmels mitsamt eines Horizonts und einiger Bäume auf.

Wenn Sie das Programm während der Nacht benutzen, dann zeigt das Bild, wie die Sterne, Planeten und der Mond an Ihrem Ort, mit bloßem Auge beobachtet, aussehen (vorausgesetzt das Wetter ist klar). Lassen Sie das Programm tagsüber laufen, so wird das Bild den blauen Himmel mit der in der richtigen Höhe stehenden Sonne zeigen. Schalten Sie das Programm kurz nach Sonnenuntergang an, so werden Sie sehen, wie sich der Himmel Minute um Minute verdunkelt und die Planeten und Sterne erscheinen. Es sieht originalgetreu aus. Da es sich um ein wissenschaftliches Programm handelt, ist der Sonnenuntergang eher unromantisch. Klicken Sie Icons an, ziehen Sie mit der Maus Objekte in den Rechnerhimmel hinein oder ändern Sie einige Einstellungen und Sie werden sehen, wie der Himmel an jedem beliebigen Ort auf der Erde zu beinahe jeder Zeit aussieht.

✔ *TheSky* ist ein angesehenes Planetariumsprogramm mit vielem Drum und Dran, das auch in deutsch erhältlich ist. Es liegt in unterschiedlichen Varianten vor, für Anfänger und fortgeschrittene Astronomen. Hergestellt wird es von Software Bisque in Golden, Colorado, deren Website Sie unter www.bisque.com/thesky aufsuchen können.

Diese und weitere Software können Sie unter www.vehrenberg.de, www.astro-shop.de und www.astrokatalog.de finden. Zwei weitere gute, auch in deutsch erhältliche Programme sind *Redshift* und *Guide*. Beide können Sie über den Astro-Shop Hamburg beziehen (www.astro-shop.de).

Wenn Sie weiterführende Informationen zu Webadressen, Software und allem, was Sie in der Astronomie mit dem Computer machen können, suchen, sollten Sie sich das Buch *PC @stronomie*, erschienen bei MITP, kaufen.

Bei der Auswahl eines Planetariumsprogramms können Ihnen erfahrene Amateure aus Ihrem Verein mit gutem Rat zur Seite stehen. Was es für diese tut, sollte es auch für Sie tun.

Besuchen Sie Observatorien und Planetarien

Im Allgemeinen können Sie professionelle Observatorien (Organisationen, die über große Teleskope verfügen und deren Belegschaft aus Astronomen und anderen Wissenschaftlern besteht, die sich dem Studium des Universums widmen) und öffentliche Planetarien (Einrichtungen, in denen mithilfe spezieller Geräte Sterne und andere Himmelsobjekte auf die Decke eines dunklen Raumes projiziert werden, wobei die Vorstellungen von knappen allgemein verständlichen Erläuterungen begleitet werden) besuchen, um mehr über Teleskope, Astronomie und Forschungsprogramme herauszukriegen.

Observatorien

Über die ganze Welt verstreut gibt es eine Menge professioneller Observatorien. Dabei handelt es sich um von Universitäten oder staatlichen Agenturen betriebene Forschungsanstalten. In den USA sind das U.S. Naval Observatory (im Herzen von Washington D.C. gelegen und durch den Secret Service behütet – der Vizepräsident wohnt auf diesem Grundstück) und auf hohen Bergen gelegenen Außenstellen (wie beispielsweise das höchstgelegene sich in Betrieb befindliche Observatorium der Welt, das auf dem 4244 Meter hohen Mt. Evans liegende Mt. Evans Meyer-Womble-Observatorium der Denver Universität). Einige Observatorien widmen sich ausschließlich der Öffentlichkeitsbildung und werden oft von den Städten, Bezirken, Schulen oder uneigennützigen Organisationen betrieben.

Die Forschungsobservatorien liegen häufig an exotischen oder passend benannten Orten, wie beispielsweise das Lowell-Observatorium auf dem Mars Hill in Flagstaff, Arizona, wo 1930 der Planet Pluto entdeckt wurde. Dessen Entdecker, Percival Lowell, dachte, er könne dort durch ein Teleskop Kanäle auf dem Mars sehen.

Das National Solar Observatory betreibt einen Haufen sonnenbeobachtender Teleskope in Sunspot, New Mexico, hoch über Cloudcroft, welches wiederum hoch über Alamogordo liegt. Die Georgia State University in Atlanta betreibt ein draußen auf dem Land bei Hard Labor Creek liegendes Observatorium.

 Viele Observatorien bieten monatlich oder wöchentlich Tage der Offenen Tür an (einige tagsüber sogar tägliche Führungen) und arbeiten mit Museen zusammen.

Manche Observatorien liegen sogar in oder bei Großstädten. Beispiele dieser Kategorie sind das Griffith Observatory und Planetarium, welches in Griffith Park in Los Angeles gelegen, vollständig der Öffentlichkeit gewidmet ist und das in den San Bernadino Bergen, oberhalb von Los Angeles gelegene Mount Wilson Observatory. Dort wurden die Expansion des Universums und der Sonnenmagnetismus entdeckt. Es ist einen Besuch wert.

Am Palomar Observatory bei San Diego, Kalifornien, können Sie das berühmte 500-Meter-Teleskop besichtigen, welches jahrzehntelang das größte und beste auf der Welt war. Ausgerüstet mit neuen Instrumenten, liefert es auch heute noch neue und wichtige Beiträge über das Universum.

2 ➤ Himmelsbeobachtung: Schließen Sie sich den Massen an

Eines der größten Observatorien der Vereinigten Staaten steht Besuchern gegenüber sehr offen. Es handelt sich dabei um das 56 Meilen von Tucson, Arizona, liegende Kitt Peak National Observatory. Es wird von den National Optical and Astronomical Observatories betrieben. Eine Sammlung der größten und modernsten Teleskope der Vereinigten Staaten, Kanadas, Japans und Großbritanniens, unter dem Namen Mauna Kea Observatory bekannt, liegt auf der Spitze des Vulkans Mauna Kea auf Hawaii.

Sie können auch Radioobservatorien besuchen, wo Wissenschaftler von Sternen abgestrahlten oder gar von fernen außerirdischen Zivilisationen gesendeten Radiosignalen »lauschen«. Das National Radio Astronomy Observatory hat beispielsweise Einrichtungen bei Socorro in New Mexico und Great Bank in West Virginia, welche Sie ebenfalls besuchen können. Ein weiteres befindet sich auf dem Kitt Peak.

Ein Verzeichnis von Observatorien können Sie auf den Websites der Zeitschriften Astronomy und *Sky&Telescope* finden. Für deutsche und europäische Adressen suchen Sie die Homepage der Zeitschrift *Sterne und Weltraum* auf oder die Seite www.astronomie.de. Auf beiden befinden sich Links zu Verzeichnissen europäischer Observatorien und astronomischer Institute. Besonders einladend für die Öffentlichkeit ist die Website der *Universitätssternwarte Göttingen* (www.uni-sw.gwdg.de), auf der Sie auch eine Liste von Terminen für öffentliche, in der Regel monatlich stattfindende Führungen und zahlreiche Links zur populärwissenschaftlichen Astronomie finden können. Rufen Sie bei den entsprechenden Observatorien an, oder senden Sie eine E-Mail, um herauszufinden, wann Sie dort für einen Besuch vorbeischauen können. Wenn Sie das Observatorium wirklich interessant finden, dann gehen Sie immer wieder dorthin. Führungen sind in der Regel kostenlos. Hängen Sie dort lange genug herum und zeigen ein gewisses Maß an Interesse, so werden auch Sie ein unbezahltes Mitglied eines spannenden Forschungsprojekts werden.

In den frühen Sechzigern leitete ich Führungen an einem Observatorium im mittleren Westen der USA. Einige nette Leute steckten mir hin und wieder ein 25-Cent-Stück zu. Für einen mittellosen graduierenden Studenten waren 25 Cent kein zu vernachlässigender Betrag.

Im Folgenden führe ich eine Liste von Observatorien auf, von denen einige Führungen anbieten und andere nicht:

- U.S. Naval Observatory www.usno.navy.mil
- Mt. Evans Meyer-Womble Observatory www.du.edu/physastron
- Lowell Observatory www.lowell.edu
- National Solar Observatory www.nso.noao.edu/welcome.html
- Palomar Observatory astro.caltech.edu/palomarpublic/index.html
- Griffith Observatory and Planetarium www.griffithobs.org
- Mount Wilson Observatory www.mtwilson.edu
- Kitt Peak National Observatory www.noao.edu/kpno/kpno.html
- National Optical Astronomy Observatories www.noao.edu

- ✔ Mauna Kea Observatories www.ifa.hawaii.edu/ifa/observatories.html
- ✔ National Radio Astronomy Observatory www.nrao.edu

Für den Fall, dass Sie nicht vorhaben, in Kürze nach Amerika oder sonstwo ins Ausland zu fahren, können Sie auch in Deutschland diverse Observatorien besuchen. Im Folgenden finden Sie eine Auswahl ähnlicher Adressen in Deutschland:

- ✔ Dr. Reimes Sternwarte Bamberg www.sternwarte.uni-erlangen.de
- ✔ Deutsches Zentrum für Luft und Raumfahrttechnik e.V. www.dlr.de
- ✔ Astronomisches Institut der Ruhr-Universität Bochum www.astro.ruhr-uni-bochum.de
- ✔ Astronomische Institute der Universität Bonn, Sternwarte mit Observatorium Hoher List www.astro.uni-bonn.de
- ✔ Max-Planck-Institut für Radioastronomie Bonn www.mpifr-bonn.mpg.de, enthält Links zum 100-Meter Radioteleskop in Effelsberg
- ✔ Kiepenheuer-Institut für Sonnenphysik www.kis.uni-freiburg.de
- ✔ Universitätssternwarte Göttingen www.uni-sw.gwdg.de
- ✔ Max-Planck-Institut für Astronomie, auch Quartier von *Sterne und Weltraum* www.mpia-hd.mpg.de
- ✔ Astrophysikalisches Institut und Sternwarte der Universität Jena www.astro.uni-jena.de
- ✔ Universitätssternwarte München www.usm.uni-muenchen.de
- ✔ Sternwarte Sonneberg www.stw.tu-ilmenau.de

Planetarien

Für einen Anfänger sind Planetarien die ersten und geeignetsten Ziele. Dort finden lehr- und informationsreiche Ausstellungen statt, und wundervolle Himmelsshows werden auf ihre Kuppeln oder einen riesigen Schirm projiziert. Viele bieten Beobachtungsveranstaltungen mit kleineren Teleskopen an und verfügen über hervorragend ausgestattete Läden, wo Sie in den neuesten astronomischen Publikationen schmökern und sich Karten und Zeitschriften ansehen können. Die Mitarbeiter des Planetariums werden Sie zu dem nächstgelegenen Astronomieverein lotsen können, dessen Treffen möglicherweise im Planetarium selbst stattfinden.

Ich wuchs praktisch im Hayden-Planetarium am American Museum of Natural History in New York City auf. Ich muss gestehen, dass ich mich oft hineinschlich, ohne zu bezahlen. Sie nahmen mir dies jedoch nicht übel und luden mich später zu ihrem 50. Jubiläum als Vortragenden ein (ebenfalls ohne zu bezahlen). Obwohl mein altes Planetarium in New York aufgegeben wurde, bauen sie nun ein spektakuläres neues, welches Sie bei Ihrem nächsten Besuch auf keinen Fall verpassen sollten. Es wird um einiges billiger als eine Broadway Show sein und seine Stars werden keinen einzigen Ton falsch singen.

Ein Verzeichnis deutscher Planetarien finden Sie unter www.astronomie.de.

 Das Loch Ness Productions in Massachusetts ist das Monster unter den Planetarien. Sie führen Verzeichnisse von nahezu 300 000 Planetarien weltweit. Um das für Sie nächstgelegene Planetarium zu finden, schauen Sie sich seine Website unter www.lochness.com an.

Ferien mit den Sternen: Sternpartys, Sonnenfinsterniskreuzfahrten und Teleskopmotels

Ein Astronomieurlaub ist dem Geist ein Vergnügen und den Augen ein Fest. Darüber hinaus ist er oftmals billiger als ein konventioneller Urlaub. Sie müssen nicht die heißesten Touristenziele besuchen, wo Hinz und Kunz sich trifft. Das wird eine Erfahrung fürs Leben sein und Sie werden nicht nur für das, was Sie aßen und tranken, schwärmen, sondern auch für das, was Sie sahen und taten.

Teuer sind jedoch die Sonnenfinsterniskreuzfahrten. Wenn Sie solche Fahrten jedoch mögen, dann wird es auch nicht mehr kosten, wenn eine Sonnenfinsternis mit auf dem Programm steht. Abgesehen davon gibt es hierzu auch Niedrigpreis-Angebote.

Links zu Angeboten für Sterngucker-Hotels und Urlaub mit den Sternen finden Sie auf www.astronomie.de oder auf der Homepage der österreichischen Zeitschrift Star Observer.

Sternpartys

Sternpartys sind Versammlungen von Amateurastronomen, die im Freien stattfinden. Hunderte von Teleskopen werden auf einem Feld aufgestellt, durch die die Anwesenden dann reihum schauen können. Seien Sie auf zahlreiche Ausrufe des Erstaunens vorbereitet. Für die besten selbstgebastelten Teleskope oder Ausrüstungen gibt es Preise. Bei Regenwetter ziehen sich die Gäste in einen nahegelegenen Versammlungsraum oder ein großes Zelt zurück und schauen sich gemeinsam Dias an. Einige Teilnehmer übernachten in Zelten auf dem Feld, während andere günstige Zimmer buchen oder von nahe gelegenen Motels pendeln.

Sternpartys ziehen sich üblicherweise über mehrere Tage und Nächte hin (manchmal bis zu einer Woche). Sie ziehen Hunderte bis zu einigen Tausend Teleskopbastler und Amateurastronomen an. Die umfangreicheren Sternpartys haben ihre eigenen Websites mit Fotos der letzten Veranstaltungen und Details über kommende Attraktionen.

Unter den führenden Sternpartys in den USA befinden sich folgende:

✔ Stellafane, in Vermont (www.stellafane.com)

✔ Die Texas Star Party, wo Sie von einem entlegenen Beobachtungsort aus Tausende von Sterne sehen können (www.metronet.com/~tsp)

- ✔ Das Riverside Amateur Telescope Makers in Kalifornien, geeignet für Liebhaber echter *Himmels*-Körper (www.rtmc-inc.org)
- ✔ Draußen in der Wüste New Mexicos die Enchanted Skies Party (www.socorro-nm.com/starparty.html)
- ✔ Die Nebraska Star Party, welche den Anspruch erhebt, am dunkelsten Ort der kontinentalen Vereinigten Staaten stattzufinden (www.4w.com/nsp)

In Deutschland gibt es leider keine Sternpartys dieser Art.

Sonnenfinsterniskreuzfahrten und Touren auf dem Totalitätspfad

Sonnenfinsterniskreuzfahrten und Touren sind organisierte Reisen zu Orten, an denen eine totale Sonnenfinsternis sichtbar ist. Lange im Voraus können Astronomen berechnen, wann und wo sich totale Finsternisse ereignen werden. Diese Orte liegen auf einem schmalen Band, dem Totalitätspfad, der sich über Land und Meer zieht. Sie können natürlich auch zu Hause bleiben und darauf warten, dass die Sonnenfinsternis zu Ihnen kommt, doch die Chancen dafür, dass Sie lange genug leben, um mindestens eine zu sehen, stehen eher schlecht. Die Alternative wäre daher, sich zum Totalitätspfad aufzumachen. Die nächste Sonnenfinsternis auf dem europäischen Kontinent wird im Jahre 2006 stattfinden, sie ist vom Norden der Türkei aus sichtbar.

So können Sie eine Tour buchen

Ereignet sich die Finsternis in der Nähe Ihres Wohnortes, so stehen die Dinge ganz einfach. Sind Sie ein erfahrener Reisender, so werden Sie eine Ihrer Reisen zu einem auf dem Totalitätspfad liegenden Ort planen. Bedenken Sie jedoch Folgendes: Meteorologie-Experten und Astronomen finden schon Jahre im Voraus die optimalen Beobachtungsorte heraus. Meistens ist der Tourismus an diesen Orten nicht auf Besucherhorden eingestellt, sodass die Anzahl freier Unterkünfte begrenzt ist. Sobald einer dieser auf der Erdkugel eher zufällig gestreuten Orte als Hauptlage für eine kommende Finsternis erkannt wird, buchen Reiseveranstalter und vorausschauende Leute die meisten der zur Verfügung stehenden Unterkunftsmöglichkeiten schon Jahre im Voraus aus. Spontis werden in diesem Fall den Kürzeren ziehen.

Die Reiseveranstalter stellen in der Regel einen Meteorologen und einige professionelle Astronomen (manchmal mich) an. Damit profitieren Sie von einem Wettermenschen, der Last-Minute-Entscheidungen zur Bewegung der Truppen an einen Ort mit günstigeren Wettervorhersagen für den kommenden Tag fällt, einem Astronomen, der Ihnen die sichersten Methoden zum Fotografieren der Finsternis verraten wird, und üblicherweise einem weiteren Vortragenden, der Ihnen Sonnenfinsternisgeschichten erzählen und von den neuesten Entdeckungen über die Sonne und das All berichten wird.

Wenn Sie draußen in der Wildnis stehen, wird ein Experte, der einen Empfänger für das Global Positioning System (GPS) besitzt, mit dessen Hilfe Signale von Satelliten empfangen werden, sagen können, ob Sie sich auch am gewünschtem Ort befinden.

In der Nacht nach der Finsternis führt dann jeder seine Videoaufnahmen der aufkommenden Dunkelheit, der Vögel, die sich zu ihren Nachtlager begeben, eines Trampels, der das Teleskop eines anderen im schlechtest erdenklichen Augenblick umhaut, und der enthusiastischen Menschenmenge vor. Die Finsternis selbst wird selbstverständlich viele Male wiederholt.

Wenn Sie diese Argumente nicht davon überzeugt haben, eine Finsternistour mitzumachen oder eine Sonnenfinsternis mitzuerleben, so bedenken Sie dies: Eine Gruppenreise zu einem Auslandsziel ist meistens billiger als eine Reise auf eigene Faust.

Ihr Beitrag zur Forschung

Ihr Astronomiehobby verbindet das Nützliche mit dem Angenehmen. Sie können Ihren Beitrag zum Fortschritt der Wissenschaft dadurch leisten, dass Sie sich nationalen und internationalen Bemühungen anschließen, wertvolle wissenschaftliche Daten zu sammeln. Sehen wir doch mal den Tatsachen ins Auge: Sie haben bloß ein Fernglas, während das Keck-Observatorium auf Hawaii zwei 10-Meter-Teleskope besitzt. Wenn es jedoch auf Mauna Kea bewölkt ist, dann wird man am Keck nichts sehen. Wenn aber eine spektakuläre Feuerkugel über Ihre Stadt zieht, dann könnten Sie diese sehen, obgleich kein professioneller Experte sie sehen kann.

Einer der spektakulärsten und interessantesten Meteore aller Zeiten wurde insgeheim durch Satelliten des Verteidigungsministeriums aufgezeichnet und durch einen Amateurfilmproduzent aufgenommen, der seinen Urlaub im Glacier Lake National Park verbrachte. Ein Ausschnitt jenes Films erscheint in nahezu jedem wissenschaftlichen Dokumentarfilm über Meteore, Asteroiden und Kometen, der im Fernsehen gesendet wird. Es zahlt sich aus, zur rechten Zeit am rechten Ort zu sein. Eines Tages wird dies auch auf Sie zutreffen.

Schließen Sie sich anderen Amateurastronomen an und erfreuen Sie sich an den Projekten, die ich in diesem Buch vorschlagen werde.

Natürlich können Sie all dies auch alleine tun, nur ist es immer einfacher, Aufzeichnungen mit jemand Erfahrenem auszutauschen. Fragen Sie daher im Verein, ob jemand Ihre Interessen teilt.

Kreuzfahrten sind besser

Eine Kreuzfahrt ist besser als eine Finsternistour, aber auch teurer. Besser ist sie, weil der Kapitän und Steuermann auf See über »zwei Freiheitsgrade« verfügen. Wenn der Meteorologe aufgrund seiner günstigsten Wettervorhersage für einen wolkenlosen Finsternisort das Kommando erteilt, den Totalitätspfad 400 Kilometer hinunter in südwestliche Richtung zu steuern, kann das Schiff diese Anweisungen befolgen. An Land dagegen muss der Bus auf der Fahrbahn bleiben und es könnte zu Ihrem Ziel gar keine Straße führen. Wenn es eine gibt, wird es darauf vermutlich einen von Tausenden Finsternislern hervorgerufenen Stau geben, die wegen der Wettervorhersage auf den letzten Drücker allesamt zu einem günstigeren Ort gelangen wollen. Auf der Kreuzfahrt überlassen Sie das Navigieren der Schiffsmannschaft, lehnen sich auf Ihrem Deckstuhl zurück, schlürfen eine Pina Colada, laden Ihre Kamera und warten auf die Totalitätsphase.

Meiner reichhaltigen Erfahrung nach verpassen Sie am Boden die Hälfte der Totalitätsphase, und etwa die Hälfte der Finsternisdauer über ist der Himmel bedeckt. Auf dem Ozean dagegen wird nie etwas verpasst. (Nun ja, es gibt immer ein erstes Mal.)

Die Entscheidung wird gefällt

Finsternistouren und Kreuzfahrten werden in astronomischen und Wissenschaftszeitschriften inseriert und von Reisebüros angeboten. Kreuzfahrten werden manchmal von Vereinen und Organisationen ehemaliger Studenten (alumni in den USA) gesponsert.

So können Sie die für Sie passende Kreuzfahrt aussuchen:

✔ Blättern Sie sorgfältig durch aktuelle und ältere Ausgaben verschiedener astronomischer Zeitschriften. In den meisten gibt es schon Jahre im Voraus Artikel zu den Beobachtungsbedingungen für eine Sonnenfinsternis. Berücksichtigen Sie deren Expertenempfehlungen zu den besten Beobachtungsorten.

✔ Schauen Sie sich die Angebote der Reisebüros und Reiseveranstalter an. Welche Touren und Kreuzfahrten bringen Sie zu den besten Orten? Sammeln Sie deren Angebotshefte. Oftmals führen Veranstalter vorherige erfolgreiche Finsternistouren auf, um auf ihre Erfahrung damit zu verweisen.

Eine Liste astronomischer Reiseausrüstung finden Sie auf der *Sky&Telescope*-Website unter www.skypub.com/resources/marketplace/travel.html oder im Abschnitt *Marketplace* in der Zeitschrift *Astronomy* und auf der Website www.astro-shop.com.

Teleskopmotels

Teleskopmotels sind Erholungsorte, deren Attraktionen der dunkle Himmel und die Möglichkeit, das Teleskop in einer hervorragenden Beobachtungslage aufzustellen, sind. Meistens besitzen diese Motels eigene Teleskope, die Sie manchmal gegen einen Aufpreis benutzen können.

Es gibt weltweit mindestens neun Teleskopmotels. Drei der besten darunter befinden sich in den USA:

✔ Das in 2160 Meter Höhe liegende Star Hill Inn in Sapello, New Mexico, ist ein Vorreiter in Sachen Unterkünfte für astronomische Zwecke (www.starhillinn.com).

✔ Das in Benson, Arizona, liegende Skywatcher's Inn, welches über 50-Zentimeter-Teleskope verfügt (www.communiverse.com/skywatcher).

2 ➤ Himmelsbeobachtung: Schließen Sie sich den Massen an

✔ Die Molokai Ranch auf Hawaii, von wo aus Sie einige Sehenswürdigkeiten des Südhimmels sehen können, die von unseren Breiten aus nicht zugänglich sind (www.molokai-ranch.com).

Die Website der Molokai Ranch legt auch Betonung auf Paddeln, Rad fahren, Reiten und vieles mehr und führt die jährlichen Sternguck-Ereignisse auf. Ob es nun ein besonderes Ereignis gibt oder nicht, Sie können von dort aus auf jeden Fall die Sterne sehen.

✔ Ein sehr schönes Teleskopmotel in Österreich ist der Alpengasthof Sattlegger (www.alpsat.at).

✔ In der Schweiz können Sie die Feriensternwarte Calina besuchen, CH-6914 Carona. Infos und Anmeldung bei

H. Bodmer
Schlottenbüelstr. 9b
CH-8625 Gossau
Tel.: 01/936183 (abends).

✔ Zu empfehlen ist auch das Hotel Kulm auf dem Gosner Grad in der Schweiz.

✔ Wenn Sie in Deutschland bleiben wollen, können Sie die Sternwarte der Vereinigung der Sternfreunde besuchen:

Volkssternwarte Kirchheim
Dr. Jürgen Schulz
Arnstädter Str. 49
99334 Kirchheim
Tel.: 036200/61656.

In Namibia bestehen sehr gute Wetterbedingungen zum Beobachten:

✔ Farm Hakos
Familie Straube (deutsch)
P.O. Box 5056
Windhoek, Namibia
Tel.: 0026462/572111

✔ Farm Niedersachsen
K. u. B. Ahlert (deutsch)
P.O. Box 3636
Windhoek, Namibia

✔ Internationale Amateur-Sternwarte e.v.
K.-L. Bath
Geranienstr. 2
79312 Emmerdingen

Hier erhalten Sie Informationen zu einer Amateur-Sternwarte in Namibia mit leistungsfähigen Fernrohren und Teleskopen.

✔ Wenn Sie gerne in freier Natur übernachten, sollten Sie zum Pico Veleta in Andalusien fahren und dort campen.

Sobald Sie sich einen Überblick über die vorhandenen Ressourcen, Organisationen, Einrichtungen und Ausrüstung verschafft haben, die Ihnen dabei helfen werden, die Astronomie intensiver zu erleben, können Sie sich bequem der Wissenschaft Astronomie selbst, der Natur der Objekte und Phänomene weit draußen im Weltall, widmen.

Im nächsten Kapitel beschreibe ich die Ausrüstung, die Sie benötigen, um zu starten. Lesen Sie also weiter!

Wie Sie des Nachts Ausschau halten können: Himmelsbeobachtung

In diesem Kapitel

▶ Beobachten Sie den Himmel mit bloßem Auge

▶ Entdecken Sie Objekte

▶ Wählen Sie Ihre astronomische Ausrüstung aus

▶ Steigen Sie in die Grundlagen der Astronomie ein

Wenn Sie jemals hinausgegangen sind und die Sterne betrachtet haben, so sind Sie ein Sterngucker, ein Beobachter des nächtlichen Himmels. Durch Beobachtungen mit dem bloßen Auge können Farben und Verhältnisse zwischen verschiedenen Objekten unterschieden werden. So kann beispielsweise der Polarstern mithilfe der »Zeigersterne« in der Schale des Großen Wagens gefunden werden.

Es ist nur ein kleiner Schritt, von Beobachtungen mit dem bloßen Auge zu Beobachtungen mit optischen Hilfsgeräten überzugehen, um auch schwächere Sterne sehen zu können oder die Objekte eingehender zu betrachten. Versuchen Sie es zunächst einmal mit einem Fernglas und steigen Sie anschließend zu einem Teleskop auf. Nun sind Sie ein Astronom!

Vielleicht ging das jetzt aber doch etwas zu schnell. Zunächst sollten Sie das All in aller Ruhe betrachten und seine geheimnisvolle Schönheit für sich selbst entdecken. Dazu können Sie drei Grundgeräte verwenden, von denen Ihnen mindestens eines sicherlich bereits bekannt ist.

Ob Sie nun auf Ihre eigenen Augen, auf ein Fernrohr oder ein Teleskop zurückgreifen werden, jede Beobachtungsmethode kann die bestgeeignete für einen gegebenen Zweck sein.

✔ Das menschliche Auge ist beispielsweise für das Beobachten von Meteoren oder Nordlichtern, der Konjunktion zweier Planeten (das scheinbare Zusammentreffen zweier oder mehrerer Planeten am Himmel) oder eines Planeten und eines Mondes ideal geeignet.

✔ Das Fernglas eignet sich vortrefflich für die Beobachtung heller Veränderlicher Sterne, die zu weit entfernt von ihren Vergleichssternen sind (Sterne bekannter konstanter Helligkeit, die als Bezug dienen, um die Helligkeit anderer Sterne veränderlicher Helligkeit zu bestimmen), um gemeinsam durch ein Teleskop gesehen zu werden. Mit einem Fernglas können Sie wunderbar über die Milchstraße hinweggleiten und die hier und dort aufleuchtenden hellen Nebel und Sternhaufen betrachten. Manche der helleren Galaxien, wie beispielsweise M31 in Andromeda, die Magellanschen Wolken und M31 im Dreieck, sehen am besten durch ein Fernglas aus.

✔ Ein Teleskop wird unter anderem immer dann benötigt, wenn ein anständiger Blick auf die meisten Galaxien geworfen werden soll und um die Komponenten nahe gelegener Doppelsterne unterscheiden zu können.

Beginnen Sie mit Beobachtungen mit dem bloßen Auge

Der wichtigste Schritt bei Beobachtungen mit dem bloßen Auge ist, die Sicht von störendem Licht abzuschirmen. Wenn Sie sich nicht in eine dunkle Gegend des Landes begeben können, dann suchen Sie wenigstens einen dunklen Fleck in Ihrem Garten, oder möglicherweise auf dem Dach des Hauses, in dem Sie wohnen, aus. Sie werden dadurch den kontaminierenden Einfluss der Stadtlichter hoch oben am Himmel natürlich nicht ausschalten können, doch werden Bäume oder die Mauer eines Hauses Ihren Blick von den Straßenlaternen abschirmen.

Als ich 1996 den Kometen Hyakutake aus einer kleinen Stadt in den Finger Lakes im Norden des Staates New York beobachtete, habe ich herausgefunden, dass ich eine riesige Verbesserung der Sichtverhältnisse alleine dadurch erzielt habe, dass ich um die Ecke eines Gebäudes gelaufen bin, sodass ich in dessen Schatten stand, anstatt mich den Lichtern der angrenzenden Hauptstraße auszusetzen.

Wenn Sie sich mit den geographischen Richtungen Ihrer Gegend noch nicht auskennen, dann nehmen Sie sich Zeit, sie zu lernen. Sie können die wöchentlichen Himmels Highlights auf der Website der Zeitschrift *Sky&Telescope* studieren oder das bildschirmfüllende Bild Ihres Desktop-Planetariumsprogramms zu Rate ziehen, um sich mit den hellsten Sternen und Planeten zurechtzufinden. Können Sie diese hellsten Sterne erkennen, so ist es viel leichter, die Muster der schwächeren Objekte in deren Umgebung auszumachen. Aktuelle Beobachtungshinweise finden Sie im Internet unter http://www.sterngucker.de.

In Tabelle 3.1 werden einige der hellsten Sterne zusammen mit den Sternbildern, in denen sie sich befinden, aufgeführt. Viele unter ihnen sind auf der Nordhalbkugel sichtbar. Einige können allerdings nur von südlichen Breitengraden aus gesehen werden. Die hellen Sterne, die für einen Leser auf der nördlichen Halbkugel unsichtbar sind, stellen wiederum für jemanden auf der Südhalbkugel vielversprechende Sehenswürdigkeiten dar. Für Informationen zur Spektralklasse konsultieren Sie Kapitel 11.

Beginnen Sie Ihre Beobachtungen, indem Sie sich eine Sternkarte oder ein Desktop-Planetariumsprogramm ansehen. Versuchen Sie anschließend, möglichst viele dieser Sterne am Nachthimmel ausfindig zu machen. Als Nächstes versuchen Sie dann, die schwächeren Sterne in denselben Sternbildern zu identifizieren. Und vergessen Sie natürlich dabei nicht, nach den hellen Planeten, Merkur, Venus, Mars, Jupiter und Saturn, Ausschau zu halten.

Die Milchstraße ist sowohl im Sommer als auch im Winter, wenn sie hoch am Himmel steht, gut sichtbar. Sind Sie in der Lage, diese als ein breites, sich quer über den Himmel ziehendes, schwach leuchtendes Band zu erkennen, so haben Sie wenigstens einen ziemlich guten Beobachtungsstandort gefunden. Idealerweise wünschen Sie sich einen Standort mit einem guten Horizont, mit nur in der Ferne wahrnehmbaren Bäumen und niedrigen Gebäuden, doch einen solchen Ort in einer Gegend hoher Bevölkerungsdichte zu finden, ist nahezu illusorisch.

Name	Scheinbare Größe	Sternbild	Spektralklasse
Sirius	-1,5	α Canis Majoris	A
Canopus	-0,7	α Carinae	A
Rigil Kentaurus	-0,3	α Centauri	G
Arcturus	-0,04	α Bootis	K
Vega	0,0	α Lyrae	A
Capella	0,1	α Aurigae	G
Rigel	0,1	β Orionis	B
Procyon	0,4	α Canis Minoris	F
Archernar	0,5	α Eridani	B
Betelgeuse	0,5	α Orionis	M
Hadar	0,6	β Centauri	B
Acrux	0,7	α Crucis	B
Altair	0,8	α Aquilae	A
Aldebaran	0,9	α Tauri	K
Antares	1,0	α Scorpii	M
Spica	1,0	α Virginis	B
Pollux	1,1	β Geminroum	K
Fomalhaut	1,2	α Piscis Austrini	A
Deneb	1,3	α Cygni	A

Tabelle 3.1: Die hellsten Sterne von der Erde aus betrachtet

Sollte es Ihnen nicht gelingen, eine Gegend mit einem guten Horizont in allen Himmelsrichtungen zu finden, so bedenken Sie, dass der südliche Horizont der wichtigste ist. Die meisten auf der Nordhalbkugel stattfindenden Beobachtungen werden durchgeführt, indem man sich dem Süden zuwendet, d.h. der Osten befindet sich zu Ihrer Linken und der Westen zu Ihrer Rechten. Wenn Sie sich dem Süden zuwenden, gehen die Sterne zu Ihrer Linken auf und zu Ihrer Rechten unter. Leben Sie auf der südlichen Halbkugel, oder befinden sich dort zu Besuch, so kehren Sie diese Richtungen um und wenden sich dem Norden zu.

Denken Sie daran, immer eine Uhr, ein Notizbuch und eine lichtschwache oder Rotlichttaschenlampe dabeizuhaben, um vermerken zu können, was Sie sehen. Wenn Sie keine Rotlichttaschenlampe haben, können Sie um Ihre Taschenlampe einfach ein Stück rotes Transparentpapier wickeln.

Sterne sehen: Ein Leitfaden zur Himmelsgeographie

Die Erde dreht sich. Diese Aussage wurde bereits im 4. Jahrhundert v.Chr. von dem griechischen Philosophen Heraklit verkündigt. Die Leute misstrauten Heraklit jedoch, da sie dachten, ihnen müsste wie den Reitern eines schnellen Karussells dabei ständig schwindelig sein. Ohne die Wirkung der Drehung zu spüren, konnten sie sich die Erde nicht als sich drehend vorstellen. Statt dessen glaubten unsere alten Vorfahren, die Sonne liefe täglich einmal vollständig um die Erde herum.

Ein Beweis für die Erdrotation kam jedoch erst um 1815, mehr als zwei Jahrtausende nach Heraklit (damals wurde die Forschung noch nicht von Staat und Steuerzahler gefördert, sodass der Fortschritt mitunter lange auf sich warten ließ, dafür aber auch kostengünstiger war). Der Beweis wurde mit einem großen Pendel durchgeführt: einer schweren Metallkugel, die an einem 61 Meter langen Draht an der Decke des Pantheons in Paris aufgehängt war. Diese Vorrichtung ist unter der Bezeichnung *Foucaultsches Pendel* bekannt, benannt nach dem französischen Physiker Foucault, der es erfand. Wenn Sie das Pendel den ganzen Tag nicht aus den Augen verlören, so würden Sie feststellen, dass sich seine Schwingungsebene im Laufe der Zeit langsam ändert, als ob sich der Boden unter ihm drehte. Und das tat er auch wirklich. Der Boden drehte sich mit der Erde.

 Wenn Sie noch immer nicht davon überzeugt sind, dass sich die Erde dreht, oder gerne Pendeln zugucken, dann können Sie dem Foucaultschen Pendel an seinem Heimatort, im National Museum of American History an der Smithonian Institution in Washington D.C. oder im Deutschen Museum in München einen Besuch abstatten. Wenn Sie jedoch daran glauben, können Sie sich statt dessen in ein Café mit guter Aussicht setzen und den Sonnenuntergang genießen.

Während sich die Erde dreht ...

Wie ich bereits in Kapitel 1 erklärte, führt die Erdrotation dazu, dass sich die Sterne und andere Objekte am Himmel scheinbar von Osten nach Westen über den Himmel bewegen. Zusätzlich bewegt sich die Sonne im Laufe eines Jahres auf einem Kreis am Himmel, den man *Ekliptik* nennt. Die Ebene der Ekliptik ist um 23,5° zum Himmelsäquator geneigt, demselben Winkel, um den die Erdachse zu einer auf ihrer Bahn senkrechten Linie geneigt ist.

Über das Jahr bleiben die Planeten während ihrer Bewegung um die Sonne stets nah an der Ebene der Ekliptik. Rund um die Ekliptik gibt es zwölf Sternbilder, die zusammen als Tierkreiszeichen bezeichnet werden: der Widder, der Stier, die Zwillinge, der Krebs, der Löwe, die Jungfrau, die Waage, der Skorpion, der Schütze, der Steinbock, der Wassermann und die Fische (eigentlich durchkreuzt ein dreizehntes Sternbild – der Schlangenträger – die Ekliptik, doch wurde dieses im Altertum in die Tierkreiszeichen nicht mit eingeschlossen).

Während sich die Erde auf ihrer Bahn um die Sonne bewegt, gehen die Sterne jede Nacht um etwa vier Minuten früher auf und unter, was dazu führt, dass sich das Bild des Nachthimmels mit den Jahreszeiten auf der Erde verändert. Die Sterne befinden sich im Laufe der Nacht oder des Jahres nicht stets an derselben Stelle. Die Sternbilder, die im Morgengrauen vor einem Monat hoch am Himmel standen, befinden sich jetzt zur selben Uhrzeit tiefer im Westen. Und wenn Sie die Sternbilder betrachten, die kurz vor dem Morgengrauen tief am Himmel im Osten stehen, dann ist dies eine Vorschau dessen, was Sie in einigen Monaten um Mitternacht sehen werden.

 Um in diesem Wirrwarr den Überblick zu behalten, schauen Sie sich (falls Sie kein Teleskop besitzen, in welchem Falle das Problem für Sie gelöst wäre) die Sternkarten an, die regelmäßig in astronomischen Zeitschriften erscheinen (*Sterne und Weltraum*, das *Kosmos Himmelsjahr*, *Sky&Telescope* und *Astronomy*). Eine weitere Möglichkeit wäre, eine nicht zu teure *Planisphäre* zu kaufen, auf welcher der Nachthimmel durch eine drehbare, in einen Rahmen eingefasste Scheibe dargestellt wird. Diese ist mit einem Loch versehen, welches die Grenzen Ihres Sichtfeldes markiert, und kann nach Uhrzeit und Datum eingestellt werden.

Den Polarstern finden

Natürlich kann jeder in einer klaren Nacht hinausspazieren und ein paar Sterne sehen. Doch woher wissen Sie, was Sie sehen? Wie können Sie das, was Sie sehen, jemals wiederfinden? Wonach sollen sie gucken?

Wie hell ist hell?

In Kapitel 1 sprach ich von der Größenklasse oder Helligkeit eines Sterns, doch sollten Sie wissen, dass diese auf drei verschiedene Arten angegeben werden kann:

✔ Die *absolute Helligkeit* wurde von den Wissenschaftlern als die tatsächliche Helligkeit eines Himmelsobjekts definiert, so wie es aus einer Standardentfernung von 32,6 Lichtjahren erscheint.

✔ Die *scheinbare Helligkeit* beschreibt, wie hell das Objekt von der Erde aus betrachtet erscheint und kann sich, je nach Entfernung, von der absoluten Helligkeit unterscheiden. Ein Stern, der in geringerem Abstand zur Erde liegt, kann heller erscheinen als ein weiter entfernter Stern, selbst wenn seine absolute Helligkeit schwächer ist.

✔ Der *Grenzwert der Helligkeit* hängt von der Beschaffenheit des sichtbaren Himmels zum Zeitpunkt der Beobachtung ab, d.h. davon, wie klar und dunkel der Himmel ist. Ein sehr helles Objekt mag durchaus unsichtbar sein, wenn die atmosphärischen Bedingungen es trüben. Der Grenzwert wird am häufigsten bei Beobachtungen von Meteoren und Deep-Sky-Objekten verwendet. In einer klaren, dunklen Nacht kann der Wert am Zenit etwa 6 betragen, in der Stadt jedoch nur 4.

Auf Sternkarten sind die scheinbaren Helligkeiten der Sterne dargestellt, um ihre Erscheinungsweise am Himmel widerzuspiegeln.

Eine der besten Möglichkeiten, mit dem Nachthimmel vertraut zu werden, wenn Sie auf der Nordhalbkugel leben, ist, sich mit dem trägen Polarstern anzufreunden. Wissen Sie einmal, wo der Norden liegt, so können Sie sich am restlichen Nordhimmel leicht orientieren. Am Südhimmel müssen Sie die hellen Sterne Alpha und Beta Centauri finden, welche den Weg zum Kreuz des Südens zeigen.

Den Polarstern können Sie leicht mithilfe des Großen Wagens im Sternbild Ursa Major finden. Der Große Wagen ist eines der am einfachsten zu erkennenden Muster am Himmel (siehe Abbildung 3.1). Von der Nordhalbkugel aus können Sie ihn allnächtlich sehen.

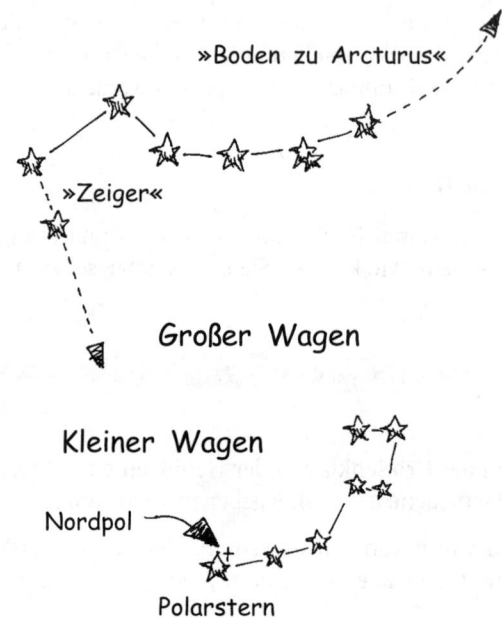

Abbildung 3.1: Der Große Wagen ist Wegweiser zu anderen Himmelssehenswürdigkeiten.

Die beiden hellsten Sterne am großen Wagen, Dubhe und Merak bilden ein Ende der Wagenschale und zeigen direkt auf den Polarstern. Weitere Sterne, für die der Große Wagen als Wegweiser dient, sind Castor und Pollux im Sternbild der Zwillinge und Deneb in Cygnus. Der Griff zeigt auf Arcturus in Bootes.

Bei nahezu allen geographischen Breiten der nördlichen Halbkugel sinken die sich in der Nähe des Polarsterns befindlichen Sterne nie unterhalb des Horizonts. Sie scheinen um ihn herum zu kreisen, weswegen sie auch als *Zirkumpolarsterne* bezeichnet werden. Von fast der gesamten nördlichen Halbkugel aus betrachtet, ist der Große Bär ein zirkumpolares Sternzeichen. Der zirkumpolare Himmelsbereich hängt von dem gegebenen Breitengrad ab. Je näher am Nordpol Sie wohnen, desto größer ist der Zirkumpolarbereich. Auf der Südhalbkugel dagegen vergrößert dieser sich, je weiter südlich Sie wohnen.

Auch Orion mit den drei Sternen, die einen Gürtel bilden und auf Sirius in Canis Major und Aldebaran in Taurus zeigen, ist ein ausgeprägtes Sternbild am winterlichen Nachthimmel (es ist jedoch nicht zirkumpolar). Orion enthält auch die Sterne der Größenklasse 1, Betelgeuse und Rigel, zwei glänzende Leuchtfeuer am Himmel (siehe Abbildung 3.2).

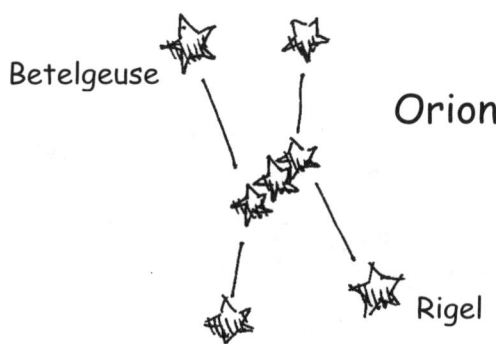

Abbildung 3.2: Orion und seine hellen Sterne, Riga und Betelgeuse

Mithilfe der Sternbildkarten am Ende dieses Buches und Ihrer Augen werden Sie sich mit dem Nachthimmel schnell anfreunden können. Wenn Sie mit den Straßen der Stadt, in der Sie wohnen, vertraut sind, dann können Sie sich in dieser Stadt zurechtfinden. Ähnliches gilt für den Himmel. Kennen Sie die Sternbilder, so wird dieses Wissen Ihnen helfen, die Objekte am Himmel, die Sie gerne beobachten möchten, zu finden und ihre Erscheinung und Bewegung während Ihrer Nachtsitzung mit den Sternen zu verfolgen.

Besser sehen mit Fernglas oder Teleskop

Wie bei jedem neuen Hobby empfiehlt es sich auch hier, den Kauf teurer Ausrüstung langsam anzugehen. Bevor Sie sich dazu entscheiden, ein Teleskop zu kaufen, nehmen Sie sich ausreichend Zeit, um verschiedene Teleskope im Einsatz zu sehen und mit anderen Beobachtern darüber zu reden. In den folgenden Abschnitten werde ich Ihnen bei der Auswahl des für Sie geeigneten Teleskops oder Fernglases beratschlagend zur Seite stehen.

Das Fernglas: Das Beste, um den Himmel zu durchstreifen

Ein gutes Fernglas ist ein Muss. Kaufen oder leihen Sie sich eines aus, bevor Sie sich ein Teleskop zulegen. Es ist für vielerlei Beobachtungen hervorragend geeignet, und, sollten Sie die Astronomie irgendwann doch noch an den Nagel hängen (Seufz), so können Sie es immer noch zu vielen anderen Zwecken einsetzen.

 Ferngläser eignen sich vortrefflich für die Beobachtung veränderlicher Sterne, die Suche nach hellen Kometen, und um beim Durchstreifen des Himmels die Aussicht zu genießen. Damit werden Sie zwar nie auf eigene Faust einen Kometen entdecken, doch werden Sie mit Gewissheit einige der angekündigten helleren ausfindig machen können. Nichts eignet sich für diesen Zweck besser als ein Fernglas.

Abbildung 3.3 führt Sie durch das Innere eines Fernglases.

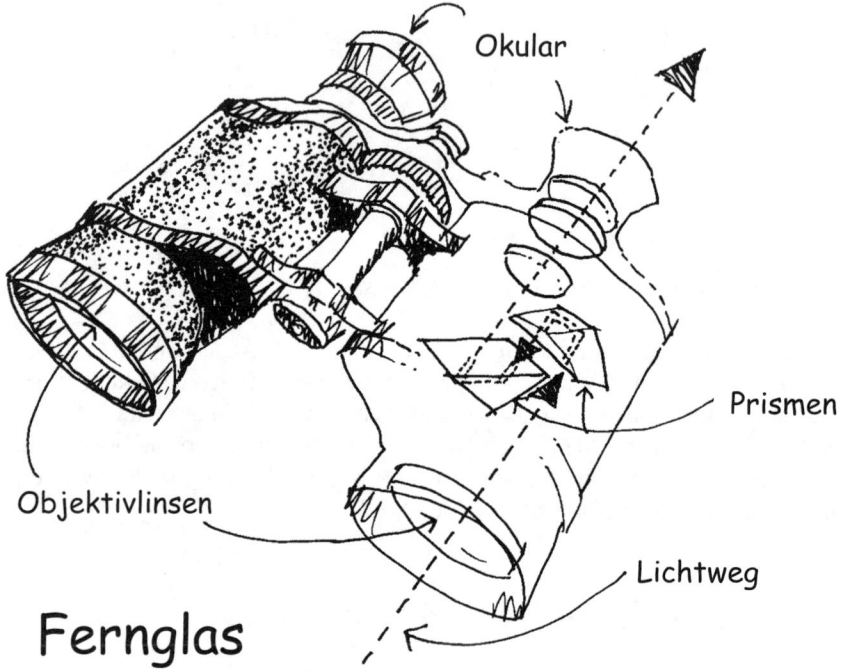

Abbildung 3.3: Ein Fernglas funktioniert wie zwei für Ihre Augen koordinierte Teleskope. Größere Linsen ermöglichen die Beobachtung schwächerer Objekte.

Gutes Seeing

Die Luftturbulenz beeinflusst die Qualität der Sicht auf das beobachtete Objekt. Sie führt dazu, dass Sterne blinken. Der Begriff *Seeing* beschreibt die atmosphärischen Bedingungen in Bezug auf die Stetigkeit des Bildes. Man spricht von *gutem Seeing*, wenn die Luft klar und das Bild unveränderlich ist. Spät in der Nacht, wenn sich die Tageswärme verflüchtigt hat, kann das Seeing besser sein. Bei schlechtem Seeing sind die Bilder verzerrt, und durch das Teleskop betrachtet verschmelzen Doppelsterne ineinander. In der Nähe des Horizonts ist das Seeing immer schlechter.

Die Zahlen entschlüsseln

Ferngläser gibt es in vielen Größen und Ausführungen, doch jedes wird durch eine Zahlenkombination gekennzeichnet, die etwa so aussieht: 7x35, 7x50, 16x50, 11x80, und so weiter. (Man beachte, dass dies 7 mal 35 ausgesprochen wird und nicht 7 »x« 35.) Diese Zahlen werden folgendermaßen entziffert:

✔ Die erste Zahl ist die optische Vergrößerung. Ein 7x35er- oder 7x50er-Fernglas vergrößert ein mit dem bloßen Auge betrachtetes Objekt siebenmal.

✔ Die zweite Zahl ist die *Öffnung* oder der Durchmesser der lichtbündelnden Linsen (der großen Linsen) gemessen in Millimetern oder Zoll. Damit haben ein 7x35er- und ein 7x50er-Fernglas dasselbe Vergrößerungsvermögen, letzteres hat nur größere Linsen, die mehr Licht aufsammeln und Ihnen damit ermöglichen können, auch schwächere Sterne zu sehen.

Beachten Sie auch folgende Überlegungen:

✔ Durch große Ferngläser sieht man schwach leuchtende Objekte besser als durch kleine, es ist jedoch gleichzeitig schwerer, sie ruhig zu halten und damit genau auf das Objekt hinzuzielen.

✔ Durch Ferngläser mit einem höheren Vergrößerungsvermögen, wie z.B. 10x50 und 16x50, sieht man die Objekte schärfer, vorausgesetzt, Sie können Sie hinreichend ruhig halten. Der Nachteil ist, dass sie ein kleineres Blickfeld haben, sodass es im Vergleich zu den Ferngläsern mit geringem Vergrößerungsvermögen schwerer ist, Ziele am Himmel zu finden.

✔ Riesenferngläser, 11x80, 20x80 und höher, haben ein großes Gewicht und es ist schwer, sie ruhig zu halten. In der Regel können sie ohne ein Stativ nicht benutzt werden. Die allergrößten, 40x150, müssen mit einem Ständer benutzt werden.

✔ Es gibt viele Zwischengrößen, wie z.B. 8x40 oder 9x56.

 Dies ist meine Meinung: Für den Anfang ist 7x50 für die meisten astrophysikalischen Zwecke die geeignetste Größe. Wenn das erstandene Fernglas viel kleiner als 7x50 ist, dann sind Sie eher für das Beobachten von Vögeln ausgerüstet denn für die Astronomie. Bis auf wenige Ausnahmen: Zumindest ein Komet wurde mit einem 7x35er-Fernglas entdeckt. Kaufen Sie aber hingegen eines, das viel größer als 7x50 ist, so investieren Sie in Ballast, den Sie selten benutzen werden.

Für ein gutes 7x50er-Fernglas können Sie Hunderte von Mark oder sogar einige braune Scheinchen hinlegen, doch wenn Sie sich etwas umschauen, können Sie ein durchaus angemessenes für nur 400 DM oder sogar weniger finden. Auch Gebrauchtferngläser sind häufig eine gute Wahl und dazu viel billiger zu kriegen.

Die Wahl des Fernglases

Kaufen Sie kein Fernglas, das nicht zurückgegeben werden kann. Folgende Punkte müssen sichergestellt sein, bevor Sie das Fernglas behalten:

✔ Wenn Sie ein Sternenfeld anschauen, sollte das Bild über dem gesamten Sichtfeld scharf sein.

✔ Sie sollten das Fernglas problemlos auf Ihre Sehkraft einstellen können, mit einem gesonderten Regler für mindestens ein Okular (die kleinen, den Augen zugewandten Linsen, wenn Sie durch das Fernglas schauen).

✔ Wenn Sie die Brennweite einstellen, sollte diese sich glatt ändern, und die Bilder der Sterne sollten scharfe Punkte sein, wenn das Fernglas richtig eingestellt ist, und kreisförmig im anderen Fall.

✔ Die Objektivlinsen der meisten Ferngläser sind mit einer durchsichtigen Beschichtung versehen. Dieses Merkmal wird als Mehrfachbeschichtung bezeichnet (multi-coating) und ergibt eine klarere, kontrastreichere Sicht des Sternfeldes.

Gute Ferngläser werden in Fachgeschäften für optische Geräte und Wissenschaftszubehör verkauft. Manche größere Fotoläden bieten ebenfalls ein gutes Angebot an Ferngläsern an. Ich rate Ihnen jedoch, Kaufhäuser zu meiden. Dort werden Sie wahrscheinlich entweder minderwertige Ware vorfinden oder exorbitante Preise für ein ausgefallenes Fernglas zahlen. Außerdem gehe ich jede Wette ein, dass die Verkäufer weniger Ahnung davon haben als Sie.

Viele Astronomen kaufen Ihre Ferngläser bei Kleinfachhändlern und Handwerkern, die in astronomischen Fachzeitschriften werben. Wenn Sie per Versandhandel (oder Internet) bestellen, versuchen Sie, einen Lieferanten zu finden, der von erfahrenen, Ihnen bekannten Amateurastronomen oder Mitarbeitern eines Planetariums empfohlen wurde.

Hier nun einige angesehene Hersteller von Ferngläsern: Bausch&Lomb, Bushnell, Canon, Celerston, Fujinon, Leica, Meade, Nikon, Orion und Pentax.

Eine Liste deutscher Anbieter finden Sie unter `astronomie.de/marktplatz/produktdb/dbwizz-start.php`3.

Teleskope: Wenn die Nähe zählt

Wollen Sie sich die Mondkrater oder die Oberflächen und Wolkendecken der Planeten ansehen, so brauchen Sie ein Teleskop. Dasselbe gilt für die Beobachtung schwacher Veränderlicher Sterne oder von Galaxien und der schönen leuchtenden Wolken, den sogenannten planetarischen Nebeln, die mit Planeten nichts zu tun haben (siehe Kapitel 11 und 12).

Bevor sie die Sonne oder vor ihr herziehende Objekte zu beobachten beginnen, machen Sie sich zum Schutz Ihrer Augen mit den in Kapitel 10 vorgestellten Sicherheitsanweisungen vertraut.

Teleskope werden in drei Hauptklassen unterteilt:

✔ Refraktoren verwenden *Linsen*, welche das Licht bündeln und fokussieren (siehe Abbildung 3.4). In den meisten Fällen schauen Sie direkt durch einen Refraktor.

✔ Reflektoren verwenden *Spiegel* zur Lichtsammlung und Fokussierung (siehe Abbildung 3.5). Es gibt verschiedene Reflektorenarten. Bei einem *Newtonschen Reflektor* schauen Sie durch ein Okular im rechten Winkel zum Teleskoptubus. Bei einem *Cassegrain*-Teleskop schauen Sie durch ein sich am Ende des Tubus befindliches Okular.

✔ Die *Schmidt-Cassegrain*- und *Maksutov-Cassegrain*-Bauarten verwenden eine Kombination von Spiegel und Linsen. Sie sind in der Regel teurer als Reflektoren oder Refraktoren gleicher Qualität.

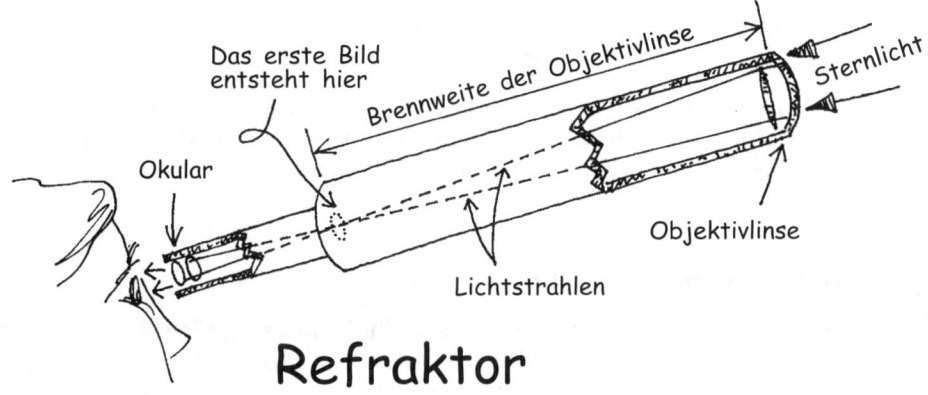

Abbildung 3.4: Ein Refraktor

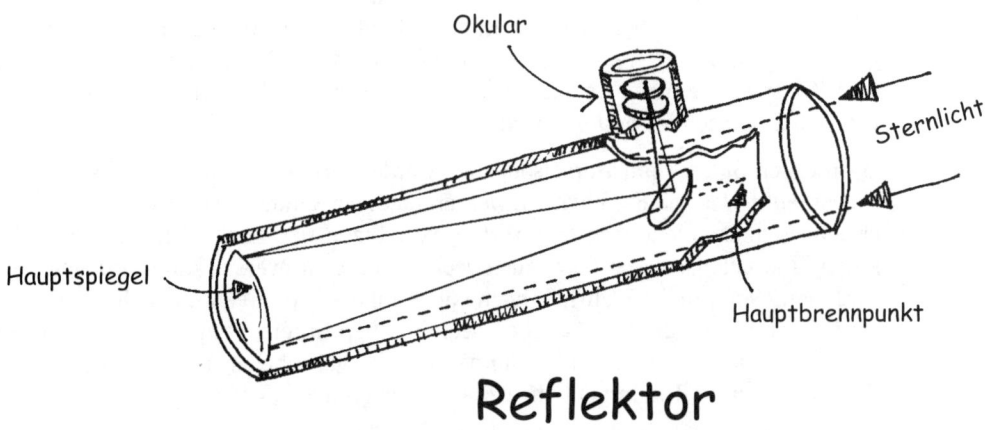

Abbildung 3.5: Der britische Wissenschaftler Sir Isaac Newton hat den Reflektor erfunden.

Unter diesen Hauptklassen von Teleskopen gibt es eine Vielfalt verschiedener Arten. Jedes zu Amateurzwecken verwendete Teleskop ist mit einem *Okular* ausgerüstet, einer Speziallinse (oder genauer einer Kombination von Linsen, die als Einheit zusammengestellt werden), die das Bild zu Beobachtungszwecken vergrößert. Wenn Sie fotografieren, verwenden Sie in der Regel kein Okular.

Ebenso wie ein Fotoapparat mit austauschbaren Linsen kann fast jedes Teleskop mit auswechselbaren Okularen versehen werden. Manche Firmen bauen keine Teleskope, sondern haben sich ausschließlich auf das Bauen von Okularen spezialisiert, die dann mit den verschiedenen Teleskopen verwendet werden.

Eine unter Anfängern verbreitete Methode, Geld zu verschwenden, ist der unnötige Kauf von Okularen mit dem höchsten Vergrößerungsvermögen. Ich empfehle schwache und mittelstarke Okulare. Mit einem kleinen Teleskop erzielt man üblicherweise die besten Beobachtungen, indem man mit 25x oder 59x gekennzeichnete Okulare verwendet und keineswegs 200x oder mehr. (Das »x« steht für »mal« wie bei 25-mal größer als mit dem bloßen Auge.)

Ein Teleskop, das als »hoch vergrößernd« gepriesen wird, mag ein Versuch sein, unerfahrenen Kunden ein mittelmäßiges Produkt anzudrehen. Wenn ein Verkäufer aufdringliche Werbung für ein »high power«-Teleskop betreibt, dann unterstützen Sie lieber einen anderen Laden.

Welche Farbe hat mein Universum?

Was werden Sie sehen, wenn Sie sich durch Ihr Fernglas oder Teleskop ein Objekt am Himmel anschauen? Werden Sie etwa wunderbare Sterne, Planeten und Himmelsobjekte in leuchtenden Farben sehen, ähnlich den im Farbteil dieses Buches präsentierten Abbildungen?

Tut mir leid. Da muss ich Sie enttäuschen. Tatsächlich sehen die meisten Sterne und Himmelsobjekte eher blässlich aus. Eher weiß oder ins Weiße gehend; also z.B. eher gelblich als gelb. Am lebhaftesten sind die Farben, wenn benachbarte Sterne in starkem Kontrast zueinander stehen, wie bei manchen teleskopischen Beobachtungen von Doppelsternen festgestellt wurde.

Die meisten Bilder von Himmelsobjekten werden farblich verstärkt. Man spricht dabei von *Falschfarben*. Falschfarben werden nicht verwendet, um das Universum, welches an sich strahlend und schön ist, aufzumotzen und auch nicht, um einen falschen Eindruck des »Deep-Sky« zu erwecken. Diese Farbverstärkung wird eigentlich vorgenommen, um der Wahrheit noch näher auf die Spur zu kommen. Es ist ähnlich wie bei den Kontrastmitteln, die bei medizinischen Untersuchungen verwendet werden, um Details auf den Röntgenaufnahmen hervorzuheben und damit physische Unterschiede und Zusammenhänge zu identifizieren.

Aufnahmen eines bestimmten Objekts können je nach verwendeter Beobachtungsmethode und Darstellung sehr unterschiedlich aussehen. Jede dieser Aufnahmen stellt einen Baustein dar, durch deren Zusammensetzen das große, vollständige Bild entstehen soll. Sie geben den Wissenschaftlern Informationen über die unterschiedlichen Komponenten in der Struktur des Objekts (z.B. welche Art von Gasen sie enthalten) und welche dynamischen Prozesse dort stattfinden.

Die Beobachtung feiner Details wird nicht durch die Stärke des Okulars begrenzt, sondern durch die Turbulenz in der Atmosphäre oder das Wackeln des Teleskops aufgrund der Luftbewegung. Daher kommen hoch vergrößernde Okulare selten zum Einsatz. Vielmehr, je höher die Vergrößerung, desto kleiner das Blickfeld, unter sonst gleich bleibenden Bedingungen. Oftmals werden Sie durch das Ansetzen eines hoch vergrößernden Okulars Schwierigkeiten haben, auf ein schwaches Objekt zu zielen, oder gar es aufzuspüren.

Teleskope sind im Allgemeinen folgendermaßen aufgebaut:

✔ Mit einer *Azimutalmontierung* können Sie das Teleskop sowohl rauf- und runterfahren (in der Höhe verstellbar) als auch seitlich schwenken (im Azimut verstellbar, in einer Horizontalebene). Sie müssen beide Achsen nachstellen, um die Erdbewegung auszugleichen. Die *Dobsonian*-Montierung ist eine billigere Version der Azimutalmontierung, die von vielen Amateuren wegen ihrer großen Reflektoren benutzt wird.

✔ Die teurere *Äquatorialmontierung* (oder *parallaktische Montierung*) ist so konstruiert, dass eine Achse des Teleskops direkt auf den Himmelsnordpol oder -südpol (für Beobachter auf der südlichen Halbkugel) zeigt. Wenn Sie ein Objekt einmal geortet haben, können Sie dieses einfach durch Drehen des Teleskops um die Polarachse im Blickwinkel behalten. Vergessen Sie nicht, vor jeder Beobachtungssitzung das Teleskop zu justieren.

Die Azimutalmontierung ist in der Regel stabiler, doch der Äquatorialaufbau ist besser dafür geeignet, die Sterne bei ihrem Auf- und Untergang zu beobachten.

Schützen Sie Ihre Augen bei Sonnenbeobachtungen

Sogar der kleinste Blick auf die Sonne durch ein Teleskop, Fernglas oder jedes andere optische Instrument ist sehr gefährlich, es sei denn, das Instrument ist mit einem speziellen Sonnenfilter ausgerüstet, der auch ordnungsgemäß an das Teleskop montiert ist.

Auch wenn Sie Planeten beim Durchzug über die Sonnenscheibe beobachten, müssen Sie einen Sonnenfilter verwenden. Man sagt, die Planeten befinden sich im Durchgang. Die Beobachtung eines jeden Objekts gegen die Sonnenscheibe erfordert Schutzmaßnahmen. Besitzen Sie einen *Newtonschen Reflektor* oder *Refraktor*, so können Sie versuchen, das Projektionsverfahren anzuwenden. Details zur Sonnenbeobachtung und zu den Schutzmaßnahmen finden Sie in Kapitel 10.

Denken Sie daran, dass Sie die Objekte durch ein Teleskop auf dem Kopf sehen, während dies bei dem Fernglas nicht der Fall ist. Selbstverständlich spielt das bei der Art Beobachtungen, die Sie machen, keine Rolle, doch sollten Sie sich dessen bewusst sein, dass Oben und Unten beim Blick durch das Teleskop vertauscht sind. Das Hinzufügen einer weiteren Linse, um diesen Effekt rückgängig zu machen, würde die Lichtmenge, welche durch das Teleskop dringt und damit auch die Qualität des Bildes reduzieren. Durch ein äquatorialmontiertes Teleskop wird die Ausrichtung des Sternfeldes, während der Stern auf- und untergeht, erhalten. Im Falle der Azimutalmontierung dreht sich das Feld jedoch im Laufe der Nacht und damit drehen sich auch die Sterne seitlich weg.

Wie Sie auf sparsame Art ein gutes Teleskop erstehen

 Ein »billiges« Massenprodukt, ein so genanntes Kaufhausteleskop, ist in der Regel rausgeschmissenes Geld und kostet immerhin einige Hundert DM.

Die untere Preisgrenze für ein gutes neues Teleskop kann um die 1500 DM liegen. Es gibt hierzu jedoch einige Alternativen:

- ✔ In astronomischen Zeitschriften oder den kleineren Zeitungen lokaler Vereine werden häufig gebrauchte Teleskope inseriert. Wenn Sie sich diese ansehen und ausprobieren können und sie Ihnen zusagen, dann sollten Sie zuschlagen! Ein gut gepflegtes Teleskop kann Ihnen Jahrzehnte lang erhalten bleiben.
- ✔ An vielen Orten werden Amateuren die größeren Teleskope der lokalen Planetarien, Vereine oder öffentlichen Sternwarten zum Beobachten zur Verfügung gestellt.

Die den Amateurteleskopen zugrunde liegende Technologie entwickelt sich auf rasante Weise. Was gestern des Astronomen Traum war, kann heute schon überholt sein. Qualität und Möglichkeiten steigen, während die Preise stets fallen.

Im Allgemeinen erzeugt ein guter Refraktor bessere Bilder als ein guter Reflektor mit derselben Öffnung oder Größe. Die Öffnung oder Größe eines Teleskops bezieht sich auf den Durchmesser der Hauptlinse, des Hauptspiegels oder, im Falle eines aufwändiger gebauten Teleskops, die Größe des nicht versperrten Teils der Optik. Wie dem auch sei, ein guter Refraktor ist deutlich teurer als ein guter Reflektor.

Eine Kompromisslösung

Die Teleskope vom Typ Maksutov-Cassegrain und Schmidt-Cassegrain stellen gute Kompromisslösungen zwischen den tiefer liegenden Preisen eines Reflektors und der hohen Leistung eines Refraktors dar. Für viele Astronomen sind sie die bevorzugten Teleskope.

Ein empfehlenswertes kleines Amateurteleskop auf dem Markt ist das Meade ETX-90/EC, eine mächtig aufbereitete Variante des älteren ETX-90, welches seinerseits bereits ein höchst bevorzugtes Produkt war. Seine Öffnung beträgt 9 Zentimeter und ist fast die kleinste Teleskopgröße, die ich Ihnen zum Starten empfehle. (Finden Sie ein gutes Instrument mit einer Mindestöffnung von 5 Zentimetern zu einem guten Preis, dann sollten Sie dieses, insbesondere wenn es sich um einen Refraktor handelt, in Betracht ziehen.)

Der Preis für das Meade ETX-90/EC liegt bei 1200 DM, doch ich empfehle den 300 DM teuren Autostar Controller. Wahrscheinlich benötigen Sie auch das etwa 600 DM teure Stativ. Dieses Gerät ist derart fähig, dass es bei erfahrenen Anwendern schon fast verpönt ist. Es funktioniert praktisch von selbst und findet die Positionen eines jeden unter Tausenden von Himmelsobjekten, deren RA und Dec im kleinen Computer des Teleskops gespeichert sind (Für mehr Informationen zu RA und Dec lesen Sie Kapitel 1). Der Autostar kann mithilfe gespeicherter Informationen sogar sich bewegende Objekte, wie beispielsweise Planeten, ausfindig machen.

Gewiss wollen Sie, ehe Sie das Gerät im Einsatz gesehen haben, nicht so viel Geld ausgeben. Der Preis liegt jedoch andererseits kaum höher als für eine gute, mit einer oder zwei Zusatzlinsen ausgerüstete Kamera. Sie können größere Teleskope für weniger Geld finden. Studieren Sie hierzu die Inserate astronomischer Zeitschriften. Um die Vorteile eines größeren Teleskops jedoch effizient ausnutzen zu können, müssen Sie eine ganze Menge mehr an Zeit investieren.

Einige Markenteleskope werden nur von zugelassenen Händlern vertrieben. Diese Händler sollten nämlich über Expertenwissen im Teleskopgeschäft verfügen, und ihrer Beratung können Sie, mit ein wenig Vorsicht, so einigermaßen vertrauen, besonders dann, wenn sie mehrere konkurrierende Teleskope im Angebot haben.

Hauptwebsites, auf denen Sie Produktinformationen finden:

✔ Celestron, über viele Jahre der bevorzugte Hersteller unter Tausenden von Astronomen, erreichen Sie unter www.celestron.com

✔ Meade Instruments Corporation unter www.meade.com

✔ Orion Telescope&Binoculars unter www.telescope.com

In Deutschland werden diese Produkte durch verschiedene Firmen vertrieben. Einige Adressen hierzu sind:

✔ Die Firma Vehrenberg in Düsseldorf unter www.vehrenberg.de, die eine große Auswahl an Teleskopen und Zubehör anbieten

✔ Astronomische Instrumente Thiele (AIT) unter www.ait-trading.com, die sowohl Neu- als auch Gebrauchtgeräte von Celestron, Meade und anderen Herstellern anbieten

Für weitere Adressen konsultieren Sie die Inserate in *Sterne und Weltraum* und folgende Webadressen, welche Links auf Zubehöranbieter haben: www.astro-shop.de, www.astronomie.de/marktplatz/produktdb/dbwizz-start.php3 und www.astrokatalog.de.

Ein Plan für Astronomieeinsteiger

Ich empfehle Ihnen, allmählich ins Astronomiehobby einzutauchen und, ehe Sie herausgefunden haben, was Sie tun möchten, so wenig Geld wie möglich zu investieren. Um sowohl Grundwissen und Fähigkeiten als auch die nötige Ausrüstung zu erwerben, sollten Sie nach folgendem Plan vorgehen:

1. **Wenn Sie einen neueren Computer besitzen, so investieren Sie in ein nicht allzu teures Planetariumsprogramm. Fangen Sie an, in der Abenddämmerung, an klaren Nächten und im Morgengrauen (wenn Sie ein Frühaufsteher sind) mit dem bloßen Auge zu beobachten.**

   Um Ihre Planeten- und Sternbildbeobachtungen zu planen, konsultieren Sie die wöchentlichen Himmelsszenen auf der Website von *Sky&Telescope* oder den von `Kosmos.de` gesponserten Link auf der Seite `www.astronomie.de` zum aktuellen monatlichen Sternenhimmel. Wenn Sie keinen Computer besitzen, so schauen Sie sich die entsprechenden Abbildungen und Beschreibungen im bei Kosmos erschienenen *Himmelsjahr* an oder die Rubrik *Aktuelle Hinweise für den Beobachter* in der monatlich erscheinenden Zeitschrift *Sterne und Weltraum*.

2. **Wenn Sie sich nach einem oder zwei Monaten mit dem nächtlichen Sternenhimmel angefreundet haben und feststellen, dass Sie diesen lieb gewonnen haben, investieren Sie in ein 7x50er-Fernglas.**

3. **Während Sie mit den helleren Sternen und Sternbildern immer vertrauter werden, investieren Sie in einen Sternatlas, in dem sowohl viele der schwächeren Sterne als auch Sternhaufen und Nebel verzeichnet sind.**

   Norton's Star Atlas (von Arthur P. Norton; 19. Ausgabe, herausgegeben von Ian Ridpath und verlegt von Longman Publishing Group, 1998) ist seit Generationen ein führendes Produkt. Wenn Sie einen Atlas in deutscher Sprache bevorzugen, sollten Sie sich die beiden folgenden Atlanten einmal ansehen: den *Atlas für Himmelsbeobachter* von Erich Kakoschka aus dem Kosmos Verlag und den *Sternatlas 2000.0* von Siegfried Marx und Werner Pfau, zu beziehen über *Sterne und Weltraum*. Für weitere Literaturhinweise und Neuerscheinungen schauen Sie sich die entsprechenden Werbeseiten der gängigen Astronomie-Zeitschriften oder die in Planetarien, Museumsshops und Buchhandlungen ausgestellten Exemplare an. Vergleichen Sie die Bilder in Ihrem Atlas mit dem, was Sie am Himmel sehen und schon kennen. Der Atlas gibt die RAs und Decs an und Sie werden langsam ein Gefühl für das Koordinatensystem bekommen (Siehe Kapitel 1 für weitere Informationen zu RA und Dec).

4. **Treten Sie in einen Astronomieverein ein, falls es einen in Ihrer Nähe gibt, und versuchen Sie, mit erfahrenen Mitgliedern Kontakt zu knüpfen.**

5. **Wenn all dies soweit gut gegangen ist und Sie Ihr Studium der Astronomie fortsetzen möchten, wovon ich überzeugt bin, dann ist es an der Zeit, in ein gutes Teleskop mit einer Öffnung zwischen 6 und 10 Zentimetern zu investieren.**

   Sehen Sie sich hierzu die Websites der verschiedenen Hersteller an, die in astronomischen Zeitschriften inserieren. Am besten ist es jedoch, sich darüber mit möglichst vielen erfahrenen Mitgliedern Ihres Vereins zu unterhalten.

Wenn Sie nach einigen Jahren so viel Spaß an der Astronomie haben, wie ich glaube, dass Sie haben werden, dann können Sie überlegen, zu einem 15- bis 20-Zentimeter Teleskop aufzusteigen. Einige auf dem Markt vorhandene sind billiger als beispielsweise jenes 9-Zentimeter-Teleskop von Meade. Es mag viel schwieriger sein, sie anzuwenden, doch Sie werden lernen, sie zu beherrschen. Mit einem größeren Teleskop ausgestattet, werden Sie in der Lage sein, deutlich mehr Sterne und Objekte zu sehen als zuvor.

Besucher aus dem All: Meteore, Kometen und selbstgemachte Monde

In diesem Kapitel

▶ Werden Ihnen die grundlegenden Fakten über Meteore, Sternschnuppen und Meteoriten geliefert

▶ Blicken Sie hinter das Geheimnis eines Kometen

▶ Entdecken Sie künstliche Satelliten

Bei Tag nehmen Sie am Himmel immer mal wieder Objekte wahr, die sich bewegen, und meistens können Sie erkennen, ob es sich dabei um Vögel, Flugzeuge oder Superman handelt. Am Nachthimmel jedoch werden wohl die wenigsten das Licht einer Sternschnuppe von dem eines Iridium-Satelliten unterscheiden können. Und wer weiß schon, ob da nun ein Komet oder ein Asteroid fliegt, wenn er ein Objekt sieht, das sich langsam, aber deutlich wahrnehmbar durch die Sternennacht bewegt?

Dieses Kapitel definiert und erklärt eine ganze Reihe jener Objekte, die nachts über den Himmel huschen. (Die Sonne, der Mond und die Planeten bewegen sich natürlich auch über den Himmel, aber in deutlich gemächlicherem Tempo. Ihnen werde ich einige spätere Kapitel widmen.)

Meteore: Und dein Wunsch wird in Erfüllung gehen

Kein astronomischer Ausdruck wird öfter missbraucht als das Wort *Meteor*. Sogar von Wissenschaftlern wird es häufig falsch anstelle der Begriffe *Meteoroid* oder *Meteorit* eingesetzt. Die korrekten Bedeutungen sind die folgenden:

✔ Ein *Meteoroid* ist ein kleines, massives Objekt im Weltraum, normalerweise ein Fragment eines Asteroiden oder Kometen, das die Sonne umkreist. Einige seltenere Meteoroiden sind sogar Gesteinsbrocken, die aus dem Mars oder dem Mond herausgeschleudert wurden.

✔ Ein *Meteor* ist ein Lichtblitz, der entsteht, wenn ein natürlich vorkommendes kleines Objekt (ein Meteoroid) aus dem Weltraum kommend in die Erdatmosphäre eindringt; der Volksmund sagt meistens »Sternschnuppen« oder »herunterfallende Sterne« dazu.

✔ Ein *Meteorit* ist ein massives Objekt aus dem Weltraum, das auf die Erdoberfläche aufgeprallt ist.

Wenn ein Meteoroid in die Erdatmosphäre eintritt, kann er einen Meteor (einen Lichtblitz) erzeugen, der so hell ist, dass Sie ihn sehen können. Wenn der Meteoroid groß genug ist, um auf der Erde aufzuschlagen, statt sich in der Luft zu zersetzen, wird er zum Meteoriten. Es gibt eine

Menge Leute, die auf der Jagd nach Meteoriten sind und sie sammeln, und der Handel mit ihnen ist recht lebhaft.

Nach ihrer Herkunft unterscheidet man zwei Hauptarten von Meteoroiden:

✔ *Kometare Meteoroide* sind flockige kleine Staubpartikel, die von Kometen abstammen.

✔ *Asteroidische Meteoroide*, die in der Größe von mikroskopisch kleinen Teilchen bis hin zu richtigen Brocken variieren, sind buchstäblich Splitter von Asteroiden, den sogenannten Kleinplaneten, welche Gesteinsbrocken sind, die die Sonne umkreisen (und die ich in Kapitel 7 beschreiben werde).

Wenn Sie also ein wissenschaftliches Museum besuchen und sich einen ausgestellten Meteoriten ansehen, betrachten Sie meistens einen asteroidischen Meteoroiden, der auf die Erde gefallen ist (oder, in selteneren Fällen, einen Felsklumpen, der auf die Erde gefallen ist, nachdem er aus dem Mars oder dem Mond durch den Aufprall eines größeren Körpers herauskatapultiert wurde). Dieser kann aus Stein, Eisen (eigentlich aus einem fast rostfreien Gemisch aus Nickel und Eisen) oder aus beidem bestehen. Der Einfachheit halber (um es uns einmal leicht zu machen!) nennen die Wissenschaftler diese drei Typen von Meteoriten Stein- bzw. Eisen- bzw. Eisen-Steinmeteorite.

Igitt, da liegt ja Weltraumstaub

Wenn Sie einen *Mikrometeoriten* finden (einen Meteoriten, der so klein ist, dass man ihn nur mithilfe eines Mikroskops sehen kann), so kann dieses Teilchen ursprünglich als kometarer Meteoroid begonnen haben oder ein winziger asteroidischer Meteoroid sein.

Mikrometeorite sind so klein, dass sie nicht genügend Reibung erzeugen, um in der Atmosphäre zu verglühen oder sich aufzulösen, und infolgedessen langsam zu Boden sinken. Es ist sehr gut möglich, dass Sie ein oder zwei dieser Weltraumstaubpartikelchen gerade jetzt in den Haaren haben, allerdings wäre es so gut wie unmöglich, sie unter den Millionen von anderen mikroskopischen Teilchen, die dort herumschwirren, zu identifizieren (was keinesfalls beleidigend gemeint ist).

Die Wissenschaftler sammeln Mikrometeorite mithilfe von ultra-sterilen Sammelplatten, die sie mit Düsenflugzeugen in großer Höhe fliegen lassen. Außerdem ziehen sie magnetisierte Rechen durch den Schlamm auf dem Meeresgrund, um Mikrometeorite aus Eisen anzuziehen.

Sporadische Meteore, Feuerkugeln und Boliden

Wenn Sie in einer dunklen Nacht draußen sind und eine »Sternschnuppe« (den Lichtblitz eines zufällig herunterfallenden Meteoroiden) beobachten, so ist dies ein *sporadischer Meteor*. Wenn in dieser Nacht jedoch viele Meteore auftauchen, die alle von derselben Stelle zwischen den Sternen herzukommen scheinen, so sind Sie Zeuge eines *Meteorschauers*. Meteorschauer gehören zu den erfreulichsten Anblicken am Himmelszelt, und daher werde ich ihnen den nächsten Abschnitt widmen.

Ein Meteor, der auffallend hell ist, wird *Feuerkugel* genannt. Wenn es für Feuerkugeln auch keine offizielle Definition gibt, betrachten viele Astronomen jeden Meteor, der heller als die Venus erscheint, als Feuerkugel. Wie auch immer, die Venus muss zu der Zeit, wo Sie den hellen Meteor sehen, nicht unbedingt sichtbar sein. Wie können Sie also entscheiden, ob es eine Feuerkugel ist, die Sie da sehen?

Hier meine Regel zur Identifizierung von Feuerkugeln: Wenn die Leute, die den Meteor beobachten, alle »Ooh« und »Aah« schreien (jeder neigt zum Schreien, wenn er einen hellen Meteor sieht), so handelt es sich einfach um einen recht hellen Meteor. Richtig zur Sache geht es aber erst dann, wenn die Leute, *die in die falsche Richtung schauen,* für einen Moment einen hellen Schein am Himmel oder auf dem Boden in ihrer Nähe wahrnehmen. Um es mit einem alte Dean-Martin-Stück zu sagen, wenn der Meteor wie eine riesige Pizza in ihr Auge fällt, dann ist es eine Feuerkugel!

Feuerkugeln sind gar nicht mal so selten. Wenn Sie den Himmel regelmäßig in dunklen Nächten einige Stunden am Stück beobachten, werden Sie wahrscheinlich etwa zweimal im Jahr eine Feuerkugel sehen. Was wirklich selten ist, sind die *Tageslichtfeuerkugeln*. Wenn die Sonne scheint und Sie eine Feuerkugel sehen, so ist das ein echter Glücksfall. Es muss sich dabei um eine überwältigend helle Feuerkugel handeln. Wenn solche Tageslichtfeuerkugeln auftreten, werden sie fast immer fälschlich für brennende Flugzeuge oder Raketen gehalten, die gerade abstürzen.

Mit jeder sehr hellen Feuerkugel (annähernd halb so hell wie der Mond oder heller) und jeder Tageslichtfeuerkugel geht die Möglichkeit einher, dass der Meteoroid, von dem das Licht ausgeht, es bis zum Erdboden schaffen wird. Frisch aufgeprallte Meteorite sind häufig von beträchtlichem wissenschaftlichen Wert und können außerdem gutes Geld bringen. Falls Sie eine Feuerkugel sehen, auf die diese Beschreibung passt, so sollten Sie sich die folgenden Informationen notieren, um den Forschern bei der Suche nach dem Meteoriten helfen zu können:

1. **Notieren Sie sich die Zeit, wie sie von Ihrer Uhr angezeigt wird.**

    Überprüfen Sie bei der frühestmöglichen Gelegenheit, wie schnell oder langsam Ihre Uhr läuft.

2. **Stellen Sie Ihre genaue Position fest.**

    Es ist nicht so ganz wahrscheinlich, dass Sie gerade einen Empfänger für das Global Positioning System parat haben, um Ihren genauen Standpunkt abzulesen, aber Sie können eine kleine Skizze anfertigen, die anzeigt, wo Sie gerade standen, als Sie die Feuerkugel sahen – zeichnen Sie Straßen, Gebäude, große Bäume und andere auffällige Markierungen ein.

3. **Fertigen Sie eine Skizze vom Himmel an, auf der die Spur der Feuerkugel verzeichnet ist, wie Sie sie am Horizont gesehen haben.**

    Selbst wenn Sie sich nicht sicher sind, ob Sie nach Südosten oder nach Nordnordwest standen, so wird die Skizze ihres Standpunkts und die der Spur der Feuerkugel den Wissenschaftlern dabei helfen, die Flugbahn der Feuerkugel zu bestimmen und die Stelle, wo der Meteorit gelandet sein könnte.

Nach einer Tageslicht- oder einer sehr hellen nächtlichen Feuerkugel suchen interessierte Forscher nach Augenzeugen. Dabei sammeln sie Informationen wie die aus der vorstehenden Aufzählung. Indem sie die Berichte von Personen, die die Feuerkugel von unterschiedlichen Orten aus gesehen haben, vergleichen, können sie die Gegend anpeilen, wo er höchstwahrscheinlich auf die Erde aufgeprallt ist. Selbst die leuchtendste Feuerkugel kann von einem so kleinen Stein produziert worden sein, dass er leicht in Ihre Handfläche passen würde. Daher müssen die Forscher den Suchbereich eingrenzen, wenn sie eine reelle Chance haben wollen, ihn zu finden.

Ein *Bolide* ist eine Feuerkugel, die sichtbar explodiert oder einen lauten Knall produziert, auch wenn sie nicht auseinander fällt. So definiere ich ihn jedenfalls. Für einige Leute bedeutet der Ausdruck »Bolide« dasselbe wie der Ausdruck »Feuerkugel« (Es gibt keine offizielle Vereinbarung über diesen Begriff und selbst bei den größten Autoritäten können Sie unterschiedliche Definitionen finden.) Das Geräusch, das Sie eventuell hören, ist der Überschallknall des Meteoroiden, der schneller als die Schallgeschwindigkeit durch die Luft fällt.

Wenn eine Feuerkugel auseinander fällt, sehen Sie zwei oder mehr helle Meteore gleichzeitig, die sich sehr nahe sind und denselben Weg einschlagen. Der Meteoroid, der die Feuerkugel produziert, ist auseinander gebrochen, vermutlich aufgrund aerodynamischer Kräfte, genauso wie auch ein Flugzeug, das aus großer Höhe abstürzt, manchmal auseinander gerissen wird, obwohl sein Tank nicht explodiert ist.

Oft zieht ein heller Meteor eine leuchtende Spur hinter sich her. Der Meteor ist nur ein oder zwei Sekunden sichtbar, aber die leuchtende Spur – der *Meteorschweif* – kann viele Sekunden oder sogar Minuten fortbestehen. Wenn er lange genug andauert, wird er von den Höhenwinden verweht, so wie der Kondensstreifen eines Flugzeugs über einem Strand oder einem Stadion allmählich vom Wind verformt wird.

Nach Mitternacht kann man mehr Meteore sehen als vor Mitternacht, weil Sie sich von Mitternacht bis Mittag auf der Vorderseite der Erde befinden, wo die Erde durch ihr Eintauchen in den Raum die Meteoroiden praktisch auffegt. Von Mittag bis Mitternacht befinden Sie sich auf der Rückseite, und die Meteoroiden müssen die Erde erst einmal einholen, um in die Atmosphäre eintauchen und sichtbar werden zu können. Meteoroiden sind wie die Fliegen, die auf Ihre Windschutzscheibe regnen, wenn Sie über die Autobahn rasen. Sie haben immer sehr viel mehr an der Vorderscheibe als an der Heckscheibe kleben, weil die Vorderseite in die Viecher hineinfährt, während die Heckscheibe sich von ihnen entfernt.

Meteorschauer – manchmal der Lichtblick des Jahres

Normalerweise sind nur wenige Meteore pro Stunde sichtbar, nach Mitternacht mehr als davor und (für Beobachter in der nördlichen Hemisphäre) im Herbst mehr als im Frühjahr. Doch zu bestimmten Gelegenheiten in jedem Jahr können Sie, wenn Sie Glück haben, in einer dunklen

Neumondnacht, weit genug weg von den Lichtern der Großstädte, zehn, zwanzig oder sogar fünfzig Meteore in der Stunde beobachten. Das sind die Nächte der *Meteorschauer*, wenn die Erde durch einen großen Ring aus Billionen von Meteoroiden hindurchfliegt, die ständig den Orbit des Kometen durchlaufen, der sie verloren hat. (Mit Kometen werde ich mich später in diesem Kapitel im Detail befassen.) Abbildung 4.1 verdeutlicht, wie es zu solchen Meteorschauern kommt.

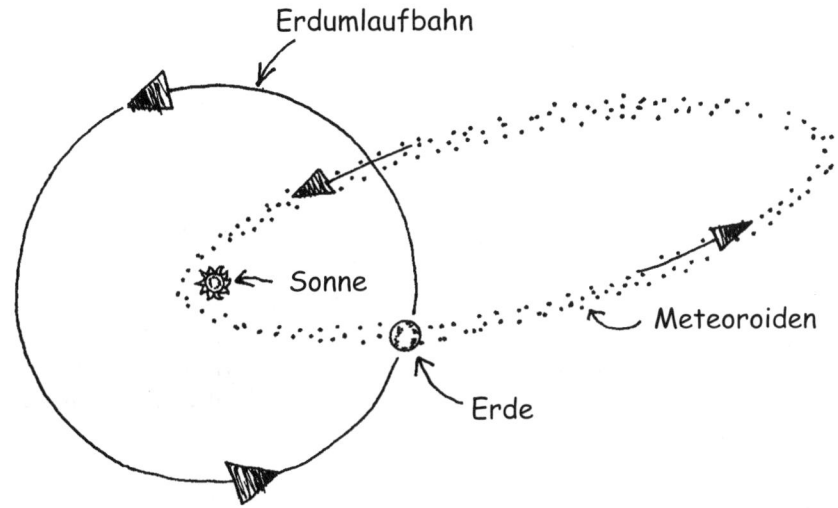

Meteorschauer

Abbildung 4.1: Wenn die Erde auf ihrer Umlaufbahn auf einen Meteoroidengürtel trifft, wird ein Schauer von Meteoren erzeugt.

Der Ort, von dem die Meteore eines Schauers herzukommen scheinen, wird *Radiant* genannt. Der populärste Meteorschauer sind die Perseiden, die es auf Spitzenwerte von 80 Meteoren pro Stunde bringen. (Die Perseiden heißen so, weil sie aus der Richtung der Sternbilds Perseus über den Himmel zu strömen scheinen. Meteorschauer werden für gewöhnlich nach den Sternbildern oder besonders hellen Sternen (wie etwa dem Eta Aquarii) benannt, die sich in der Nähe ihrer Radianten befinden.)

Es gibt noch einige andere Meteorschauer, die genauso viele oder sogar mehr Meteore wie die Perseiden produzieren, aber es nehmen sich weniger Leute die Zeit, sie zu beobachten. Die Perseiden tauchen in den milden Augustnächten auf, die für die Himmelsbeobachtung oft geradezu ideal sind, während die anderen führenden Meteorschauer – die Geminiden und die Quadrantiden – in den kalten Monaten Dezember bzw. Januar über den Himmel schießen, wenn die Ambitionen der Beobachter aufgrund des schlechten Wetters stark eingeschränkt sind.

Tabelle 4.1 listet die wichtigsten jährlich wiederkehrenden Meteorschauer auf. Die Datumsangaben hinter den einzelnen Schauern sind die Nächte, in denen sie ihre jeweiligen Spitzenwerte erreichen. Einige Schauer dauern tage-, andere wochenlang an, wobei aber weniger Meteore herabregnen als zu den Spitzenzeiten. Die Quadrantiden allerdings können nur eine Nacht oder sogar nur wenige Stunden andauern.

Name des Schauers	Ungefähres Datum	Meteore pro Stunde
Quadrantiden	3.-4. Januar	90
Lyriden	21. April	15
Eta-Aquariden	4.-5. Mai	30
Delta-Aquariden	28.-29. Juli	25
Perseiden	12. August	80
Orioniden	21. Oktober	20
Geminiden	13. Dezember	100

Tabelle 4.1: Die bedeutendsten Meteorschauer im Jahr

Der Radiant der Quadrantiden liegt in der nordöstlichen Ecke des Sternbilds Bootes (der Bärenhüter). Sie sind nach einem Sternbild benannt, das auf Sternkarten des 19. Jahrhunderts verzeichnet, inzwischen aber nicht mehr offiziell anerkannt ist. Zusätzlich zu ihrem namensgebenden Sternbild scheinen die Quadrantiden außerdem den Kometen verloren zu haben, der sie ausspuckte – ihr Ursprung ist immer noch ein astronomisches Rätsel.

Die Geminiden sind wahrscheinlich der einzige Meteorschauer, der mit der Umlaufbahn eines Asteroiden assoziiert wird statt mit einem Kometen. Wie dem auch sei, der »Asteroid« ist wahrscheinlich ein toter Komet, der kein Gas und Staub mehr ausstößt, um Kopf und Schweif zu formen. (Ich werde mich im nächsten Abschnitt mit Kometen befassen.)

Die Leoniden sind ein ungewöhnlicher Meteorschauer, der jedes Jahr um den 17. November herum auftaucht, normalerweise, ohne großen Eindruck zu hinterlassen. Alle 33 Jahre jedoch erscheinen sehr viel mehr Meteore als sonst, manchmal für mehrere aufeinander folgende November. Im November 1966 z.B. wurden riesige Mengen von Leoniden gesichtet, und auch für 1999, 2000 und vielleicht nächstes Jahr wurden große Zahlen vorausgesagt.

Sie werden so gut wie nie so viele Meteore pro Stunde sehen, wie in Tabelle 4.1 angegeben. Die offiziellen Meteor-Raten sind für außergewöhnlich gute Sichtverhältnisse definiert, die nur noch wenige Leute erfahren. Aber Meteorschauer variieren von Jahr zu Jahr, genau wie die Niederschlagsraten. Manchmal beobachten die Leute tatsächlich genauso viele Perseiden, wie in der Liste stehen. Zu seltenen Gelegenheiten sehen Sie auch weit mehr als erwartet. Aus diesem Grund kann es für die wissenschaftliche Aufzeichnung hilfreich sein, wenn Sie genaue Aufzeichnungen der Meteore machen, die Sie zählen können.

Um Meteore zu verfolgen, benötigen Sie eine Uhr, ein Notizbuch, einen Stift, um Ihre Beobachtungen aufzuzeichnen, und eine Taschenlampe, damit Sie auch sehen, was Sie schreiben.

4 ➤ Meteore, Kometen und selbstgemachte Monde

Hinein ins Rotlichtviertel

Das beste Licht für astronomische Beobachtungen ist das einer roten Taschenlampe, die Sie kaufen oder aus einer gewöhnlichen Taschenlampe selber basteln können, indem Sie die Birne mit rotem Transparentpapier umwickeln. Einige Astronomen malen die Lampe mit einer dünnen Schicht roten Nagellacks an. Wenn Sie weißes Licht benutzen, blenden Sie Ihre Augen und können daher die schwächer leuchtenden Sterne und Meteore 10 oder 30 Minuten lang nicht sehen, je nach den äußeren Umständen. Jedesmal, wenn Sie den Nachthimmel beobachten, sollten Sie Ihrer Sehkraft gestatten, sich an die Dunkelheit anzupassen, ein Schritt, der *Dunkeladaption* genannt wird.

Meteore beobachten und zählen Sie am besten, wenn Sie sich in einem Klubsessel zurücklehnen. (Genauso gut funktioniert es, wenn Sie einfach auf einer Decke mit einem Kissen liegen, aber dabei ist die Wahrscheinlichkeit größer, dass Sie einschlafen und den besten Teil der Show verpassen.) Neigen Sie Ihren Kopf so, dass Sie ein wenig höher als zur Mitte zwischen Horizont und Zenit schauen (siehe Abbildung 4.2). Dies ist die optimale Richtung, um Meteore zu zählen.

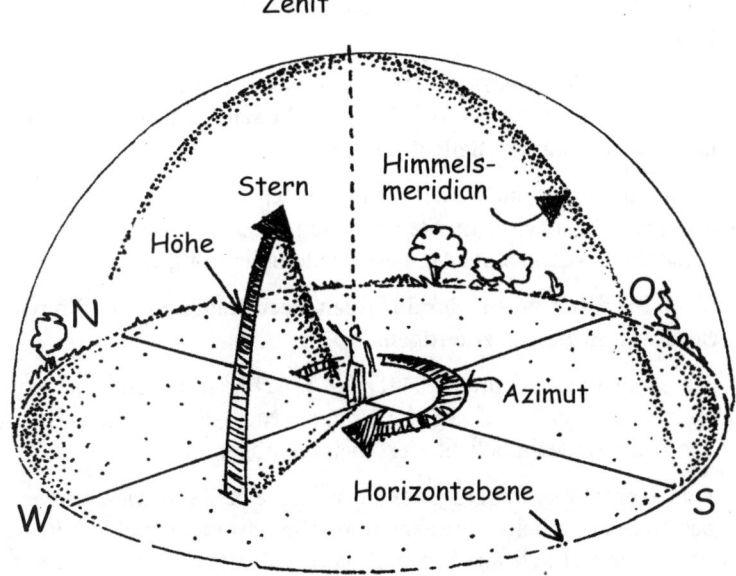

Positionen am Himmel

Abbildung 4.2: Für die optimale Sicht auf Meteore neigen Sie Ihren Kopf halb zwischen Horizont und Zenit.

Meteore und Meteorschauer fotografieren

Eine klare, dunkle Nacht ohne Mond ist die beste Zeit, um Meteore zu fotografieren. Die besten Resultate erzielen Sie mit einer altmodischen, von Hand einzustellenden 35-mm-Kamera – oder einer modernen Kamera, die vollständig von Hand eingestellt werden kann. Dann gehen Sie folgendermaßen vor:

1. **Verwenden Sie eine gewöhnliche Linse, keine Zoom- oder Telefotolinse, und stellen Sie sie auf unendlich ein.**

2. **Stellen Sie den f-Wert der Linse auf den kleinsten Wert ein.**

   Benutzen Sie eine Linse, die auf f/5.6 oder kleiner eingestellt werden kann – je kleiner, desto besser.

3. **Benutzen Sie einen Film mit einer Empfindlichkeit von ISO 400.**

   Experten bevorzugen häufig Schwarzweißfilme, aber Farbfilme ergeben auch sehr schöne Resultate, sind einfacher und heutzutage auch billiger in der Entwicklung.

4. **Setzen Sie Ihre Kamera auf ein Stativ und richten Sie sie etwa auf halbe Höhe in den Himmel, in irgendeine Richtung, in der die wenigsten störenden Lichteinflüsse (Lichtverschmutzung) von städtischen oder anderen Lichtquellen am Himmel zu sehen sind.**

5. **Stellen Sie die Kamera auf Dauerbelichtung ein, und lassen Sie den Verschluss für 10 bis 15 Minuten offen. Dann schließen Sie ihn, spulen den Film vor und nehmen eine weitere Belichtung vor.**

   Wenn allerdings eine Feuerkugel über den Teil des Himmels zieht, der von der Kamera erfasst wird, merken Sie sich die Zeit, und schließen Sie sofort den Verschluss. Nehmen Sie dann eine neue Belichtung vor.

6. **Wenn Sie den Film entwickeln lassen, beauftragen Sie den Entwickler, von allen Negativen Abzüge anzufertigen.**

   Die Leute, die die fotoverarbeitenden Maschinen bedienen, lassen gerne mal Fotos mit Himmel darauf weg, die für einen Nicht-Astronomen als reine Verschwendung oder schlecht belichtet erscheinen mögen.

Einen Meteorschauer fotografieren Sie auf dieselbe Weise wie einen einzelnen Meteor. Die besten Bilder erhalten Sie aber, wenn Sie warten, bis sich der Radiant (das Sternbild oder der Bereich am Himmel, von dem der Meteorschauer herzukommen scheint), weit genug über dem Horizont befindet, sagen wir mindestens 40 Grad, bevor Sie die Kamera darauf richten. Wenn Sie dann mehrere Schauermeteore in derselben Belichtungszeit einfangen, werden ihre Spuren den Speichen eines Fahrradreifens ähneln, die alle zurück auf denselben Ort zeigen, den Radianten.

Noch ein Wort zu den Höhen: Der höchste Punkt oder Zenit befindet sich in der Höhe 90 Grad, der Horizont bei 0 Grad, und daher liegt die Mitte zwischen Zenit und Horizont bei 45 Grad, zwei Drittel bei 60 Grad usw.

Sie müssen nicht in Richtung des Radianten blicken, wenn Sie einen Meteorschauer beobachten, wenn auch die meisten Leute dies tun. Die Meteore ziehen über den ganzen Himmel, und ihre sichtbaren Pfade können weit weg vom Radianten beginnen oder enden. Aber Sie können die Spuren der Meteore visuell extrapolieren, zurück in die Richtung, aus der sie zu kommen schienen, und die Pfade werden immer auf den Radianten zurückweisen. Auf diese Weise können Sie einen Schauermeteor von einem sporadischen unterscheiden.

Wenn Sie allerdings dem Radianten gegenüberstehen, werden Sie einige Meteore sehen, die sehr kurze Pfade zu haben scheinen, obwohl sie ziemlich hell sind, und der Grund dafür ist, dass sie direkt auf Sie zukommen. Zum Glück sind die Schauermeteoroiden mikroskopisch klein und schaffen es nicht bis zum Erdboden.

 Eine exzellente Anleitung zur Meteorbeobachtung für Anfänger, Formblätter zum Einreichen Ihrer Meteorzählungen und spezielle Formulare zur Aufzeichnung von Feuerkugeln finden Sie auf der Website von North American Meteor Network (englisch) unter `Web.InfoAve.Net/~meteorobs`. Besuchen Sie auch Gary Kronks Meteor- und Kometen-Site unter `comets.amsmeteors.org` und die International Meteor Organization-Site unter `www.imo.net`.

Kometen: Was es mit den schmutzigen Eiskugeln auf sich hat

Kometen, gewaltige Brocken aus Eis und Staub, die langsam über den Himmel ziehen und aussehen wie verschwommene Kugeln, die Schleier aus Gas hinter sich herziehen, sind populäre Besucher aus den Tiefen unseres Sonnensystems. Sie schaffen es immer, Aufmerksamkeit auf sich zu ziehen. Alle 75 bis 77 Jahre kehrt der bekannteste, der Halleysche Komet, in die Nähe der Erde und der Sonne zurück. Wenn Sie sein Erscheinen 1986 verpasst haben, versuchen Sie es 2061 noch einmal! Sollte Ihnen das zu lange dauern, so können Sie in der Zwischenzeit auch noch andere Kometen beobachten. Oftmals sind weniger berühmte Kometen, wie z.B. Hale-Bopp, der zuletzt zu sehen war, viel heller als der Halleysche.

Viele Leute verwechseln Meteore und Kometen, dabei kann man sie ganz einfach unterscheiden: Ein Meteor dauert nur einige Sekunden, während ein Komet tage-, wochen- oder sogar monatelang sichtbar ist. Meteore blitzen über den Himmel, weil sie über uns, innerhalb einer Größenordnung von 100 Meilen vom Standpunkt des Beobachters, herunterfallen. Kometen dagegen scheinen über den Himmel zu kriechen, weil sie viele Millionen Kilometer entfernt sind. Meteore sind alltäglich; Kometen, die mit bloßem Auge leicht zu erkennen sind, tauchen im Durchschnitt höchstens einmal im Jahr auf.

In alten Zeiten beschrieben die Astronomen Kometen als aus Kopf und einem oder mehreren Schweifen bestehend. Später wurde ein heller Punkt im Kopf des Kometen als *Kern* bezeichnet. Heute wissen wir, dass dieser Kern der eigentliche Komet ist – der sogenannte schmutzige Eisklumpen, eine zusammengepappte Mischung aus gefrorenem Wasser, anderen gefrorenen Gasen (wie etwa dem Eis aus Kohlenmonoxid und Kohlendioxid) und festen Anteilen – dem Staub oder »Schmutz«, der in Abbildung 4.3 gezeigt wird. Alle anderen Merkmale eines Kometen sind einfach Ausstrahlungen, die vom Kern herstammen.

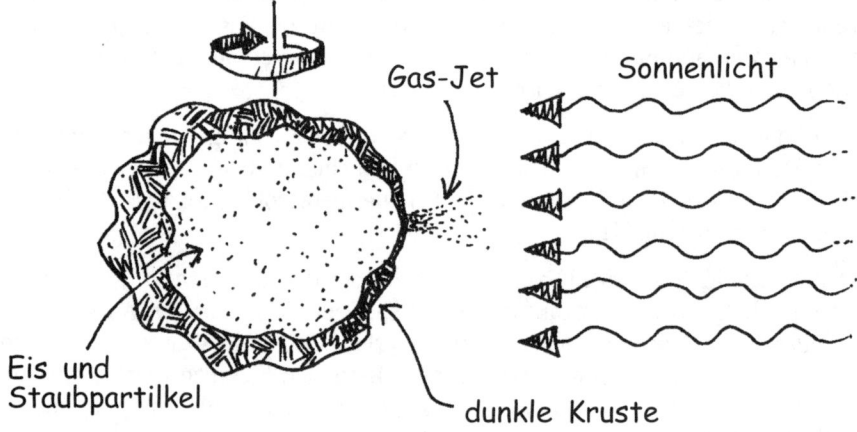

Kometenmodell »Schmutziger Schneeball«

Abbildung 4.3: Ein Komet ist in Wirklichkeit nichts als ein schmutziger Klumpen Eis.

Kopf oder Schweif: Die Struktur eines Kometen

Ein Komet, der sich weit weg von der Sonne befindet, besteht nur aus dem Kern; er hat weder Kopf noch Schweif. Die Eiskugel hat einen Durchmesser von vielleicht einigen Dutzend Kilometern, vielleicht auch nur von zwei oder drei Kilometern. Das ist für astronomische Verhältnisse ganz schön klein, und weil der Kern nur durch das reflektierte Sonnenlicht leuchtet, ist ein weit entfernter Komet sehr blass und schwer zu finden.

Bilder des Halleyschen Kometen, aufgenommen von einer European Space Agency-Sonde, die ihm 1986 sehr nahe kam, zeigen, dass die klumpige, sich drehende Eiskugel eine dunkle Kruste hat, genau wie Tartufo (Vanilleeiskugeln, die mit Schokolade umhüllt sind), das in phantasievollen Restaurants serviert wird. Kometen schmecken nicht ganz so gut, sind aber für das Auge echte Versuchungen. Hier und da auf dem Kern des Halleyschen Kometen ist zu sehen, wie Gas- und Staubfontänen aus geysirartigen Öffnungen oder Löchern in den Raum spritzen, dort, wo die Sonne die Oberfläche spärlich erwärmt hat. Das wird Ihnen mit Ihrem Tartufo natürlich (oder hoffentlich!?) nicht passieren.

Je näher der Komet der Sonne kommt, desto mehr von dem gefrorenen Gas verdampft und wird in den Weltraum ausgestoßen, wobei auch etwas Staub mit weggepustet wird. Gas und Staub bilden eine nebelhafte, leuchtende Wolke um den Kern, die man die *Koma* nennt (ein Begriff, der von dem Lateinischen Wort für »Haar« abgeleitet ist und nichts mit dem unter diesem Namen bekannten Zustand von Bewusstlosigkeit zu tun hat). Die meisten Leute verwechseln die Koma mit dem Kopf des Kometen, aber genaugenommen besteht der Kopf aus Koma und Kern.

Das Leuchten der Koma eines Kometen geht teilweise auf das von Millionen winziger Staubpartikel reflektierte Sonnenlicht, teilweise aber auch auf schwache Lichtemissionen der Atome und Moleküle in der Koma zurück.

Staub und Gas in der Koma eines Kometen sind störenden Kräften ausgesetzt, die einen oder zwei Kometenschweife verursachen.

Der Druck des Sonnenlichts zwingt die Staubteilchen in eine Richtung entgegengesetzt zur Sonne (siehe Abbildung 4.4), als Folge entsteht der *Staubschweif* des Kometen.

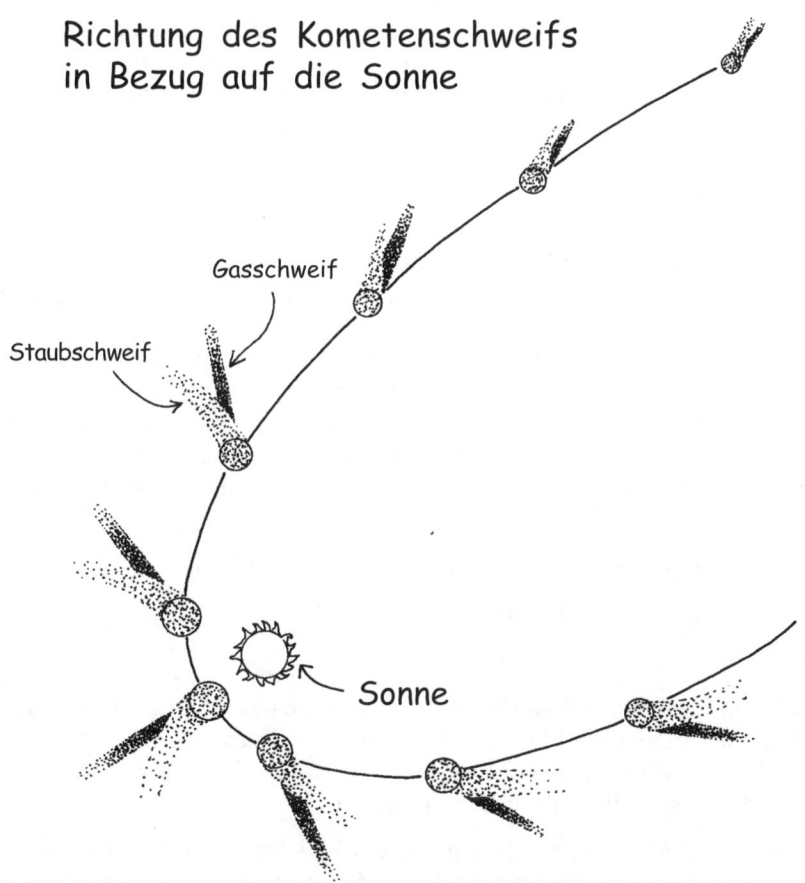

Abbildung 4.4: Der Schweif eines Kometen zeigt immer von der Sonne weg

Der Staubschweif leuchtet durch das reflektierte Licht der Sonne und hat folgende Merkmale:

✔ Eine glatte, manchmal zart geschwungene Form.

✔ Eine blassgelbe Farbe.

Komet aufs Land!

Die erste Regel beim Beobachten von Kometen lautet: Raus aus der Stadt! Obwohl der Kern eines Kometen womöglich nur einen Durchmesser von fünf bis 20 Kilometern haben kann, kann die ihn umgebende Koma Durchmesser von Zehn- oder sogar Hunderttausenden von Kilometern erreichen. Die Gase expandieren wie die Rauchwolken einer Zigarette. Je dünner sie werden, desto mehr verblassen sie und können schließlich nicht mehr gesehen werden. Daher hängt die Größe der Koma eines Kometen nicht nur von der Menge der ausgestoßenen Masse ab, sondern auch von der Empfindlichkeit des menschlichen Auges oder des fotografischen Films (oder des elektronischen Detektors), mit dessen Hilfe man ihn beobachtet. Außerdem hängt die erkennbare Größe der Koma auch vom Grad der Dunkelheit des Himmels ab, an dem Sie ihn sehen. Ein heller Komet wirkt von der Stadt aus gesehen sehr viel kleiner als draußen auf dem Land, wo der Himmel richtig dunkel ist.

Ein Teil des Gases in der Koma wird *ionisiert*, d.h. elektrisch aufgeladen, wenn er von dem ultravioletten Licht der Sonne getroffen wird. In diesem Zustand sind die Gase dem Druck des *Sonnenwinds* ausgesetzt, einem unsichtbaren Strom von Elektronen und Protonen, der aus der Sonne in den Weltraum hinaus strömt (siehe Kapitel 10). Der Sonnenwind drückt das ionisierte kometare Gas in eine Richtung weg, die sich ebenfalls grob entgegengesetzt zur Sonne befindet, und formt so den *Ionen-* oder *Plasmaschweif* des Kometen. Der Plasmaschweif kann mit dem Windsack auf einem Flughafen verglichen werden: Er zeigt den Astronomen, die den Kometen aus der Entfernung beobachten, aus welcher Richtung der Sonnenwind an der Position des Kometen im Weltraum weht.

Im Gegensatz zum Staubschweif hat der Plasmaschweif eines Kometen

✔ Ein faseriges, manchmal verdrehtes oder gebrochenes Erscheinungsbild.

✔ Eine blaue Farbe.

Ab und zu bricht ein Stück des Plasmaschweifs vom Kometen ab und fliegt in die Richtung weg, in die der Schweif zeigt. Der Komet bildet dann einen neuen Plasmaschweif, wie eine Eidechse, der ein neuer Schwanz nachwächst, wenn sie den ersten verloren hat. Ein Kometenschweif kann mehrere bis Hunderte von Millionen Kilometer lang sein.

Wenn ein Komet sich auf die Sonne zubewegt, weht sein Schweif (oder seine Schweife) hinter ihm her. Wenn der Komet die Sonne umrundet hat und zurück ins äußere Sonnensystem zieht, zeigt der Schweif immer noch von der Sonne weg, sodass der Komet nun seinem Schweif folgt! Der Komet verhält sich gegenüber der Sonne wie in alten Zeiten ein Höfling gegenüber seinem Kaiser: Er wendet seinem Herrn niemals den Rücken zu. Der Komet aus Abbildung 4.4 könnte sich im oder gegen den Uhrzeigersinn bewegen, sein Schweif zeigt immer von der Sonne weg.

Sowohl Koma als auch Schweif eines Kometen sind vergängliche Erscheinungen. Das Gas und der Staub, die vom Kern ausgeschieden werden und Koma und Schweife bilden, sind für den Kometen für immer verloren – sie fliegen einfach weg. Wenn der Komet sich wieder weit außerhalb der Umlaufbahn des Jupiters befindet, wo die meisten Kometen herkommen, besteht er nur noch aus dem reinen Kern. Aber der Staub, den er verloren hat, kann eines Tages einen Meteorschauer erzeugen, wenn er die Umlaufbahn der Erde kreuzt.

»Jahrhundertkometen«

Alle paar Jahre ist ein Komet hell genug und am Himmel so gut platziert, dass er mit bloßem Auge oder einem gewöhnlichen Fernglas zu erkennen ist. Wann einer dieser Kometen auftauchen wird, kann ich Ihnen aber nicht sagen, denn die einzigen Kometen, deren Wiederkunft die Astronomen für die nahe Zukunft präzise voraussagen können, sind kleinere, die nicht sehr hell werden. Fast alle hellen, aufregenden Kometen werden eher entdeckt als vorausgesagt.

Der Halleysche Komet ist der einzige helle Komet, dessen Besuche genau vorausberechnet werden können, aber er kommt nicht sehr oft vorbei. Sein Erscheinen im Jahre 1910 wurde weltweit angekündigt und jeder konnte einen Blick darauf werfen. Jedoch tauchte im selben Jahr ein noch hellerer Komet, der Große Komet von 1910, auf und niemand hatte ihn kommen sehen. Sie müssen also einfach immer mal wieder nach oben schauen. Sehen Sie die astronomischen Magazine und die Websites am Ende dieses Abschnitts nach Berichten über neue Kometen durch und befolgen Sie die Anweisungen, wie Sie sie beobachten können. Oder noch besser, seien Sie einfach der erste, der einen neuen Komet entdeckt und meldet, dann wird er sogar nach Ihnen benannt werden.

Alle fünf oder zehn Jahre ist ein Komet so hell, dass er als »der Komet des Jahrhunderts« gefeiert wird. Der Mensch hat ein schlechtes Gedächtnis. Aber bleiben Sie am Ball, vielleicht bekommen Sie Ihre Chance:

- ✔ 1967 war der Komet Ikeya-Seki bei klarem Tageslicht in der Nähe der Sonne zu sehen, wenn man den Daumen hochhielt, um die helle Sonnenscheibe abzudecken. Ich werde diesen Anblick nie vergessen, genauso wenig wie meinen sonnenverbrannten Daumen.

- ✔ 1976 war der Komet West für das bloße Auge am Nachthimmel über Los Angeles sichtbar, einem der schlechtesten Plätze für die Himmelsbeobachtung, die man sich vorstellen kann.

- ✔ 1983 konnte man mit bloßem Auge sogar die Bewegung des Kometen IRAS-Iraki-Alcock über den nächtlichen Himmel erkennen. (Die meisten Kometen bewegen sich derart langsam übers Sternenzelt, dass Sie eine Stunde oder noch länger warten müssen, um einen Effekt zu bemerken.)

Und in den Neunzigern tauchten die hellen Kometen Hyakutake und Hale-Bopp aus dem Nichts auf und wurden weltweit von Millionen von Menschen beobachtet.

Es gibt Websites in rauen Mengen, die Informationen über gegenwärtig sichtbare Kometen und von Amateuer- und Profiastronomen gemachte Fotos davon anbieten. Meistens leuchten die aktuellen Kometen zu schwach für Amateurteleskope, es sei denn, es handelt sich um ein fortschrittliches Modell. Hier sind drei der besten Websites über Kometen; überprüfen Sie sie regelmäßig, um sicherzugehen, dass Sie nichts Neues verpassen:

✔ Grundlegende Informationen sowie gute Einführungen in das Gebiet der Kometen in deutscher Sprache finden Sie unter folgenden Adressen: members.at/pushing/Sonnensystem/Index.html und bei der Space Odyssey Suite unter www.space-odyssey.de/dfsol.htm#Kometen.

✔ Weiteres Bild- und Informationsmaterial enthält Bernhards Kometenseite unter www.syros.de/kometen. Hier finden Sie auch Anleitungen zur Kometensuche.

✔ Die Comet Observation Home Page beim NASA's Jet Propulsion Laboratory encke.jpl.nasa.gov.

✔ Die Sky&Telescope's Comet Page, die Tipps zum Beobachten und Fotografieren von Kometen gibt, unter www.skypub.com/sights/comets/comets.html.

Ihre Jagd nach dem Großen Kometen

Einen Kometen zu finden ist nicht so schwierig, nur der allererste lässt oft etliche Jahre lang auf sich warten. Der bekannte zeitgenössische Kometenjäger David Levy suchte neun Jahre lang systematisch den Himmel ab, bevor er seine erste Beute machte. Seitdem hat er über 20 weitere Kometen entdeckt.

Bei der Suche nach Kometen verwenden Sie am besten ein »Kurzfokus-« oder »lichtstarkes« Teleskop, d.h. eins, dessen Katalogbeschreibung ein kleines *Öffnungsverhältnis* bzw. eine niedrige f-Zahl (das Verhältnis der Brennweite zum Objektivdurchmesser) enthält – f/5.6 oder noch besser f/4. Außerdem müssen Sie ein Okular mit niedriger Vergrößerung verwenden, wie etwa 20x bis 30x. Zweck des Ganzen ist es, ein so großes Stück Himmel wie möglich mit Ihrem Teleskop beobachten zu können. Die hellen Kometen, die Sie so gerne entdecken wollen, sind nämlich dünn gesät.

Zwei Wege gibt es, nach unbekannten Kometen zu suchen: den einfachen und den systematischen.

Kometen finden auf die leichte (und planlose) Art

Die einfache Art der Kometensuche ist die, keinerlei Anstrengung überhaupt zu unternehmen. Halten Sie einfach Ausschau nach verschwommenen Flecken, wenn Sie durch Ihr Fernglas oder Teleskop auf Sterne oder andere Objekte am Nachthimmel gucken. Suchen Sie den Himmel nach unscharfen Punkten ab (im Gegensatz zu Sternen, die als deutlich abgegrenzte Punkte erscheinen, wenn Ihr Fernglas richtig eingestellt ist). Schauen Sie dann in Ihrem Sternatlas nach, ob irgendetwas an dieser Stelle verschwommen aussehen *soll*, wie z.B. ein Nebel oder eine Galaxie.

Das Wichtigste überhaupt: Warten Sie einige Stunden; wenn die Sonne aufgeht oder Wolken aufziehen, setzen Sie Ihre Beobachtung in der nächsten Nacht fort. Wenn das Objekt wirklich ein Komet ist, wird es sich gegenüber den Hintergrundsternen ein wenig verschoben haben. Und wenn er hell genug ist, könnte er – als kostenlose Zugabe – einen Schweif haben.

Was ist schon ein Name?

Wenn Sie einen Kometen entdecken, wird dieser nach Ihnen und wahrscheinlich der nächsten oder den beiden nächsten Personen, die ihn melden, benannt werden.

Wenn Sie einen Asteroiden entdecken, können Sie jemand anderen empfehlen, nach dem der Asteroid benannt werden soll, nicht aber sich selbst.

Wenn Sie einen Meteor beobachten, ist er schon wieder verschwunden, bevor Sie ihn auch nur ansatzweise irgendwie benennen können. Sie könnten versuchen, noch schnell eben »Heinz« zu rufen, aber der Name wird nicht einschlagen und Sie werden vielleicht mehr Aufmerksamkeit erregen, als Ihnen lieb ist. Die einzigen Meteore, die benannt werden, sind jene spektakulären, die in dem geographischen Bereich, in dem sie auftauchen, von Tausenden von Leuten beobachtet werden. Sie erhalten solch spannende Namen wie »Große Tageslichtfeuerkugel vom 10. August 1972«.

Wenn Sie einen Meteoriten entdecken, wird er nach der Stadt oder der Gegend benannt, wo Sie ihn gefunden haben. Der Meteorit gehört dem Besitzer des Grund und Bodens, wo er niedergegangen ist, und falls dieses Land in Besitz der US-Regierung ist, wie etwa ein Nationalpark oder -wald, geht er an die Smithsonian Institution.

Kometen finden auf die systematische Art

Die systematische Kometensuche basiert auf folgender Regel: Kometen werden am ehesten dort entdeckt, wo sie am hellsten sind, also so nahe an der Sonne wie möglich, und sind am besten dort zu sehen, wo der Himmel am dunkelsten ist, also so weit von der Sonne entfernt wie möglich. (Auch wenn die Sonne untergegangen ist, bleibt der Himmel im Westen noch eine ganze Weile heller als der Rest, während er vor der Morgendämmerung im Osten am hellsten ist, und zwar schon weit vor Sonnenaufgang.)

Als Kompromiss zwischen so weit entfernt von der Sonne wie möglich und andererseits so nahe dran wie möglich, starten Sie Ihre Suche nach Kometen im Osten vor der Morgendämmerung in dem Teil des Himmels, der

- ✔ mindestens 40 Grad von der Sonne entfernt ist (die sich unter dem Horizont befindet).
- ✔ nicht weiter als 90 Grad von der Sonne liegt.

Beachten Sie, dass einmal rund um den Horizont 360 Grad sind, weil der Horizont ein Kreis ist. 90 Grad sind also ein Viertel des Wegs um den Himmel herum.

Ein Desktop-Planetarium-Programm kann Ihnen dabei helfen, für jede beliebige Nacht im Jahr die Gebiete der Sternbilder abzubilden, die diese Bedingungen erfüllen. Natürlich können Sie auch im Westen bei Einbruch der Dunkelheit nach Kometen suchen, indem Sie dieselben beiden Regeln befolgen. Nach meiner Erfahrung werden die ersten »Kometen«, die Sie entdecken werden, Kondensstreifen von Düsenfliegern sein, die in der Höhe die Strahlen der Sonne einfangen, auch wenn die Sonne dort, wo Sie stehen, bereits untergegangen ist.

Beginnen Sie in einer Ecke des Himmelsausschnitts, den Sie untersuchen wollen, und schwenken Sie das Teleskop langsam über dieses Gebiet. Dann bewegen Sie das Teleskop leicht nach oben oder unten und untersuchen den nächsten Streifen Ihres Suchgebiets. Sie können jede Untersuchung von links nach rechts vornehmen oder aber *boustrophedonisch* (ein Begriff aus klassischen Zeiten, der sich auf das Pflügen eines Felds mithilfe von Ochsen bezieht; man pflügte die erste Furche in die eine Richtung und dann zurück in die entgegengesetzte Richtung) immer hin und zurück gehen.

Es ist wesentlich einfacher, Ihre Freunde mit Erzählungen über Ihre boustrophedonisch angelegte Kometensuche zu beeindrucken, als tatsächlich einen Kometen zu entdecken. Es wird Ihrem Ego Auftrieb geben (wenn auch Ihre Freunde zu dem Schluss kommen könnten, dass bei Ihnen im Kopf irgendwas umgepflügt worden sein muss). Wenn Sie einen Kometen entdeckt haben, befolgen Sie die Anweisungen auf der Website des International Astronomical Union's Central Bureau for Astronomical Telegrams (die mit Telegrammen allerdings eigentlich nichts mehr zu tun haben) und melden ihn per E-Mail. Die Site finden Sie unter `cfa-www.harvard.edu/iau/cbat.html`.

Falscher Alarm ist weniger erwünscht, und daher sollten Sie versuchen, einen sternguckenden Freund wegen Ihrer Entdeckung zu Rate zu ziehen, bevor Sie die Meldung verbreiten. Wenn Ihr Fund sich als Volltreffer erweist, können Sie – als nicht-professioneller Entdecker eines Kometen – für einen Geldanteil des Edgar Wilson Award in Frage kommen, was auf der Website beschrieben ist (`cfa-www.harvard.edu/iau/special/EdgarWilson.html`).

Aber auch wenn Sie niemals einen Kometen entdecken – und die meisten Astronomen entdecken niemals einen – können Sie sich immer noch an den Kometen erfreuen, die andere entdecken.

Künstliche Satelliten: Geliebt und gehasst

Ein künstlicher Satellit ist ein Ding, das von Menschenhand gebaut und in den Weltraum geschossen wird, wo es die Erde umkreist. Solche Satelliten zeigen uns das Wetter, überwachen El Niño, übertragen Netzwerk-TV-Programme und dienen als Wachtposten gegen Interkontinentalraketen-Angriffe feindlicher Mächte. Sie können sich aber auch für die Astronomie nützlich machen.

Das Hubble-Weltraumteleskop ist solch ein künstlicher Satellit, den die Astronomen lieben. Es liefert uns einmalige Aufnahmen von Sternen und fernen Galaxien und lässt uns das Universum in ultraviolettem und infrarotem Licht sehen, das von den dicken Schichten der Erdatmosphäre unterhalb von Hubble abgefangen wird.

Künstliche Satelliten können aber auch Sonnenstrahlen einfangen, und zwar nicht nur die der untergehenden Sonne, sondern auch die der Sonne, die für den Beobachter auf Bodenhöhe bereits untergegangen ist, und daher können sie Licht über den dunklen Himmel blitzen lassen, wo ein Astronom gerade ein Dauerbelichtungsfoto von schwach leuchtenden Sternen macht. Diese Interferenz ist alles andere als erwünscht. Schlimmer noch, manche künstlichen Satelliten senden auf Radiofrequenzen, die die großen Schüssel-Radioantennen stören, welche die Astronomen dazu benutzen, um die natürliche Radiostrahlung aus dem All einzufangen. Solche Radiowellen können fünf Billionen Jahre lang von einem Quasar aus zu uns gewandert sein, vielleicht haben sie aber auch 5000 Jahre gebraucht, um die Erde von einem anderen Sonnensystem der Milchstraße aus zu erreichen, und tragen möglicherweise einen Gruß von wohlwollenden Außerirdischen in sich, die uns gerne das Allheilmittel gegen Krebs senden wollen. Aber genau in dem Moment, wo sie ankommen, ertönt der Brüllton und die schrillen Modulationen eines Satelliten, der jetzt gerade über dem Observatorium vorbeikommt. Und wir werden es niemals erfahren. Schade.

Daher lieben die Astronomen künstliche Satelliten für das, was sie Gutes für uns tun, und hassen sie, wenn sie ihre Beobachtungen stören.

Und um der Sache noch etwas Gutes abzugewinnen, sind die Amateurastronomen zu enthusiastischen Beobachtern und Fotografen von künstlichen Satelliten geworden, die da über unsere Köpfe hinweg schwirren.

Wie man künstliche Satelliten beobachtet

Hunderte von Satelliten in Betrieb umkreisen die Erde, zusammen mit einer ganzen Menge Weltraumschrott – nicht funktionierende Satelliten, obere Stufen von Satelliten-Startraketen, Stücke von auseinander gebrochenen und sogar explodierten Satelliten und abgeblätterte Farbpartikelchen von Satelliten und Raketen.

Auf der Erde ist das Space Shuttle ein bemanntes Raumfahrzeug, aber im Weltraum ist es nichts anderes als ein künstlicher Satellit.

Vielleicht erhaschen Sie ein wenig von dem reflektierten Licht von irgendeinem der größeren Satelliten oder einem Teil Weltraumschrott, und der leistungsstarke Verteidigungsradar spürt sogar sehr kleine Teile auf.

Wenn Sie mit der Beobachtung künstlicher Satelliten anfangen wollen, beginnen Sie mit den großen – wie z.B. der Internationalen Raumstation und dem Space Shuttle, wenn es sich in der Umlaufbahn befindet – und suchen Sie nach den hell aufleuchtenden, den vielen Iridium-Kommunikationssatelliten.

Nach einem großen oder hellen Satelliten zu schauen kann für einen astronomischen Anfänger beruhigend sein. Vorhersagen von Kometen und Meteorschauern sind häufig irreführend. Kometen erscheinen immer schwächer, als Sie erwarten, und meistens regnen weniger Meteore herab als angekündigt. Nur die Vorhersagen, wann künstliche Satelliten zu sehen sind, treffen für gewöhnlich ins Schwarze. Sie können Ihre Freunde in Erstaunen versetzen, indem Sie sie an einem klaren Abend ins Freie locken, auf Ihre Uhr starren und sagen: »Hm, eigentlich müsste die Internationale Raumstation gleich dort hinten vorbeikommen (dabei zeigen Sie in die Richtung aus der sie kommen wird), in etwa ein oder zwei Minuten.« Und dann kommt sie tatsächlich!

✔ Ein Satellit wie z.B. das Hubble-Weltraumteleskop oder die Internationale Weltraumstation erscheinen normalerweise am Abend als Lichtpunkte und bewegen sich in der westlichen Hälfte des Himmels stetig und merklich von Westen nach Osten. Sie sind viel zu langsam, um irrtümlich für Meteore gehalten zu werden, aber auch wieder zu schnell, um mit einem Kometen verwechselt zu werden. Man kann sie leicht mit bloßem Auge erkennen, d.h., sie sind viel zu hell (und auch zu schnell), um ein Asteroid sein zu können.

Manchmal kann es passieren, dass Sie einen sehr hoch fliegenden Jet mit einem Satelliten verwechseln. Wenn Sie aber durch Ihr Fernglas schauen, sollten Sie ein Flugzeug an den Lichtern oder sogar an der Silhouette erkennen. Und wenn Sie an einem stillen Ort stehen, hören Sie es vielleicht sogar. Einen Satelliten können Sie nicht hören.

✔ Einen ganz anderen Anblick bietet Ihnen ein Iridium-Satellit: Er erscheint normalerweise als sich bewegender Lichtstreifen, der bemerkenswert hell wird und dann nach wenigen Sekunden verblasst. Er bewegt sich viel langsamer als ein Meteor. Und das Aufblitzen eines Iridiums ist oft heller als die Venus und wird am Nachthimmel an Helligkeit nur noch vom Mond übertroffen. Die Ursache dafür ist die Sonne, die sich unter Ihrem Horizont befindet und sich in einer der türgroßen, flachen Aluminiumantennen des Satelliten spiegelt. Auf Sternenpartys jubelt die Menge, wenn ein Iridium aufblitzt, genauso, wie wenn die Leute eine Feuerkugel sehen. Manche Iridiumblitze können sogar bei Tageslicht gesehen werden.

Es gibt mehr als 60 Iridium-Satelliten. Sie stören die astronomischen Forschungen, und die Astronomen verfluchen sie, aber wenigstens sorgen sie für einige unterhaltsame Blitze, die sich gut beobachten lassen.

Wie man Vorhersagen künstlicher Satelliten findet

Einige Zeitungen und TV-Wetterfrösche liefern tägliche oder gelegentliche Vorhersagen über das lokale Auftauchen von Satelliten. Sie können aber auch detailliertere Informationen bekommen, wann immer Sie wollen, indem Sie die folgenden Sites aufsuchen:

✔ Vorhersagen für Mir, ISS und eine Reihe von Satelliten liefert die Seite www.stud.fernuni-hagen.de/q5631297/sat/index.html. Dank einer Formulareingabe ist sie einfach zu bedienen.

✔ Für Iridium-Kommunikationssatelliten sind Voraussagen am bequemsten beim Deutschen Raumfahrt-Kontrollzentrum (oder auch GSOC = German Space Operations Centre) unter www.heavens-above.com/ zu finden.

Diese Seite bietet auch Zugriff auf eine Ortsdatenbank der ganzen Welt. Wählen Sie auf der Startseite SELECTING FROM OUR HUGE DATABASE und dann unter den Ländern GERMANY aus, können Sie nach Ortsnamen suchen. Sie bekommen dann die Koordinaten geliefert.

Um die Iridium-Voraussagen nutzen zu können, müssen Sie die geographischen Koordinaten Ihres Beobachtungsstandpunkts kennen, aber diese sind leicht zu bestimmen. Die GSOC-Website z.B. besitzt eine Liste dieser Koordinaten für 1500 Städte. Wenn Sie sich in den USA befinden und gerne eine genauere Koordinatenangabe hätten, können Sie einen kostenlosen, praktischen Service des U.S. Census Bureau nutzen: den U.S. Gazetteer unter www.census.gov/cgi-bin/gazetteer.

Dieser Service funktioniert nur für Orte in den Vereinigten Staaten. Suchen Sie die Website auf und gehen Sie folgendermaßen vor:

1. **Geben Sie Ihren fünfstelligen Zip-Code oder den Namen der Stadt, in der Sie sich befinden (oder einer Stadt in der Nähe Ihres Beobachtungsstandpunkts), ein und klicken Sie auf SEARCH.**

   Dieser Schritt bringt eine kleine statistische Zusammenfassung der Stadt zum Vorschein, die auch Längen- und Breitengrad des Stadtzentrums enthält.

2. **Suchen Sie nach der Zeile »Browse Tiger map of area«, und klicken Sie auf das Wort MAP.**

   Da haben wir's schon. Eine Landkarte erscheint auf dem Bildschirm.

3. **Suchen Sie auf der Karte Ihren Standort heraus, ziehen Sie den Cursor dorthin und klicken Sie darauf.**

   Dieser Schritt zentriert die Karte neu mit dem von Ihnen angegebenen Standort als Zentrum.

4. **Klicken Sie nun auf die Option zum hineinzoomen.**

   Es erscheint eine detailliertere Karte.

5. **Setzen Sie den Cursor auf das, was Ihnen wie Ihr eigener, nun vergrößert dargestellter Standort vorkommt, und klicken Sie dorthin, um die Karte neu um diesen Ort herum zu zentrieren.**

6. **Gehen Sie nun mithilfe der Bildlaufleiste weiter nach unten auf der Seite und suchen Sie nach der Längen- und Breitengradangabe.**

   Oder machen sie weiter mit Vergrößern und Neu-Zentrieren, um genauere Informationen zu erhalten.

7. **Speichern Sie die geographischen Koordinaten, damit Sie sie für Ihre Iridium-Voraussagen oder die Meldung von Feuerbällen und anderer astronomischer Phänomene, die Sie von diesem Ort aus möglicherweise beobachten, parat haben.**

Nachdem Sie sich einige helle künstliche Satelliten angeschaut haben, können Sie auch versuchen, diese zu fotografieren. Halten Sie sich an die Anweisungen in dem Kästchen »Meteore und Meteorschauer fotografieren« weiter oben in diesem Kapitel. Alles, was Sie brauchen, ist eine Kamera, die für Dauerbelichtung geeignet ist, ein standfestes Stativ und irgendeinen schnellen Film.

Ursprünglich sollten die 74 Satelliten, die der Motorola-Ableger Iridium LLC seit 1997 in niedrige Erdumlaufbahnen gebracht hat, ein weltweites Kommunikationsnetz für Mobiltelefone aufbauen.

Nach dem endgültigen Zusammenbruch der Firma am 17. März 2000 werden in den kommenden zwei Jahren alle Satelliten zum Absturz gebracht. Sie müssen sich also beeilen, wenn Sie noch etwas davon sehen wollen ...!

Sie können sich gratulieren; Sie haben die nächtlichen Besucher kennen gelernt und werden noch viel Spaß mit ihnen haben.

Teil II

Die Reise rund um das Sonnensystem

»Ich glaube, Liebling, was du siehst, ist ein magnetischer Sturm.«

In diesem Teil...

Wie Sie wissen, stammen Männer nicht vom Mars ab und Frauen nicht von der Venus. Im Übrigen gibt es, soweit uns bekannt, auf keinem dieser Planeten günstige Lebensbedingungen. Mars ist zu kalt und flüssiges Wasser ist auf beiden nicht vorhanden. In diesem Teil werden die Planeten unseres Sonnensystems vorgestellt, wie sie leiben und leben. Gab es je Leben auf dem Mars? Wie sieht es mit Jupiters Mond, Europa, aus? Ich werde Ihnen verraten, was man bis dato darüber weiß.

Wenn Sie einen dieser Filme gesehen haben, in denen ein großer Asteroid auf die Erde zufliegt, mögen Sie sich fragen, ob Sie vielleicht besorgt sein sollten. Ich füge ein Kapitel hinzu, in welchem alles über Asteroiden erklärt und die Wahrheit über das Risiko, dass sie einschlagen, gesagt wird.

Die Erde und ihr Mond

In diesem Kapitel

▶ Sehen Sie die Erde als Planeten
▶ Verstehen Sie die Zeit und die Jahreszeiten
▶ Betreten Sie den Mond stufenweise und beobachten Finsternisse
▶ Graben Sie die Mondkrater aus

*P*laneten, wie Jupiter oder Mars, werden meistens als Objekte am Himmel wahrgenommen. Die alten Griechen und Jahrhunderte nachfolgender Generationen unterschieden zwischen der Erde, die sie als das Zentrum des Universums betrachteten, und den übrigen Planeten. In ihren Augen waren diese winzige Lichter am Himmel, die sich um die Erde drehten.

Heute wissen wir es besser. Die Erde ist nicht das Zentrum des Universums; sie ist noch nicht einmal das Zentrum des Sonnensystems, denn das ist die Sonne. Zusammen mit Hunderten künstlicher Satelliten dreht sich der Mond um die Erde, und das war's auch schon. Zusammen mit der Erde drehen sich noch weitere acht Planeten unseres Sonnensystem, eine Anzahl von Monden, ein Asteroidengürtel und andere Weltraumtrümmer um die Sonne. Soweit wir wissen, gibt es jedoch nur auf der Erde Leben.

Die Erde hat ihre bevorzugte Stellung als Zentrum des Universums gegen ihren tatsächlichen, äußerst wertvollen Status getauscht, unser Heimatplanet zu sein. Es gibt wahrlich keinen anderen Ort im Sonnensystem, der heimeliger ist.

Die Erde ist, was Astronomen als *terrestrischen* Planeten bezeichnen. Das ist natürlich eine tautologische Definition, weil »terrestrisch« erdähnlich heißt. Wissenschaftler verstehen darunter einen aus Gestein bestehenden Planeten, der die Sonne umkreist. Es gibt vier erdähnliche Planeten, und zwar die vier der Sonne am nächsten gelegenen. In der Reihenfolge ihres Abstandes von der Sonne sind es Merkur, Venus, Erde und Mars.

Manche betrachten den Erdmond als einen erdähnlichen Planeten und das System Erde-Mond als einen Doppelplaneten. Für Außerirdische, die uns einen Besuch abstatten möchten ist dies vermutlich keine schlechte Vorstellung: einfach auf den gelbweißen Stern im Sektor 49 832 des Orion-Armes in der Milchstraße zu und dann den dritten Brocken von der Sonne aus ansteuern; es ist ein Doppelplanet und ganz leicht zu orten.

Die Erde: Was ist an ihr so besonders?

Was ist das Besondere an der Erde? Die Erde ist der einzige Planet, von dem wir wissen, dass er Folgendes besitzt:

- ✔ **Flüssiges Wasser auf der Oberfläche.** Die Erde besitzt im Gegensatz zu anderen Planeten Seen, Flüsse und Ozeane. Die Ozeane bedecken 70% der Erdoberfläche.

- ✔ **Jede Menge Sauerstoff in der Luft.** Die Luft auf der Erde enthält 21% Sauerstoff; kein anderer Planet hat mehr als eine Spur von Sauerstoff in seiner Atmosphäre.

- ✔ **Plattentektonik, auch als Kontinentaldrift bezeichnet.** Die Erdkruste besteht aus riesigen, sich bewegenden Gesteinsplatten bei deren Zusammenstoß Erdbeben stattfinden und neue Berge entstehen. Neue Kruste quillt aus dem Mittelozeanischen Rücken in die Tiefen des Ozeans hervor und bewirkt das sogenannte Meeresbodenwachstum oder »sea-floor spreading«.

- ✔ **Aktive Vulkane.** Heißes, geschmolzenes Vulkangestein sprudelt aus den Tiefen der Erde hoch und bildet verschiedene Landschaftsformen, wie beispielsweise die Hawaiischen Inseln. Jeden Tag brechen irgendwo auf der Erde Vulkane aus.

- ✔ **Intelligentes Leben und andere Lebensformen.** Über die Intelligenz lässt sich streiten, doch von einzelligen Amöben bis hin zu den Bakterien und Viren, zu den Blumen und Bäumen, den Fischen und Vögeln, Insekten und Säugetieren, gibt es auf der Erde Leben im Überfluss.

Es gibt verlockende Indizien dafür, dass Mars und Venus einst in einigen dieser Merkmale der Erde ähnlich gewesen sind (siehe Kapitel 6). Unseres Wissens verfügen sie jedoch über diese Eigenschaften nicht mehr.

Wissenschaftler vermuten, dass einer der Hauptgründe für die Existenz von Leben auf der Erde das Vorhandensein flüssigen Wassers auf deren Oberfläche ist. Gewiss können Sie sich fortgeschrittene Lebensformen in anderen Welten vorstellen. Sie können Sie im Fernseher und im Kino antreffen, jedoch sind diese reine Produkte der menschlichen Phantasie. Trotz einiger Behauptungen neueren Datums verfügen Wissenschaftler über keinerlei überzeugende Evidenzen für die vergangene oder gegenwärtige Existenz jeglicher Lebensformen anderswo als auf der Erde.

Einflusssphären: Die Erde wird aufgeteilt

Abbildung 5.1 stellt vier Erdansichten aus dem Weltraum dar. Die Land-, See- und Wolkenmuster sind leicht erkennbar.

Wissenschaftler klassifizieren die Erdregionen in

- ✔ die *Lithosphäre*, die äußere feste Schicht der Erde;

- ✔ die *Hydrosphäre*, welche das Wasser der Ozeane, Seen usw. umfasst;

- ✔ die *Kryosphäre*, welche die gefrorenen Gebiete (die Antarktis und die Grönländischen Eiskappen) einbezieht;

✔ die *Atmosphäre*, die aus der Luft besteht und von der Erdoberfläche aus bis zu Höhen von Hunderten von Kilometern hinaus reicht;

✔ die *Biosphäre*, welche alle Lebewesen auf der Erde, im Wasser und in der Luft einschließt.

Damit sind Sie ein Mitglied der Biosphäre, die auf der Lithosphäre lebt, aus der Hydrosphäre trinkt und die Atmosphäre einatmet. Ich kenne keinen anderen Ort im Weltraum, an dem man all dies tun kann.

Zusätzlich zu den oben beschriebenen gibt es eine weitere wichtige Region, die *Magnetosphäre*, welche eine gewichtige Rolle beim Schutz der Erde vor den negativen Einflüssen der Sonne spielt, die ich in Kapitel 10 beschreiben werde. Die Magnetosphäre umfasst das die Erde umgebende Erdmagnetfeld, welches ich im folgenden Abschnitt vorstellen werde.

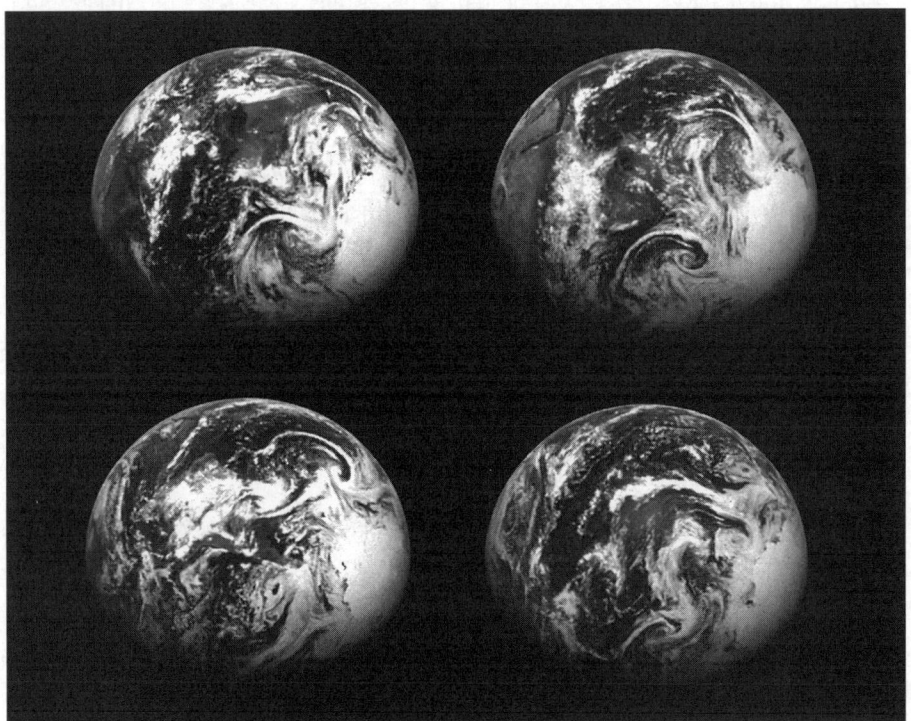

Abbildung 5.1: Vier Ansichten des wandelbaren Gesichts der Erde

Die Magnetosphäre: Eine Hauptattraktion

Die Magnetosphäre umfasst das die Erde umgebende Erdmagnetfeld. Elektrisch geladene Teilchen, hauptsächlich Elektronen und Protonen, schwingen im Erdmagnetfeld hin und her, sind darin eingefangen und bilden den Strahlungsgürtel der Erde (oder Van-Allen-Gürtel, nach dem

Namen des US-amerikanischen Physikers James Van Allen genannt, der sie mithilfe des ersten amerikanischen künstlichen Satelliten, Explorer 1, entdeckte).

Mitunter gelingt es einigen Elektronen, zu entweichen und auf die darunter liegende Erdatmosphäre niederzuregnen, wobei sie mit Atomen und Molekülen zusammenstoßen und diese zum Leuchten anregen. Auf der Nordhalbkugel nennt man dieses Leuchten *Nordpolarlicht* (oder *Aurora Borealis*) und auf der Südhalbkugel *Südpolarlicht* (oder *Aurora Australis*). Für Zusatzinformation über das Beobachten von Auren sei auf den Kasten am Ende dieses Kapitels hingewiesen.

Das Magnetfeld der Erde

Die feste Oberfläche der Erde – der Teil, auf dem Sie stehen – ist die Kruste. Darunter befinden sich der Mantel und der Kern. Der Kern besteht größtenteils aus Eisen und Nickel und ist, mit Temperaturen von etwa 7000° K im Zentrum, sehr heiß. Der Kern ist ebenfalls geschichtet: Der äußere Kern befindet sich im geschmolzenen Zustand, während der innere Kern fest ist.

Der extrem hohe Druck der darüber liegenden Schichten führt dazu, dass das heiße Eisen im inneren Kern erstarrt. Während die Erde über Millionen von Jahren immer weiter abkühlen wird, vergrößert sich der feste Teil in der Mitte auf Kosten des umliegenden flüssigen Kerns, ähnlich dem Anwachsen eines Eiswürfels beim Erkalten der umliegenden Flüssigkeit.

Der Erdkern entzieht sich unserer direkten Beobachtung, da er deutlich tiefer liegt, als wir in der Lage sind zu graben, jedoch bewirkt er einen Effekt, der an der Erdoberfläche beobachtbar ist. Sich bewegende Ströme geschmolzenen Eisens im äußeren Kern erzeugen ein Magnetfeld, das durch den Planeten bis weit in den Weltraum hinausreicht und *Erdmagnetfeld* genannt wird.

Das Erdmagnetfeld

- ✓ bewirkt die Ausrichtung der Kompassnadel.
- ✓ stellt einen unsichtbaren Lenkmechanismus für Brieftauben, einige Zugvögel und sogar für manche im Ozean lebende Bakterien dar.
- ✓ bildet die weit über die Oberfläche der Erde hinausreichende Magnetosphäre.
- ✓ schirmt die Erde vor aus dem Weltraum einfallenden elektrisch geladenen Teilchen, wie beispielsweise dem Sonnenwind und einem Teil der kosmischen Strahlung, ab.

Das Erdmagnetfeld ist ein *globales planetares Magnetfeld*. Das bedeutet, dass es überall um die Erde herum vorhanden ist und kontinuierlich erzeugt wird. Mars, Venus und der Mond verfügen nicht über ein globales, erdähnliches Magnetfeld. Aus diesem wesentlichen Unterschied können Wissenschaftler Informationen über die Beschaffenheit der Kerne dieser Objekte gewinnen. Falls Sie mehr über den Mondkern erfahren möchten, weise ich Sie auf den Abschnitt »Giant Impact: Die Einschlagstheorie der Mondherkunft« hin, der später in diesem Kapitel folgt.

Meeresbodenwachstum mit Streifen

Geophysikalischen Vermessungen zufolge existieren auf beiden Seiten des mittelozeanischen Rückens Muster magnetisierten Gesteins. Die Magnetisierung erfolgte, als die Lava aus dem Rücken hervorquoll und beim Abkühlen und Erstarren das durchgehende Magnetfeld einfing und einfror. Das Seebodengestein ähnelt also einem Magneten gegebener Feldstärke und Richtung. Nachdem das Gestein erstarrt ist, konnte sich das eingefangene Magnetfeld nicht mehr verändern und besteht als Fossil weiter, ähnlich einem fossilen Dinosaurier, der auf ewig in der Form bleiben wird, die er bei seinem Tode besaß.

Die in der Nähe des mittelozeanischen Rückens entdeckten Muster bestehen aus Hunderte von Kilometern breiten Streifen magnetisierten Gesteins, die zu beiden Seiten des Rückens parallel zum Kamm liegen und deren Magnetfeldrichtung alterniert. Ein Streifen besitzt nördliche magnetische Polarität ebenso wie das Ende eines Stabmagneten, der den nordpolsuchenden Teil einer Kompassnadel anzieht, während der nächste Streifen entgegengesetzte Polarität hat, usw.

Die alternierenden Streifen entgegengesetzt magnetisierten Gesteins rühren daher, dass der Boden durch das Meeresbodenwachstum immer weiter vom Rücken weggeschoben wird, während neue Lava hervorquillt, magnetisiert wird und erstarrt. Die Streifen alternierender Magnetfeldpolarität zeugen daher von der periodischen Umpolung des Erdmagnetfeldes. Die Situation erinnert an einen Stabmagneten, welcher in regelmäßigen Abständen um 180° gedreht wird, mit der einzigen Ausnahme, dass die Intervalle für die Umpolung des Erdmagnetfelds vermutlich Hunderttausende von Jahren betragen.

Die Ursache für diesen häufigen Wechsel des tief im Erdkern erzeugten Magnetfeldes ist noch nicht bekannt. Der Effekt wird in den fossilen Magnetfeldern des Seebodengesteins und des Gesteins der ehemals unter dem Ozean liegenden Kontinente konserviert.

 Warum wird das ganze Seebodenzeugs in einem Astronomiebuch überhaupt erwähnt? Der Grund dafür liegt darin, dass diese Eigenart der Erde eventuell einem auf dem Mars entdeckten Phänomen entsprechen könnte. Wenn die Wissenschaftler die auf verschiedenen erdähnlichen Planeten inklusive der Erde gesammelten Hinweise betrachten, können uns die Ähnlichkeiten und Unterschiede helfen, die entsprechenden Prozesse besser zu verstehen. Diese Wissenschaft wird als *Vergleichende Planetologie* bezeichnet, und ich werde sie bei der Beschreibung von Mars und Venus in Kapitel 6 detaillierter vorstellen.

Die Zeit und die Bewegungsabläufe der Erde

Heutzutage werden Atomuhren verwendet, um die Zeit mit hoher Genauigkeit zu messen. Ursprünglich und bis in die Neuzeit hinein basierte die Zeitmessung jedoch auf der Drehbewegung der Erde.

Die Erde dreht sich in 24 Stunden einmal um sich selbst. Sie dreht sich von West nach Ost (oder umgekehrt, wenn von oberhalb des Nordpols aus betrachtet). Gleichzeitig dreht sie sich um die Sonne entgegen dem Uhrzeigersinn, vom Weltraum aus über dem Nordpol betrachtet. Die Taglänge von 24 Stunden ist die durchschnittliche Zeit, in der die Sonne auf-, unter- und wieder aufgeht. Sie wird *mittlere Sonnenzeit* genannt und entspricht der Zeit auf Ihrer Uhr.

Die Taglänge beträgt damit 24 Stunden der mittleren Sonnenzeit. Ein Jahr, etwa 365 Tage, ist die Zeit, in der sich die Erde einmal vollständig um die Sonne dreht.

Ein ewiges Drehen

Da sich die Erde um die Sonne dreht, hängt die Uhrzeit, zu der Sie die Sonne aufgehen sehen, sowohl von der Erdrotation als auch von deren Bahndrehbewegung ab.

Die Erde dreht sich bezogen auf den Sternenhintergrund in 23 Stunden 56 Minuten und 4 Sekunden einmal vollständig um ihre eigene Achse. Diese Zeit wird als *siderischer Tag* bezeichnet (siderisch heißt, auf die Sterne bezogen). Beachten Sie, dass der Unterschied zwischen 24 Stunden und 23 Stunden, 56 Minuten und 4 Sekunden nur etwa $1/365$ eines Tages beträgt. Dies ist kein Zufall, sondern liegt daran, dass die Erde während eines Tages $1/365$ ihrer Bahn um die Sonne zurücklegt.

Früher waren Astronomen von Spezialuhren, den so genannten siderischen Uhren, abhängig, welche 24 siderische Stunden in einem Intervall von 23 Stunden, 56 Minuten und 4 Sekunden mittlerer Sonnenzeit maßen. Die siderischen Stunden, Minuten und Sekunden sind etwas kürzer als die entsprechenden Einheiten der Sonnenzeit. Die Verwendung siderischer Uhren hat den Astronomen geholfen, Sterne zu verfolgen und Teleskope korrekt aufzustellen. Doch weder die Astronomen noch Sie müssen dies heutzutage tun. Computerprogramme, welche die Teleskope auf das Ziel richten oder den Himmel auf einem Desktop-Planetarium abbilden, wie ich es in Kapitel 2 beschrieben habe, nehmen Ihnen die ganze Mathematik ab, sodass Sie einfach die Ihrem Ort entsprechende Standardzeit verwenden können, um herauszufinden, wo die verschiedenen Sterne und Sternbilder am Himmel auftauchen werden.

Auf der anderen Seite ist es üblich, astronomische Beobachtungen in einem einheitlichen Zeitsystem, das überall verwendet wird, zu berichten. Man nennt diese *Weltzeit* (WZ) oder *Universal Time* (UT) oder *Greenwich Mean Time*. Die UT ist einfach die in Greenwich, England, gemessene Ortszeit. Nach internationaler Übereinkunft beginnt der Tag in Greenwich. (Genauer genommen beginnt er um Mitternacht in Greenwich, was null Stunden UT entspricht.) Die Ortszeit in Deutschland ist später als in Greenwich, während es in den USA früher ist. In New York geht die Sonne etwa fünf Stunden später als in Greenwich auf. In Deutschland geht sie etwa eine Stunde früher auf.

Eine genauer definierte Zeit, die koordinierte Weltzeit oder UTC, die mit der UT praktisch identisch ist, ist die offizielle internationale Ortszeit.

In den USA ist das U.S. Naval Observatory für die Zeit zuständig. Sie erhalten die UTC jederzeit über die Website tycho.usno.navy.mil/what.html, wo es auch eine Adresse gibt, die angeklickt werden kann, um die Lokale Sternzeit am Beobachtungsort auszurechnen. Die *Lokale Sternzeit* entspricht der Rektaszension (siehe Kapitel 1) der Sterne, die sich auf Ihrem Längengrad, der Linie, die sich von Norden nach Süden über den Himmel über Ihnen zieht, befinden. Ein Stern befindet sich am höchsten am Himmel und ist zum Beobachten am besten positioniert, wenn er sich auf Ihrem Längengrad befindet.

Um überall in den USA, einschließlich Hawaii und Alaska oder Samoa, von UTC in Ortszeit umzurechnen, befolgen Sie die einfachen Instruktionen unter aa.usno.navz.mil/AA/faq/docs/us_tzones.html. Um die Ortszeit an jedem beliebigen Ort auf der Welt zu bestimmen und in Universalzeit umzurechnen, konsultieren Sie die Zeitzonenkarte Seiner Majestät, dem Nautical Almanac Office auf der Website des U.S. Naval Observatory, aa.usno.navy.mil/AA/faq/docs/world_tzones.html.

Allgemein gesagt liegt die Sommerzeit (Daylight Saving Time oder Summer Time in Großbritannien) eine Stunde später als die entsprechende Ortszeit. Doch nicht alle Orte stellen auf Sommerzeit um.

Was hat die Neigung mit den Jahreszeiten zu tun?

Eine der frustrierenden Aufgaben eines Astronomieprofessors ist, seinen Studenten die Ursache für die Existenz der Jahreszeiten begreiflich zu machen. Egal wie sorgfältig er erklärt, dass die Jahreszeiten gar nichts mit der Entfernung der Erde von der Sonne zu tun haben, kaufen ihm das die meisten Studenten nicht ab. Sogar Abschlussstudenten der Harvard Universität denken, im Sommer befinde sich die Erde näher an der Sonne dran und im Winter weiter weg.

Sie vergessen leider, dass, wenn auf der Nordhalbkugel Sommer ist, auf der Südhalbkugel gleichzeitig Winter ist, und wenn in Australien Sommer ist, in den USA Winter herrscht. Sowohl die USA als auch Australien befinden sich jedoch auf derselben Erde. Diese kann nicht gleichzeitig am weitesten und am nächsten von der Sonne entfernt sein. Die Erde ist immerhin ein Planet und kein Zauberer.

Der wahre Grund für die Existenz der Jahreszeiten ist die Neigung der Erdachse (siehe Abbildung 5.2). Die Achse, das ist die Linie, welche Nord- und Südpol verbindet, steht nicht senkrecht auf der Ebene, in der sich die Erde um die Sonne dreht. Die Achse ist in Wirklichkeit um 23,5° zur Senkrechten auf die Bahnebene geneigt. Sie zeigt nördlich auf einen Ort zwischen den Sternen, genauer gesagt neben den Polarstern (zumindest auf kurze Sicht; längerfristig ändert sich die Richtung der Erdachse, und der Polarstern wird in ferner Zukunft kein Polarstern mehr sein).

Gegenwärtig ist der in der Sterngruppe des Kleinen Wagens im Sternbild des Großen Bären befindliche Stern Alpha Ursa Minor der Polarstern. Wenn Sie sich in der Nacht verirren und auf den Norden zugehen wollen, dann drehen Sie sich zum Kleinen Wagen hin (für Details zum Auffinden des Polarsterns siehe Kapitel 3).

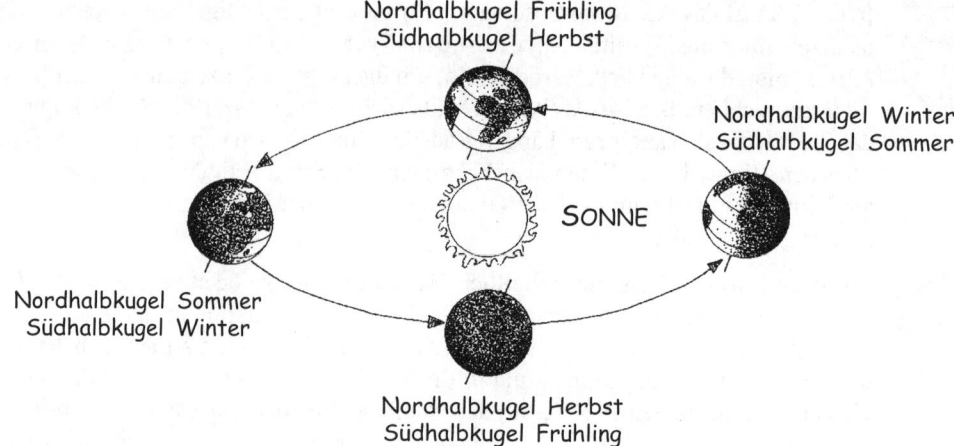

Die Jahreszeiten

Abbildung 5.2: Mit den Jahreszeiten über die Runden kommen

Die Erdachse geht am Nordpol nach »oben«, am Südpol nach »unten« durch. Wenn die Erde sich auf der einen Seite ihrer Bahn befindet, ist der »obere« Teil ihrer Achse zur Sonne hin geneigt, sodass sich die Sonne auf der Nordhalbkugel in der Mittagszeit hoch am Himmel befindet. Sechs Monate später ist der obere Teil der Achse von der Sonne weg geneigt. Eigentlich zeigt die Achse im Raum immer in dieselbe Richtung, nur befindet sich die Erde jetzt auf der anderen Seite der Sonne.

Auf der Nordhalbkugel ist Sommer, wenn der Teil ihrer Achse, der nach oben zeigt, auf die Sonne gerichtet ist. In diesem Fall steht die Sonne in der Mittagszeit höher am Himmel als während der übrigen Jahreszeiten, sodass sie direkter auf die Nordhalbkugel scheint und mehr Wärme spendet. Gleichzeitig zeigt der untere Teil der Achse von der Sonne weg, sodass die Sonne auf der Südhalbkugel in der Mittagszeit tiefer am Himmel steht als während der übrigen Jahreszeiten und damit weniger direktes Licht auf diesen Teil der Erde wirft. In Australien herrscht dann Winter.

Im Sommer ist der Tag länger, weil die Sonne höher am Himmel steht. Es dauert länger, bis sie auf ihre Maximalhöhe aufsteigt und ebenfalls länger, bis sie wieder sinkt. Weil sie der Sonnenwärme länger ausgesetzt ist, ist die Erde in dieser Jahreszeit auf der entsprechenden Halbkugel wärmer.

 Während sich die Erde um die Sonne dreht, scheint die Sonne am Himmel einen Kreis zu beschreiben, den man *Ekliptik* nennt und den ich in Kapitel 3 erwähne. Die Ekliptik ist gegenüber dem Äquator um denselben Winkel geneigt, um den die Erdachse geneigt ist, nämlich um 23,5°.

✔ Wenn die Sonne den Äquator von unten (Süden) her kommend nach oben (Norden) hin durchkreuzt, ist Frühlingsanfang. Man spricht vom *Frühlingsäquinoktium*.

- ✔ Wenn die Sonne den entferntesten nördlichen Punkt auf der Ekliptik erreicht, findet die *Sommersonnenwende* statt.
- ✔ Wenn sie auf ihrem Weg zurück in den Süden den Äquator erneut durchkreuzt, ist Herbstanfang oder *Herbstäquinoktium*.
- ✔ Und wenn die Sonne den südlichsten Punkt der Ekliptik erreicht, findet die *Wintersonnenwende* statt.

Auf der Nordhalbkugel ist der Tag des Sommeranfangs der längste Tag des Jahres, da an diesem Tag die Sonne am höchsten am Himmel steht und sie mehr Zeit als sonst braucht, um diesen Punkt zu erreichen und wieder unterhalb des Horizonts zu sinken. Umgekehrt findet auf der Nordhalbkugel an der Wintersonnenwende der kürzeste Tag statt.

Das ist im Wesentlichen das, was es über die Zeit und die Jahreszeiten zu sagen gibt.

Das Alter der Erde: Äonen und nochmals Äonen!

Die einzige genaue Methode, über die wir verfügen, um das Alter sehr alter Dinge auf der Erde oder im Sonnensystem zu bestimmen, basiert auf der Messung von Radioaktivität. Einige Elemente, wie beispielsweise das Uran, können in instabilen Zuständen existieren, die man *radioaktive Isotope* nennt. Ein Isotop kann in ein anderes Isotop desselben Elements oder in ein anderes Element mit einer Rate zerfallen, die durch die Halbwertszeit der radioaktiven Substanz gegeben ist. Wenn die *Halbwertszeit* eine Million Jahre beträgt, dann wird sich in einer Million Jahren die Hälfte der Substanz in ein anderes Element verwandelt haben (genannt *Tochterisotop*), während die andere Hälfte immer noch das alte radioaktive Element ist. Die Hälfte dieser Hälfte wird sich wiederum in einer weiteren Million Jahren in das Tochterisotop verwandeln, sodass nach zwei Millionen Jahren nur noch 25% des ursprünglichen radioaktiven Isotops existieren werden. In drei Millionen Jahren werden nur 12,5% zurückbleiben, usw.

Wenn die ursprünglich radioaktiven Isotope, die *Elternatome*, und die Tochteratome zusammen in einem Gestein- oder Metallstück, wie z.B. einem Meteoriten, eingefangen sind, dann können Wissenschaftler durch Abzählen der entsprechenden Anzahl von Atomen das Alter des Gesteins bestimmen. Dieser Prozess wird als *Radionuklidmethode* bezeichnet.

Nach der Radionuklidmethode sind die ältesten Gesteine der Erde etwa 3,8 Milliarden Jahre alt. Die Erde ist jedoch zweifelsohne noch viel älter. Erosion, die Bildung von Bergen und der Vulkanismus (das Ausbrechen geschmolzenen Gesteins aus den Tiefen der Erde, einschließlich der Bildung neuer Vulkane) zerstören das Gestein auf der Erdoberfläche unentwegt, sodass die ursprünglichen oberen Erdschichten schon längst verschwunden sind.

Meteorite dagegen werden auf 4,6 Milliarden Jahre geschätzt. Man glaubt, dass Meteorite von Asteroiden abgebröckelte Trümmer sind und Asteroiden wiederum Trümmer des sehr frühen

Sonnensystems, als sich die Planeten anfingen zu bilden (für mehr Details zu den Asteroiden siehe Kapitel 7).

Wissenschaftler meinen also, dass die Erde und andere Planeten etwa 4,6 Milliarden Jahre alt sind. Der Erdmond ist jedoch jünger. Und dies wird die nächste Geschichte sein.

Der Erdmond

Der Durchmesser des Mondes ist mit 3476 Kilometern knapp größer als ein Viertel des Erddurchmessers. Seine Masse beträgt nur $1/_{81}$ der Erdmasse und seine Dichte ist etwa 3,3 mal höher als die Dichte des Wassers und deutlich geringer als die Dichte der Erde, welche 5,5 mal größer ist als die des Wassers. Der Mond hat bis auf Spuren von Wasserstoff-, Helium-, Neon-, Argon- und anderen in noch geringeren Mengen vorkommenden Atomen keine nennenswerte Atmosphäre. Er sieht so aus, als bestünde er aus festem Gestein (siehe Abbildung 5.3).

Die Dichte ist ein Maß für die Masse, die sich in einem gegebenen Volumen befindet. Zwei gleich große Kanonenkugeln haben das gleiche Volumen. Doch wenn eine Kugel aus Blei, die andere aber aus Holz ist, dann ist die Bleikugel schwerer. Sie hat eine höhere Dichte.

Abbildung 5.3: Der Mond besteht aus Felsen und Gräben, Kratern und ausgetrockneten Lavaseen – kein bisschen Käse in Aussicht.

Obwohl der Mond im Durchschnitt weniger dicht ist als die Erde, hat er dieselbe Dichte wie der Erdmantel, der sich zwischen Kern und Kruste befindenden Schicht. Die durchschnittliche Dichte der Erde ist größer als die des Mantels, da der Kern nahezu nur aus Eisen und Nickel besteht, die viel dichter als das Gestein sind. Der Erdkern ist dichter als der Durchschnitt der gesamten Erde und der Mantel ist weniger dicht als dieser Durchschnitt. Diese Unterschiede sind sehr informativ, wie ich in dem Abschnitt »Giant Impact: Die Einschlagstheorie der Mondherkunft« zeigen werde.

Die Mondphasen

Ungeachtet der Mondfinsternisse wird die eine Hälfte des Mondes stets vom Sonnenlicht beschienen, während auf der anderen ewige Nacht waltet. Doch dabei handelt es sich nicht, wie manche Leute glauben, um die dem Mond abgewandte und zugewandte Seite. Jene sind die Halbkugeln, die auf die Erde zu und von der Erde weg zeigen und stets dieselben sind. Die Mondhälften, die sich in Sonnenlicht und -schatten befinden, sind die Halbkugeln, welche auf die Sonne zu und von der Sonne weg zeigen und diese ändern sich stets, während sich der Mond um die Erde dreht (siehe Abbildung 5.4).

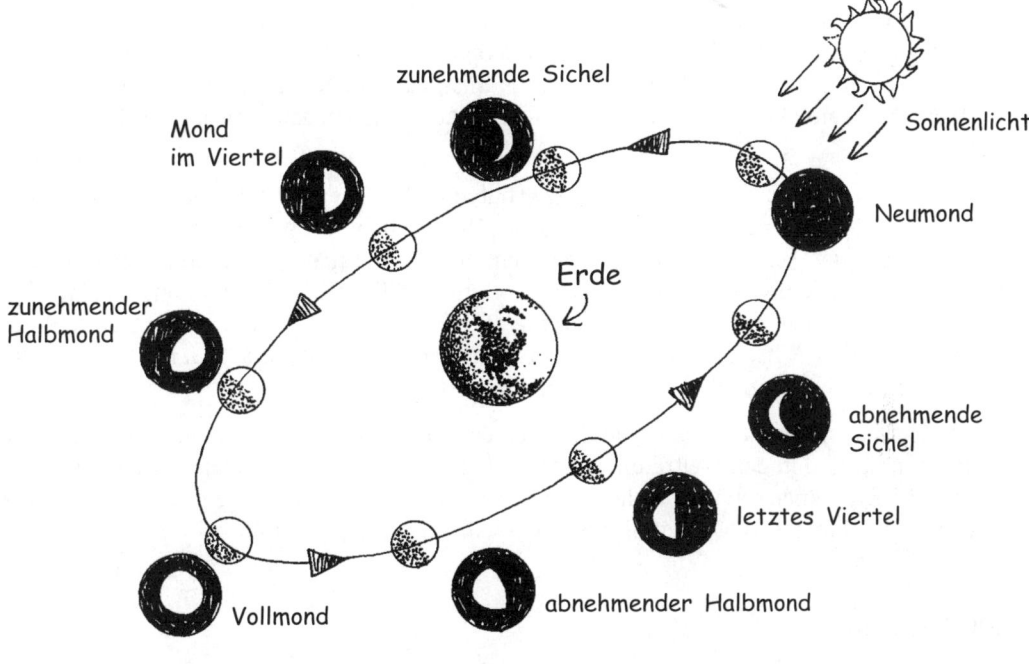

Abbildung 5.4: Die Mondphasen. Vermeiden Sie für Mondbeobachtungen den Vollmond.

Der *Neumond* stellt den Anfang des monatlichen Mondzyklus, der *Lunation*, dar. Die Nahseite zeigt während dieser Zeit von der Sonne weg. Die Nahseite ist damit die dunkle Seite. In ein paar Stunden oder Tagen bildet der Mond eine neue Sichel, oder eine *zunehmende Sichel*, d.h. seine helle Seite nimmt zu. Dieses findet statt, wenn der Mond sich bei seiner Drehung um die Erde von der Sonne-Erde-Linie wegbewegt. Eine vollständige Hälfte des Mondes, die, die der Sonne zugewandt ist, wird immer beleuchtet, nur zeigt der größte Teil dieser Fläche bei zunehmendem Mond von der Erde weg und wir können sie nicht sehen.

Während er sich um die Erde dreht, erreicht der Mond einen Punkt auf seiner Bahn, bei dem die Erde-Mond-Linie senkrecht auf der Sonne-Erde-Linie steht. An diesem Punkt sehen wir einen *Halbmond*, von den Astronomen auch *Mond im Viertel* genannt.

Wie kann nur eine Hälfte einem Viertel entsprechen? Für den Astronomen ist das ganz einfach. Die eine Hälfte der uns zugewandten Seite des Mondes wird beleuchtet, sodass die Menschen ihn Halbmond nennen. Doch der uns sichtbare beleuchtete Teil des Mondes ist nur die Hälfte der hellen Halbmondkugel, welche der Sonne zugewandt ist, und die Hälfte einer Hälfte ist ein Viertel.

Wenn die uns sichtbare, beleuchtete Mondscheibe sich zwischen Viertel(Halb)mond und Vollmond befindet, spricht man von einem *zunehmenden Halbmond* oder »Buckligen«.

Häufig wird gefragt, warum nicht jeden Monat bei Neumond eine Sonnenfinsternis stattfindet. Der Grund dafür liegt darin, dass Erde, Mond und Sonne sich bei Neumond normalerweise nicht genau auf einer Linie befinden. Wenn dies der Fall ist, dann findet auch eine Sonnenfinsternis statt. Wenn Erde, Mond und Sonne bei Vollmond eine Achse bilden, dann findet eine Mondfinsternis statt.

Wenn der Mond sich auf der der Sonne abgewandten Seite seiner Bahn befindet, ist die Mondhalbkugel, welche der Erde zugewandt ist, vollständig beleuchtet. Es ist *Vollmond*. Während er seine Reise fortsetzt, verkleinert sich der beleuchtete Teil und man spricht vom abnehmenden Halbmond oder Buckligen, er ist kleiner als der Voll- und größer als der Viertelmond. Bald wird er wieder ein Viertelmond sein und wird sich *im letzten Viertel* befinden. Während er sich schließlich der Erde-Sonne-Achse erneut nähert, spricht man von einer *abnehmenden Mondsichel*. Daraufhin ist erneut Neumond und ein neuer Mondzyklus beginnt.

Ähnlich dem Mond durchläuft auch die Erde einen Zyklus! Um diesen zu sehen, müssten Sie jedoch einen Ausflug in den Weltraum machen und auf die Erde zurückblicken. Wenn die Menschen auf der Erde einen schönen Vollmond sehen, wird für Sie »Neuerde« sein, und wenn für die Erdbewohner Neumond ist, werden Sie von einer vollen Erde angestrahlt.

Mondfinsternisse

Im Vergleich zu totalen Sonnenfinsternissen sind totale Mondfinsternisse in geringerem Maße Ziel allgemeinen Interesses, doch sehen wir sie viel öfter. Das liegt daran, dass die totale Sonnenfinsternis nur entlang eines schmalen Streifens, dem Totalitätsband, von der Erde aus sichtbar ist, wogegen der durch den Erdschatten verfinsterte Mond überall auf der Nachtseite der Erde gesehen werden kann.

Eine Mondfinsternis findet dann statt, wenn sich der Mond genau auf der verlängerten Linie von der Sonne zur Erde im Erdschatten, der so genannten *Umbra*, befindet. Die Beobachtung von

Mondfinsternissen ist vollkommen ungefährlich, solange Sie in der Dunkelheit nicht irgendwo gegenrennen oder gerade auf der Straße stehen.

Obwohl sich der Mond während einer totalen Finsternis im Erdschatten befindet, können Sie ihn trotzdem noch sehen (siehe Abbildung 5.5). Es fällt zwar kein direktes Sonnenlicht auf ihn, doch einige Sonnenstrahlen werden bei ihrem Lauf durch die Erdatmosphäre an den Rändern der Erdscheibe (vom Mond aus betrachtet) gebeugt und beleuchten den Mond. Dieses Sonnenlicht ist infolge des Durchgangs durch die Atmosphäre stark gefiltert. Normalerweise dringen nur das rote und orange Licht durch. Dieser Effekt fällt von einer Mondfinsternis zur nächsten, je nach Wetterbedingungen und Wolken in der Erdatmosphäre während der Finsternis, unterschiedlich aus. Der vollständig verfinsterte Mond kann daher schwach orange, hellrot oder aber auch in einem sehr tiefen Rot erscheinen. Und manchmal können Sie den verfinsterten Mond gar nicht erst ausfindig machen.

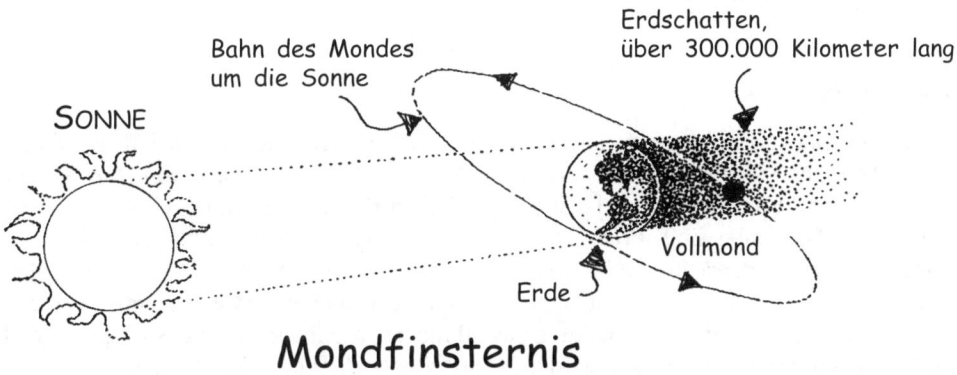

Abbildung 5.5: Eine totale Mondfinsternis

Die während der nächsten 12 Jahre bevorstehenden Mondfinsternisse finden zu den folgenden Terminen statt:

21. Januar 2000

16. Juli 2000

9. Januar 2001

16. Mai 2003

8. November 2003

4. Mai 2004

28. Oktober 2004

3. März 2007

28. August 2007

10. Dezember 2011

 Vor jeder dieser Finsternisse können Sie einen Haufen Informationen über die genauen Uhrzeiten und die Gegenden auf der Erde, von denen aus die Finsternis sichtbar sein wird, finden. Schauen Sie hierfür in die Zeitschriften *Sterne und Weltraum*, *Astronomy*, *Sky&Telescope* und auf deren Websites (`www2.astronomy.com/astro`, `www.skypub.com` und `www.mpia-hd.mpg.de/suw/suw`) oder auf der Website `www.astronomie.de`, sowie in das bei Kosmos jährlich erscheinende *Himmelsjahr*.

Teilfinsternisse sind nicht ganz so spannend. Während einer *partiellen* Finsternis befindet sich nur ein Teil des Mondes im Erdschatten. Es sieht so aus, als ob er sich lediglich in einer anderen als der aktuellen Phase befinde. Weiß man weder, dass gerade eine Finsternis stattfindet, noch, dass eigentlich Vollmond ist, so wird man sich nicht bewusst sein, dass etwas Außergewöhnliches stattfindet. Man könnte meinen, der Mond befände sich im Viertel oder wäre eine zunehmende Sichel. Würde man jedoch weiter beobachten, so würde man nach einiger Zeit sehen, wie der Vollmond aus dem Erdschatten hervortritt. Und dann wüsste man Bescheid.

Mondgeologie

Die gesamte Mondoberfläche ist mit Pockennarben bedeckt: von Kratern in vielfältigen Größen, von mikroskopischen Kernen bis hin zu riesigen Becken mit Durchmessern von Hunderten von Kilometern. Das größte darunter ist das südpolare Aitken-Becken, dessen Durchmesser 2600 Kilometer beträgt. Die Krater sind durch den Aufprall von Objekten aus dem All (Asteroiden, Meteoriten und Kometen) verursacht worden. Diese Ereignisse haben vor sehr langer Zeit stattgefunden. Die mikroskopischen Krater, die auf dem vom Mond entnommenen Gestein entdeckt wurden, sind die Folgen von Mikrometeoriten, durch das All fliegende, winzig kleine Gesteinspartikel. Die Gesamtheit dieser Krater und Becken wird als *Meteoritenkrater* bezeichnet, um von den Vulkankratern unterschieden zu werden.

Auf dem Mond hat es einst vulkanische Aktivität gegeben, doch in einer anderen Form als der auf der Erde bekannten. Dort gibt es keine *Vulkane*, d.h. keine großen Berge mit Kratern auf ihren Spitzen. Es gibt jedoch kleine Vulkankuppeln, rundlich geformte Hügel, so wie sie in manchen Regionen der Erde vorgefunden werden können. Zusätzlich gibt es auf der Mondoberfläche gewundene Kanäle, die *Rillen*, bei denen es sich anscheinend um Lava-Rohre handelt, wie sie auch in manchen Vulkanregionen der Erde, wie beispielsweise im Lava Beds National Monument im Norden Kaliforniens auftreten. Bemerkenswerterweise existieren auf dem Mond ausgedehnte Lavafelder, welche die Böden der riesigen Becken ausmachen. Diese Lavafelder werden, nach dem Lateinischen Wort für See, *Mare* genannt. Wenn Sie den Mann auf dem Mond betrachten, sind die dunklen Bereiche auf der Mondoberfläche, die seine Züge nachbilden, die *Maria*.

Manche Wissenschaftler glauben, die Maria seien Ozeane, doch sind sie in Wirklichkeit nur tote, ausgetrocknete Lavabetten. Wären sie Ozeane, so müssten Sie ihre hellen, durch die Sonne verursachten Spiegelungen sehen, genauso, wie wenn Sie bei Tag aus einem Flugzeug auf den Ozean herabblickten. Die größeren hellen Bereiche des Mondmannes sind sehr kraterreich und bilden das sogenannte *Mondhochland*. Die Maria werden ebenfalls von Kratern durchsetzt, doch ist deren Dichte deutlich geringer, was darauf hinweist, dass sie jüngeren Alters sind. Ihre Becken sind durch gewaltige Einschläge von Objekten aus dem All entstanden. Jene Einschläge haben die dort davor existierenden Krater ausgelöscht. Später haben sich die Becken mit der darunter liegenden Lava gefüllt, sodass jegliche Spuren eines alten Kraters ausgewaschen wurden. Sämtliche Krater, die gegenwärtig in den Maria gesehen werden können, stammen von Einschlägen, die nach dem Erstarren der Lava stattgefunden haben.

Sehenswürdigkeiten auf dem Mond und auf Mondkarten

Der Mond ist eines der lohnendsten Objekte, die beobachtet werden können. Man kann ihn sehen, wenn der Himmel dunstig oder teilweise bedeckt ist, ja manchmal sogar tagsüber. Die Krater können Sie selbst mit sehr kleinen Teleskopen sehen. Mit einem guten kleinen Teleskop können Sie sich an unzähligen Mondmerkmalen erfreuen, folgende eingeschlossen:

- ✔ *Meteoritenkrater*: rundliche Strukturen, die durch den Einschlag von Meteoriten oder größerer Körper auf die Mondoberfläche verursacht wurden; die größten Krater werden Becken genannt.
- ✔ *Maria*: die mit Lava gefüllten Beckenböden.
- ✔ *Hochländer*: Mondbereiche, die sehr stark mit Kratern durchsetzt sind.
- ✔ *Strahlen*: weiße Streifen, die von jungen, hellen Meteoritenkratern (z.B. Tycho und Kopernikus) radial ausgehen (siehe Abbildung 5.6). Sie entstanden durch während des Einschlags fortgeschleuderte pulverisierte Brocken.
- ✔ *Rillen*: sich windende Kanäle, vermeintliche Lavarohre. Der berühmteste unter ihnen ist der Hadley-Graben, der von den Apollo-Astronauten besichtigt wurde.
- ✔ *Zentralgipfel*: bei einem gewaltigen Einschlag durch das Zurückschlagen des Mondbodens in der Mitte des Kraters aufgeschüttete Bruchsteinberge. Sie befinden sich nur in einigen der Einschlagskrater.
- ✔ *Mondberge*: die Ränder großer Krater oder Einschlagsbecken, die zum Teil durch nachfolgende Einschläge zerstört wurden, wobei Teile ihrer Wände wie Bergketten erhalten geblieben sind. Sie unterscheiden sich jedoch von den Bergen der Erde.

Wenn Sie wissen möchten, welchen Krater, Graben oder Mondberg Sie sich durch Ihr Teleskop angucken, dann benötigen Sie eine Mondkarte. Sie können diesen erschwinglichen Gegenstand in Astronomie- oder Wissenschaftszubehör-Handlungen erstehen oder manchmal auch in Buchläden. Für Informationen in deutscher Sprache sollten Sie die Berliner Mondbeobachter der Wilhelm Förster Sternwarte (www.be.schule.de/schulen/wfs) kontaktieren. Einige gute englische Adressen sind:

- ✔ Edmund Scientific (www.edsci.com), die gekennzeichnete, farbliche Mondkartenposter anbieten. Die teurere Variante (etwa 10$) eignet sich besser für Ihre Beobachtungen, da sie auf Plastik gedruckt ist (in der kühlen Nachtluft wird das Papier wegen des Taus leicht feucht).

✔ Orion Telescopes&Binoculars (www.telescope.com/default.asp) bieten einen detaillierten Mondatlas mit rund 76 Karten an (etwa 35$).

✔ Die gemeinnützige Institution Astronomical Society of the Pacific (www.aspsky.org) führt in ihrem Katalog die Rand McNally-Mondkarten auf. Diese hat eine Seitenlänge von etwa einem Meter, ein Verzeichnis von 1800 Mondmerkmalen und kostet ungefähr 8$. In den USA wird sie auch in Planetarien oder Kartenläden verkauft.

Diese Karten zeigen nur die uns zugewandte Seite des Mondes.

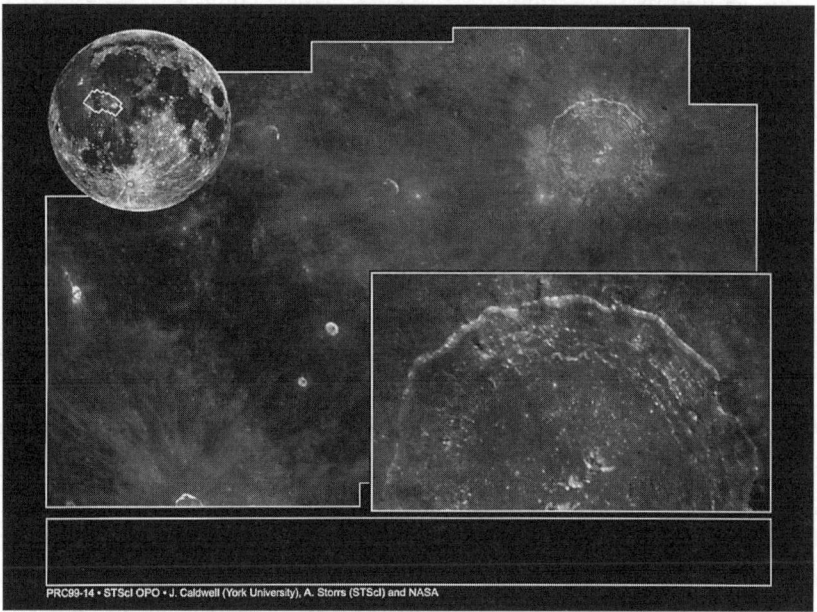

Abbildung 5.6: Der Krater Kopernikus und dessen Strahlen

Eine Ansicht der abgewandten Mondseite

Nur die uns zugewandte Seite des Mondes kann von der Erde aus betrachtet werden, weil der Mond sich in *synchroner Rotation* befindet, d.h. er dreht sich um seine eigene Achse in genau derselben Zeit, in der er sich einmal um die Erde dreht (die Bahnperiode des Mondes, die seinem Tag entspricht, beträgt 27 Tage, 7 Stunden und 43 Minuten).

Astronomie- und Wissenschaftsfachhandlungen (suchen Sie unter www.astro-shop.de, www.astrokatalog.de oder www.vehrenberg.de) bieten manchmal auch Mondgloben an, die sämtlichen Mondmerkmale, d.h. sowohl die der zugewandten als auch der abgewandten Seite, enthalten. Die abgewandte Seite des Mondes (Lunar far side) wurde uns von den Russen vorgestellt und nicht etwa von Gary Larson. Die ersten Fotos der abgewandten Seite wurden zu Beginn des Weltraumzeitalters mithilfe eines Roboterraumschiffes von einer Sowjet-Raummission aufgenommen. Seither wurde der Mond von zahlreichen US-Raumschiffen, einschließlich der Mondsatelliten und der Raumsonde Clementine, mit großer Sorgfalt kartographisch dargestellt. Für die abgewandte Seite des Mondes brauchen Sie wohl keine Karte, da Sie diese nicht beobachten können.

Freunden Sie sich mit dem Terminator an

Alles, was es auf dem Mond zu sehen gibt, lässt sich am besten beobachten, wenn sich das entsprechende Beobachtungsziel in der Nähe des *Terminators* befindet, der Trennlinie zwischen hell und dunkel, und zwar wenn es auf der hellen Seite liegt.

Am wenigsten für Mondbeobachtungen geeignet ist der Vollmond. Bei Vollmond steht die Sonne auf dem Großteil der uns zugewandten Seite hoch am Himmel, sodass nur wenige und kurze Schatten vorhanden sind. Die Anwesenheit von Schatten, die durch die verschiedenen Merkmale abgeworfen werden, hilft uns, das Relief der Oberfläche zu verstehen – wie Landformen sich ober- oder unterhalb ihrer Umgebung ausdehnen.

Im Laufe eines Monats, der ungefähren Zeitspanne zwischen zwei aufeinander folgenden Vollmonden, bewegt sich der Terminator systematisch über die zugewandte Seite des Mondes hinweg, sodass früher oder später alles, was Sie auf dem Mond sehen können, in die Nähe des Terminators rückt. Zu manchen Zeiten innerhalb eines Monats ist der Terminator der Ort auf dem Mond, an dem die Sonne aufgeht, zu anderen wiederum der Ort, an dem sie untergeht. Aus Ihrer Erfahrung auf der Erde wissen Sie, dass Schatten bei Sonnenauf- und -untergang am längsten sind. Dagegen sind sie um die Mittagszeit am kürzesten. Die Länge des Schattens, bei gegebener Höhe der Sonne am Himmel, sagt uns, wie hoch das entsprechende Mondmerkmal ist, von welchem der Schatten geworfen wurde.

Giant Impact: Die Einschlagstheorie der Mondherkunft

Wissenschaftler wissen eine Menge über das Gesteinsalter verschiedener Mondbereiche. Die Daten stammen von Messungen, die mithilfe der Radionuklid-Methode an Mondgesteinsproben durchgeführt wurden. Hunderte von Kilogramm Mondgestein wurden von den sechs Mannschaften der zwischen 1965 und 1972 von der NASA gestarteten Apollo-Missionen auf die Erde gebracht.

Vor den Apollo-Missionen haben manche Topexperten selbstbewusst vorausgesagt, der Mond wäre der Rosetta-Stein des Sonnensystems. In Abwesenheit flüssigen Wassers, welches die Oberfläche erodieren würde, einer erwähnenswerten Atmosphäre und aktiver Vulkane sollte seine Oberfläche jede Menge von der Geburt des Mondes und der Planeten stammendes Urmaterial enthalten. So dachten sie, doch die Apollo-Mondproben brachten den Stein ins Rollen.

Wenn ein Gesteinstück schmilzt, danach abkühlt und erneut kristallisiert, wird seine Uhr neu eingestellt. Die radioaktiven Isotope beginnen, neue Tochterisotope zu erzeugen, die in dem neu gebildeten Mineral eingefangen werden. Das Apollo-Mondgestein zeigte, dass im Prinzip der gesamte Mond, oder zumindest seine Kruste bis zu beträchtlichen Tiefen hin, sich bis vor 4,6 Milliarden Jahren in geschmolzenem Zustand befand. Das älteste Mondgestein ist »nur« höchstens 4,5 Milliarden Jahre alt. Der Unterschied zwischen 4,6 Milliarden und 4,5 Milliarden sind 100 Millionen Jahre. Im Gegensatz zum Erdgestein, dessen Mineralstruktur Wasser einschließt, ist das Mondgestein knochentrocken.

Die Theorie, die entstanden ist, um diese Evidenzen zu erklären und die Widersprüche älterer Theorien aufzulösen, ist die so genannte *Einschlagstheorie* (oder engl. Giant Impact) der Mondherkunft. Dieser Theorie zufolge ist der Mond aus Material entstanden, das aus dem Erdmantel durch den Aufprall eines riesigen Objekts mit etwa dem Dreifachen der Marsmasse (welches der Erde einen Seitenhieb verpasste) herausgeschlagen wurde. Er besteht also zum größten Teil aus dem während des Einschlags weggeblasenen Bodenmaterial, man glaubt jedoch, dass er auch Gestein aus dem Mantel des längst verschütteten Riesenprojektils enthält.

Der gewaltige Einschlag auf der jungen Erde hat dieses ganze Material in Form von Dampf und heißem Gestein in den Weltraum hinausgeschleudert. Wie Schneeflocken stießen die Brocken zusammen und blieben aneinander kleben, und ehe Sie sich versahen, war auch schon der Mond entstanden. Kleinere Brocken bildeten größere, und das gesamte Material verschmolz miteinander unter der Wärme, die während der gewaltigen Zusammenstöße erzeugt wurde.

Sämtliche Einschläge, infolge derer die Krater entstanden sind, die wir heute auf dem Mond beobachten können, haben später stattgefunden, und zwar die meisten vor etwa 3 Milliarden Jahren.

Die Theorie erklärt, warum der Mond weniger dicht als die Erde als Ganzes, jedoch etwa so dicht wie deren Mantel ist, da er aus Mantelmaterial entstand. Die Theorie sagt ebenfalls voraus, dass der Mond keinen oder nur einen kleinen Eisenkern besitzen soll. Und ein kleiner Eisenkern in einem kleinen Objekt wie dem Mond wäre längst abgekühlt, falls er überhaupt je flüssiges Eisen enthalten haben sollte. Damit sollte der Mond kein globales Magnetfeld erzeugen können. Und genau dies wird uns von den Messungen verraten. Der Satellit Lunar Prospector, der in den späten Neunzigern um den Mond in Orbit gebracht wurde, hat zwar Magnetfelder entdeckt, doch nur in vereinzelten Bereichen. Es handelt sich dabei um fossile Magnetfelder, die auf unbekannte Weise vor langer Zeit erzeugt wurden.

Der Mond ist ein feindlicher Ort

Nach Sonnenaufgang steigt die Temperatur auf der Mondoberfläche bis auf 117° C, doch in der Nacht sinkt sie bis auf -169° C. Diese extremen Temperaturgegensätze sind die Folge der fehlenden Atmosphäre, welche die Mondoberfläche schützend umgeben und den während der Nacht stattfindenden Wärmeverlust einschränken würde. Auf dem Mond gibt es auch kein flüssiges Wasser. Selbst wenn es Luft zum Atmen gäbe, ist es auf dem Mond für das Überleben uns bekannter Lebensformen zu heiß, zu kalt und zu trocken.

Das ist unsere beste Theorie. Bedauernswerterweise konnte sich bisher keiner einen grundlegenden Test zur Überprüfung der Einschlagstheorie ausdenken. Es gibt z.B. keine besondere Gesteinsart, die durch die Theorie vorhergesagt wird.

Es ist also eine gute Theorie, nur werden wir vielleicht nie erfahren, wie der Mond wirklich gezeugt wurde.

Bewundern Sie die Nordlichter

Das Polarlicht ist eine der schönsten Sehenswürdigkeiten des Nachthimmels und für viele Menschen ein seltenes Ereignis. Das auf der Nordhalbkugel auftretende Polarlicht nennt man *Nordpolarlicht* (oder Aurora Borealis) und auf der Südhalbkugel entsprechend *Südpolarlicht* (oder Aurora Australis).

Die Aurora ist ein geisterhaftes Leuchten am dunklen Nachthimmel, das für einige Minuten bis zu Stunden entweder unverändert (in welchem Fall es von einem Anfänger nur schwer zu identifizieren und beobachten ist) oder sich stetig verändernd zu sehen ist. Es kann schimmern, pulsieren oder sogar rund um den Himmel aufblitzen. Die Aurora kann sich Ihnen in zahlreichen Erscheinungsbildern zeigen. Hier nun ein paar der häufigsten:

- ✔ Das *Leuchten*: Ist die einfachste Entfaltungsform des Polarlichts. Das Leuchten ähnelt den Bereichen am Himmel, wo das Mondlicht oder die Lichter einer Stadt an dünnen Wolken gestreut werden, mit dem einzigen Unterschied, dass es dort keine Wolken gibt, sondern nur das unheimliche Glühen des Polarlichts am wolkenlosen Himmel.
- ✔ Die *Bögen*: Sind regenbogenförmige Gebilde, für dere Entstehung jedoch kein Sonnenlicht benötigt wird. Darunter ist die am häufigsten anzutreffende Form ein stetig leuchtender oder pulsierender grüner Bogen. Mitunter können auch schwache rote Bögen aufleuchten.
- ✔ Die *Vorhänge*: Diese spektakuläre Form des Polarlichts erinnert an den welligen Bühnenvorhang eines Theaters, dessen Star die Natur ist.
- ✔ Die *Strahlen*: Eine oder mehrere lange, dünne, helle Streifen am Himmel, die wie schwache Strahlen am Firmament erscheinen.
- ✔ Die *Korona*: eine hoch oben schwebende Himmelskrone mit in alle Richtungen ausströmenden Strahlen.

Polarlichter werden dann erzeugt, wenn Elektronenströme aus der Erdmagnetosphäre auf die darunter liegende Atmosphäre regnen und Sauerstoff und andere Atome zum Strahlen anregen.

Polarlichter treten stets in zwei bandförmigen Regionen um die Erde auf, in nördlicher und südlicher Breite. Wer unter diesen sogenannten *Polarlichtovalen* wohnt, hat allnächtlich das Vergnügen, die Polarlichter zu sehen. Mit einigen Ausnahmen: Wenn die Magnetosphäre von einer starken Störung im Sonnenwind durchdrungen wird, verschieben sich die Polarlichtovale zum Äquator hin. In diesem Fall kann es vorkommen, dass die Bewohner der *Polarlichtzonen* keine

Polarlichter sehen können, dafür aber werden diejenigen, die sonst das Vergnügen nicht haben, zu einer großen Show eingeladen. Die wahrscheinlichste Zeit dafür ist einige Jahre nach einem Sonnenfleckenmaximum. Halten Sie also Ihre Augen offen, insbesondere in der Zeit zwischen den Jahren 2002 und 2003.

Prüfen Sie das tägliche Erscheinen des Polarlichterovals mit Ansichten und Daten von der NASA, NOAA und den US Air Force-Satelliten unter `solar.uleth.ca` und schauen Sie sich die Vorhersagen für die kommende Aurora unter `solar.spacew.com/monitor/` an, die wir den guten Leuten von der Kanadischen Universität in Lethbridge zu verdanken haben.

Die nächsten Nachbarn der Erde: Merkur, Venus und Mars

6

In diesem Kapitel

▶ Sondieren Sie die Oberflächen, Atmosphären und das Innere der Planeten

▶ Finden und beobachten Sie Merkur, Venus und Mars

▶ Verstehen Sie, warum die Erde anders ist

Die nächsten Nachbarn der Erde, Merkur, Venus und Mars, können Sie mit dem bloßen Auge entdecken und mit dem Teleskop beobachten. Sie sind aufreizende Objekte. Von der Erde aus betrachtet, offenbaren sie ihre Natur nur sehr zaghaft. Darum basiert alles, was Wissenschaftler über ihre physikalischen Eigenschaften, geologischen Formen und wahrscheinliche Geschichte wissen, auf Bild- und Messdaten, die von interplanetaren Raumsonden auf die Erde zurückgeschickt wurden.

Merkur wurde von einem einzigen Raumschiff besucht, das dreimal an ihm vorbeiflog und anschließend in den Weltraum hinaus entschwand. Venus wurde von verschiedenen Sonden umkreist, die teilweise sogar auf ihr landeten. Mars war das Ziel einer viel größeren Anzahl von Sonden, Landern und Roboter-Fahrzeugen. Alle zwei Jahre werden welche dorthin gesandt. Während Venus und Mars sehr gründlich kartografisch dargestellt wurden, sind weite Teile von Merkur noch gar nicht gesehen worden.

Heiß, eingefallen und arg mitgenommen: Merkur ist ein großer Eisenball

Trotz der drei Durchgänge der Raumsonde Mariner 10 in den Jahren 1973 und 1974 wurde weniger als seine Hälfte kartografisch dargestellt. Entweder befand sich der Winzling nicht im Blickwinkel von Mariner 10 oder war ausgerechnet bei dessen Passage im Dunkeln. Um diese Lücke zu füllen, hat die NASA für das Jahr 2004 den Abschuss einer neuen Sonde zu Merkur geplant.

Den Fortschritt in der Entwicklung und das Starten dieses Raumschiffes, das MESSENGER (MErcury Surface, Space ENvironment, GEochemistry and Ranging) genannt wurde, können Sie unter der Adresse sd-www.jhuapl.edu/MESSENGER verfolgen.

Hier folgt nun, was den Wissenschaftlern hauptsächlich von Mariner 10-Daten und erdgebundenen Radar-Beobachtungen soweit über Merkur bekannt ist. Bei Radar-Beobachtungen werden Pulse von Radiowellen zu Merkur gesandt und anschließend deren Echos untersucht. Die Oberfläche des Merkur ähnelt mit ihren zahlreichen Kratern der Mondoberfläche. Merkur weist jedoch lange, sich windende Ketten auf, welche die Einschlagskrater und andere geologischen Merkmale durchsetzen. Diese wurden vermutlich durch das Schrumpfen der aus dem geschmolzenen Zustand abkühlenden Kruste verursacht. Das Verhältnis kleiner zu großer Krater ist bei Merkur geringer als beim Mond.

Auf Merkur gibt es ebenso wie auf dem Mond Hochländer, die von einer hohen Anzahl von Kratern durchsetzt sind (Merkur hat keinen eigenen Mond). Im Unterschied zum Mond ist Merkurs Hochland durch sanft fließende Felder unterbrochen. An anderen Stellen bilden flache Felder Merkurs Tiefland.

Die größte Einschlagsspur auf Merkurs Oberfläche ist das Caloris-Becken. Da sich dessen Großteil während des Vorbeiflugs von Mariner 10 im Schatten befand, konnte es nicht vollständig kartografisch dargestellt werden. Astronomischen Schätzungen zufolge soll es einen Umfang von etwa 1340 Kilometer haben, womit es eines der größten durch einen Einschlag erzeugten Becken des Sonnensystems ist. Einschlagsbecken sind riesige Krater, ähnlich den mit Lava gefüllten, Maria genannten Strukturen auf dem Mond. Auf Caloris' *Antipode*, der diametral entgegengesetzten Region auf Merkurs Oberfläche, befindet sich ein eigenartiger Bereich riesiger Steilhänge, welche Krater und Berge gleichermaßen durchtrennen. Der Zusammenstoß, durch den das Caloris-Becken entstand, erzeugte heftige seismische Wellen, welche durch Merkur hindurch und rund um dessen Oberfläche wanderten und auf der Gegenseite unter katastrophalen Auswirkungen zusammenliefen.

Merkurs Dichte ist 5,4 mal so groß wie die Wasserdichte. Diese hohe Dichte deutet darauf hin, dass er über einen Eisenkern verfügt, der den Hauptteil des Planeten bildet. Der Mantel, die äußere Schicht des Planeten, dürfte eine Dicke von höchstens 610 Kilometer haben. Die Anwesenheit eines globalen Magnetfeldes, das von Mariner 10 um Merkur herum entdeckt wurde, lässt Experten darauf schließen, dass sich ein Großteil des Eisenkerns immer noch in geschmolzenem Zustand befinden muss, im Widerspruch zu einfachen Abschätzungen, die ergaben, dass er bis Dato ausreichend abgekühlt und fest sein müsste.

Auf Merkur gibt es schwache Spuren atmosphärischen Gases, doch genau genommen ist er ebenso luftlos wie der Erdmond. Es finden ungewöhnliche Temperaturänderungen statt: In der Nacht sinkt die Temperatur bis auf -170° C ab, während sie tagsüber bis auf 430° C steigt. Die Existenz von Zonen hoher Radar-Reflektivität in der Nähe der Pole deutet darauf hin, dass sich dort auf stets beschatteten Kraterböden riesige Eismengen befinden müssen. MESSENGER wird untersuchen, ob diese Interpretation richtig ist.

Die Venus: Kein schöner Ort zum Leben und auch keinen Besuch wert

Es gibt nie einen klaren Tag auf der Venus. Vom Äquator bis hin zu den Polen ist sie von einer 15 Kilometer dicken Wolkenschicht aus konzentrierter Schwefelsäure bedeckt. Vor der Hitze gibt es kein Entweichen. Die Venus ist mit einer Tag und Nacht und vom Äquator zu den Polen konstanten Temperatur von 460° C der heißeste Planet des Sonnensystems.

Wenn Sie glauben, die Hitze wäre schrecklich, dann warten Sie erst mal ab, bis Sie den Luftdruck spüren: Er ist nämlich etwa 93-mal höher als der Druck in Meeresspiegelhöhe auf der Erde. Vergessen Sie aber die Meere; auf der Venus gibt es nämlich kein Wasser. Sie können sich über die Hitze beklagen, nicht aber über die Luftfeuchtigkeit – es ist eine trockene Hitze, so etwa wie in Arizona.

Das unerfreuliche am Wetter auf der Venus ist der ständige saure Regen, der über den Planeten fällt. Der positive Aspekt der Geschichte ist jedoch, dass der Regen eine so genannte *Virga* ist, d.h. er verdampft, bevor er den Boden erreicht.

Die meisten hervorragenden Bilder der Venus, die Sie auf Websites der NASA (oder anderen Institutionen) finden können, sind ganz und gar keine Fotos, sondern von dem Raumschiff Magellan aufgenommene detaillierte Radarkarten. Der Grund für den Mangel an Fotomaterial von Venus' Oberfläche sind die Wolken, welche den Teleskopen auf der Erde und jeder auf den die Venus umkreisenden Satelliten angebrachten Kamera die Sicht versperren. Der obere Rand der Wolkendecke befindet sich in einer Höhe von 65 Kilometern und liegt damit deutlich unter der von Satelliten erreichbaren Grenzhöhe.

Von Satelliten aufgenommene Radarkarten und Länderbilder der Venus können Sie auf der Website *Ansichten des Sonnensystems* unter www.solarviews.com/eng/homepage.htm finden. Klicken Sie auf VENUS und dann auf VENUS PHOTO/ANIMATION GALLERY.

Die wenigen Bilder, die uns von den Lander-Raumfahrzeugen übermittelt wurden, deren Wegbereiter die ehemalige Sowjetunion war, zeigen Bereiche flacher Gesteinsplatten, die durch kleine Mengen Erde getrennt sind. Sie sehen manchen Gebieten erstarrter Basaltlavaströme auf der Erde sehr ähnlich. Da das Sonnenlicht durch die dicke Wolkendecke gefiltert wird, sieht die Oberfläche der Venus orange aus.

Flachland und von Rillen (den sich windenden, von Lavaflüssen hinterlassenen Felsschluchten) durchzogene vulkanische Hochländer bedecken den Großteil (etwa 85%) von Venus' Oberfläche. Dieses Gebiet enthält die längste bekannte Rille im Sonnensystem, Baltis Vallis, welche sich über ungefähr 6800 Kilometer erstreckt. Von Kratern durchsetztes Hochland befindet sich ebenfalls auf Venus' Oberfläche.

Die Anzahl der Krater auf der Venus ist im Vergleich zum Erdmond (Venus hat keinen Mond) zu Merkur kleiner. Es existieren keine kleinen Krater. Der Grund für die eher geringe Kraterhäufigkeit auf der Venus ist die Tatsache, dass ihre Oberfläche, nachdem die Bombardierungsphase mit Objekten aus dem All beendet war, mit Lava überflutet oder durch wiederkehrenden Vulkanismus (den ich in Kapitel 5 definiere) bearbeitet wurde. Nur wenige große Objekte haben Venus danach getroffen und die kleinen Objekte haben nicht viel bewirken können. Hier ist nun der Grund dafür, dass keine großen Objekte mehr Venus' Oberfläche erreichten: Objekte die in der Lage wären, Krater mit Umfängen von mehr als 3 Kilometern zu erzeugen, werden von den aerodynamischen Kräften in Venus' dichter Atmosphäre abgebremst und zerstört.

Auch riesige Vulkane und Gebirgsketten wurden auf Venus gefunden, doch unterscheiden sie sich von denen auf der Erde, die durch das Ineinanderschieben von Krustenplatten entstanden. Venus verfügt auch nicht über Vulkanketten (wie beispielsweise dem Feuerring im Pazifischen Ozean), die an den Kanten verschiedener Platten entstehen. Plattentektonik und Kontinentaldrift, wie sie auf der Erde existieren, finden auf der Venus nicht statt.

Mars: Ein geheimnisvoller Planet

Mars wurde mit großer Genauigkeit topographisch dargestellt und Sie können die neuesten Karten auf der Website der NASA (`ltpwww.gsfc.nasa.gov/tharsis/global_paper.html`) finden. Topographisch bedeutet, dass die Höhen der verschiedenen Landschaftsformen gemessen worden sind. Die Messungen wurden mithilfe eines Laseraltimeter genannten Instruments an Bord des um den Mars kreisenden Satelliten Mars Global Surveyor (MGS) durchgeführt. An Bord des Satelliten befindet sich auch eine Kamera, deren neueste Aufnahmen Sie unter `www.msss.com` auf der Website von Malin Space Systems finden, einem Unternehmen, das die Kamera gebaut hat und in Betrieb hält.

Wo ist das ganze Wasser geblieben?

Mars' topographische Karte zeigt, dass der Großteil seiner Nordhalbkugel deutlich tiefer als die Flächen der Südhalbkugel liegt. Das ausgedehnte nördliche Tiefland könnte das Becken eines Urmeeres sein. Selbst wenn man sich diesbezüglich täuschen sollte, existieren starke Hinweise dafür, dass es einst auf Mars flüssiges Wasser gegeben hat.

Gegenwärtig ist der Mars trocken und kalt. Große Eismassen bedecken seine Pole. Man schätzt, dass genug Eis vorhanden ist, um den gesamten Planeten bis auf 30 Meter Höhe zu überfluten, wenn es schmelzen würde. Das Eis wird jedoch nicht schmelzen; Mars ist einfach zu kalt. Seine Atmosphäre besteht hauptsächlich aus Kohlendioxyd, und im Winter gefriert ein Teil dieses Gases auf der Oberfläche des Planeten, dünne Ablagerungen von trockenem Eis hinterlassend. Der Pol, auf dem gerade Winter herrscht, wird häufig von einer Schicht trockenen Eises bedeckt, welches auf der Dauerkappe des aus Wasser bestehenden Eises ruht. Trockene Flussbetten mit stromlinienförmigen Inseln und Kieselsteinen, die aussehen, als wären sie von einem gewaltigen Strom geformt worden, sind einige Beispiele dafür, dass es in der Vergangenheit auf Mars Wasser gegeben haben muss. Die Kieselsteine wurden mithilfe des »Pathfinder« (der auf Mars landete) und dessen kleinem Roboter »Sojourner« bildlich dargestellt.

Ein auf MGS angebrachtes Magnetometer hat lange, parallele Streifen eines gegengepolten, in der steinigen Kruste des Mars eingefrorenen Magnetfeldes entdeckt. Gegenwärtig besitzt Mars kein globales Magnetfeld, doch könnte diese Entdeckung bedeuten, dass er einst ein globales, sich ähnlich dem Erdmagnetfeld in periodischen Abständen umpolendes Feld (siehe Kapitel 5) besaß, und es kann ebenfalls bedeuten, dass der Mars einen ähnlichen Verkrustungsprozess durchgemacht hat wie der Seeboden der Erde. Da Mars' geschmolzener Eisenkern längst erstarrt ist, kann kein neues Magnetfeld mehr erzeugt werden, und der aus dem Inneren aufsteigende Wärmefluss ist zu gering, um den Vulkanismus aufrechtzuerhalten.

Der einst auf Mars existierende Vulkanismus hat riesige Vulkane hervorgebracht, wie etwa den 600 Kilometer breiten und 24 Kilometer hohen Olympus Mons, der fünfmal breiter und dreimal höher als der größte Vulkan der Erde, Mauna Loa, ist. Auf Mars gibt es auch zahlreiche Felsschluchten, darunter die riesige 4000 Kilometer lange Valles Marineris (Mariner Schlucht). Wegen der stärkeren, vermutlich durch die Wasserfluten verursachten Erosion, sind die Einschlagskrater abgetragener als die des Erdmondes.

Der Mars hat nur zwei uns bekannte Monde, Phobos und Deimos. Sie sind winzig und mit einem Amateurteleskop nicht beobachtbar.

Kann auf Mars Leben existieren?

Die Menschen haben allerlei missverständliche Vorstellungen vom Mars. Einige könnten vielleicht sogar stimmen, ihre Richtigkeit ist jedoch noch nicht geprüft worden. Alle diese Ideen kreisen um die Frage nach den Chancen für Leben auf dem Mars. Die meisten sind ebenso unwahrscheinlich wie die Geschichte über den zukünftigen Astronauten, der von einem Planeten zurückkehrt und vom Reporter gefragt wird, »Gibt es denn nun Leben auf dem Mars?« » Unter der Woche nicht allzu viel«, antwortet er, »aber Samstag Nacht ...«.

Leben auf dem Mars: Nur ein Wunschtraum?

Die Entdeckung der »Kanäle« auf dem Mars hat dazu geführt, dass die ersten wüsten Spekulationen über die Möglichkeit der Existenz von Leben auf dem Mars wie die Pilze aus dem Boden schossen. Die Entdeckung der Kanäle wurde von einigen der berühmtesten Astronomen des späten 19. und frühen 20. Jahrhunderts gemeldet. Planetarische Fotografie war zu der Zeit nicht sehr sinnvoll, da die Belichtungszeiten lang und die Bilder durch das atmosphärische Seeing (welches ich in Kapitel 3 definiere) verschmiert waren. Aus diesem Grunde glaubten Wissenschaftler, dass die von professionellen Beobachtern dargestellten Zeichnungen die zutreffendsten Bilder von Mars seien. Einige dieser Karten zeigten Linienmuster, welche die Marsoberfläche durchkreuzten. Percival Lowell, ein amerikanischer Astronom, stellte die Hypothese auf, dass diese Linien Kanäle seien, die von einer altertümlichen Zivilisation angelegt wurden, um das Wasser des austrocknenden Mars zu konservieren und zu transportieren. Er schlussfolgerte, dass die Orte, an denen sich die Linien kreuzten, Oasen seien.

Über die Jahre wurden der Idee von den Kanälen und anderen berichteten Indizien für die ehemalige Existenz von Leben auf dem Mars mehrere Schläge versetzt:

✔ Als das amerikanische Raumfahrzeug Mariner 4 1965 den Mars erreichte, zeigten seine Fotos keine Kanäle, ein Schluss, der durch nachfolgende Marssonden viel genauer und für die gesamte Marsoberfläche bestätigt wurde. Dieses war der erste Schlag.

- ✔ Zwei spätere Sonden, die Viking-Lander, führten mithilfe eines Roboters chemische Experimente auf dem Mars durch, um eventuelle Evidenzen für biologische Prozesse, wie etwa der Photosynthese oder Atmung, zu finden. Als einer Bodenprobe Wasser hinzugefügt wurde, dachte man auf den ersten Blick, Beweise für biologische Aktivität gefunden zu haben. Doch als später die Sache überprüft wurde, folgerten die meisten Wissenschaftler, dass das Wasser einfach nur chemisch mit der Erde reagiert hatte und keinerlei Nachweis von Leben gegeben war. Dieses war der zweite Schlag.

- ✔ Auch die Viking-Sonden sendeten von ihrer Reise um den Mars Bilder der Marsoberfläche zurück. Diese wiesen an einer bestimmten Stelle eine Krustenformation auf, welche manche Leute an ein Gesicht erinnerte. Obwohl zahlreiche Bergspitzen und Steinformationen auf der Erde den Profilen berühmter Staatsführer ähneln, nach denen sie benannt wurden, behaupten einige echte Glaubende, das »Gesicht« auf dem Mars wäre eine Art Denkmal, welches von einer fortschrittlichen Zivilisation aufgestellt wurde. Später ergaben schärfere von MGS aufgenommene Bilder, dass dieses Landschaftsbild ganz und gar nicht wie ein Gesicht aussieht. Dieses war nun der dritte Schlag, der den Verfechtern des Lebens auf dem Mars verpasst wurde.

Doch der Gedanke an Leben war trotz dieser drei Tiefschläge noch nicht vom Tisch.

Fossiler Beweis?

1996 untersuchten Wissenschaftler eine Meteoritenprobe, von der sie glaubten, sie stamme vom Mars, wo sie durch den Einschlag eines kleinen Kometen oder Asteroiden herausgeschlagen worden sei. Sie fanden chemische Verbindungen und winzige Mineralstrukturen, die sie als chemische Nebenprodukte und mögliche fossile Überbleibsel mikroskopischen Urlebens interpretierten. Diese Theorie ist sehr umstritten und die meisten nachfolgenden Studien haben gezeigt, dass die daraus gezogenen Schlüsse falsch sind. Auf der Grundlage der laufenden Forschung können Wissenschaftler keine überzeugende Aussage zugunsten dieser Theorie machen.

Mars muss systematisch nach Hinweisen für die Existenz von Leben (vergangenem oder gegenwärtigen) abgesucht werden, und zwar in den Regionen, in denen es am meisten Sinn macht, Leben zu finden – wo es augenscheinlich einst große Wassermengen gegeben hat und wo in alten Seen oder Meeren Sedimentschichten abgelagert wurden. Das sind Orte, an denen man auch auf der Erde die meisten Fossilien findet.

Beobachtung der erdähnlichen Planeten

Merkur, Venus und Mars können Sie mithilfe monatlicher Beobachtungshinweise aus astronomischen Zeitschriften und deren Websites (siehe Kapitel 2) oder eines Planetariumsprogramms orten. Venus ist besonders einfach zu entdecken, da sie nach dem Mond das hellste Himmelsobjekt des Nachthimmels ist.

Merkurs Bahn ist der Sonne am nächsten gelegen und gleich darauf folgt Venus. Sie befinden sich beide im Inneren der Erdbahn, sodass sie sich, von der Erde aus gesehen, beide immer im selben

Bereich des Himmels wie die Sonne befinden. So können Sie diese Planeten am Westhimmel nach Sonnenuntergang finden oder am Osthimmel vor der Morgendämmerung. Zu diesen Zeiten befindet sich die Sonne nicht allzu tief unterhalb des Horizonts, sodass Sie die in ihrer Nähe westwärts befindlichen Objekte vor Sonnenaufgang und die ostwärts liegenden nach Sonnenuntergang sehen können. Ihr Motto als Merkur- oder Venus-Späher sollte entweder »Schaue gen Osten«! oder »Schaue gen Westen«! sein, je nachdem, ob Sie in der Morgen- oder Abenddämmerung beobachten.

Wenn die Venus vor der Morgendämmerung im Osten erscheint, wird sie *Morgenstern* genannt, und *Abendstern*, wenn sie im Westen nach Sonnenuntergang aufgeht. Da sie sich rasch um die Sonne dreht, kann der Morgenstern dieser Woche in der nächsten Woche ein Abendstern sein (siehe Abbildung 6.1).

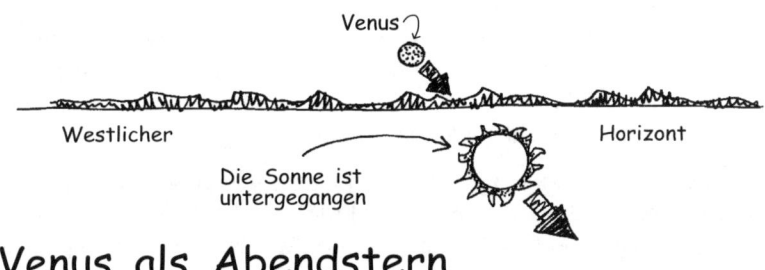

Venus als Abendstern

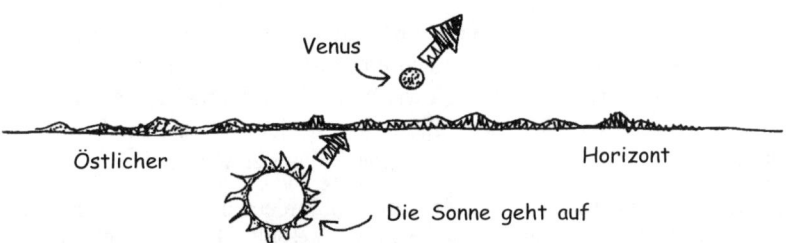

Venus als Morgenstern

Abbildung 6.1: Venus kann entweder ein Morgenstern oder ein Abendstern sein, obwohl sie eigentlich gar kein Stern ist.

Im folgenden Abschnitt werde ich die für die Beobachtung dieser Planeten geeignetste Zeit mithilfe der Elongation, Konjunktion und Opposition, dreier Begriffe, welche die Lage der Planeten in Bezug auf Sonne und Erde beschreiben, vorstellen und erklären, wie Sie dieses Wissen bei der Beobachtung erdähnlicher Planeten einsetzen können.

Was steckt hinter Elongation, Opposition und Konjunktion?

Elongation, Opposition und Konjunktion sind Fachbegriffe, die die Lage eines Planeten in Bezug auf Erde und Sonne beschreiben. Wenn Sie beim Planen Ihrer Beobachtungen die Positionen der Planeten angebende Tabellen durchgehen, werden Sie diesen Begriffen begegnen. Hier ist nun deren Bedeutung:

✔ Die *Elongation* ist der von der Erde aus gemessene Winkelabstand des Planeten von der Sonne. Merkurs Bahn ist so klein, dass dieser nie mehr als 28 Grad von der Sonne entfernt ist. Zu manchen Zeiten weicht er nicht mehr als 18 Grad von der Sonne ab und ist damit kaum sichtbar. Die Venus kann sich bis zu 48 Grad von der Sonne weg befinden.

✔ Die *größte westliche (oder östliche) Elongation* gibt den größten westlichen (bzw. östlichen) Winkelabstand des Planeten von der Sonne während der Zeit, in der er von der Erde aus sichtbar ist, an. Manche größten Elongationen sind größer als andere, weil sich der Abstand der Erde zum Planeten ändert. Die Elongation spielt besonders bei der Beobachtung von Merkur eine kritische Rolle, weil dieser meistens so nah an der Sonne dran ist, dass der Himmel an der Stelle, wo er sich befindet, nicht ausreichend dunkel ist.

✔ Von *Opposition* spricht man, wenn Sonne und Planet sich gegenüber stehen, wobei sich der Planet auf der sonnenabgewandten Seite der Erde befindet. Diese Situation tritt für Merkur und Venus nie ein, doch der Mars befindet sich etwa alle 26 Monate in Opposition. Dann kann er am besten beobachtet werden, da er durch das Teleskop am größten erscheint. Hinzu kommt, dass in Opposition Mars um Mitternacht am höchsten am Himmel steht und damit die ganze Nacht über beobachtet werden kann.

✔ Der Begriff *Konjunktion* wird häufig verwendet, um die scheinbare Annäherung zweier Objekte des Sonnensystems am Himmel zu beschreiben, z.B. wenn der Mond an der Venus vorbeizieht. Obwohl die Venus in Wirklichkeit weit hinter dem Mond liegt, stehen sich die beiden mitunter sehr nahe, und dies ist eine Konjunktion des Mondes und der Venus. Bei der Konjunktion handelt es sich also um einen rein perspektivischen Effekt.

Die Konjunktion hat auch eine technische Bedeutung. Anstelle der Rektaszension (die Position eines Sterns gemessen in ostwestliche Richtung) und Deklination (die Position gemessen in nordsüdliche Richtung) verwenden Astronomen manchmal die ekliptikale Breite und Länge. Die Ekliptik (Tierkreislinie) ist ein Kreis am Himmel, welcher von der Sonne auf ihrem Weg durch die Tierkreiszeichen beschrieben wird. Die *ekliptikale* Breite (bzw. Länge) gibt den Winkelabstand eines Gestirns nördlich oder südlich von der Ekliptik an (bzw. westlich oder östlich). (Keine Sorge, Sie werden das ekliptikale System nicht verwenden müssen. Es zu kennen wird Ihnen jedoch helfen, die folgenden Definitionen zu verstehen).

Wie Sie obere und untere Konjunktionen identifizieren können

Nehmen wir an, ein Planet befinde sich außerhalb der Erdbahn, in gleicher Länge wie die Sonne, d.h. er hat dieselbe ostwestliche Richtung, dann befindet sich dieser Planet in *oberer Konjunktion* (siehe Abbildung 6.2).

In oberer Konjunktion sind Planeten unsichtbar, da sie sich auf der uns abgewandten Seite der Sonne befinden. Versuchen Sie also nicht, Mars in oberer Konjunktion zu beobachten; Sie werden ihn nämlich nicht sehen. Am besten lässt sich Mars in Opposition beobachten.

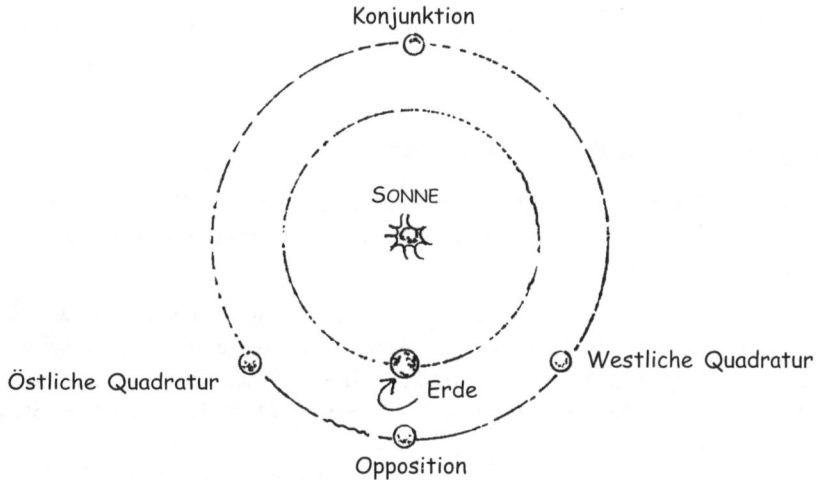

Abbildung 6.2: Ein Planet in oberer Konjunktion befindet sich in derselben ostwestlichen Richtung wie die Sonne.

Merkur und Venus liegen innerhalb der Erdbahn. Diese beiden Planeten können sich in gleicher Länge mit der Sonne befinden, entweder zwischen Sonne und Erde, in *unterer Konjunktion* (siehe Abbildung 6.3), oder auf der erdabgewandten Seite der Sonne, in oberer Konjunktion.

Die Venus lässt sich am besten in unterer Konjunktion beobachten. Dann erscheint sie am größten und am hellsten. Merkur ist jedoch zu nah an der Sonne dran, um in unterer Konjunktion beobachtet zu werden. Er wird am besten bei größter Elongation beobachtet.

Im folgenden Abschnitt werde ich Sie in die Beobachtung der erdähnlichen Planeten einführen, in aufsteigender Reihenfolge des Schwierigkeitsgrades ihrer Beobachtung, d.h. angefangen mit Venus, die am einfachsten zu beobachten ist.

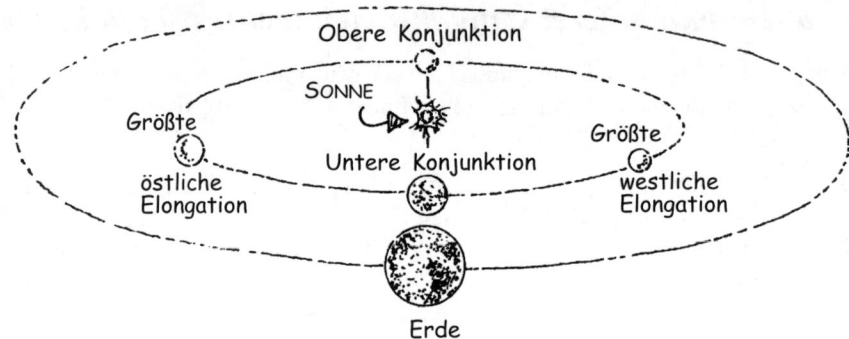

Ansichten eines unteren Planeten

Abbildung 6.3: In unterer Konjunktion steht ein innerer Planet zwischen Sonne und Erde in Reih' und Glied.

Venus und ihre Phasen beobachten

Unter den Planeten ist Venus am leichtesten aufzufinden. Sie ist so hell, dass Leute, die über kein astronomisches Wissen verfügen, sie entdecken und bei Planetarien oder Zeitungen anrufen, um zu fragen »was der helle Stern« wohl sei.

Wenn vereinzelte Wolken vom Westen aus in östliche Richtung über Venus hinwegziehen, wird das Bild oft missverstanden. Die Leute denken dann, es sei Venus, die sich so schnell von den Wolken wegbewege. Wegen ihrer Helligkeit und dem irrtümlichen Eindruck, dass sie sich hinter einer Wolkendecke schnell zu bewegen scheint, wird sie oft für ein UFO gehalten. Sie ist keines. Das wissen wir bestimmt.

Sobald Sie sich an die Venus gewöhnt haben, wird Sie Ihnen selbst am helllichten Tage auffallen. Häufig kann Venus bei klarem Himmel (wenn es nur wenig Dunst und Smog gibt) durch *indirektes Sehen* geortet werden, d.h. wenn Sie sie »aus dem Augenwinkel« anschauen. Aus bestimmten Gründen ist es manchmal leichter, ein Gestirn durch indirektes Sehen zu orten, als wenn Sie es direkt anschauen. Es könnte sich dabei um einen Selbsterhaltungsinstinkt handeln. Es ist für einen Feind schwieriger, sich ungesehen seitlich anzuschleichen. Wie dem auch sei, ist es bei Himmelsbeobachtungen hilfreich, dies zu wissen.

Mit einem kleinen Teleskop werden Sie die am leichtesten zu erkennenden Merkmale der Venus beobachten können: ihre Phasen und Änderungen der scheinbaren Größe. Die Venus hat ebenso und aus denselben Gründen wie der Mond Phasen: Manchmal zeigt ein Teil der sonnenzugewandten und daher hellen Seite der Venus von der Erde weg. Dann sieht man durch das Teleskop eine teils beleuchtete, teils dunkle Scheibe.

Die Trennlinie zwischen der hellen und dunklen Seite der Venus wird, ebenso wie auf dem Mond, als *Terminator* bezeichnet. Dieser Terminator ist nicht gefährlich. Er ist nämlich nur eine imaginäre Grenzlinie auf der Scheibe der Venus.

> ### Nur eine Bogensekunde
>
>
> Scheinbare Größen am Himmel werden in Winkel-Einheiten gemessen. Wenn eine Größe rund um den Himmel gemessen wird, wie z.B. der Himmelsäquator, hat sie die Länge von 360°. Im Vergleich dazu haben die Sonne und der Mond je einen Durchmesser von einem halben Grad. Die Planeten sind viel kleiner, daher werden für die Angabe ihrer Maße kleinere Maßeinheiten benötigt. Ein Grad ist in 60 Minuten eines Bogens unterteilt, und eine Minute eines Bogens, Bogenminute genannt, ist in 60 Sekunden eines Bogens unterteilt, auch Bogensekunde genannt. Ein Grad hat 3600 (60 mal 60) Sekunden eines Bogens. In vielen Astronomiebüchern und Artikeln wird eine Bogenminute durch das Apostroph-Symbol (′) bezeichnet und eine Bogensekunde durch (″). Diese werden oft missverständlich als die Symbole für die englischen Maßeinheiten Inch und Fuß interpretiert. Wenn Sie in einem Artikel den Satz finden »Der Mond hat einen Durchmesser von 30 Fuß«, dann wissen Sie, dass ein Experte als Herausgeber am Werk war.
>
> Die Venus hat einen nur um 5% kleineren Durchmesser als die Erde. Ihre scheinbare Größe oder Winkeldurchmesser hat einen Wert zwischen 10 Bogensekunden, wenn die Venus am weitesten entfernt ist (und bei Vollmond) und etwa 58 Bogensekunden, wenn sie am nächsten ist (und bei Neumond).

Während die Venus und die Erde sich um die Sonne drehen, verändert sich ihr Abstand voneinander beträchtlich. Der kleinste Abstand zwischen den beiden Planeten beträgt nur 40 Millionen Kilometer, während der größte 256 Millionen Kilometer misst. Wichtig hierbei ist das Verhältnis der beiden Abstände: Im nächsten Punkt kommt die Venus der Erde etwa sechsmal näher als im entferntesten Punkt. Dabei sieht sie durch ein Teleskop sechsmal größer aus.

Auf der Venus gibt es keine auffallenden Merkmale wie den Mann im Mond. Das liegt daran, dass sie völlig mit dicken Wolken überzogen ist, sodass die Oberseiten der Wolken alles sind, was Sie zu sehen kriegen. Die Helligkeit der Venus ist ihrer Nähe zur Sonne und zur Erde und der netten hell reflektierenden Wolkenschicht zu verdanken. Manchmal können Sie beobachten, dass sich die Spitzen der Sichel weiter auf die dunkle Seite ausdehnen, als für die gegebene Phase an dem entsprechenden Tag vorhergesagt. Was Sie da sehen, ist Sonnenlicht, welches durch Venus' Atmosphäre hinüber auf die Nachtseite gestreut wurde.

Bilder der Venus mit eindrucksvollen Wolkenmustern, wie man sie häufig in Büchern sieht, wurden in ultraviolettem Licht aufgenommen. Dieses kann unsere Atmosphäre nicht durchdringen (Applaus für die Ozonschicht, welche diese bedrohliche Strahlung abblockt), sodass von der Erde aus Venus in diesem Licht nicht gesehen werden kann. Das ultraviolette Licht können Sie ohnehin nicht sehen; es ist für das menschliche Auge unsichtbar. Die UV-Bilder werden mithilfe von auf Satelliten und Raumsonden installierten Teleskopen außerhalb unserer Atmosphäre aufgenommen.

Gelegentlich melden Beobachter ein blasses Leuchten auf der dunklen Seite der Venus. Experten wissen nach jahrhundertelangem Rätseln noch immer nicht, wodurch dieses so genannte *aschfarbene Licht* verursacht wird, sodass manche unter ihnen dessen Existenz abstreiten. Mit etwas Glück werden Sie es jedoch vielleicht sehen. Leute behaupten immer wieder, durch ihre Teleskope auch andere Erscheinungen auf der Venus beobachtet zu haben, doch stellten sich die meisten dieser Berichte als falsch heraus. Es wurde experimentell belegt, dass es sich dabei um einen rein psychologischen Effekt handelt: Betrachtet man eine weiße Kugel, die sich durch keinerlei Besonderheiten ausweist, aus der Ferne, so ist es möglich, dass man anfängt, Muster darauf zu sehen, die es in Wirklichkeit gar nicht gibt.

Mars beim Looping beobachten

Der Mars ist ein helles, rotes Objekt, doch bei weitem nicht so blendend wie die Venus. Um ihn nicht mit einem der hellen, roten Sterne, wie etwa dem Antares im Skorpion (dessen Name soviel bedeutet wie »der Rivale des Mars«), zu verwechseln, müssen Sie seine Lage in ihren Sternkarten genau nachprüfen.

Wenn Mars auf dem Nachthimmel zu sehen ist, dann bleibt er das auch meistens die ganze Nacht über. Das ist der große Vorteil bei seiner Beobachtung. Bei Venus oder Merkur ist das nicht der Fall. Diese gehen kurz nach Sonnenuntergang unter und kurz vor dem Morgengrauen auf. Normalerweise bleibt Ihnen genügend Zeit für das Abendessen und die Tagesschau, bevor Sie sich in den Garten aufmachen, um nach Mars zu schauen.

Mit einem kleinen Teleskop können Sie zumindest ein paar dunkle Markierungen orten. Der optimale Beobachtungszeitraum dafür hält einige Monate an, trifft aber dafür auch nur alle 26 Monate, wenn Mars in Opposition ist, ein. In Opposition sieht Mars am größten und hellsten aus und Details auf seiner Oberfläche können am einfachsten gesehen werden.

Der Durchgang der Venus

Eines der seltensten planetaren Ereignisse, die Sie sehen können, ist der *Venusdurchgang*. Darunter versteht man den Durchgang des Planeten über die Sonnenscheibe. Man sieht eine kleine schwarze Scheibe über die helle Sonnenoberfläche gleiten.

Dieses Ereignis kann mit dem bloßen Auge beobachtet werden (denken Sie daran, einen, wie die in Kapitel 10 für die Beobachtung von Sonnenflecken beschriebenen, sicheren Sonnenfilter zu verwenden!), doch wurde es bisher von keinem lebenden Astronomen gesehen. Das liegt daran, dass der letzte Venusdurchgang 1882 stattgefunden hat.

Sie werden jedoch dieses seltene Phänomen beobachten können, weil sich bald zwei Durchgänge ereignen werden, am 8. Juni 2004 und am 6. Juni 2012. Dafür werden Sie wahrscheinlich eine Reise unternehmen müssen, doch es wird sich lohnen.

Rücksprünge oder mühsames Vorankommen?

Eine grundlegende Aufgabe für Anfänger der Planetenbeobachtung ist, die Bewegung des Mars entlang der Sternbilder aufzuzeichnen; alles, was Sie dafür brauchen, sind Ihre Augen und eine Himmelskarte.

Orten Sie den Mars am Himmel und zeichnen Sie mit einem weichen Stift seine Position auf der Karte ein. Wiederholen Sie diesen Vorgang in jeder klaren Nacht und Sie werden daraus ein Muster entstehen sehen, welches den alten Griechen Kopfzerbrechen bereitete und zu vielen verwickelten Theorien geführt hat, von denen die meisten falsch sind.

Die meiste Zeit bewegt sich der Mars von Nacht zu Nacht ebenso wie der Erdmond ostwärts entlang der Sternbilder. Während der Mond stets auf dieselbe Weise voranschreitet, ändert Mars mitunter seinen Kurs. Für zwei bis drei Monate (62 bis 81 Tage), steuert er in westliche Richtung los und bewegt sich um 10 bis 20 Grad rückwärts. Diese Rückbewegung nennt man die »rückläufige Bewegung« des Mars.

Dieses Verhalten zeugt nicht etwa von Verwirrung. Die rückläufige Bewegung ist eine Folge des Erdlaufs um die Sonne. Während Sie auf der Erde stehend die Bewegung des Mars aufnehmen, dreht sich diese in 365 Tagen um die Sonne. Mars vollführt eine vollständige Umdrehung in 687 Tagen, d.h. er dreht sich langsamer um die Sonne, als es die Erde tut. Demzufolge wird Mars in Bezug auf uns, nachdem wir ihn überholt haben, scheinbar seine Bewegungsrichtung ändern. In Wirklichkeit schleppt er sich jedoch stets mühsam voran.

Die kommenden Oppositionen des Mars finden im

Juni 2001

August 2003

November 2005

Dezember 2007

Januar 2010

statt. Verpassen Sie sie nicht!

Die allerbeste Opposition des Jahrzehnts findet am 27. August 2003 statt. Mars wird dann einen scheinbaren Durchmesser von 25 Bogensekunden haben, halb so groß wie die Opposition im April 1999. Zur Zeit seiner besten Oppositionen befindet sich Mars südlich des Himmelsäquators, wo er auch noch von gemäßigten Breiten auf der Nordhalbkugel aus immer noch ausreichend gut beobachtet werden kann.

Das mit einem kleinen Teleskop am leichtesten zu beobachtende Merkmal der Marsoberfläche ist Syrtis Major, ein ausgedehnter dunkler Bereich, der sich nördlich des Äquators erstreckt. Der Tag auf Mars ist fast so lang wie ein Tag auf der Erde, nämlich 24 Stunden und 37 Minuten. Wenn Sie sich Mars gelegentlich im Laufe einer Nacht ansehen, werden Sie Syrtis Major langsam über die Scheibe des sich drehenden Mars ziehen sehen können. Erfahrene Beobachter können ebenfalls seine Polkappen und andere Merkmale sehen.

Der Schlüssel zur erfolgreichen Planetenbeobachtung ist, die Zeiten guten *Seeings*, d.h. ruhiger Atmosphäre, auszunutzen. Zu solchen Zeiten funkeln die Sterne nicht allzu stark und Sie können ein Okular höheren Vergrößerungsvermögens verwenden, um feinere Details auf dem Mars oder der Oberfläche eines anderen Planeten zu entdecken. Wenn das Seeing nicht gut genug ist, wird das Bild verschwommen sein und scheint herumzuhüpfen. Unter derartigen Bedingungen ist eine höhere Vergrößerung nutzlos. Es wird nur das verschwommene, zappelnde Bild vergrößert und Sie sind mit einem Okular geringerer Vergrößerung besser bedient.

Von interplanetaren Raumsonden und dem Hubble-Weltraumteleskop aufgenommene NASA-Bilder des Mars sind viel zu detailliert, um Sie bei Beobachtungen mit einem kleinen Teleskop auf sinnvolle Weise lenken zu können. Sie benötigen eine einfache *Albedo-Karte*, auf welcher die hellen und dunklen, mit einem kleinen Teleskop sichtbaren Bereiche des Mars aufgezeichnet sind. Selbst eine Albedo-Karte enthält mehr Details, als der durchschnittliche Beobachter je sehen könnte, und sie ist ein guter Führer und eine Herausforderung für Ihre beobachtenden Fähigkeiten. Eine solche Karte können Sie im *Norton's Star Atlas and Reference Handbook* (Epoch 2000.0), 19. Auflage von Arthur P. Norton, Ian Ridpath (Herausgeber), herausgegeben von Longman Publishing Group, 1988, finden oder unter `mpfwww.jpl.nasa.gov/mpf/marswatch/marsnom.html` auf der Mars-Watch-Seite.

Astronomen messen die Sichtbedingungen anhand des *Seeing* (die Stetigkeit der Atmosphäre über Ihrem Teleskop), *der Transparenz* (die Wolken- und Dunstfreiheit) und *der Dunkelheit* des Himmels (die Abwesenheit künstlichen Lichts, Mond- und Sonnenlichts). Bei der Beobachtung von Mars ist ein gutes Seeing von zentraler Bedeutung, und der dunkle Himmel spielt dabei die unwichtigste Rolle. Doch je dunkler der Himmel, desto ruhiger die Luft, desto höher die Transparenz und desto mehr werden Sie die Nacht genießen.

Unglücklicherweise können sich selbst unter günstigen atmosphärischen Bedingungen, und wenn Mars sich auf eine Opposition zu bewegt, Katastrophen ereignen. Der Mars ist ein Planet, auf dem weltweit Staubstürme toben können, welche den Blick auf seine Oberflächenmerkmale versperren

Eigentlich werden Amateurastronomen von Profis gebeten, bei der Überwachung des Mars mitzuhelfen und den Beginn eines Staubsturmes und andere auffällige Veränderungen im Aussehen des Planeten zu melden. Informationen zu diesem Programm können Sie auf der Mars-Website der Cornell Universität unter `astrosun.tn.cornell.edu/marsnet/mnhome.html` finden. Es macht zwar deutlich mehr Spaß, ein gutes, scharfes Bild vom Mars zu bekommen, doch falls alle Stricke reißen, können Sie wenigstens für die Entdeckung eines Staubsturmes Anerkennung finden. Die Experten werden Ihren Staubbericht zu würdigen wissen, anstatt ihn wegzuwischen.

 Um ein zuverlässiger Mars-Beobachter zu werden, benötigen Sie Erfahrung. Als Anfänger sollten Sie nicht gleich denken, ein großer Staubsturm sei im Aufkommen, nur weil Sie keine Details ausmachen können. Werden Sie zunächst einmal mit Mars vertraut. Erst dann sollten Sie, wenn Sie keine Details sehen, annehmen, dass der Grund dafür der Planet selbst ist und nicht Ihre Unerfahrenheit.

Es gibt in der Wissenschaft ein berühmtes Motto: »Das Ausbleiben von Hinweisen ist nicht zwingend ein Hinweis für das Ausbleiben eines Prozesses«. Wenn Sie auf den ersten Blick keine Details sehen, heißt das nicht, dass Ihnen ein Staubsturm die Sicht getrübt hat. Als Beobachter mit dem Teleskop müssen Sie ihre Beobachtungsfähigkeiten ebenso schulen wie ein Feinschmecker oder Weinliebhaber seinen Gaumen.

Übertreffen Sie Kopernikus, indem Sie Merkur beobachten

Dem großen polnischen Astronomen des 17. Jahrhunderts, Nikolaus Kopernikus, der die *heliozentrische* (sonnenzentrierte) Theorie des Sonnensystems vorschlug, wird nachgesagt, er habe Merkur nicht entdecken können.

Kopernikus jedoch besaß keine modernen Hilfsmittel, wie etwa Desktop-Planetarien, astronomische Websites und monatliche astronomische Zeitschriften. Sie können sich solcher Hilfsmittel bedienen, um herauszufinden, welche Zeit des Jahres für die Beobachtung von Merkur optimal ist. Das sind die Zeiten größter westlicher und östlicher Elongation und Sie finden etwa sechsmal jährlich statt.

Bei moderaten Breiten, so wie den unsrigen, ist Merkur normalerweise nur in der Abenddämmerung sichtbar. Lange nach Sonnenuntergang, wenn der Himmel dunkel ist, ist Merkur auch schon untergegangen, und am Morgen werden Sie ihn nicht sehen, ehe das bevorstehende Morgengrauen anfängt, den Himmel aufzuhellen. Er wird dann einem hellen Stern gleichen, jedoch einen viel blasseren Eindruck machen als Venus im Westen bei Abenddämmerung oder im Osten im Morgengrauen.

Für eine Verabredung mit Merkur müssen Sie Frühaufsteher sein

Obwohl Merkur viel kleiner als die Venus ist, können Sie seine Phasen durch ein Teleskop sehr gut beobachten. Die optimale Zeit dafür ist, wenn sich Merkur in westlicher Elongation befindet und im Morgengrauen erscheint. Die atmosphärischen Bedingung (das Seeing) sind zu dieser Zeit tief im Osten meistens besser als tief im Westen nach Sonnenuntergang. Sie werden also am Morgen ein schärferes Bild erhalten. Standardführer, wie etwa das angesehene *Observer's Handbook* (eine jährliche Veröffentlichung der Royal Astronomical Society of Canada, www.rasc.ca), das bei Kosmos jährlich herausgegebene *Himmelsjahr*, *Ahnerts Jahreskalender* von *Sterne und Weltraum*, der *Astronomical Calendar* (jährlich von Universal Workshop veröffentlicht, www.kalend.com) und die astronomischen Zeitschriften und deren Websites enthalten Informationen darüber, wann die Elongationen stattfinden.

Da Merkur, während sich die Sonne noch unterhalb des Horizonts befindet, nicht allzu hoch am Himmel steht, sollte Ihr Beobachtungsort über einen freien östlichen Horizont verfügen. Sollten Sie Schwierigkeiten haben, Merkur mit bloßem Auge zu finden, so durchmustern Sie den in Frage kommenden Teil des Himmels mit einem Fernglas. Verfügen Sie über ein computergesteuertes Teleskop mit eingebauter Datenbank, dann müssen Sie nur »Merkur« eingeben und das Teleskop wird ihn schon finden.

Der Merkurdurchgang

Ebenso wie die Venus kann Merkur, wenn er über die Sonne hinweggleitet und dabei wie eine kleine, schwarze Scheibe aussieht, manchmal auch bei Durchgang beobachtet werden. Wenn Sie Merkurs Durchgang mit einem Teleskop beobachten, befolgen Sie die in Kapitel 10 für Sonnenbeobachtungen beschrieben Sicherheitsmaßnahmen. (Vergessen Sie nicht, dass Sie Merkur gegen die Sonne beobachten, sodass Sicherheitsmaßnahmen zum Schutz Ihrer Augen unbedingt einzuhalten sind). Im nächsten Jahrzehnt wird Merkur zwei Durchgänge erfahren, am 7. Mai 2003 und am 8. November 2006. Je nachdem, wo Sie wohnen, werden Sie unter Umständen reisen müssen, um sie beobachten zu können.

Erwarten Sie keine Oberflächenmarkierung

Es ist sehr schwierig, jegliche Art von Details auf Merkurs Oberfläche zu erkennen. Kaum ein Teleskop auf der Erde wird etwas an dieser Tatsache ändern. Merkurs scheinbare Größe bei seiner größten Elongation beträgt nur etwa 6 bis 8 Bogensekunden.

Einige erfahrene Hobbyastronomen haben berichtet, Oberflächenmarkierungen beobachtet zu haben, doch daraus konnte keine nützliche Information gezogen werden. Einige der größten Planetenbeobachter aller Zeiten dachten, Sie könnten Markierungen sehen und diese zeichnen. Aus diesen Zeichnungen versuchten Sie die Rotationsperiode, oder den »Tag«, des Merkur zu ermitteln, die 88 Erdtage betrug. Sie täuschten sich. Später durchgeführte Radarmessungen bewiesen, dass Merkur einmal alle 59 Erdtage eine vollständige Drehung um seine Achse vollführt.

Wie dem auch sei, wenn Sie einmal gelernt haben, Merkur am Himmel zu orten und seine Phasen mit einem Teleskop zu verfolgen, werden Sie Kopernikus eingeholt haben!

Mehr Informationen zur Beobachtung von Merkur und anderer Planeten können Sie über die *Association of Lunar and Planetary Observers*, dem Verband der Mond- und Planetenbeobachter (ALPO), erfahren. Diese sammeln auch Skizzen und Beobachtungsbeiträge von Amateurastronomen ein und bieten Tabellen, Karten und andere Veröffentlichungen an. Manche ihrer Ratschläge zu der Frage, was mit kleinen Teleskopen beobachtbar ist, werden optimistischer sein als die meinigen. Warum aber nicht alle Möglichkeiten ausschöpfen? Die ALPO-Homepage ist unter www.lpl.arizona.edu/alpo zu finden.

Weitere deutsche Informationen mit ausführlichen Informationen über jeden Planeten und seine Monde finden Sie unter planetscapes.com/solar/germ/homepage.htm und www.wappswelt.de/tnp/index.html.

Warum Merkur-Liebhaber den Morgen bevorzugen

Hier nun der Grund, warum das Seeing im Morgengrauen in der Nähe des Horizonts besser ist als bei Sonnenuntergang: Die Erdoberfläche wird bis zum Sonnenuntergang aufgewärmt, sodass Sie, wenn Sie tief auf den Himmel in westliche Richtung schauen, durch turbulente Strömungen warmer, von der Oberfläche aus aufsteigender Luft hindurchblicken. Am Morgen hat die Luft dagegen die ganze Nacht über Zeit gehabt, auszukühlen und sich zu stabilisieren. Es dauert ein paar Stunden, bis die aufgehende Sonne die Erde aufwärmt und das Seeing wieder versaut.

Warum die Erde die Beste ist: Vergleichende Planetologie

Merkur ist eine kleine Welt gegensätzlicher Temperaturen, besitzt jedoch ein globales Magnetfeld wie das der Erde, was bedeutet, dass er einen Eisenkern im geschmolzenen Zustand hat, ebenso wie die Erde. Obwohl Venus und Mars kein Magnetfeld haben, sind sie der Erde in vielerlei anderer Hinsicht ähnlich. Doch flüssiges Wasser und Leben in Hülle und Fülle gibt es derzeit nur auf der Erde. Was ist es, was die Erde so besonders macht?

Im Gegensatz zur Erde herrschen auf der Venus höllische Temperaturen. Sie ist weiter von der Sonne weg als Merkur und trotzdem heißer. Der Grund für die hohen Temperaturen ist ein sehr ausgeprägter Treibhauseffekt, der dadurch zustande kommt, dass atmosphärische Gase die nach außen hin fließende Wärme zum Teil absorbieren und damit die Temperatur erhöhen. Die Erdatmosphäre mag einst, genauso wie die Atmosphäre der Venus heute, große Mengen an Kohlendioxyd enthalten haben. Im Falle der Erde wurde ein Großteil des Kohlendioxyds von den Ozeanen absorbiert, sodass es sich nicht in der Atmosphäre anstauen konnte.

Mars ist auf der anderen Seite zu kalt, um Leben aufrechtzuerhalten. Er hat den Großteil seiner ursprünglichen Atmosphäre bereits verloren. Seine Atmosphäre ist zu dünn, um einen wirksamen Treibhauseffekt zu erzeugen, der die Erhöhung der Oberflächentemperatur oberhalb des Gefrierpunktes von Wasser zur Folge hätte.

Die drei großen erdähnlichen Planeten sind wie die drei Müslischalen in der Kindergeschichte vom Goldlöckchen. Die Venus ist zu heiß, der Mars zu kalt, aber die Erde ist für flüssiges Wasser und Leben, wie wir es kennen, *genau richtig*. Die Grundeigenschaften der erdähnlichen Planeten und ihre Unterschiede zusammenfassend, können wir folgende Schlüsse ziehen:

- Merkur sieht von außen wie der Mond aus, aber von innen wie die Erde.
- Die Venus ist die »böse Zwillingsschwester« der Erde.
- Mars ist die kleine verstorbene Erde.

Die Erde ist wie Goldlöckchens Planet – genau richtig!

Der Asteroidengürtel und die erdnahen Objekte

In diesem Kapitel

▶ Finden Sie heraus, wo die Asteroiden herkommen

▶ Schätzen Sie das Risiko eines gefährlichen Asteroiden-Einschlags auf der Erde ein

▶ Finden Sie heraus, was Wissenschaftler gegen die Bedrohung unternehmen

▶ Beobachten Sie Asteroiden

*A*steroiden sind riesige, die Sonne umkreisende Gesteinsklumpen. Die meisten von ihnen befinden sich fernab von Mars' Bahn und stellen für die Erde damit keine direkte Gefahr dar, doch Tausende von Asteroiden bewegen sich auf Bahnen, die sehr nahe an die Erdbahn herankommen oder diese durchkreuzen. Man glaubt, dass die Erde vor 65 Millionen Jahren von einem Asteroiden getroffen wurde und infolgedessen die Dinosaurier und viele andere Arten ausgelöscht wurden.

Im vorliegenden Kapitel stelle ich Ihnen diese Riesenbrocken vor und erkläre, wie sie beobachtet werden können. Sollte Ihnen das Thema Sorgen bereiten, so werde ich Ihnen die Wahrheit über das Risiko eines zukünftigen Asteroiden-Einschlags auf die Erde verraten und Sie in die Forschung einweihen, die Wissenschaftler betreiben, um im Falle eines Falles damit umgehen zu können.

Asteroiden: Überbleibsel von der Geburt des Sonnensystems

Asteroiden werden häufig als Nebenplaneten bezeichnet. Die Astronomen glauben, sie seien Überreste aus den Zeiten der Bildung des Sonnensystems – Objekte, die nie zu Planeten zusammengeklumpt sind. Manche Asteroiden, wie z.B. Ida, haben sogar eigene Monde (siehe Abbildung 7.1).

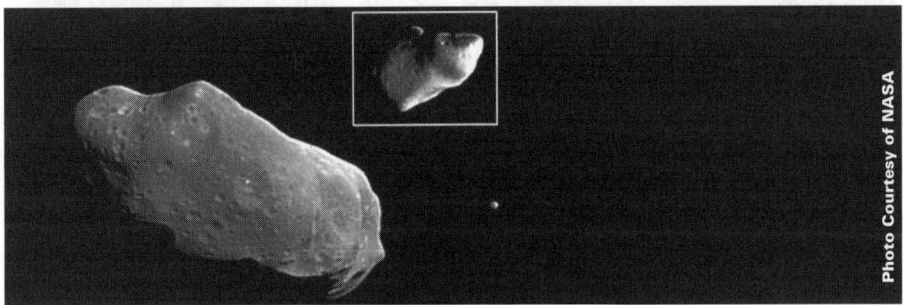

Abbildung 7.1: Der Asteroid Ida besitzt einen eigenen Mond, Dactyl.

Die Größe der Asteroiden reicht von dem größten, Ceres, mit einem Durchmesser von 933 Kilometern bis hinunter zu großen Meteoroiden (Gesteinsbrocken der Größe von Geröll sind sehr kleine Asteroiden oder sehr große Meteoroiden, suchen Sie es sich aus).

10 000 Asteroiden waren 1999 der Wissenschaft bekannt und Dutzende werden alle ein bis zwei Monate neu entdeckt. Darunter sind die Bahnen von 6000 mit sehr großer Genauigkeit bestimmt worden. Die größten Asteroiden, wie etwa Ceres oder Vesta, können bereits durch kleine Teleskope beobachtet werden (siehe Abschnitt »Kleine Lichtpunkte. Die Suche nach Asteroiden« später in diesem Kapitel).

Ceres und Vesta sind so groß, dass sie unter der Wirkung ihrer eigenen Gravitation rund geformt wurden. Kleinere Asteroiden haben oft die Form einer Kartoffel und sehen aus, als wären sie auseinander gesprengt worden (siehe Abbildung 7.2). So ist es auch tatsächlich gewesen. Die sich im Gürtel befindlichen Asteroiden stoßen andauernd zusammen, wobei große und kleine Splitter abbröckeln. Die großen Splitter sind einfach kleine Asteroiden und die kleinen sind asteroidische Meteoroide.

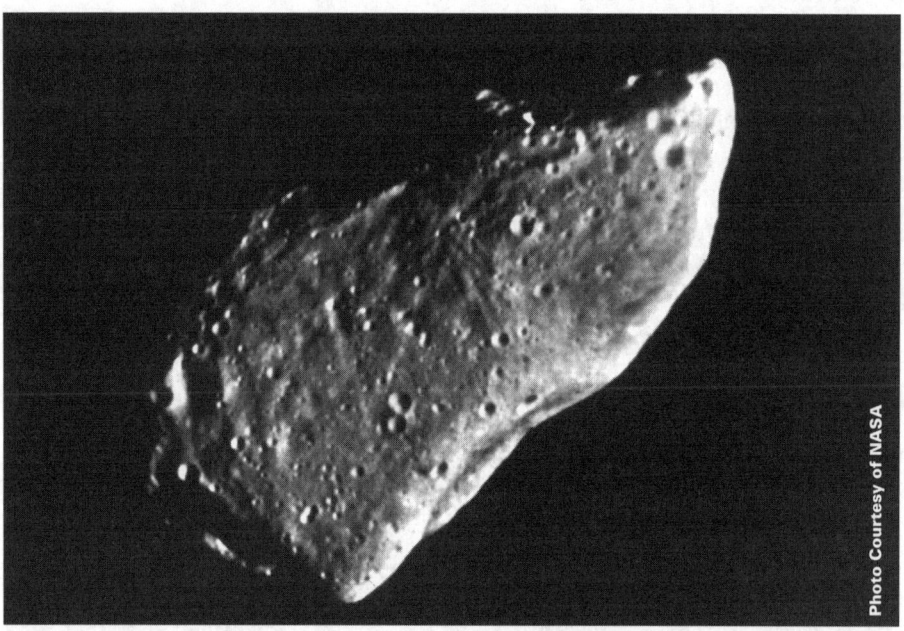

Abbildung 7.2: Manche Asteroiden ähneln riesigen Kartoffeln.

Der Großteil der Asteroiden befindet sich in einer riesigen, flachen, sonnenzentrierten Region zwischen Mars und Jupiter. Diese Region wird *Asteroidengürtel* genannt. In seltenen Abständen wird die Erde von einem kleinen Asteroiden (oder einem großen Meteoroiden – suchen Sie es sich aus) getroffen. Einer dieser Einschläge hat den berühmten Meteor-Krater (der eigentlich Meteoroid-Krater oder Asteroid-Krater genannt werden sollte) im Norden Arizonas, in der Nähe von Flagstaff erzeugt. Er ist einen Besuch wert.

 Der Mond ist mit Einschlagskratern bedeckt. Die meisten Einschlagskrater auf der Erde wurden durch Einwirkung des Wetters und durch geologische Prozesse, wie etwa der Bildung von Bergen, der Erosion und dem Vulkanismus, abgetragen. Sie können Luftaufnahmen vieler der besten Einschlagskrater der Erde auf der Website *Views of the Solar System* (Ansichten des Sonnensystems) unter www.solarviews.com/eng/tercrate.htm sehen.

Asteroiden sind zu klein, um selbst mit den stärksten Teleskopen von der Erde aus betrachtet Oberflächenstrukturen zu enthüllen; in der Regel sehen sie wie Sterne aus. (Eine seltene Ausnahme ist Vesta. Auf der Website des Keck-Observatoriums können Sie unter www2.keck.hawaii.edu:3636/realpublic/ao/solarsys.html einen Film darüber sehen, wie sich Vesta kreisend durch den Weltraum wälzt.) Sie können jedoch die Bewegung von Asteroiden gegen den Sternenhintergrund feststellen, wenn Sie sie an einem gegebenen Ort im zeitlichen Abstand von ein bis zwei Stunden (oder einer bis zwei Nächten) beobachten.

Erdnahe Objekte: Befindet sich die Erde in Gefahr?

Nicht alle Asteroiden bewegen sich im sicheren Abstand jenseits vom Mars. Die Bahnen Tausender kleiner Asteroiden kreuzen die Erdbahn oder nähern sich ihr stark an. Aus diesem Grunde werden Sie als *erdnahe Objekte (NEOs)* (aus dem Englischen *Near Earth Objects*) bezeichnet. Darunter werden etwa 170 als potenziell gefährliche Asteroiden (PHAs) (aus dem Englischen *Potentially Hazardous Asteroids*) klassifiziert, was bedeutet, dass sie sich auf ihren Wegen irgendwann einmal der Erde unangenehm stark nähern oder diese sogar treffen werden. Das Minor Planet Center der International Astronomical Union führt Tabellen der PHAs, und verschiedene Sternwarten durchmustern den Himmel, um diese zu entdecken.

Den Astronomen ist zur Zeit kein bestimmtes Objekts bekannt, welches die Erde bedrohen könnte. Verschwörungstheoretiker glauben jedoch, dass, selbst wenn wir Astronomen von einem Asteroiden des Jüngsten Gerichts wüssten, wir es nicht sagen würden. Doch seien wir ehrlich. Wenn ich wüsste, dass die Welt in Gefahr wäre, säße ich nicht hier, um ein Buch zu schreiben, sondern würde meine Angelegenheiten regeln und auf die Südsee zusteuern. Im Jahre 1998 haben die Hollywood-Filme *Armageddon* und *Deep Impact* auf Effekthascherei bedachte Versionen dessen, was geschehen könnte, wenn ein großer Asteroid oder Komet auf die Erde zusteuerte, dargestellt. Derartige Katastrophengeschichten werden zum Teil von der allgemein akzeptierten Theorie gespeist, dass die Erde vor 65 Millionen Jahren von einem 10 Kilometer breiten Asteroiden getroffen wurde. Der teils auf der mexikanischen Halbinsel Yucatan und teils jenseits der Küste im Golf von Mexiko liegende, 180 Kilometer breite Chicxulub-Krater könnte das Werk dieses Einschlags sein, von dem man behauptet, er habe die Dinosaurier getilgt. (Jedenfalls hat er ihnen ganz gewiss nicht gut getan.)

Für eine kurze Zeit im März 1998 befürchteten viele Leute, ein neu entdeckter NEO besäße die Kraft, im Jahre 2028 auf die Erde einzuschlagen. Diese Möglichkeit wurde binnen eines Tages mithilfe zusätzlicher Beobachtungen ausgeschlossen. Diese zeigten nämlich, dass der Asteroid die

Erdbahn nicht kreuzen würde. Einige Experten waren selbst mit den ursprünglichen Vorhersagen nicht einverstanden – wie es eben unter Experten meistens üblich ist.

Obwohl die Erde zunächst einmal dem Damoklesschwert entkommen zu sein scheint, könnte in Zukunft erneut ein sich auf Kollisionskurs mit der Erde befindlicher NEO entdeckt werden, und daher überlegen die Wissenschaftler, was in einem solchen Falle unternommen werden könnte.

Wenn ein Schubs zum Stoß wird

Einige Experten schlagen vor, eine gewaltige Nuklearrakete auf den Killer-Asteroiden zu richten, um diesen noch vor dem Einschlag abzufangen. Wenn uns aber ein Asteroid entgegenkommt und wir ihn sprengen, dann könnte das Ergebnis noch übler sein, als der Einschlag des intakten Objekts. Das käme einer bestimmten Szene aus Disneys *Fantasia* gleich, als der Zauberlehrling den Zauberbesen bricht, der außer Kontrolle geraten ist und nicht mehr damit aufhört, das Wasser anzuschleppen. Er erzeugt damit einen Haufen kleiner Besen, von denen ein jeder Wasser anzuschleppen beginnt.

Wenn wir einen Asteroiden mit einer Atombombe sprengten, dann würde ein ganzer Schwarm kleinerer Gesteinsklumpen (anstelle eines großen) auf die Erde zusteuern. Damit würde man der Erde eine besonders tückische, MIRV genannte Waffe auf die Brust setzen. Ein MIRV ist die heutzutage gewaltigste Fernlenkwaffe einer Armee. Sie wird, mit einigen Atombomben an Bord ausgerüstet, abgeschossen, wobei diese gleichzeitig auf unterschiedliche feindliche Ziele gerichtet werden können. Doch jene Gesteinsklumpen verfügen über ein höheres Zerstörungspotenzial als das gesamte Pentagon-Arsenal. Ein besserer Vorschlag wäre also, eine Fernlenkwaffe (oder eine andere Art von Wurfgeschoss) zu verwenden, die den Asteroiden nur anstupsen würde, um ihn auf seiner Bahn entweder etwas abzubremsen oder zu beschleunigen. Damit würde er die Erde verpassen. Puh!

Das Problem beim Anstupsen eines Asteroiden ist, dass man nicht genau weiß, wie viel Kraft man dabei zu verwenden hat. Wir wollen ihn ja nicht zertrümmern, doch weil die mechanische Beschaffenheit des Asteroiden nicht bekannt ist, wissen wir nicht, wie hart wir ihn treffen sollen. Sie können aus hartem ebenso gut wie aus zerbrechlichem Gestein zusammengesetzt sein. Manche können sogar größtenteils aus festem Metall bestehen. Wenn man seinen Feind nicht kennt, kann man die Lage erheblich verschlimmern, indem man ihn angreift.

In Fantasia hat der Zauberer schließlich dem verzauberten Besen Einhalt geboten, doch ohne einen Zauberer, der die Macht besitzt, die Asteroiden zum Verschwinden zu bringen, benötigen wir handfeste Informationen, um ein System zu entwickeln, das die Erde auf sichere Weise vor den Asteroiden schützen könnte.

Vorsicht ist die Mutter der Porzellankiste: Die Überwachung der NEOs

Die Astronomen verfügen über einen Plan, mithilfe dessen ein System entwickelt werden kann, das die Erde vor abtrünnigen Asteroiden schützt:

✔ Zunächst führen wir eine Zählung der erdnahen Objekte durch, um sicher zu gehen, dass wir jeden einzelnen Brocken in unserem Amtsbezirk, dessen Durchmesser größer ist als ein Kilometer, erfasst haben. Das sind diejenigen, die so groß sind und uns so nahe kommen, dass sie die größte potenzielle Gefahr darstellen.

✔ Daraufhin verfolgen wir diese NEOs und berechnen ihre Bahnen, um herauszufinden, ob es welche darunter gibt, die die Erde in voraussehbarer Zukunft treffen könnten.

✔ Schließlich untersuchen wir die physikalischen Eigenschaften von Asteroiden, um so viel wie möglich darüber zu erfahren.

✔ Wenn wir das Ausmaß der Drohung verstanden haben, entwerfen wir eine Fernlenkwaffe, die in der Lage ist, sie zu bekämpfen.

Zur Überwachung der NEOs werden an verschiedenen Orten Spezialteleskope zur Entdeckung von Asteroiden in Betrieb gehalten. Sie können deren Websites aufsuchen und erfahren, was sich da Neues getan hat.

Zwei der wichtigsten Adressen darunter sind:

✔ Das von der United States Air Force finanzierte »Lincoln Near Earth Asteroid Research«-Projekt (LINEAR) in White Sands, New Mexico, `www.ll.mit.edu/LINEAR`

✔ Das mit Beobachtungen einer Hawaiianischen Sternwarte durchgeführte NASA-Projekt »Near-Earth Asteroid Tracking« (NEAT), `huey.jpl.nasa.gov/~spravdo/neat.html`

Die Spaceguard Foundation, eine Privatorganisation, widmet sich der Rettung der Erde vor Killer-Asteroiden. Damit haben sie sich vielleicht doch ein wenig übernommen. Die Rettung der Wale oder der Wälder ist an sich schon schwer genug. Sie können sie jedoch gerne auf deren Website `spaceguard.ias.rm.cnr.it/SGF` aufsuchen. Hierzu gibt es neuerdings auch einen deutschen Link unter `spaceguard.pe.ba.dlr.de/sgf/`.

Ein Verzeichnis potenziell gefährlicher Asteroiden (PHA) wird vom Minor Planet Center auf der Website `cfa-www.harvard.edu/iau/lists/Dangerous.html` geführt. Aller Wahrscheinlichkeit nach ist keiner dieser Asteroiden größer als 16 Kilometer im Durchmesser. Doch der Einschlag eines Klumpens von der Größe einiger Kilometer, welcher die Erde mit einer Geschwindigkeit von 11 Kilometern pro Sekunde trifft, wäre eine weitaus größere Katastrophe als die zeitgleiche Explosion aller Nuklearwaffen, die je gebaut worden sind. Das wäre einer der wenigen Fälle, in denen die Astronomie keinen Spaß macht.

Kleine Lichtpunkte: Die Suche nach Asteroiden

 Die Suche nach Asteroiden ist der Entdeckung von Kometen (siehe Kapitel 4) ähnlich, mit der Ausnahme, dass Sie nach einem kleinen Lichtfleck suchen, welcher nicht verschwommen aussieht, sondern eher einem Stern gleicht. Im Unterschied zu den Sternen bewegen sich Asteroiden von einer Stunde zur nächsten, oder von einer Nacht zur nächsten merklich in Bezug auf den Sternenhintergrund.

Durch ein kleines Teleskop können Sie Asteroiden wie Ceres und Vesta leicht sehen. Vor Beginn einer jeden guten Beobachtungsperiode werden in astronomischen Zeitschriften Tabellen veröffentlicht, die Sie beim Beobachten lotsen. Die meisten guten Planetarien stellen Himmelskarten her, auf denen Sie sehen können, wo sich die Asteroiden befinden.

In Tabelle 7.1 werden Eigenschaften der vier größten Objekte im Asteroidengürtel zusammengefasst. Die zwei größten, Ceres und Pallas, befinden sich nahezu im selben Abstand von der Sonne, obwohl Pallas' Bahn deutlich elliptischer ist als die von Ceres.

Name	Durchmesser in Kilometern	Durchmesser in Meilen	Mittlerer Abstand von der Sonne (A.U.)
Ceres	934	580	2,77
Pallas	526	327	2,77
Vesta	510	317	2,36
Hygiea	408	254	3,14

Tabelle 7.1: Die vier grossen Asteroiden

Die Suche nach derzeitig unbekannten Asteroiden wird häufig von fortgeschrittenen Amateuren mithilfe von an deren Teleskopen angebrachten elektronischen Kameras durchgeführt. Sie stellen eine Reihe Bilder einer bestimmten, im Allgemeinen der Sonne (die sich natürlich unterhalb des Horizonts befindet) gegenüberliegenden, Region des Himmels her. Wenn Sie einen Lichtpunkt sehen (ähnlich einem Stern), dessen Position sich von einem Bild zum nächsten ändert, dann handelt es sich aller Wahrscheinlichkeit nach um einen Asteroiden.

Auf die systematische Suche nach unbekannten Asteroiden werden Sie erst nach einigen Jahren Beobachtungserfahrung vorbereitet sein. Ein paar der bekanntesten Asteroiden werden Sie jedoch, sobald Sie Erfahrung im Umgang mit einem Teleskop gesammelt haben, beobachten können. Kurze Artikel und Himmelskarten, die Sie zu ihnen lotsen werden, können Sie in den Zeiten, zu denen sie sichtbar werden, in astronomischen Zeitschriften und auf »Sky-View«-Websites finden.

Das Abpassen der Asteroidenbedeckungen

Die *Bedeckung* ist eine Art Finsternis, die auftritt, wenn ein Objekt des Sonnensystems vor einem Stern durchzieht. Bedeckungen werden vom Mond verursacht (Mondbedeckungen), von Asteroiden (Asteroidenbedeckungen) und von den Planeten (Planetenbedeckungen). Sie können aber auch durch die Monde und Ringe der Planeten und durch Kometen verursacht werde.

Eine Bedeckung können Sie genießen, auch ohne wissenschaftliche Daten zu produzieren, doch welche Verschwendung einer einmaligen Gelegenheit! Die Details einer Bedeckung hängen sehr stark von dem Beobachtungsort ab. Aus Bedeckungsdaten können Astronomen ein genaueres Bild verschiedener Himmelsobjekte gewinnen. Was ein normaler Stern zu sein scheint, entpuppt sich dabei manchmal als *Doppelsternsystem*, das sind zwei Sterne, die sich um ihr gemeinsames Massenzentrum drehen.

Wenn Ihre Beobachtung für die Wissenschaft relevant sein soll, dann müssen Sie sie zeitlich und räumlich (Länge, Breite und Höhe des Beobachtungsorts) genau planen. Früher haben Beobachter den Ort mithilfe topographischer Karten herausgefunden, doch wenn Sie heutzutage in einer Gruppe beobachten, wird wahrscheinlich irgendjemand über einen GPS-Empfänger (Global Positioning System) der Art, wie sie an Yachtbesitzer und Privatpiloten verkauft werden, verfügen. Sie sind ab 250 DM zu haben und geben Ihren Standort mit großer Genauigkeit an.

Sie helfen, eine Bedeckung zu verfolgen

Weil sie häufig nicht mit ausreichender Genauigkeit vorhergesagt werden können, sind Asteroidenbedeckungen schwerer zu beobachten als Mondbedeckungen. Astronomen begeben sich zu den verschiedenen Stellen in dem vorhergesagten Bedeckungsstreifen und versuchen, diese Bedeckung zu beobachten. Doch weil die Durchmesser, Formen und Bahnen der meisten Asteroiden nicht mit hoher Genauigkeit bekannt sind, können die Vorhersagen ungenau sein. Da die Bedeckungen an einigen Stellen sichtbar sein können und an anderen wiederum nicht, sind freiwillige Helfer willkommen, die von unterschiedlichen Stellen aus beobachten.

Amateurbeobachter helfen demzufolge bei der Bestimmung der Größe und Form der in die Bedeckung involvierten Asteroiden aktiv mit.

Die neuesten Vorhersagen zu Bedeckungen können Sie auf der Website der International Occultation Timing Association (IOTA) unter lunar-occultations.com/iota/iotandx.htm finden.

IOTA empfiehlt, um den richtigen Dreh zu finden, die Untersuchung von Bedeckungen unter Anleitung eines erfahrenen Beobachters anzufangen.

Jupiter und Saturn: Die großen Gasbälle

In diesem Kapitel

✔ Verstehen Sie das Gasriesenplanetenrezept

✔ Konzentrieren Sie sich auf Jupiters Glanz

✔ Finden Sie den Großen Roten Fleck

✔ Werfen Sie ein Auge auf Jupiters Monde

✔ Besuchen Sie Saturns Ringe und Monde

Jupiter und Saturn sind die für die Beobachtung mit kleinen Teleskopen am besten geeigneten Himmelssehenswürdigkeiten. Der eine oder der andere ist zum Beobachten normalerweise immer günstig positioniert. Die vier größten Monde des Jupiter und Saturns berühmte Ringe sind beliebte Vorzeigeziele, wenn Amateurastronomen ihren Freunden oder der Familie einen Blick durch's Teleskop gewähren wollen, und die Wissenschaft, die hinter den Bildern steckt, ist ebenfalls faszinierend.

Das Innenleben Jupiters und Saturns: Der Schein trügt

Jupiter und Saturn sind wie Hotdogs, die ungenehmigte Lebensmittelfarben enthalten. Nicht das Fleisch selbst, falls es darin überhaupt welches gibt, sondern die Zusätze sind das Mysterium. Es sind die aus Ammoniak-Kristallen, Eis (wie im Falle der Zirruswolken der Erde) und Ammoniumwasserstoffsulfid bestehenden Wolken, die Sie sehen. Wolken aus Wassertropfen mögen wohl auch ein Teil des Gemischs sein, doch sind diese Erscheinungen eher enttäuschend. Die in den Wolken enthaltenen Stoffe dienen als Spurenmittel. Jupiter und Saturn bestehen, wie auch die Sonne, größtenteils aus Wasserstoff und Helium und trotz vielen Theoretisierens haben Wissenschaftler noch immer keine Ahnung, aus welchen chemischen Stoffen das Große Rote Auge Jupiters oder die anderen getönten Merkmale in den Wolken der zwei großen Planeten bestehen.

Jupiter und Saturn sind die zwei größeren unter den vier Gasriesen (die beiden anderen sind Uranus und Neptun). Jupiters Masse ist 318-mal, die von Saturn etwa 95-mal größer als die der Erde. Infolgedessen sind ihre Gravitation und der durch die oberen Schichten auf das Innere ausgeübte Druck gewaltig. Wie beim Tauchen nimmt der Druck mit der Tiefe im Inneren von Jupiter und Saturn zu. Denken Sie dabei gar nicht erst ans Sporttauchen! Der Druck ist ungeheuerlich und im Unterschied zur See nimmt die Temperatur drastisch mit der Tiefe zu.

In den oberen atmosphärischen Schichten, die wir sehen können, in den Wolkendecken, fällt die Temperatur auf -149° C für Jupiter und -179° C für Saturn ab. Doch im Inneren wird man ganz schön unter Druck gesetzt. Auf Jupiter hat sich der Druck in 10 000 Kilometern Tiefe unterhalb der Wolkendecke auf ein Millionfaches des in Meeresspiegelhöhe gemessenen Erdluftdrucks angestaut und die Temperatur gleicht der auf der sichtbaren Oberfläche der Sonne herrschenden! Doch Jupiter ist eigenartiger als die Sonne. In dieser Tiefe ist die Dichte des Gases viel höher als auf der Sonnenoberfläche und der heiße Wasserstoff ist derartig komprimiert, dass er sich wie ein flüssiges Metall verhält.

Strudelnde Ströme dieses flüssigen Wasserstoffs erzeugen auf Jupiter starke Magnetfelder, die weit in den Weltraum hinausreichen.

Die Energie der Erde stammt fast ausschließlich von der Sonne ab. Jupiter und Saturn aber strahlen sehr stark im Infrarotbereich und jeder einzelne erzeugt fast so viel Energie, wie er von der Sonne erhält. Die innere Wärme der Erde wird durch Radioaktivität erzeugt, durch radioaktive Elemente wie dem Uran freigesetzt. Durch die starke Gravitation des Jupiter und des Saturn wird die Materie in ihrem Inneren komprimiert, und wenn man ein Gas komprimiert, so erhitzt man es. Tief in ihrem Inneren sind diese Planeten ungeheuer heiß. Die erzeugte aufsteigende Wärme zusammen mit den nach unten eindringenden Sonnenstrahlen wühlen ihre Atmosphäre auf und rufen jetförmige Ströme, Wirbelstürme und andere atmosphärischen Stürme hervor, welche das Aussehen dieser Planeten ständig verändern.

Beobachten Sie Jupiter

Jupiters Masse beträgt ein Tausendstel der Sonnenmasse. Er wird manchmal »der gescheiterte Stern« genannt. Wäre er nur 80- oder 90-mal massereicher, so wären die Temperatur und der Druck in seinem Zentrum hoch genug, um die Kernfusion zu zünden und aufrechtzuerhalten. Dann wäre Jupiter tatsächlich ein Stern!

 Es ist leicht, Jupiter am Himmel zu finden, da er wie Venus heller ist als jeder Stern am Himmel (mit einer kleinen Ausnahme: Wenn er sich auf der abgewandten Seite der Sonne befindet, kann er etwas schwächer als der hellste Stern Sirius erscheinen). Wenn Sie über ein computergesteuertes Teleskop verfügen, welches auf die Position des Planeten zeigen kann, oder wissen, wohin Sie gucken müssen, dann können Sie ihn sogar bei Tageslicht sehen.

Mit einem Umfang von 71 492 Kilometern ist Jupiter eine echte Riesengaskugel. Er dreht sich mit atemberaubender Geschwindigkeit um sich selbst. Eine vollständige Drehung vollführt er in nur 9 Stunden, 55 Minuten, 30 Sekunden. Diese starke Rotation erzeugt sich ständig verändernde, parallel zum Äquator liegende Wolkenbänder. Wenn Sie Jupiter beobachten, sehen Sie durch Ihr Teleskop den oberen Rand seiner Wolkendecke. Je nach den Sichtbedingungen, der Größe und Qualität Ihres Teleskops und dem Wetter auf Jupiter selbst können Sie von einem bis zu 20 Wolkenbänder sehen (siehe Abbildung 8.1).

Jupiters dunklere Wolkenbänder werden Gürtel und die helleren Zonen genannt. Über die Mitte der Scheibe zieht sich die Äquatorialzone, die von dem Nord- und dem Südäquatorialgürtel umgrenzt wird (engl. North Equatorial Belt, NEB, und South Equatorial Belt, SEB). Der Große Rote Fleck, der meist die auffälligste Struktur des Jupiters ist, befindet sich im SEB. Diese atmosphärische Störung, die manchmal mit einem Wirbelsturm verglichen wird, schwebt schon seit mindestens 120 Jahren in Jupiters Atmosphäre herum. Eigentlich hätte der Große Rote Fleck bereits 1664 gesehen werden können, doch muss er dann zwischenzeitlich verschwunden sein, bevor er im 19. Jahrhundert wieder zum Vorschein kam.

Abbildung 8.1: Jupiter und seine Wolkenbänder

Auf der Suche nach dem Großen Roten Fleck

Der in Abbildung 8.2 gezeigte Große Rote Fleck ist ein riesiger Wirbelsturm von der Größe der Erde oder manchmal größer. Wie die meisten von Jupiters Merkmalen kann er sich von einem Tag zum anderen verändern. Er kann verblassen oder sich farblich intensivieren. Einige weiße Wolken, die groß genug sind, um mit Amateurteleskopen gesehen zu werden, bilden sich in der Nähe des Flecks und bewegen sich entlang des Südäquatorgürtels. Mitunter scheint eine dieser Wolken gleich einem Gummiband längs über den Planeten gestreckt zu werden. Wolken dieser Form werden als *Girlanden* bezeichnet, und sie zu beobachten ist in der Tat eine festliche Angelegenheit!

In den frühen Neunzigern schien sich einer von Jupiters Gürteln über Nacht davongemacht zu haben. Später tauchte er wieder auf. Sollte sich dieses Phänomen erneut ereignen, so könnte es durchaus von einem Amateurastronomen entdeckt werden.

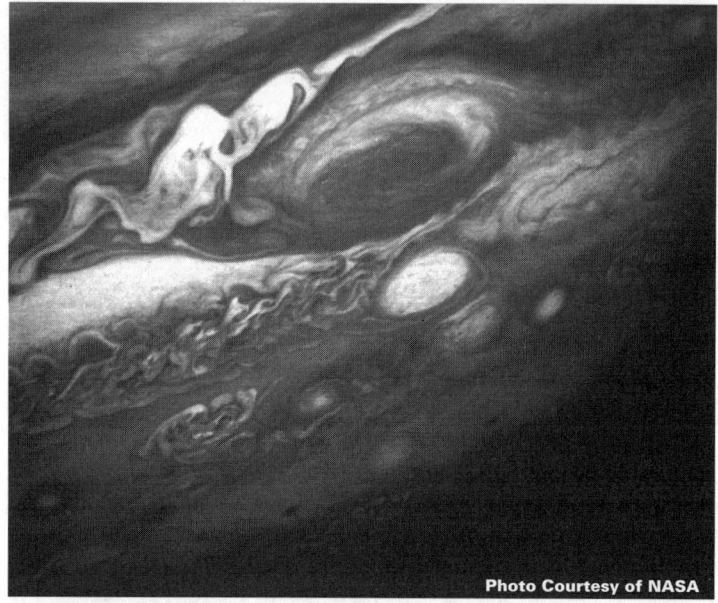

Abbildung 8.2: Jupiters Großer Roter Fleck sorgt für stürmische Beobachtungen.

 Wenn Sie den Großen Roten Fleck nicht sofort entdecken können, seien Sie unbesorgt. Es kann sein, dass er gerade etwas geschwächt ist oder, was wahrscheinlicher ist, auf der anderen Seite des Jupiter herumschwirrt. In diesem Fall müssen Sie nur geduldig warten, bis sich Jupiter weit genug gedreht hat, um ihn wieder zum Vorschein kommen zu lassen. Wenn Sie Merkmale Jupiters in Intervallen von ein oder zwei Stunden beobachten, dann sollten Sie sehen können, wie diese Merkmale über die Scheibe des Planeten wandern, während er sich dreht.

Jupiter besitzt auch dünne aus Gesteinsfragmenten bestehende Ringe. Sie sind dunkel und für Amateurteleskope unsichtbar. Eigentlich können sie mit Teleskopen, mit Ausnahme von Hubble und solchen, die an Bord von Raumsonden bis an Jupiter herangeführt werden, kaum gesehen werden. Teilchen mikroskopischer Größe werden von den Ringen in einen dicken, sich zwischen den Ringen befindlichen Halo gehoben, der vermutlich in die obere Atmosphäre des Planeten übergeht.

Jupiter dreht sich so schnell, dass er an den Polen abgeflacht und am Äquator wulstig erscheint. Ein klarer Blick bei ruhiger Atmosphäre sollte Sie diese *sphäroidische* Form erkennen lassen.

Auf der Jagd nach Galileos Monden

Wann immer die Atmosphäre ruhig ist und Sie einen guten Ausblick durch Ihr Teleskop haben, können Sie auf Jupiter Strukturen erkennen und wahrscheinlich auch einen oder mehrere seiner vier großen Monde: Io, Europa, Ganymed und Kallisto.

8 ➤ Jupiter und Saturn: Die großen Gasbälle

 Jupiters vier prominente Monde sind als Galileische Monde, oder Galileische Satelliten bekannt und wurden nach ihrem Entdecker Galileo benannt. Alle vier drehen sich ziemlich genau in der Äquatorialebene des Jupiter. Dadurch sind sie auch immer in dieser Region zu sehen. Jedes Teleskop, das seinen Namen verdient hat, wird die Galileischen Monde enthüllen, und zwei darunter können sogar durch ein Fernglas beobachtet werden. Da er sich stets in der Nähe des Planeten befindet, kann Io, der innerste, durch ein Fernglas nur schwer geortet werden. (Jupiter besitzt auch 12 kleinere Monde.)

Sie werden mit Ihrem Teleskop nie genügend Details sehen können, um wirklich zu verstehen, wie die Oberflächen von Jupiters und Saturns Monden beschaffen sind, doch werden Sie Unterschiede in ihrer Helligkeit und bei eingehender Untersuchung auch in ihren Farben sehen können.

Wenn Sie einen Blick auf die von Raumsonden aufgenommenen Bilder der Galileischen Monde werfen, werden Sie feststellen, dass jeder mit seiner Zusammensetzung und Landschaft, die ihm einen individuellen Charakter geben, eine eigene kleine Welt darstellt.

- Mit einem Durchmesser von 5268 Kilometern ist *Ganymed* größer als Merkur (dessen Durchmesser 4880 Kilometer misst) und ist damit der größte Mond des Sonnensystems. Ganymeds fleckige Oberfläche besteht aus hellen und dunklen Gebieten, vermutlich entsprechend aus Eis und Gestein. Sein auffälligstes Merkmal ist Valhalla, ein riesiges Einschlagsbecken von der Größe der Vereinigten Staaten.

- *Io*s Oberfläche ist mit über 80 aktiven Vulkanen besprenkelt. Neben der Erde ist dies der einzige Ort, für den wir definitive Beweise für bestehenden Vulkanismus haben. Die Vulkane des Mars sind aller Wahrscheinlichkeit nach längst tot und die Hinweise auf aktiven Vulkanismus auf der Venus sind sehr umstritten – große Vulkane sind erkennbar, doch auch sie scheinen bereits tot zu sein.

- *Europa* besitzt einen zerfurchten Boden, der aussieht wie von Eisschollen bedecktes Meereswasser. Seine Oberfläche könnte eine gefrorene Kruste sein, die sich über einen vermutlich 150 Kilometer tiefen Ozean von Wasser und Schlamm zieht. Neben der Erde ist dies der einzige Ort im Sonnensystem, für den wir starke Hinweise auf flüssiges Wasser vorliegen haben. Die Existenz von Wasser auf dem Mars unter einer Permafrostbodenschicht ist lediglich eine Theorie.

- *Kallisto*s Oberfläche ist dunkel und weist zahlreiche Krater auf. Sie besteht vermutlich aus »schmutzigem« Eis, einer Zusammensetzung aus Eis und Gestein. An den Stellen, wo Asteroiden, Kometen und Meteoriten eingeschlagen sind, wurde das darunter liegende saubere Eis freigelegt. Daher die weißen Krater.

Obwohl Sie das Vergnügen der Zoomaufnahme, die durch moderne Weltraumausrüstung ermöglicht wird, nicht persönlich erreichen werden, können Sie die durchaus realistische Erwartung hegen, durch Ihr Teleskop einige Details dieser Monde zu sehen (wie ich im folgenden Abschnitt beschreiben werde).

Wie Sie einen Mondschatten und andere Sichtblocker verfolgen können

 Io, Ganymed, Europa und Kallisto bewegen sich ständig und verändern ihre Lage zueinander. Bei ihrer Drehung um Jupiter verschwinden sie im Wechsel und tauchen wieder auf.

Falls Sie den einen oder anderen Mond einmal nicht sehen können sollten, trifft möglicherweise eine der folgenden Erklärungen zu:

✔ Es könnte gerade eine *Bedeckung* stattfinden (wenn einer der Monde für den Beobachter von der Jupiterkugel verdeckt wird).

✔ Der Mond könnte gerade in *Finsternis* sein (wenn er in Jupiters Schatten liegt). Wenn ein am Rande der Jupiterscheibe sehr gut sichtbarer Mond plötzlich schwächer leuchtet und verschwindet, dann ist er von Jupiters Schatten verschluckt worden.

✔ Der Mond macht einen *Durchgang*, er wandert vor der Jupiterscheibe vorbei. Während dieser Zeit ist der Mond sehr schwer zu sehen, denn seine blasse Scheibe verschwindet gegen die wolkenbeladene Atmosphäre des Planeten. An sich kann der durchgehende Mond viel schlechter gesehen werden als sein Schatten.

Schattenvorübergänge können Sie beobachten, wenn der kohlschwarze Schatten eines der sich auf der sonnenzugewandten Seite Jupiters befindenden Monde über den Planeten zieht. In seltenen Fällen kann der Mond im Schattenvorübergang gleichzeitig im Durchgang sein, was bedeutet, dass er von der Erde aus gegen Jupiters Scheibe gesichtet wird. Doch dies ist nicht immer der Fall. Wenn sich die Erde deutlich außerhalb der Sonne-Jupiter-Linie befindet, kann der außerhalb der Planetenscheibe liegende Mond einen für uns sichtbaren Schatten auf den Planeten abwerfen.

Wie Sie das Mondgucken genau planen können

In den Zeitschriften *Sky&Telescope* und *Sterne&Weltraum* (Rubrik *Aktuelle Hinweise für den Beobachter*) sowie in *Ahnerts Kalender für Sternfreunde* (von *Sterne und Weltraum* jährlich herausgegeben), oder im von Kosmos herausgegebenen *Himmelsjahr* finden Sie einen monatlichen Plan der stattfindenden Bedeckungen, Finsternisse, Schattenvorübergänge und Durchgänge der vier Galileischen Monde. Zusätzlich werden dort und in der Zeitschrift *Astronomy* monatliche Tabellen gedruckt, welche die Positionen der vier Monde bezogen auf die Jupiterscheibe für jede Nacht enthalten. Durch Vergleichen Ihrer Beobachtungen mit den Tabellen können Sie die Monde auseinander halten. Beim Beobachten oder freudigen Erwarten der oben aufgeführten Phänomene denken Sie daran, folgende Regeln zu beachten:

✔ Alle vier Galileischen Monde kreisen um Jupiter in dieselbe Richtung. Befinden sie sich auf der uns zugewandten Seite, so bewegen sie sich von Osten in Richtung Westen. Auf der uns abgewandten Seite des Jupiter wandern sie dagegen von West nach Ost.

✔ Damit bewegt sich ein Mond im Durchgang in westliche Richtung, und ein Mond, der gerade bedeckt oder verfinstert wird, in östliche Richtung. Es handelt sich dabei um die geographischen Koordinaten unseres Himmels.

Beobachter, die mindestens über ein 15-Zentimeter-Teleskop verfügen, können unter sehr guten Sichtbedingungen sogar Markierungen auf Ganymed, dem größten der Galileischen Monde, erkennen (für detailliertere Informationen zu Teleskopen sei auf Kapitel 3 verwiesen). Wollen Sie jedoch spezifische Details auf ihrer Oberfläche entdecken können, so müssen Sie sich dafür auf Bilder stützen, die von einer interplanetaren Raumsonde, welche dem Jupiter-System nahe gekommen ist, aufgenommen wurden.

Die besten Bilder von Jupiter und seinen Monden wurden von den Raumsonden Galileo und Voyager 1 und 2 und dem Hubble-Weltraumteleskop aufgenommen. Galileo ist die neueste und fortschrittlichste Jupitersonde. Die von ihr stammenden Bilder finden Sie unter galileo.ivv.nasa.gov/images.html. Für Hubble-Bilder empfehle ich die Sammlung des Space Telescope Science Institute unter oposite.stsci.edu/pubinfo/SolarSystemT.html#Jupiter. Die von Voyager und anderen Raumsonden aufgenommenen Bilder gibt es auf der »Planetary Photojournal«-Website der NASA unter photojournal.jpl.nasa.gov/. Wenn Sie die Planeten sehen, klicken Sie einfach auf Jupiters Bild.

Kometen in (ein)schlagender Entfernung

Ab und an schlägt ein Komet auf Jupiter ein und verursacht einen dunklen Fleck, der über Jahre und Monate bestehen bleiben kann. Diese Tatsache war bis Juli 1994, als große Brocken des Kometen Shoemaker-Levy 9 auf Jupiter einschlugen, nicht bekannt. Als Astronomen alte Markierungsverzeichnisse von Jupiter durchforsteten, fanden sie einige verdächtige Merkmale, die auf die gleiche Weise verursacht worden sein könnten.

Die Chancen dafür, dass Sie Zeuge eines Kometeneinschlags auf Jupiter werden, stehen eher schlecht – behalten Sie jedoch die Möglichkeit im Hinterkopf. Wenn Sie einen neuen dunklen Fleck entdecken, zeichnen Sie alles gut auf. Der in Arizona wirkende kanadische Amateurastronom David Levy erlangte dafür, dass er bei der Entdeckung des Kometen mithalf, der Jupiter den Faustschlag verpasste, internationalen Ruhm. Dank seiner klaren Protokollen zu diesem und anderen astronomischen Ereignissen fordert er heute lukrative Honorare für Auftritte, Artikel und Bücher ein. Seine Texte über die Sterne am Himmel erscheinen mit Regelmäßigkeit neben den Berichten aus dem Leben verschiedener Hollywoodgrößen in den Klatschspalten der Zeitschrift *Parade*. Sie könnten diese Art von Weltberühmtheit vielleicht auch ganz nett finden – bleiben Sie also stets nah am Sonnensystemstreiben dran!

Laden Sie Ihre Freunde zu einer Saturn-Beobachtung ein!

Der Planet Saturn ist den meisten Menschen wegen seiner bemerkenswerten Sammlung von Ringen bekannt. Jahrhundertelang lebten Astronomen in dem Glauben, Saturn wäre der einzige Planet, der Ringe besitzt. Heute wissen wir, dass es um alle vier Riesenplaneten (Jupiter, Saturn, Uranus und Neptun) Ringe gibt, nur sind die meisten zu leuchtschwach, um selbst mit großen Teleskopen von der Erde aus gesehen zu werden. Die Ausnahme von der Regel ist Saturn!

Dank ihrer Größe und Zusammensetzung aus hellen Eisteilchen – Millionen kleiner Eisfragmente und größerer Eisbrocken mit Durchmessern von bis zu einem Meter – können Saturns Ringe leicht beobachtet werden. Durch ein kleines Teleskop können Sie diese selbst bewundern und deren Schattenwürfe auf Saturns Scheibe ausmachen (siehe Abbildung 8.3). Unter hervorragenden Sichtbedingungen kann sogar die nach ihrem Entdecker genannte *Cassinische Teilung*, eine Lücke zwischen den Ringen, erkannt werden.

Abbildung 8.3: Saturn und seine Ringe

Als die Ringe für eine kurze Zeit verschwunden zu sein schienen, war ihr Entdecker, der im 17. Jahrhundert wirkende Astronom Galileo Galilei, ziemlich verblüfft. Die Ursache dafür war natürlich, dass er einmal nach vielen Beobachtungsnächten gerade eine Seitenansicht der Ringe zu Gesicht bekam (siehe nächsten Abschnitt »Ohne Kippen keine Ringe«). Weil sie äußerst dünn sind, können die Ringe, wenn man seitlich darauf blickt, nicht gesehen werden.

Während ihr Durchmesser mehr als 200 000 Kilometer beträgt, sind Saturns Ringe nur einige zehn Meter dick. Verhältnismäßig sind sie etwa so dünn wie »ein auf einem Fußballfeld ausgebreitetes Blatt Seidenpapier«, um ein Zitat des Professors Joseph Burns von der Universität Cornell anzubringen.

Ohne Kippen keine Ringe

Es kommt mitunter vor, dass Saturns Ringe mit demselben Teleskop, durch das sie vor einigen Monaten in voller Schönheit bewundert wurden, kaum noch zu erkennen sind. In Seitenansicht (edge-on) durch ein kleines Teleskop betrachtet, scheinen sie sogar zu verschwinden.

Die Ringe sind sehr groß, aber auch sehr dünn. Sie haben eine feste Ausrichtung im Raum. Zu einer bestimmten Zeit im Jahr schaut man von der Erde aus von oben darauf (face-on), während man sie drei Monate später von der Seite sieht, und dieser Zyklus wiederholt sich.

Saturn vollführt eine vollständige Bahnumdrehung in 30 Jahren. Alle 15 Jahre schaut man exakt seitwärts auf die Ringe, sodass diese selbst durch große Teleskope nicht mehr gesehen werden können. Mit einem hoch auflösenden Teleskop können Sie sie als einen sehr dünnen, dunklen, auf Saturns Scheibe projizierten Strich sehen. Das letzte Mal ereignete sich dieses Phänomen 1996. Seien Sie unbesorgt, eine ähnliche Gelegenheit können Sie vorerst nicht verpassen, denn die Ringe werden erst im Jahre 2011 wieder verschwinden.

Nehmen Sie sich vor Stürmen in Acht!

Ebenso wie Jupiter weist auch Saturn Gürtel und Zonen auf, doch sind diese kontrastärmer und daher viel schwieriger zu sehen. Sind Sie an Details interessiert, so empfiehlt es sich, nach den Gürteln zu suchen, wenn die atmosphärischen Bedingungen günstig sind und Sie hoch vergrößernde Okulare verwenden können.

Alle 30 Jahre erscheint auf der Nordhalbkugel Saturns eine große weiße Wolke, auch als der »große weiße Sturm« bekannt. Hochgeschwindigkeitswinde zerstreuen die Wolke zu einem dicken, hellen, sich rund um den Planeten ziehenden Band. Monate später ist alles wieder verschwunden. Manchmal sind es Amateurastronomen, die als erste einen Sturm auf Saturn melden. Da der letzte große weiße Sturm 1990 stattgefunden hat, werden Sie auf den nächsten noch lange warten müssen. Halten Sie derweil die Augen für die kleineren weißen Wolkenflecken offen, die rund um den Planeten verstreut sind. Saturn dreht sich einmal vollständig um sich selbst in 10 Stunden, 39 Minuten und 22 Sekunden und ist an den Polen stärker abgeplattet als Jupiter. Die Ringe jedoch führen das Auge in die Irre, sodass es nicht einfach ist, Saturn geplättet zu sehen.

Ein Mond beachtlicher Größe

Saturns größter Mond, Titan, ist größer als der Planet Merkur. Sein Durchmesser beträgt 5150 Kilometer. Einige seiner anderen großen Monde haben eine dichte, dunstige, aus Stickstoff und Spurengasen (wie z.B. Methan) zusammengesetzte Atmosphäre. Es ist schwer, durch eine solche Atmosphäre durchzublicken, doch mit dem (10-Meter) Keck-Teleskop aufgenommene Bilder bestätigen die Existenz von dunklen und hellen Flecken auf Titans Oberfläche.

Der führenden Theorie zufolge sind die dunklen Bereiche auf Titan Seen oder Ozeane aus flüssigem Kohlenwasserstoff, wie z.B. dem Äthan. Wenn wir auf der Erde auf einem solchen Meer segelten, müsste auf dem Schiff absolutes Rauchverbot herrschen. Wir können kein zweites Titanic-Unglück gebrauchen. Durch ein gutes kleines Teleskop können Sie auch zwei weitere Monde, Rhea und Dione, sehen, wenn diese sich in größter Elongation zum Planeten befinden. Monatliche Tabellen der aktuellen Positionen der Monde bezogen auf die Saturnscheibe können Sie z.B. in *Sky&Telescope* oder *Sterne und Weltraum* finden.

Die herausragendsten Bilder des Saturn wurden von Voyager 1 und 2 und von Hubble aufgenommen. Sehen Sie sich die Voyager-Bilder im Planetary Photojournal der NASA an. Sie brauchen nur auf Saturns Bild zu klicken. Die Hubble-Bilder befinden sich unter oposite.stsci.edu/pubinfo/SolarSystem.html#Saturn.

Die Raumsonde Cassini steuert auf Saturn und Titan zu. Dessen Fortschritte können auf der Cassini-Website unter www.jpl.nasa.gov/cassini verfolgt werden.

Saturn ist der unter Beobachtern allgemein anerkannte schönste Planet. Seine berühmten Ringe und der Riesenmond Titan können durch fast jedes Teleskop leicht gesehen werden. Obwohl viele Astronomen meinen, es seien die Ringe, die einem Nichtastronomen am meisten imponieren, stellt auch Titan eine lohnenswerte Attraktion dar.

Die Monde in Bewegung

Nach dem Stand von Mitte 1999 hat Jupiter 16 und Saturn 18 unbekannte Monde. Jeder Planet besitzt vermutlich noch einige kleinere Monde, auf deren Suche sich die Astronomen noch befinden. Jede Zahl, die Sie in einem Buch vorfinden, kann zum Zeitpunkt Ihrer Lektüre bereits überholt sein. Manchmal wird die Entdeckung eines neuen Mondes verkündet, ohne dass dieser verzeichnet wird. Die Behörden der Internationalen Astronomischen Union möchten sichergehen, dass die Neuentdeckungen bestätigt werden.

Es gibt zwei Arten von Monden: reguläre und andere. Die regulären drehen sich alle in der Äquatorebene ihres Planeten und in dieselbe Richtung wie dessen Eigenrotation. Diese Richtung wird als *rechtläufig* bezeichnet. Die regulären Monde sind aller Wahrscheinlichkeit nach in der Nähe ihrer Planeten aus dem sich in der äquatorialen Scheibe befindlichen protoplanetaren- und Protomondmaterial entstanden. Damit sind Jupiter und Saturn zusammen mit deren unzähligen Monden eine Art Miniatur-Sonnensysteme, in deren Zentrum sich anstelle eines Sterns ein Planet befindet.

Manche Monde verhalten sich wie schwarze Schafe. Sie umkreisen ihren Planeten entgegen dessen Drehrichtung. Solche Bahnen werden als *rückläufig* bezeichnet und können bezüglich der Äquatorebene des Planeten gekippt sein. Diese Monde haben sich vermutlich woanders im Sonnensystem gebildet, möglicherweise als Asteroiden, und sind dann von Jupiter oder Saturn eingefangen worden.

Ganz weit draußen: Uranus, Neptun und Pluto

In diesem Kapitel

▶ Verstehen Sie die großen Eis- und Gesteinswelten, Uranus und Neptun

▶ Stellen Sie Plutos Natur in Frage

▶ Schnallen Sie sich den Kuiper-Gürtel um

▶ Beobachten Sie das äußere Sonnensystem

Obgleich Mars und Venus erdnäher sind, und Jupiter und Saturn durch ihre Größe, Helligkeit und Pracht beeindrucken, birgt die Beobachtung der äußeren Planeten ihre eigenen Reize und Werte. In diesem Kapitel werden Ihnen die drei extrasolaren Planeten – Uranus, Neptun und Pluto – und deren Monde vorgestellt. Zusätzlich biete ich Ihnen einige brauchbare Hinweise an, mit deren Hilfe Sie diese entrückten Welten beobachten können.

Die Natur des Uranus und des Neptun

Die wichtigsten Fakten über Uranus und Neptun werden im Folgenden zusammengefasst:

✔ Sie sind zwei Planeten gleicher Größe, gleicher chemischer Zusammensetzung, kleiner und dichter als Jupiter und Saturn.

✔ Jeder Planet mit seinen Monden und Ringen ist das Zentrum einer Miniaturausgabe des Sonnensystems.

✔ Beide scheinen vor langer Zeit einen gößeren Zusammenstoß mit einem anderen Objekt erfahren zu haben

Wie die Atmosphären von Jupiter und Saturn bestehen auch Uranus' und Neptuns Atmosphären aus Wasserstoff und Helium. Beide werden jedoch als *Eisplaneten* bezeichnet, da ihre Atmosphären massive Kerne aus Gestein und Wasser umgeben. Eigentlich befindet sich das Wasser so tief im Inneren der Planeten und ist einem so hohen Druck ausgesetzt, dass es sehr heiß und flüssig ist. Als sich diese Planeten jedoch vor Milliarden Jahren durch die Zusammenstöße und das Verschmelzen kleinerer Fragmente bildeten, befand sich das Wasser in gefrorenem Zustand.

Einen echten Planetenforscher können Sie von einem Laien dadurch unterscheiden, dass der Wissenschaftler das heiße Wasser innerhalb von Uranus und Neptun als »Eis« bezeichnet, während der Zivilist es in aller Unschuld »heißes Wasser« nennt. Wissenschaftler bedienen sich der Fachsprache auf die gleiche Weise, wie Raubtiere ihre Duftmarken setzen, um ihr Revier abzugrenzen.

Uranus ist 14,5-mal und Neptun 17,2-mal schwerer als die Erde, wobei sie beide etwa dieselbe Größe wie die Erde haben. Der leichtere Uranus ist mit seinem Durchmesser von 51 118 Kilometern etwas größer. Neptuns Durchmesser beträgt 49 532 Kilometer.

Ein Tag auf Uranus entspricht etwa 17 Stunden und 14 Minuten, während ein Tag auf Neptun 16 Stunden und 7 Minuten dauert. Beide Planeten drehen sich also, wie auch Jupiter und Saturn, schneller als die Erde.

Das Ochsenauge: Der (um)gekippte Uranus und seine Ringe und Monde

Ein Hinweis dafür, dass Uranus in der fernen Vergangenheit einen heftigen Zusammenstoß mit einem anderen planetaren Körper erlitten hat, ist die Tatsache, dass er seitlich umgekippt zu sein scheint. Der Äquator liegt nämlich in einem rechten Winkel zur Bahnebene des Planeten, anstatt wie üblich in dieser zu liegen. Bezogen auf die Erde liegt Uranus' Äquator demnach grob in nord-südlicher Richtung.

Manchmal zeigt Uranus' Nordpol auf Sonne und Erde und manchmal (wie etwa jetzt) wendet er sich von ihnen ab. Eine Umdrehung um die Sonne, ein Uranusjahr, beträgt fast 84 Erdtage. Ein Viertel dieser Zeit ist der Nordpol der Sonne zugewandt, ein weiteres Viertel lang ist der Südpol teilweise der Sonne zugewandt, und in der restlichen Zeit scheint die Sonne auf den Äquator hinunter.

Auf der Erde steht die Sonne an den Polen nie hoch am Himmel, doch auf Uranus zieht sie manchmal genau oberhalb der Pole vorbei.

Nach dem Stand von Ende 1999 besitzt Uranus 17 bekannte Monde und vier weitere wurden bekannt gegeben, doch noch nicht bestätigt. Zusätzlich verfügt Uranus über einen Satz dunkler Ringe. Die Monde und Ringe des Uranus drehen sich in seiner Äquatorebene, genau so, wie sich die Galileischen Monde in der Äquatorebene des Jupiter drehen (siehe Kapitel 8). Damit stehen Uranus' Ringe und die Bahnen der Monde in rechtem Winkel zur Bahnebene des Planeten.

Sie können sich das Uranus-System (den Planeten und seine Monde) als ein großes Ochsenauge vorstellen, welches manchmal der Erde zugewandt ist und manchmal nicht. Es wurde vor langer Zeit durch etwas getroffen und kippte aus seiner natürlichen Lage um.

Neptun und sein rückläufiger Mond

Neptun weicht von der natürlichen Ordnung der Dinge nicht ab. Seine Äquatorebene liegt ungefähr in der Bahnebene. Nach dem Stand von Mitte 1999 hat Neptun acht bekannte Monde. Sein größter Mond, Triton (der größer als Pluto ist), mit einem Durchmesser von 2710 Kilometern befindet sich auf einer retrograden Bahn. Von oberhalb des Nordpols aus betrachtet, dreht sich Neptun, wie auch alle anderen Planeten unseres Sonnensystems, entgegen dem Uhrzeigersinn um die Sonne. Die meisten Monde drehen sich entgegen dem Uhrzeigersinn um ihre Planeten. Triton, der auf Voyager-Aufnahmen wie eine Netzmelone aussieht, tanzt aus der Reihe. Er dreht sich im Uhrzeigersinn um Neptun. Nach langem Grübeln kamen Wissenschaftler zu dem Schluss, dass Triton ein Planet war, der vor langer Zeit Neptun zu nahe gekommen und eingefangen worden ist. So wurde er zum Mond.

Triton besteht aus echtem Eis und Gestein. Damit sieht er Pluto viel ähnlicher als Uranus und Neptun. Tritons Oberfläche wurde durch *Kryovulkanismus* geformt, d.h. eher durch Eruptionen und Flüsse eiskalter Substanzen als durch heißes, geschmolzenes Gestein. Gefrorenes Wasser, trockenes Eis, Methaneis, gefrorenes Kohlenmonoxid und sogar Stickstoffeis sind in Tritons Atmosphäre vorhanden. Er besitzt nur wenige Einschlagskrater. Dies liegt vermutlich daran, dass diese durch nachfolgende Lavaströme ausgewaschen wurden.

Naturschützer behaupten, dass sich Nationalparks wie der Yellowstone durch die zu hohen Besucherzahlen in Gefahr befinden. Sie könnten statt dessen ja auch mal einen Ausflug auf Triton in Betracht ziehen. Dessen Landschaft ist mindestens genauso bizarr und vielleicht ebenso schön wie die Yellowstones. Sollten Sie sich zu Triton aufmachen, so rate ich Ihnen, sich warm einzupacken und den Kopf vor Geysiren einzuziehen. Dort gibt es nämlich anstelle der heißen Quellen kalte Brandungen, und Tritons Geysire spucken lange Fontänen gefrorenen Staubs aus. Von heißen Dampfstrahlen keine Spur. Wie dem auch sei, gibt es dort jede Menge Parkplätze und auch keine Bären, die einem die Picknickvorräte dezimieren. Denken Sie nur daran, Ihren Weltraumanzug und die extra warmen Stiefel mitzubringen.

Pluto ist keine Zeichentrickfigur

Pluto ist der kleinste und entfernteste Planet unseres Sonnensystems (siehe Abbildung 9.1). Alle 248 Jahre bewegt er sich in die Umlaufbahn von Neptun, wo er für einige Jahrzehnte bleibt. Die letzte dieser Perioden endete Anfang des Jahres 1999 und wird sich zu unseren Lebzeiten nicht wiederholen, es sei denn, die Medizin erfindet ein lebensverlängerndes Mittel, das uns bis ins 23. Jahrhundert hinein frisch erhält.

Um sich einmal um seine eigene Achse zu drehen, benötigt Pluto 6 Tage, 9 Stunden, 17 Minuten, und sein Mond Charon dreht sich einmal um den Planeten in genau derselben Zeit. Dies bedeutet, dass Pluto und Charon sich gegenseitig stets dasselbe Gesicht zeigen. Im Erde-Mond-System kehrt der Mond der Erde immer dasselbe Gesicht zu, doch umgekehrt ist dies nicht der Fall. Jemand, der auf der zugewandten Seite des Mondes steht, kann die gesamte Erdoberfläche im Laufe eines Tages sehen, eine Person auf Charon jedoch kann immer nur die Hälfte von Pluto sehen.

Pluto ist mit einem Durchmesser von 2300 Kilometern der kleinste Planet im Sonnensystem. Er ist auch kleiner als die vier Galileischen Monde des Jupiter, Saturns Mond Titan und Neptuns Mond Triton. Pluto ist tatsächlich kleiner als der doppelte Charon, dessen Durchmesser 1250 Kilometer beträgt. Pluto und Charon werden daher häufig als Doppelplanet bezeichnet.

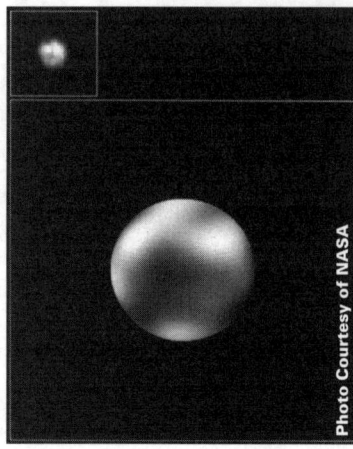

Abbildung 9.1: Der kleine seltsame Planet Pluto

Pluto und Charon stellen beide Welten aus Eis und Gestein dar. Mit einer Oberflächentemperatur von -233° C verwundert es einen kaum, dass alles auf Pluto gefriert. Wassereis, Methaneis, Stickstoffeis, Ammoniakeis und selbst gefrorenes Kohlenmonoxid sind auf Plutos Oberfläche vorhanden. Allein daran zu denken erschöpft mich! Einige dieser Substanzen wurden auch auf Charon ermittelt.

Pluto ist jedoch nicht ganz so kalt wie es den Anschein hat. Astronomen vermuten die Existenz »tropischer Oasen« wo die Temperatur bis auf -213° C steigen kann.

Da er so weit weg ist, können Wissenschaftler nur wenig über seine Geographie aussagen. Auf seiner in die Länge gezogenen elliptischen Bahn, nähert er sich der Sonne bis auf 29,7 A.U. (oder 4,4 Milliarden Kilometer) und entfernt sich bis auf 49,5 A.U. (oder 4,6 Milliarden Kilometer).

Vom Hubble-Weltraumteleskop aufgenommene Bilder (unter oposite.stsci.edu/pubinfo/SolarSystemT.html#Pluto zusammen mit einer Animation des rotierenden Plutoglobus zu finden) zeigen helle und dunkle Regionen, die Gebieten entsprechen könnten, in denen es abwechselnd neu gebildetes und altes Eis gibt und das war's auch schon. Keine Raumsonde hat Pluto je einen Besuch abgestattet, und obwohl die NASA eine mögliche Mission zu Pluto geplant hat (siehe die Website des Jet Propulsion Laboratory unter www.jpl.nasa.gov/ice_fire//pkexprss.htm), wurde das offizielle Jawort noch nicht erteilt. Weitere Informationen in deutscher Sprache zu den Planeten im Allgemeinen finden Sie unter solarsystem.dlr.de.

Ähnlich wie Uranus ist auch Pluto gekippt. Seine Drehachse (die Gerade, die Nord- und Südpol verbindet) steht grob senkrecht auf seiner Bahn. Vermutlich hat auch Pluto einen heftigen Zusammenstoß erlitten. Einige Astronomen glauben, dass Charon während eines Einschlags von Pluto abgebröckelt ist – auf dieselbe Art wie der Mond durch einen Einschlag auf die Erde entstanden zu sein scheint (siehe Kapitel 5).

Ist Pluto ein Planet?

Alle Jahre wieder wird Pluto Verleumdungen ausgesetzt, er habe es nicht verdient, zu den Planeten zu zählen. Vor kurzem, im Jahre 1999 gab es einen Versuch, ihn als Asteroiden Nr. 10 000 zu bezeichnen. Astronomen und Teile der Zivilbevölkerung versammelten sich um den kleinen kalten Planeten und nahmen ihn in Schutz. Sie führten an, er sei rund wie jeder andere Planet (die meisten Asteroiden, bis auf die größten, haben dagegen unregelmäßige Formen), habe einen großen Mond und wurde schon seit seiner Entdeckung durch den amerikanischen Beobachter Clyde Tombaugh 1930 als Planet betrachtet. Selbst wenn Astronomen die Definition für Planeten ändern wollten, sollten für Pluto die alten Regeln gelten.

Pluto befindet sich weit draußen im Kuiper-Gürtel, einer Region jenseits des Neptun, in der kleine vereiste Körper reichlich vorhanden sind. Schätzungsweise befinden sich rund 100 000 Objekte (sogenannte Kuiper Belt Objects oder KBOs), mit einem Durchmesser größer als 100 Kilometern zwischen Neptuns Orbit und einem Abstand von 50 A.U. von der Sonne. Sie sind damit eindeutig jenseits der Reichweite eines jeden Heimteleskops, es sei denn, Sie besitzen einen Garten auf Neptun oder einem seiner Monde. Das erste KBO wurde 1992 entdeckt und seither wurden 150 weitere gefunden. Jene Astronomen, die Pluto degradieren wollten, betrachteten diesen als das größte bekannte KBO. Dabei könnte er doch sowohl ein großes KBO als auch ein Planet sein.

Was sind Plutinos?

Der Bereich um den Kuiper-Gürtel wurde noch nicht sorgfältig durchmustert und Experten haben ausgerechnet, dass sich unter den Tausenden KBOs, die es noch zu entdecken und untersuchen gilt, eines oder zwei von Plutos Größe befinden könnten. Diese könnten aufgrund ihrer dunkleren Oberfläche, oder/und weil sie in größerer Entfernung von der Sonne liegen, etwas leuchtschwächer sein. Sicher ist, dass ihre Entdeckung wieder einmal einen Meinungsstreit darüber auslösen wird, ob man sie als Planeten bezeichnen sollte.

Unter den über 150 bekannten KBOs gibt es einige, die drei von Plutos Eigenschaften besitzen:

✔ Sie haben stark elliptische Bahnen.

✔ Ihre Bahnebenen sind bezüglich der Erdbahn deutlich geneigt.

✔ Sie vollführen zwei vollständige Umdrehungen um die Sonne in etwa derselben Zeit, in der Neptun drei Umdrehungen beschribt (496 Jahre für Plutos zwei Orbits und 491 Jahre für Neptuns drei). Diesen Effekt bezeichnet man als *Resonanz* und er hindert Pluto und Neptun daran, zusammenzustoßen oder sich gegenseitig anzunähern, obwohl ihre Bahnen sich kreuzen. Damit sind Pluto und die KBOs auf der sicheren Seite vor Störungen durch die starke Gravitation des viel größeren Neptun.

Die KBOs, die diese Eigenschaften besitzen, werden als *Plutinos*, d.h. kleine Plutos, bezeichnet. Sie sind Teil der sogenannten *Transneptunischen Kleinplaneten*.

Vermutlich gibt es jenseits von Neptuns und Plutos Bahn weitere, noch unentdeckte Arten von Objekten. Diese können jedoch nicht sehr massereich sein, da sich ihre gravitative Wirkung auf die bekannten Objekte bemerkbar gemacht hätte. Die einzigen großen Planeten jenseits von Neptun und Pluto sind die Planeten anderer Sterne. Diese werden in Kapitel 14 besprochen.

Mehr über KBOs können Sie auf der »Nine Planets«-Website unter seds.lpl. arizona.edu/nineplanets/nineplanets/kboc.html finden.

Die äußeren Planeten: Herausfordernde Beobachtungen

Mit etwas Erfahrung wird es Ihnen gelingen, die großen äußeren Planeten Uranus und Neptun zu beobachten, doch der winzige Pluto liegt jenseits Ihrer visuellen Reichweite. Bei der allerersten Beobachtung dieser Planeten sind Sie mit der Unterstützung einer erfahreneren Person am besten bedient.

Uranus ins Auge fassen

Uranus wurde mithilfe eines Teleskops entdeckt, doch ist er manchmal hell genug, um gerade noch mit bloßem Auge gesehen zu werden, vorausgesetzt die Sichtbedingungen sind hervorragend. Durch Ihr Teleskop können Sie Uranus dank folgender Eigenschaften von einem Stern unterscheiden:

✔ Seiner kleinen, nur wenige Bogensekunden im Durchmesser (ich definiere diese Einheit in Kapitel 6) betragenden Scheibe

✔ Seiner langsamen Bewegung bezogen auf den Sternenhintergrund

Uranus' Scheibe hat eine blasse, leicht grünliche Oberfläche; Sie können Sie bei guten Sichtbedingungen mit einem hoch vergrößernden Okular ausfindig machen. Seine Bewegung können Sie ermitteln, indem Sie eine Skizze seiner relativen Lage bezogen auf die umliegenden Sterne anfertigen. Für diesen Zweck ist es besser, ein Okular geringen Vergrößerungsvermögens zu verwenden, wofür das Sichtfeld größer ist und mehr Sterne sichtbar sind. Wiederholen Sie den Vorgang einige Stunden später oder in der nächsten Nacht und tragen Sie die Messung erneut ein.

Nach dem Stand von Ende 1999 waren 17 Monde des Uranus bekannt und vier weitere wurden seither gemeldet, jedoch noch nicht bestätigt. Obwohl einige der größten Monde durch große Amateurteleskope erblickt werden können, sind sie allesamt eher Forschungsziele der hoch auflösenden Observatorienteleskope. Uranus verfügt auch über einen Satz dunkler Ringe, die mit dem Hubble-Weltraumteleskop und mithilfe großer, auf der Erde stationierter Teleskope aufgenommenen Infrarotbilder gesehen werden können.

Die Hubble-Weltraumteleskop-Aufnahmen dieser Objekte können Sie unter oposite.stsci.edu/pubinfo/SolarSystemT.html#Uranus bewundern. Durch von Voyager 2 aufgenommene Bilder des Uranus und seiner Monde können Sie auf der »Planetary Photojournal«-Website unter photojournal.jpl.nasa.gov schmökern. Klicken Sie einfach auf URANUS.

Wie man Neptun von einem Stern unterscheidet

Neptun ist blasser als Uranus, wird aber 8 Größenklassen hell. Wenn Uranus Ihre beobachtenden Fähigkeiten herausgefordert hat, dann rüsten Sie sich für Neptun!

Neptun ist etwa so groß wie Uranus, doch viel weiter von uns entfernt, sodass seine scheinbare Scheibe durch das Teleskop kleiner wirkt. Vermutlich werden Sie, um ihn von einem Stern unterscheiden zu können, ein großes Amateurteleskop benötigen. Sind Sie im Erkennen von blassen Farbtönen sehr gut sind, werden Sie bemerken, dass Neptun einen Stich ins Blaue hat.

Da Neptun in größerer Entfernung von der Sonne liegt als Uranus, ist seine Bahngeschwindigkeit geringer. Die geringe Geschwindigkeit zusammen mit der größeren Entfernung von der Erde bewirkt, dass die Winkelrate seiner Geschwindigkeit über den Himmel – gemessen in Bogensekunden pro Tag – *in der Regel* kleiner als die des Uranus ist. Sie müssen daher eventuell eine weitere Nacht oder zwei warten, um sicherzustellen, dass Sie seine Bewegung zum Sternenhintergrund gesehen haben.

Ich schrieb »in der Regel«, da sowohl Uranus als auch Neptun, wie alle Planeten jenseits der Erdbahn, manchmal ähnlich dem Mars (siehe Kapitel 6) rückläufige Bewegungen aufweisen. Das bedeutet, dass sich diese Planeten manchmal langsamer zu bewegen und die Richtung zu wechseln scheinen. Sollten Sie Uranus gerade beobachten, wenn er seine Bewegungsrichtung am Himmel ändert, so ist seine scheinbare Bewegung deutlich langsamer als üblich und im Vergleich dazu scheint Neptun geradezu zu rasen.

Im von der kanadischen Royal Astronomical Society (www.rasc.ca) herausgegebenen *Observer's Handbook* (Beobachterhandbuch) befinden sich gute Karten, auf denen die über das Jahr wechselnden Positionen Uranus' und Neptuns verzeichnet sind. Ähnliche Karten befinden sich im von *Sterne und Weltraum* herausgegeben *Ahnerts Jahreskalender* oder in dem im Kosmos Verlag jährlich erscheinenden *Himmelsjahr*. Konsultieren Sie diese, um zu erfahren, wo sich die Planeten befinden und wann sie ihren Kurs ändern werden. Auch astronomische Zeitschriften veröffentlichen ab und an derartige Karten. (Schauen Sie bei *Sterne und Weltraum* unter www.mpia-hd.mpg.de/suw/suw, bei *Astronomy* unter www.astronomy.com und bei *Sky&Telescope* unter www.skypub.com/sights/sights.shtml.)

Nach dem Stand von Anfang 2000 sind für Neptun acht Monde bekannt. Der größte ist Triton. Wenn Sie es einmal geschafft haben, Neptun zu orten, sehen Sie sich in einer klaren dunklen Nacht durch ein großes Teleskop (mindestens 15 Zentimeter) Triton an. Dieser befindet sich auf einer großen Umlaufbahn, etwa 8 bis 17 Bogensekunden von Neptun (etwa vier bis acht Neptundurchmesser).

Damit kann Triton für einen Stern gehalten werden. Wenn Sie jedoch Neptun und die umliegenden schwachen »Sterne« in aufeinander folgenden Nächten aufzeichnen, werden Sie folgern können, welcher »Stern« sowohl mit Neptun über den Sternenhintergrund zieht als auch um Neptun kreist. Für eine vollständige Umkreisung des Planeten benötigt Triton etwa 6 Tage.

Von der Raumsonde Voyager 2 aufgenommene Bilder des Neptun und seiner Monde finden Sie unter `photojournal.jpl.nasa.gov` auf der Planetenfotoalbum-Website (Planetary Photojournal). Klicken Sie einfach auf Neptun. Vom Hubble-Weltraumteleskop aufgenommene Bilder können Sie unter `oposite.stsci.edu/pubinfo/SolarSystemT.html#Neptune` finden.

Das Ringen um Pluto

Pluto stellt unter sämtlichen Objekten unseres Sonnensystems die größte Herausforderung dar, denn er liegt weit weg und ist sehr klein. Typischerweise gehört er nur in die 14. Größenklasse. Er bewegt sich von der Sonne und Erde weg und wird dies auf seiner 248 Jahre dauernden Umdrehung auch weiterhin tun.

Erfahrene Amateure haben zwar behauptet, Pluto mit einem 15-Zentimeter-Teleskop gesehen zu haben, aber dennoch sollten Sie die größten Teleskope benutzen, die man kaufen oder leihen kann. Ich empfehle Ihnen mindestens ein 20-Zentimeter-Teleskop. Eine Suchkarte für Pluto wird jährlich im *Observer's Handbook* der Kanadischen Royal Astronomical Society (`www.rasc.ca`) herausgegeben. Schauen Sie außerdem nach Artikeln und Beobachtungsratschlägen in *Sky&Telescope*, *Sterne und Weltraum* und *Astronomy* sowie in den *Kosmos Jahreskalender*.

Plutos Mond Charon liegt in geringer Entfernung von Pluto und umkreist ihn in nur 6 Tagen, 9 Stunden und 17 Minuten. Er kann nur mit sehr hoch auflösenden Teleskopen gesehen werden.

Unser Heimatplanet Erde und ihr Mond

Courtesy of NASA

Planeten

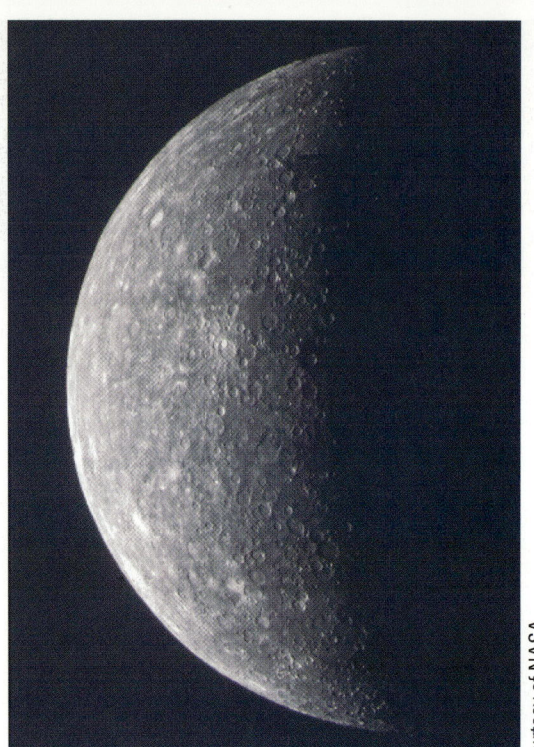

Überstrahlt vom Licht der Sonne ist der erdnächste Planet Merkur für das bloße Auge häufig unsichtbar.

Courtesy of NASA

Courtesy of NASA

Die wolkenverhangene Venus ist nach dem Mond das zweithellste Objekt am Nachthimmel.

Planeten

Ein Sonnenuntergang auf dem Mars

Aussicht von der Landestelle des Mars Pathfinder

Mars könnte möglicherweise der erste von Menschen besuchte Planet sein.

Planeten

Jupiter und seine vier Galileischen Monde: Io, Europa, Ganymed und Kallisto. Dieser Planet besitzt 12 bekannte kleinere Monde und ein Ringsystem.

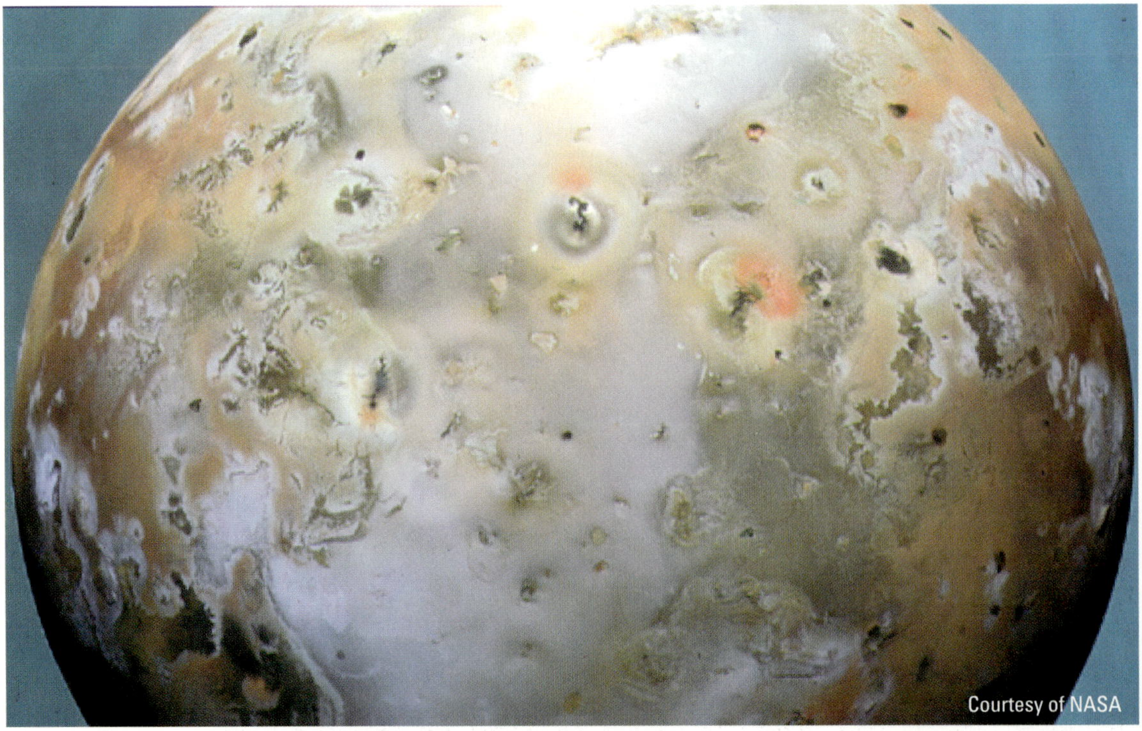

Jupiters überaus vulkanreicher Mond Io

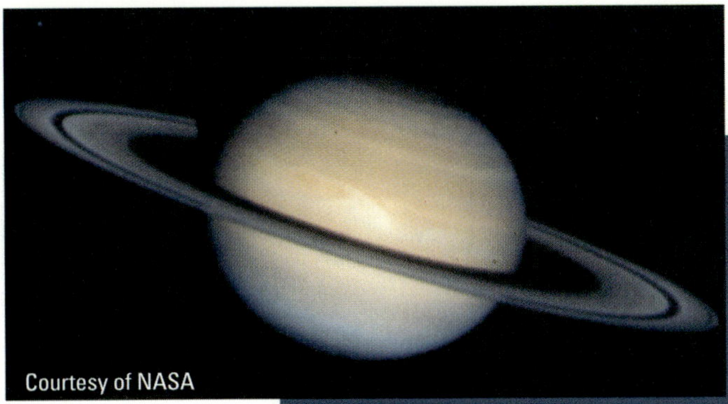

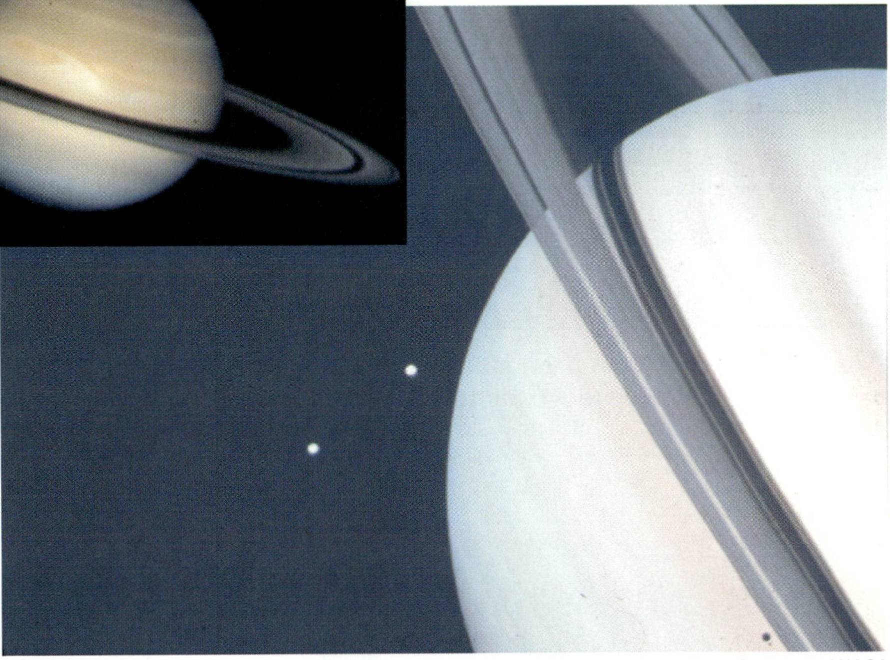

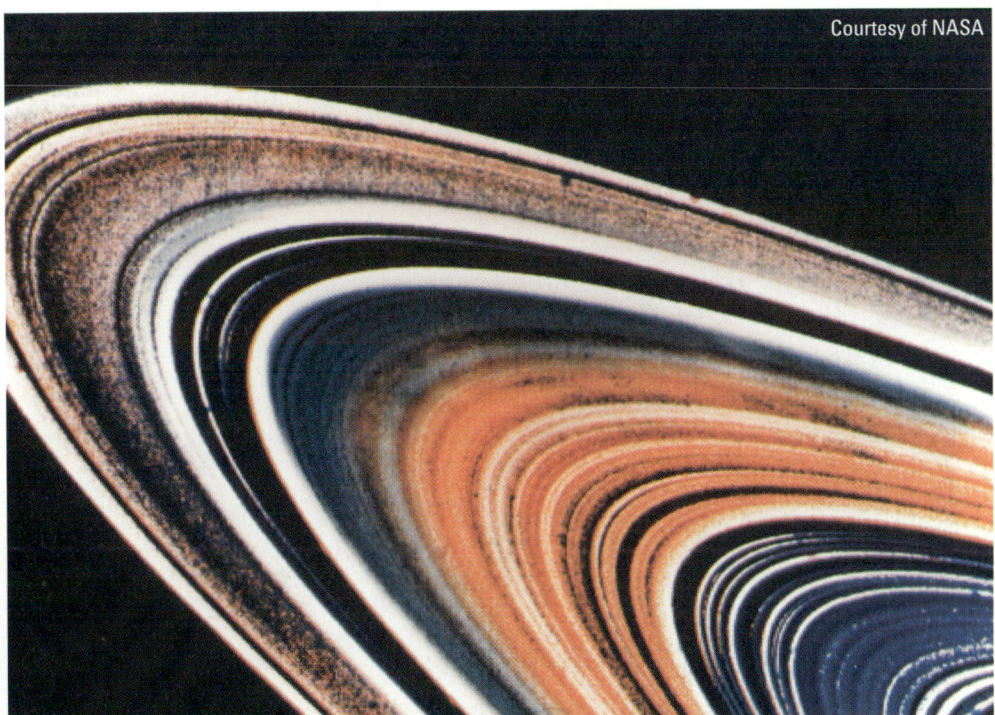

Saturn und zwei seiner 18 bekannten Monde

Courtesy of NASA

Falschfarben werden in Weltraumfotos häufig verwendet, um Details hervorzuheben, die Zusammensetzung aufzuzeigen oder die verschiedenen Regionen kosmischer Phänomene zu unterscheiden, wie beispielsweise Saturns Ringe.

Planeten

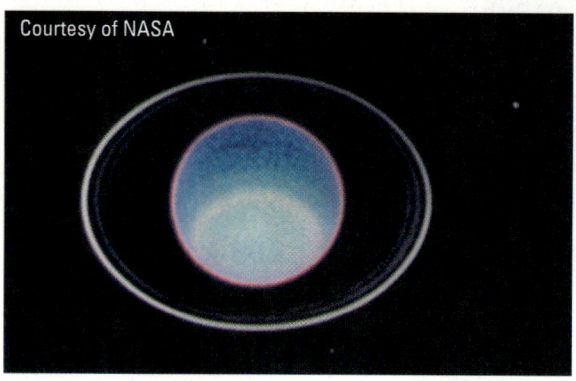

Wie Saturn besitzt auch Uranus Ringe, die durch Heimteleskope jedoch nicht gesehen werden können.

Weiße Wolkenstreifen und große dunkle Flecken durchsetzten Neptuns Atmosphäre, als dieses Bild aufgenommen wurde.

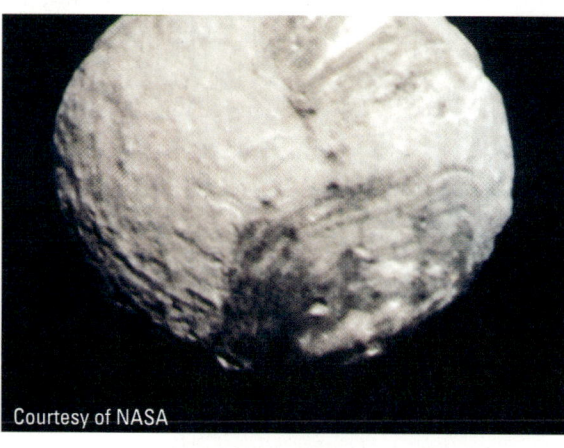

Triton, einer der 8 Monde Neptuns, ist größer als der Planet Pluto und weist interessante Oberflächenstrukturen auf.

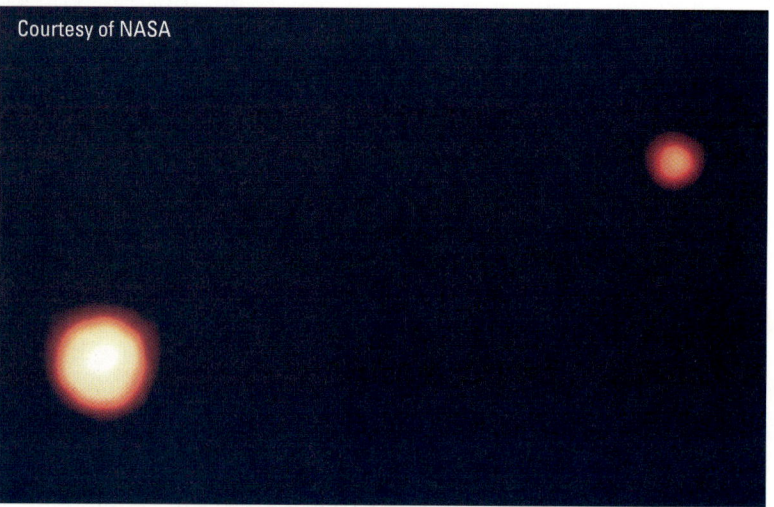

Obwohl nur zwei Drittel so groß wie der Erdmond, hält Pluto hartnäckig an seinem Planetenstatus fest. Plutos Mond Charon ist halb so groß wie Pluto.

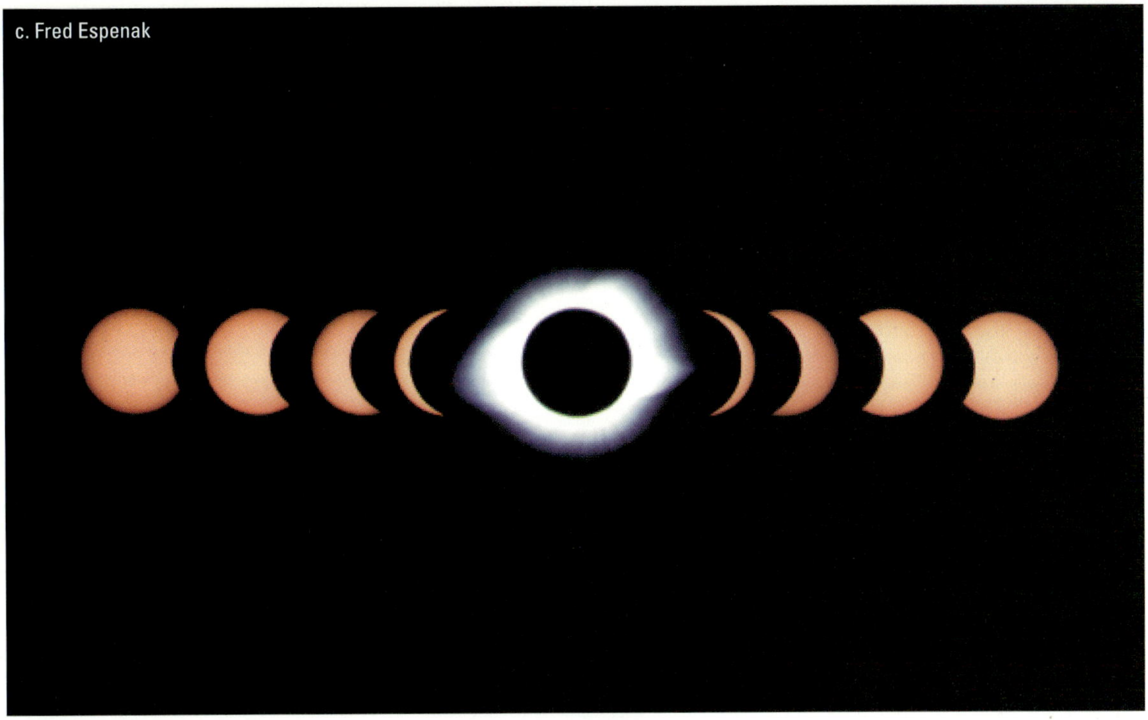

Sonnenfinsternis

c. Fred Espenak

Stadien der Sonnenfinsternis von 1994

c. Fred Espenak

Eine totale Sonnenfinsternis, 1998. Die letzte totale Sonnenfinsternis des Jahrhunderts hat am 11. August 1999 stattgefunden. Die nächste wird sich erst im Jahre 2001 ereignen.

Galaxien

c. Anglo-Australien Observatory/Royal Observatory, Edinburg. Photography by David Malin

Die Große Magellansche Wolke: Eine irreguläre Galaxie in der Nähe der Milchstraße, mit dem bloßen Auge von der Südhalbkugel aus sichtbar

c. 1999 Jerry Lodriguss

Die Spiralgalaxie Andromeda mit ihren zwei deutlich kleineren Begleitgalaxien

c. Malin/IAC/RGO. Photography by David Malin

Diese Spiralgalaxie wird seitlich oder »edge-on« betrachtet.

Eine helle Supernova vom Typ Ia (unten links) in einer entfernten Galaxie

Sternhaufen

Ein junger Sternhaufen neben einem Emissionsnebel. Heiße junge Sterne heizen den Nebel auf und bringen ihn zum Leuchten.

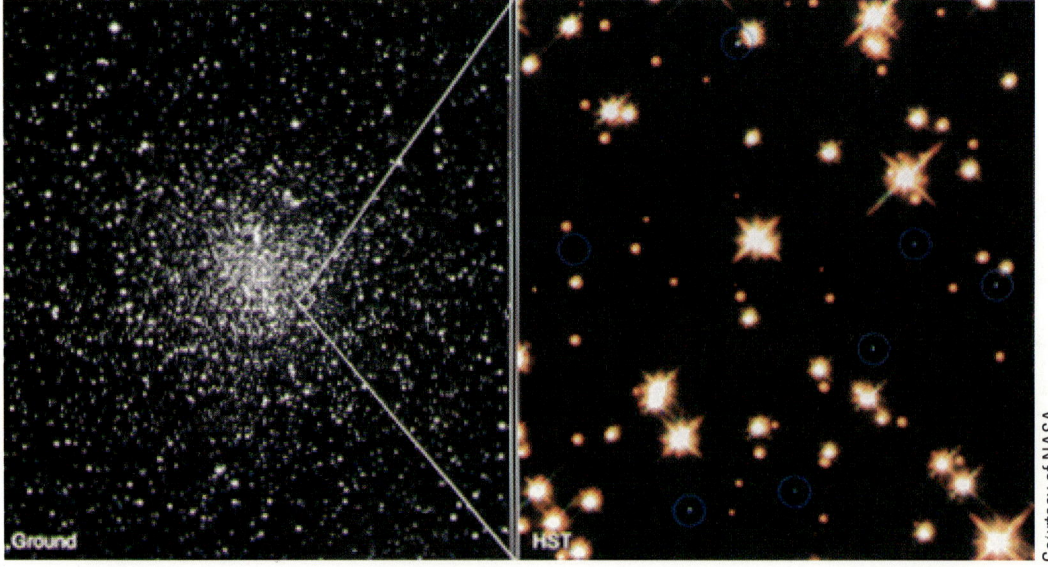

Ein Kugelhaufen besteht aus Tausenden von Sternen. Im rechten Bild funkeln winzige Weiße Zwerge (umkreist).

Sternhaufen

Die Plejaden oder das Siebengestirn in Taurus ist der bekannteste offene Sternhaufen. Sternhaufen sind Gruppen von Sternen, die durch die Gravitation zusammengehalten werden. Offene Haufen können Dutzende von Sternen enthalten und weisen keine besondere Form auf.

Der Doppelhaufen in Perseus ist ein Paar offener Haufen sehr junger Sterne.

Nebel

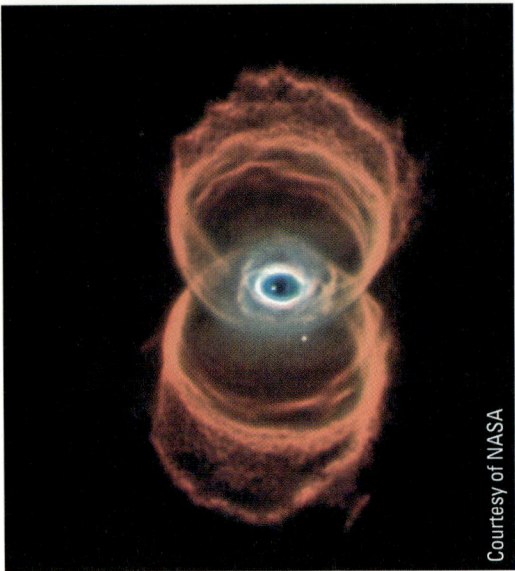

Der Sanduhrnebel ist ein hantelförmiger planetarischer Nebel.

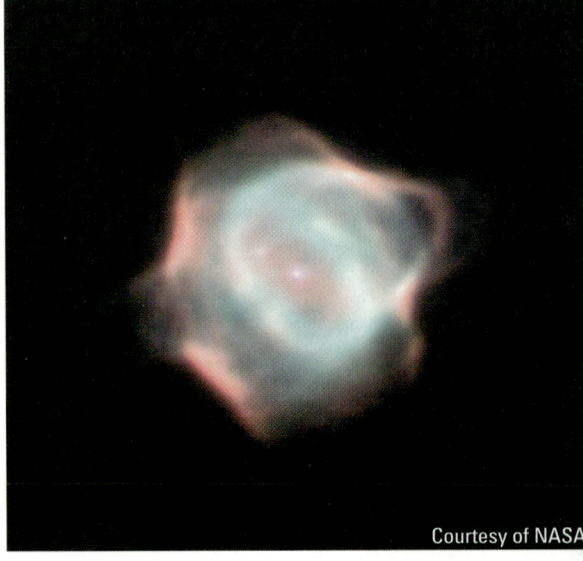

Der Stingray-Nebel könnte der jüngste bekannte planetarische Nebel sein.

Der Trifid-Nebel in Sagittarius

Ein Sternhaufen (unten rechts) im Tarantel-Nebel, einem Sternkindergarten tief am Südhimmel

Nebel

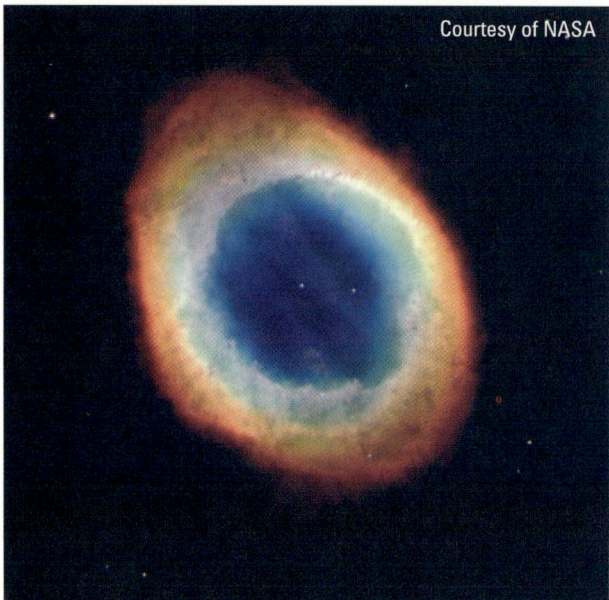

Der Ringnebel ist der letzte Atemzug einer sterbenden Sonne. Nebel werden sowohl mit der Geburt als auch mit dem Tod der Sterne verbunden.

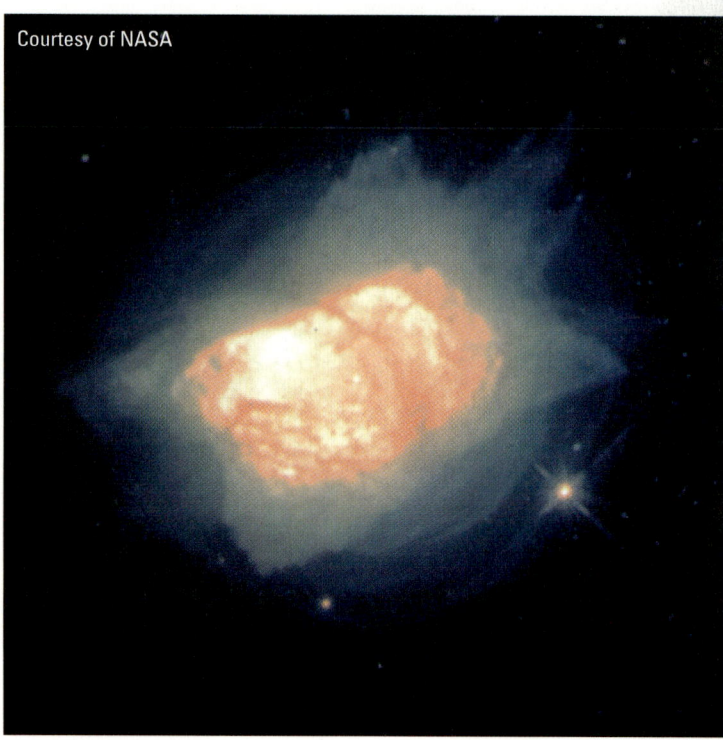

Der dichte planetarische Nebel NGC 7027 hält seinen Zentralstern vor neugierigen Blicken verborgen.

Die expandierenden Überreste der explodierten Supernova 1987A bilden die zentrale Blase in diesen Foto. Die Blase wird von einem hellen zentralen und zwei äußeren Ringen umgeben. Sie bestehen aus Gas, das den Stern lange vor der Explosion verließ.

In dieser Vorstellung eines Künstlers über einen extrasolaren Planeten wird 51 Pegasi von einem riesigen Planeten umkreist, welcher bereits entdeckt wurde, jedoch noch nicht fotografiert werden konnte.

Teil III

Der Alte Sol und andere Sterne

»Schön, dass du letzte Nacht einen Weißen Zwerg und einen Roten Riesen sehen konntest. Ich hoffe nur, du hast daran gedacht, nicht so zu starren.«

In diesem Teil...

In diesem Teil werde ich Ihnen die Sterne vom Himmel holen. Nein, natürlich nicht alle – ich rede von unserer Sonne und all den anderen Sternen in und jenseits der Milchstraße. Sie werden die Sternarten kennen lernen und die Lebenszyklen der Sterne von der Geburt bis zum Tode verfolgen. Nicht in Wirklichkeit, versteht sich, denn selbst, nachdem das Leben auf der Erde ausgelöscht sein wird, wird Alpha Centauri immer noch leuchten.

Zudem versorge ich Sie mit einem Kapitel über Schwarze Löcher und Quasare und stelle diese Themen vereinfacht dar, so dass Sie beim Versuch, sie zu verstehen, keine Migräne bekommen. Die Informationen zu Raum und Zeit werden Ihnen jedoch etwas den Geist verbiegen.

Die Sonne: Der Stern der Erde

In diesem Kapitel

▶ Lesen Sie über die Größe, Form und die periodischen Veränderungen der Sonne

▶ Werden Ihnen die solaren Effekte vorgestellt, denen Sie begegnen können

▶ Ergreifen Sie Sicherheitsmaßnahmen bei Sonnenbeobachtungen

▶ Erfahren Sie alles über Sonnenfinsternisse und wann mit ihnen zu rechnen ist

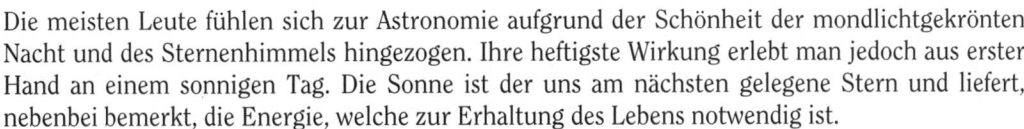

Die meisten Leute fühlen sich zur Astronomie aufgrund der Schönheit der mondlichtgekrönten Nacht und des Sternenhimmels hingezogen. Ihre heftigste Wirkung erlebt man jedoch aus erster Hand an einem sonnigen Tag. Die Sonne ist der uns am nächsten gelegene Stern und liefert, nebenbei bemerkt, die Energie, welche zur Erhaltung des Lebens notwendig ist.

Durch ihre alltägliche Gegenwart wird sie oft als selbstverständlich betrachtet. Sie mögen Angst davor haben, einen Sonnenbrand zu kriegen, oder wegen der Folgen der ultravioletten Strahlung um Ihre Haut besorgt sein und kaum an die Sonne als Hauptquelle stellarer Informationen über die Beschaffenheit des Universums denken. Ob mit Heimteleskopen oder modernen Observatorien und Weltrauminstrumenten studiert, stellt sie einen der interessantesten und befriedigendsten Untersuchungsgegenstände der Astronomie dar. Die Sonne verändert sich im Stundentakt und von einem Tag zum anderen. Zudem können Sie sie ihren Kindern zeigen, ohne dass diese dafür zu spät ins Bett kommen müssen!

 Doch denken Sie gar nicht erst daran, ohne Augenschutz in die Sonne zu schauen. Die entsprechenden Sicherheitsvorkehrungen erkläre ich später in diesem Kapitel. Sie wollen den Anblick der Sonne schließlich nicht mit Ihrem Augenlicht bezahlen. Die Sicherheit beim Beobachten sollte stets Ihre erste Sorge sein. Sobald Sie dies wie am Schnürchen können, steht Ihnen die Sonnenwelt offen. Sie können sie täglich und auch über den 11-Jahreszyklus der Sonnenflecken, den ich später in diesem Kapitel beschreiben werde, verfolgen.

Dieses Kapitel führt Sie in die Sonnenwissenschaft, die Auswirkungen der Sonne auf die Erde und Industrie und in die sichere Sonnenbeobachtung ein. Sie werden lernen, die Sonne auf eine neue Weise zu sehen – sicher und voller Bewunderung.

Folgen Sie nicht blindlings Galileo: Schützen Sie Ihr Augenlicht vor der Sonne

Es war der italienische Astronom des 17. Jahrhunderts, Galileo Galilei, der die erste große teleskopische Entdeckung über die Sonne machte. Während er die tägliche Bewegung der Sonnenflecken über die Sonnenscheibe beobachtete, fand er heraus, dass sich die Sonne dreht. Er beging aber gleichzeitig auch einen bösen Fehler. Er blickte die Sonne durch sein Teleskop an. Dieser Fehler verursachte ihm ernsthafte Augenschäden.

Ein Teleskop oder Fernglas sammelt mehr Licht auf als das menschliche Auge und fokussiert dieses in einem kleinen Punkt auf Ihrer Netzhaut. Wenn Sie einen lichtschwachen Stern oder Planeten beobachten, macht diese Intensität nichts aus, doch im Falle der Sonne ist es eine Garantie für Augenschäden und Blindheit.

Haben Sie schon mal ein Brennglas gesehen? Mit einer solchen Vergrößerungslinse kann man die Sonnenstrahlen auf einem Blatt Papier bündeln und es anzünden. Jetzt wissen Sie, was ich meine.

Selbst ein flüchtiger Blick auf die Sonne durch das Teleskop, Fernglas oder ein anderes optisches Instrument ist sehr gefährlich, es sei denn, das Gerät ist mit einem eigens für Sonnenbeobachtungen hergestellten Filter ausgestattet.

Über Filter und andere sichere Beobachtungsverfahren werde ich später in diesem Kapitel erzählen. Zunächst aber möchte ich Ihnen die Sonne selbst und die faszinierenden Beobachtungsziele auf ihr vorstellen.

Die Sonnenlandschaft begutachten

Die Sonne ist ein Stern, ein heißer Gasball, der selbst leuchtet. Die energiespendende Quelle ist dabei die *Kernfusion*, der Prozess, durch den Kerne einfacher Elemente zu komplexeren Gebilden zusammenschmelzen. Diese Energie speist nicht nur die Sonne selbst, sondern auch das sie umgebende allgemeine Treiben in dem System von Planeten und planetarem Schutt – dem Sonnensystem, von dem die Erde ein Teil ist (siehe Abbildung 10.1).

Die von der Sonne erzeugte gewaltige Energierate lässt sich mit der Explosion von 92 Milliarden eine Megatonne wiegenden Nuklearbomben pro Sekunde vergleichen. Die Energie stammt aus dem Brennstoffverbrauch. Bestünde die Sonne aus brennender Kohle, so würde sie in nur 4600 Jahren vollständig verbrennen. Auf der Erde gibt es jedoch fossile Beweise dafür, dass die Sonne schon länger als 3 Milliarden Jahre scheint. Ihr Alter wird auf 4,6 Milliarden Jahre geschätzt und sie brennt immer noch sehr kräftig.

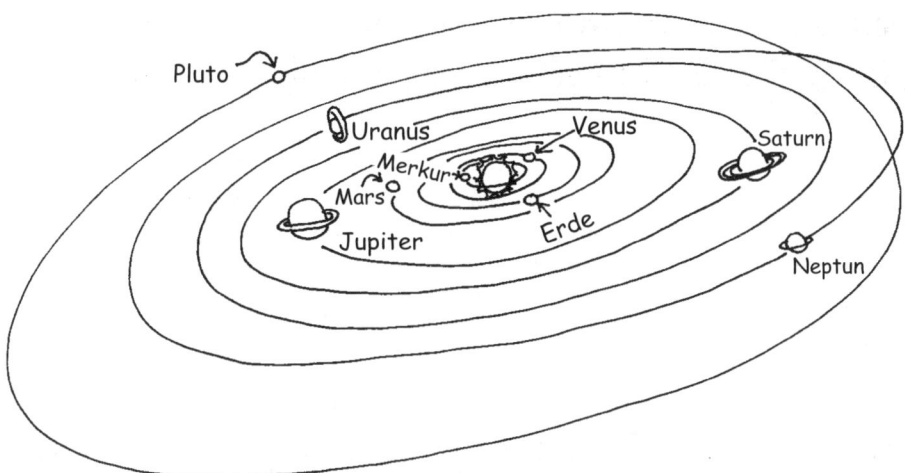

Planeten umkreisen die Sonne

Abbildung 10.1: Die Planeten kreisen als Teil des Sonnensystems systematisch um die Sonne.

 Nur die Kernfusion konnte die riesige Energiefreisetzung, die so genannte *Leuchtkraft*, der Sonne erzeugen und über Milliarden von Jahren aufrechterhalten. Tief im Inneren der Sonne, in deren Kern, sorgen der enorme Druck und Temperaturen von fast 16 Millionen °C dafür, dass Wasserstoffatome zu Helium zusammenschmelzen, ein Prozess bei dem der ungeheure Energiefluss, der die Sonne am Leben hält, freigesetzt wird.

Jede Sekunde werden im Sonnenkern etwa 700 Millionen Tonnen Wasserstoff in Helium umgewandelt, davon 5 Millionen Tonnen in reine Energie.

Wenn wir auf diese Weise auf der Erde Energie erzeugen könnten, wären all unsere Probleme mit dem fossilen Brennstoff einschließlich der Luftverschmutzung und dem Verbrauch nicht erneuerbarer Bodenschätze gelöst. Das vergebliche jahrzehntelange Forschen und Rätseln der Wissenschaftler zeigte jedoch bisher nur, dass wir hier auf Erden noch nicht in der Lage sind, es der Sonne gleichzutun. Damit ist doch wohl klar, dass sie weitere Untersuchungen verdient hat.

Die Größe und Form der Sonne: Was hält all das heiße Gas zusammen?

Jedesmal wenn ich den Grundkurs Astronomie lehre, stelle ich die Frage: »Warum hat die Sonne die Größe, die sie hat?« Hunderte von Augen und Mündern klappen weit auf, doch keiner hat je eine Idee. Das scheint nicht einmal eine sinnvolle Frage zu sein. Alles hat eine Größe. Na und?

Die Sonne besteht zu 100 Prozent aus heißem Gas. Was hält es denn zusammen? Warum fliegt es nicht völlig auseinander, gleich den Rauchringen einer schon lange glimmenden Zigarette? Die

Antwort, mein Freund, weiß ganz allein die Gravitation, welche die Sonne daran hindert, in alle Winde gestreut zu werden. Die Gravitation ist die Kraft, die ich in Kapitel 1 beschreibe und die überall im Universum mitmischt. Die Sonne ist derart massereich – sie ist 330 000-mal schwerer als die Erde – dass das ganze heiße Gas durch ihre starke Gravitationskraft zusammengehalten wird.

Sie fragen sich nun vielleicht, warum, wenn sie so stark ist, das Gas nicht zu einem kleineren Ball zusammengedrückt wird. Die Antwort darauf ist das, was uns zu übereilten Entscheidungen bewegt, nämlich hoher Druck. Je heißer das Gas und je mehr es durch die Gravitation oder andere Kräfte zusammengedrückt wird, desto höher ist sein Druck. Alleine unter der Wirkung des Gasdrucks würde sich die Sonne wie ein aufgepumpter Reifen (in dem das Gas einfach die Luft ist) aufblähen.

Die Gravitation drückt nach innen, der Druck zieht auseinander. Bei einem bestimmten Radius halten die beiden Effekte einander die Waage und bestimmen eine einheitliche Größe. Das ist also die Größe der Sonne. Deren Durchmesser beträgt 1 391 000 Kilometer oder etwa 109 Erddurchmesser. 1 300 000 Erden würden in die Sonne hineinpassen, wenn ich nur wüsste, woher ich sie kriegen könnte.

Die runde Form der Sonne besteht aus demselben Grund: Bei einem gegebenen Radius drückt die Gravitation in alle Richtungen gleich stark und ist auf das Zentrum gerichtet, während der Druck die Materie in alle Richtungen gleich stark nach außen treibt. Drehte sich die Sonne sehr schnell, so würde sie aufgrund der so genannten Zentrifugalkraft am Äquator anschwellen und an den Polen abflachen. Die Sonne dreht sich jedoch sehr gemächlich um sich selbst, und zwar vollführen ihre Äquatorialbereiche eine vollständige Umdrehung in 25 Tagen (und an den Polen langsamer), sodass der äquatoriale Rettungsring nicht sehr ausgeprägt ist.

Die Regionen der Sonne: Zwischen Kern und Korona gefangen

Das Innere der Sonne besteht aus zwei Hauptregionen und das Äußere aus drei (siehe Abbildung 10.2.). Im Zentrum des Sonneninneren befindet sich der *Kern*. Im Herzen des Kerns wird die gesamte Energie durch Kernfusion erzeugt. Sie wird durch eine Art sehr hochenergetischen Lichts, der so genannten Gammastrahlung, freigesetzt. Diese wird von den Atomen abgelenkt, doch im Durchschnitt bewegt sie sich nach außen. Je weiter man aus dem Sonneninneren nach außen gelangt, desto kühler wird es.

In einem Abstand von 494 000 Kilometern (etwa 71% des Weges vom Zentrum bis zur Oberfläche) geht der Kern in die nächste Region über, die *Konvektionszone*. Hier wird die aufsteigende Energie hauptsächlich von riesigen Gasströmungen transportiert. Die Strömungen heißen Gases steigen auf und transportieren Wärme. Mit zunehmender Höhe kühlen sie ab und sinken erneut. Es handelt sich dabei um denselben Prozess, der die Wärme vom Boden eines Kessels mit kochendem Wasser an die Oberfläche führt und der auch die Wolken der Erdatmosphäre erzeugt. Sonnenphysiker glauben, dass das Magnetfeld der Sonne, welche für die Sonnenflecken und allerlei Explosionen in den oberen Regionen der Sonne verantwortlich ist, am unteren Rand der Konvektionszone erzeugt wird.

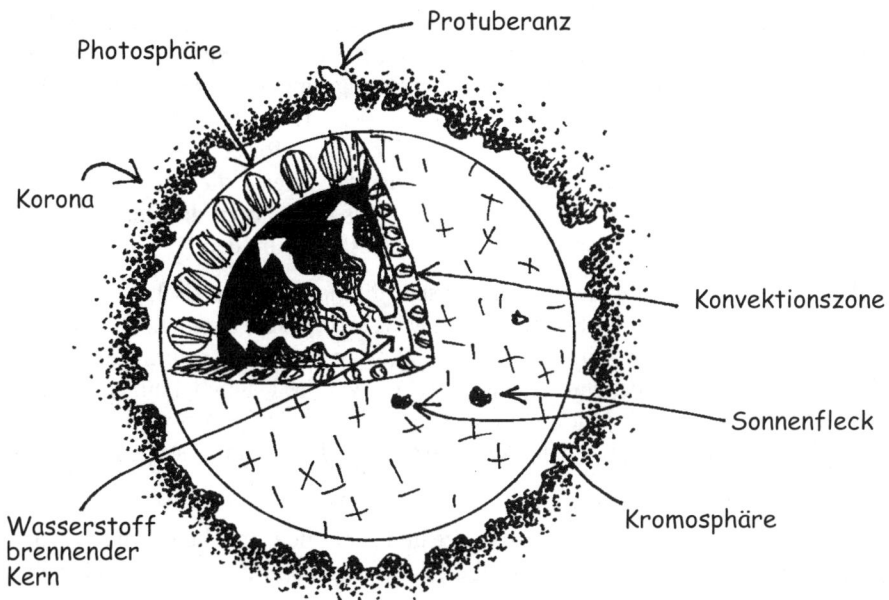

Schichten der Sonne

Abbildung 10.2: Die Sonne ist ein Brüter, der seinen Teil des Universums versorgt.

 Im Kern der Sonne gibt es verschiedene Bereiche. Die *nukleare Brennzone* im Inneren des Kerns erstreckt sich vom Zentrum aus 180 000 Kilometer weit. Darüber befindet sich der *radiative Kern*.

Die Temperatur der Konvektionszone fällt von den an der unteren Grenze herrschenden 2,2 Millionen° C bis zur nächsten Region, der *Photosphäre* (bedeutet »Lichthülle«) ab. Dies ist der sichtbare Teil der Sonne. Dessen 5500° C heiße Gasschicht erzeugt einen Teil des sichtbaren Lichts der Sonne, abgesehen von dem Teil, der bei einer Sonnenfinsternis (oder mit Spezialinstrumenten) gesehen werden kann. Die dunklen Flecken in der Photosphäre werden *Sonnenflecken* genannt, und sie sind die am einfachsten zu beobachtenden Sonnenmerkmale.

Betrachten Sie die helle Sonnenscheibe – tun Sie das aber bitte nur unter den im Abschnitt »Projizieren oder Filtern: Sicher in die Sonne sehen« angegebenen Sicherheitsanweisungen, die später in diesem Kapitel folgen – so sehen Sie einen Teil der Photosphäre.

Die sich oberhalb der Photosphäre befindlichen Regionen werden sukzessive heißer und nicht kälter als die unteren Schichten. Dieses ist eines der größten, noch ungelösten Rätsel der Sonne. Die *Chromosphäre* oder »Farbhülle« schließt sich an den oberen Rand der Photosphäre an. Ihre Höhe beträgt 1000 Kilometer und die Temperatur erreicht 10 000° C.

Mithilfe eines jener teuren H-Alpha-Filters, die ich in dem Kasten mit dem Titel »Mehr sehen, wenn Geld keine Rolle spielt« später in diesem Kapitel erwähne, oder auf Bildern, die mit professionellen Teleskopen erzeugt und auf den Websites der NASA und NOAA ausgestellt werden (siehe Abschnitt »Bildergalerie der Sonne im World Wide Web«) und auf den Websites professioneller Observatorien, können Sie die Chromosphäre zur Zeit der totalen Sonnenfinsternis, wie später in diesem Kapitel beschrieben, sehen. Da die Photosphäre während einer Finsternis durch die Mondscheibe bedeckt wird, kann die Chromosphäre als dünnes rotes Band um den Mondrand erscheinen.

Oberhalb der Chromosphäre liegt die *Korona*, ein sehr dünnes und elektrisch geladenes Gas, dessen Form durch das Magnetfeld der Sonne geprägt wird. Wo sich die Magnetfeldlinien ausdehnen und nach außen zum Weltraum hin öffnen, ist das koronale Gas dünn und kaum sichtbar. Es entweicht und bildet den Sonnenwind. An den Stellen, wo die Magnetfeldlinien in die Korona hinausreichen und sich dann aber wieder auf die Oberfläche zurückbiegen, wird das koronale Gas eingefangen. Dort ist es dichter und heller. Die Temperatur der Korona beträgt 1 000 000° C und an manchen Stellen sogar mehr.

Der Übergang zwischen Chromosphäre und der hundertmal heißeren Korona findet in einem sehr dünnen Grenzgebiet statt, das man *Überganszone* nennt. Sie fällt auf Ansichten der Sonne nicht auf.

Der Sonnenwind: Das Magnetenspiel

Der *Sonnenwind* ist ein elektrisch geladenes Gas oder Plasma, welches von der Sonne aus durch das gesamte Sonnensystem mit durchschnittlichen Geschwindigkeiten von 470 Kilometern pro Sekunde radial nach außen strömt.

Der Sonnenwind kommt in Strömen, Ausbrüchen und Stößen vor und stört und füllt die Erdmagnetosphäre ständig auf. (Die *Magnetosphäre* ist der riesige Bereich um die Erde, in dem Elektronen, Protonen und andere geladenen Teilchen, zwischen den beiden Polen im Erdmagnetfeld eingefangen, hin- und hergestreut werden.) James Van Allen von der Universität Iowa entdeckte sie, wie ich in Kapitel 5 erwähnte, mithilfe des ersten Satelliten der Vereinigten Staaten, dem Explorer 1. Aus diesem Grunde war sie zunächst unter der Bezeichnung »Van Allen-Gürtel« bekannt.

Wegen der variablen Natur des Sonnenwindes und der nach Ausbrüchen auf der Sonne durchziehenden solaren Stürme wird die Magnetosphäre ständig gestört, wird komprimiert und schwillt wieder an. Ihre Änderungen rufen geomagnetische Stürme hervor, welche die Erde und ihre Atmosphäre stören.

Die Sonnenaktivität und Sonnenzyklen: Wie ist denn das Wetter da draußen?

Von einem Augenblick auf den nächsten, von einem Tag zum anderen finden auf der Sonne allerlei Störungen statt, einschließlich derer, die in der Umgebung von Gruppen dunkler Flecken, die später in diesem Kapitel Erwähnung finden werden, stattfinden. Die *Sonnenaktivität* beeinflusst die Erde.

Sonnenausbrüche (die meisten sind mit Amateurausrüstung nicht sichtbar, werden jedoch von Satellitenteleskopen wunderbar aufgenommen) schießen Milliarden Tonnen schwere, mit Magnetfeldern durchzogene Blasen solaren Plasmas in das Sonnensystem hinaus. Einige stoßen auf die Magnetosphäre, den die Erde schützenden Regenschirm. Durch erhöhte Sonnenaktivität werden die Polarlichter, die Nord- und Südlichter, und geomagnetische Stürme ausgelöst. Letztere sind mitunter in der Lage, Stromversorgungsanlagen abzuschießen, elektronische Schaltkreise in Öl- und Gasleitungen lahm zu legen, Radiosendern ins Gehege zu kommen und teure Satelliten zu zerstören. Manche Leuten behaupten sogar, sie könnten Aurorae hören.

Die solaren Störungen und ihre Wirkung auf die Magnetosphäre werden als *Weltraumwetter* bezeichnet. Die aktuellen amtlichen Weltraumwettervorhersagen und -berichte können Sie auf der Website des Space Environment Center, einer Abteilung der National Oceanographic and Atmospheric Administration (www.sel.noaa.gov/today.html) verfolgen. Sämtliche Formen solarer Aktivität, einschließlich des 11-Jahre-Zyklus (oder Sonnenfleckenzyklus), scheinen mit dem Magnetismus zusammenzuhängen. Tief im Sonneninneren werden durch einen natürlichen Dynamo stets neue Magnetfelder erzeugt. Diese steigen zur Oberfläche und höher liegenden Schichten in die Sonnenatmosphäre auf, wo sie aufgewickelt werden und jede Menge Unannehmlichkeiten verursachen.

Astronomen messen die Magnetfelder auf der Sonne mittels deren Wirkung auf die Sonnenstrahlung mithilfe von Instrumenten, die *Magnetographen* genannt werden. Mit diesen Geräten aufgenommene Bilder können Sie auf vielen Websites professioneller Sonnenobservatorien finden (siehe Abschnitt »Die Bildergalerie der Sonne im World Wide Web«). Diese Magnetfeldmessungen zeigen, dass die Sonnenflecken Regionen konzentrierter Magnetfelder sind und dass Sonnenfleckengruppen magnetische Nord- und Südpole besitzen. Das Gesamtmagnetfeld der Sonne ist jedoch ziemlich schwach.

Die meisten der sich rasch ändernden Merkmale auf der Sonne und vermutlich alle Explosionen und Ausbrüche scheinen mit Magnetfeldern zusammenzuhängen. Wo immer sich Magnetfelder zeitlich ändern, werden elektrische Ströme erzeugt, und wenn sich Magnetfelder unterschiedlicher Polarität in die Quere kommen, werden durch eine Art Kurzschluss, den man *magnetische Rekonnexion* nennt, gewaltige Energiemengen freigesetzt.

Der koronale Massenausbruch: Die Mutter der solaren Flares.

Was Sie nun lesen werden, ist das Gegenteil dessen, was in den meisten Lehrbüchern steht, bis auf einige neu erschienene. Jahrzehntelang glaubten Astronomen, die Hauptexplosionen auf der Sonne seien die solaren *Flares*. Wir dachten, die Flares fänden in der Chromosphäre statt und seien die Auslöser alles Weiteren.

Aufnahmen solarer Flares können Sie auf vielen Websites professioneller Astronomen sehen. Die Anzahl der Sonnenflecken und die Anzahl sich ereignender solarer Flares nimmt über den 11-Jahre-Zyklus zu.

Astronomen wissen inzwischen, dass sie sich wie der Blinde verhielten, der den Elefantenschwanz festhielt und glaubte, alles über den Elefanten zu wissen. Beobachtungen der Sonne aus dem interplanetaren Raum zeigten jedoch, dass die primären Antriebe solarer Ausbrüche die *koronalen Massenausbrüche* sind, riesige Auswürfe, die in der oberen Korona, der dünnsten, äußersten Schicht der Sonne, stattfinden. Häufig löst ein koronaler Massenauswurf einen solaren Flare in einer tiefer liegenden solaren Schicht aus.

Über viele Jahre waren uns die koronalen Massenauswürfe nicht bekannt, da man sie nicht beobachten konnte. Astronomen waren nur selten und für kurze Zeit in der Lage, ein gutes Bild der Korona zu erhalten (während totaler Sonnenfinsternisse). Alles, was sie dabei sehen konnten, waren die solaren Flares, sodass diesen eine größere Bedeutung zugeschrieben wurde, als sie es verdienten.

Einige der Protuberanzen, die Sie mit H-Alpha-Filtern am Sonnenrand sehen können, brechen gelegentlich aus. Es könnte sich dabei ebenfalls um Stufen der koronalen Massenausbrüche handeln.

Wenn Satellitenbilder einen koronalen Massenausbruch zeigen, der nicht rechts oder links von der Sonne abgeht, sondern einen riesigen expandierenden Ring oder ein *Halo-Ereignis* um die Sonne bildet, dann bedeutet das schlechte Nachrichten. Der koronale Massenauswurf wird sich in diesem Fall nämlich genau auf die Erde zu bewegen.

Wenn Sie auf einem der Satellitenbilder ein Halo-Ereignis sehen, dann schauen Sie sich auch die Website des NOAA Space Environment Center (www.sel.noaa.gov/today.html) an, da NOAA vermutlich wildes Weltraumwetter vorhersagen wird.

Der Zyklus im Zyklus: Verändern sich die Flecken?

Sonnenflecken sind sichtbare, dunkle Bereiche starker Magnetfelder auf der Photosphäre der Sonne (siehe Abbildung 10.3). Sie sind kälter als die umliegende Atmosphäre und treten häufig in Gruppen auf.

Die Anzahl der Sonnenflecken auf der Sonnenoberfläche variiert im Verlaufe eines *Sonnenfleckenzyklus* in starkem Maße. Sie werden meistens für alles verantwortlich gemacht, vom schlechten Wetter bis hin zum Sturz des Aktienmarktes. Zwischen zwei aufeinander folgenden Spitzen (die Anzahl der Flecken ist größer) vergehen in der Regel 11 Jahre des Sonnenfleckenzyklus, doch das Zeitintervall kann variieren. Ferner kann die Anzahl der Flecken im Maximum von einem Zyklus zum nächsten variieren. Keiner weiß warum. Bei der Bewegung einer Gruppe von Flecken über die Sonnenscheibe aufgrund der Sonnenrotation, wird der größte, die Gruppe führende Fleck auf der uns zugewandten Seite *vorangehender Fleck* genannt. Der größte Fleck am Ende der Gruppe wird als *nachfolgender Fleck* bezeichnet.

Magnetographenbeobachtungen zeigen in den meisten Sonnenfleckengruppen bestimmte Muster. Während eines 11-Jahre-Zyklus besitzen alle vorangehenden Flecken auf der Nordhalbkugel der Sonne magnetische nördliche Polarität, während die nachfolgenden Flecken südliche Polarität haben. Gleichzeitig haben die vorangehenden Flecken auf der Südhalbkugel südliche Polarität und entsprechend umgekehrt verhält es sich mit den nachfolgenden Flecken.

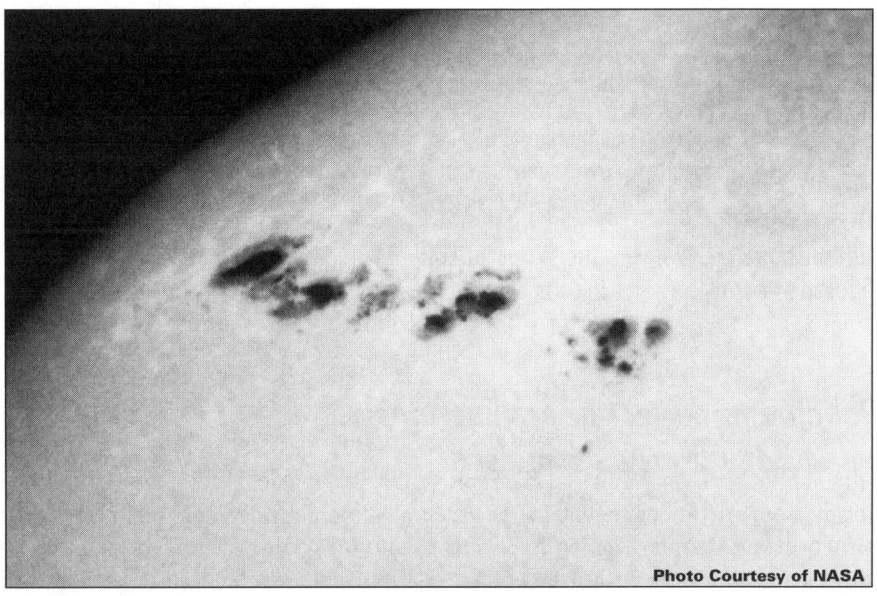

Abbildung 10.3: Sonnenflecken

Die Polarität ist wie folgt definiert: Auf der Erde zeigt eine Kompassnadel auf den Nordpol. Auf der Sonne würde die Kompassnadel auf die nordgepolten Flecken zeigen und von den südgepolten weg.

Gerade wenn Sie das mit den Polaritäten draufzuhaben meinen, beginnt ein neuer Sonnenfleckenzyklus und alles wird umgepolt. Jetzt haben die vorangehenden Flecken auf der Nordhalbkugel südliche Polarität und die nachfolgenden nördliche, und auf der Südhalbkugel ist alles genau umgekehrt. Wären Sie ein Kompass, so würde Ihnen dabei sicher schwindelig werden.

Um all diese Informationen abzudecken, haben Astronomen den *magnetischen Sonnenzyklus* definiert. Dieser ist etwa 22 Jahre lang und enthält zwei Sonnenfleckenzyklen. Alle 22 Jahre wiederholt sich das wechselnde Muster der Magnetfeldlinien – mehr oder weniger.

Die Solarkonstante: Warum ist sie nicht konstant?

Der Gesamtbetrag der von der Sonne erzeugten Energie wird *Sonnenleuchtkraft* genannt. Für uns ist der Energiebetrag, den die Erde empfängt, die so genannte *Solarkonstante*, von größerer Bedeutung. Sie wird definiert als der Energiebetrag, der pro Sekunde auf eine der Sonne zugewandte Fläche von einem Quadratzentimeter in einem mittleren Abstand gleich dem Erdabstand fällt, und beträgt 1,368 Watt pro Quadratmeter.

Die 1980 gestarteten Sonnen- und Wettersatelliten führten Messungen aus, die ergaben, dass sich die Solarkonstante mit der Sonnenrotation ändert. Sie könnten vielleicht denken, dass weniger

Energie registriert wurde, als mehr solcher dunklen Flecken die Sonne bedeckten, doch dies ist nicht der Fall. Im Gegenteil, je mehr Sonnenflecken, desto mehr Energie wird von der Sonne empfangen. Dies ist ein weiteres Rätsel, welches seiner Lösung harrt.

Astrophysikalischen Theorien zufolge war die Sonne, als sie noch sehr jung war, heller, und wird in vielen Jahre, wenn sie zu einem Roten Riesen geworden sein wird, sicher mehr Energie auf die Erde abstrahlen.

Die »Solarkonstante« ist somit reines Wunschdenken. Von einem auf den anderen Tag und mit der Unterstützung von Amateurausrüstung wird sie jedoch ihrem Namen schon einigermaßen gerecht.

Das Geheimnis der solaren Neutrinos: Warum werden einige vermisst?

Die im Sonnenkern stattfindende Kernfusion verwandelt nicht nur Wasserstoff in Helium und setzt Energie in Form von Gammastrahlen frei, welche dann die gesamte Sonne heizen, sondern setzt gleichzeitig auch ungeheuer viele Neutrinos frei. Die Neutrinos sind elektrisch neutrale, subatomare Teilchen, die keine (oder beinahe keine) Masse besitzen und durch fast alles durchgehen können.

Ein Neutrino ist wie ein heißes Messer, das man in Butter steckt. Es schneidet einfach durch.

Eigentlich können Neutrinos aus dem Sonnenzentrum direkt in den Weltraum hinausfliegen. Diejenigen, welche sich auf die Erde zu bewegen, fliegen auf der einen Seite hinein und auf der anderen wieder heraus. Einige dieser Neutrinos werden in riesigen unterirdischen als Neutrinoobservatorien bekannten Laboratorien gezählt. Diese befinden sich meistens tief im Inneren von Bergwerken und Tunneln unter den Bergen, doch ein neueres, AMANDA genanntes, wurde unter das dicke antarktische Eis gegraben.

Neutrinos zu zählen ist nicht leicht. Berichten der Neutrinoobservatorien zufolge gibt es ein Defizit an solaren Neutrinos: Die Anzahl der durch die Erde fliegenden Neutrinos ist deutlich geringer als die anhand der Energieerzeugungsrate der Sonne erwartete.

Das Neutrinodefizit ist sicherlich das letzte unserer Probleme hier auf der Erde. Verglichen mit dem Mangel an Nahrung in Afrika, dem Abholzen der Wälder, dem Aussterben wertvoller Arten und dem Ausschöpfen unersetzbarer Reserven fossilen Brennstoffs, verblasst es bis hin zur völligen Bedeutungslosigkeit.

Doch an den Wissenschaftlern nagt dieser Verlust, zwingt sie geradezu, neue Theorien der Teilchenphysik zu entwickeln und theoretische Modelle des Sonneninneren auszuprobieren. Und dann könnte es sehr wohl sein, dass die Wissenschaftler ausgerechnet wegen eines unbedeutend erscheinenden Haufens fehlender Neutrinos etwas herausfinden werden, was das derzeitige Paradigma in manchen Bereichen der Physik oder Astronomie umwerfen wird.

Wie der Fall der vermissten Neutrinos ausgehen wird, ist noch abzuwarten, doch können Sie jede Wette eingehen, dass die Astronomen ihr Interesse am Studium der Sonne zumindest so lange beibehalten werden, wie diese sie mit Rätseln in der Art des Neutrinoproblems reizen wird.

Die Lebensspanne der Sonne: Wird sie je sterben?

Eines Tages wird der Brennstoff der Sonne ausgeschöpft sein. Das heißt, irgendwann wird sie sterben. Alle guten Dinge müssen ein Ende haben.

Ohne die Energie und Wärme der Sonne wäre das Leben auf der Erde unmöglich: Die Ozeane würden gefrieren und die Luft ebenfalls. In Wirklichkeit wird sich die Sonne jedoch aufblähen und die Gestalt eines Roten Riesen annehmen. Sie wird riesig aussehen und wird die Ozeane zum Brodeln und Verdampfen bringen. Zum Gefrieren werden sie wohl keine Chance haben.

Lesen Sie den letzten Abschnitt noch einmal sorgfältig durch: Ich habe nicht behauptet, die Ozeane werden gefrieren. Ich habe gesagt, sie würden in Abwesenheit der Sonnenenergie gefrieren. Tatsächlich wird, noch lange vor dem Tod der Sonne, die von der Erde empfangene Energie so hoch sein, dass wir eher vor Hitze sterben werden (falls es dann überhaupt noch Menschen geben wird) denn vor Kälte. Denken Sie an die globale Erwärmung.

Die riesige, rote Zukunftssonne wird ihre äußeren Schichten fortblasen und einen schönen expandierenden Nebel bilden. Sie wird zu einer strahlenden Gaswolke werden, von Astronomen als planetarischer Nebel bezeichnet. Doch keiner wird mehr da sein, um sie zu bewundern. Um also wertschätzen zu können, was uns entgehen wird, werfen Sie einen Blick auf die von anderen Sonnen gebildeten planetarischen Nebel. Diese beschreibe ich in den Kapiteln 11 und 12.

Der Nebel wird langsam verdunsten und in seinen ehemaligem Zentrum wird die winzige Asche der Sonne übrig bleiben, ein heißer »Weißer Zwerg« genannter Stern, nicht größer als die Erde. Obwohl sehr heiß, wird er nur sehr wenig Energie auf die Erde senden. Alles, was auf ihr übrig geblieben ist, wird gefrieren und der Weiße Zwerg wird wie die glühende Kohle eines sterbenden Lagerfeuers glimmen und langsam vergehen.

Glücklicherweise bleiben uns immer noch weitere 5 Milliarden Jahre, bis sich diese Aussicht abzeichnen wird. Darüber, sowie über die Staatsschulden und wie man ein seltenes Exemplar der Erstausgabe von *Astronomie für Dummies* erstehen kann, sollen sich zukünftige Generationen den Kopf zerbrechen.

Projizieren oder Filtern: Sicher in die Sonne sehen

Galileo war nicht dumm. Nachdem er auf schmerzhafte Weise gelernt hatte, die Sonne durch ein Teleskop nicht anzusehen, erfand er das *Projektionsverfahren*. Er verwendete ein einfaches Teleskop, um in der Art eines Diaprojektors das Bild der Sonne an die Wand zu werfen. Dieses Verfahren ist nur dann sicher, wenn es mit einfachen Teleskopen, wie denen unter der Beschreibung *Newtonscher Reflektor* oder *Refraktor*, richtig angewendet wird.

Wie in Kapitel 3 erklärt, besteht ein Newtonscher Reflektor außer aus dem Okular nur aus Spiegeln und das Okular befindet sich in der Nähe des oberen Endes der Teleskopröhre, zu dem es im rechten Winkel hervorsteht. Ein Refraktor arbeitet mit Linsen und enthält keinen Spiegel.

Verwenden Sie bei dem Projektionsverfahren keine Teleskope, die außer dem Okular sowohl Linsen als auch Spiegel verwenden. Mit anderen Worten, verwenden Sie dabei keine Schmidt-Cassegrain- und Maksutov-Cassegrain-Teleskope – einschließlich der hoch angesehenen Meade ETX-90/EC-Teleskope – welche Spiegel und Linsen enthalten (eine Beschreibung all dieser Teleskope befindet sich in Kapitel 3). Das heiße, scharfe Bild der Sonne könnte die Apparatur innerhalb der dicht verschlossenen Röhre beschädigen und dann eine Gefahr darstellen.

Die Sonne mit dem Projektionsverfahren beobachten

Im Folgenden wird erklärt, wie man die Sonne mithilfe des Projektionsverfahrens sicher beobachten kann:

1. **Montieren Sie einen Newtonschen Reflektor oder Refraktor auf ein Stativ.**
2. **Installieren Sie in das Teleskop Ihr Okular geringster Vergrößerung.**
3. **Richten Sie das Teleskop grob in Sonnenrichtung aus, *ohne* jedoch durch das Teleskop zu gucken. Halten Sie sich und alle anderen Personen fern vom Okular und stehen Sie auf keinen Fall in einer Linie mit ihm.**
4. **Finden Sie den *Schatten* der Teleskopröhre auf dem Boden.**
5. **Bewegen Sie das Teleskop auf und ab und vor und zurück und beobachten dabei den Schatten. Versuchen Sie, diesen *so weit wie möglich* zu verkleinern.**

    Dieser Schritt kann am besten mit der Hilfe einer zweiten Person realisiert werden, die ein Stück Pappe senkrecht zur Röhre so hält, dass der Schatten des Teleskops darauf fällt. Bewegen Sie das Teleskop so lange, bis der Schatten möglichst die Form einer dunklen Kreisform annimmt.

6. **Halten Sie die Pappe an das Okular; die Sonne wird im Gesichtsfeld sein und ihr Bild wird auf der Pappe erscheinen.**

    Falls das Bild der Sonne nicht sichtbar ist, wird ihr heller Glanz auf der einen Seite der Pappe sichtbar sein. Bewegen Sie in diesem Fall das Teleskop, um den Fleck und damit das Bild der Sonne auf der Pappe sichtbar werden zu lassen.

Abbildung 10.4 zeigt ein Skizze dieses Verfahrens. Die einfachste und sicherste Möglichkeit, diese Verfahren zu lernen, ist, einen erfahrenen Beobachter (z.B. aus Ihrem Astronomieverein) zu fragen.

 Selbst wenn Sie es vermeiden, durch das Teleskop zu blicken, müssen Sie sich noch vor anderen Gefahren des Projektionsverfahrens in Acht nehmen. Einmal beobachtete ich, wie ein wackerer Kerl in einer Schule in Brooklyn das Bild der Sonne mit einem 18-Zentimeter-Teleskop zu projizieren versuchte. Sein Gesicht hielt er vom Okular fern, doch irgendwann bewegte er seinen Arm in den Projektionsstrahl, sehr nah am Okular, wo das Sonnenbild sehr klein ist. Es brannte ein kleines Loch in seine schwarze Lederjacke.

Um Schäden zu vermeiden, schauen Sie sich die Sonne nicht durch das Okular an und bringen Sie keinen Teil Ihres oder eines anderen Körpers oder einen Gegenstand in den Projektionslichtstrahl.

Nun sind Sie bereit, sich die Sonnenflecken auf der *Sonnenscheibe*, dem sichtbaren (der Erde zugewandten) Teil der Sonne, anzusehen. Wenn Sie ein paar Flecken entdecken, schauen Sie sich diese am nächsten Tag erneut an und einen Tag später wieder und Sie werden bemerken, dass sie sich über die Sonnenscheibe zu bewegen scheinen. Tatsächlich bewegen Sie sich selbst nur sehr wenig und der Großteil ihrer Bewegung liegt an der *Sonnenrotation*. Sie wiederholen Galileos Entdeckung auf eine sichere Weise.

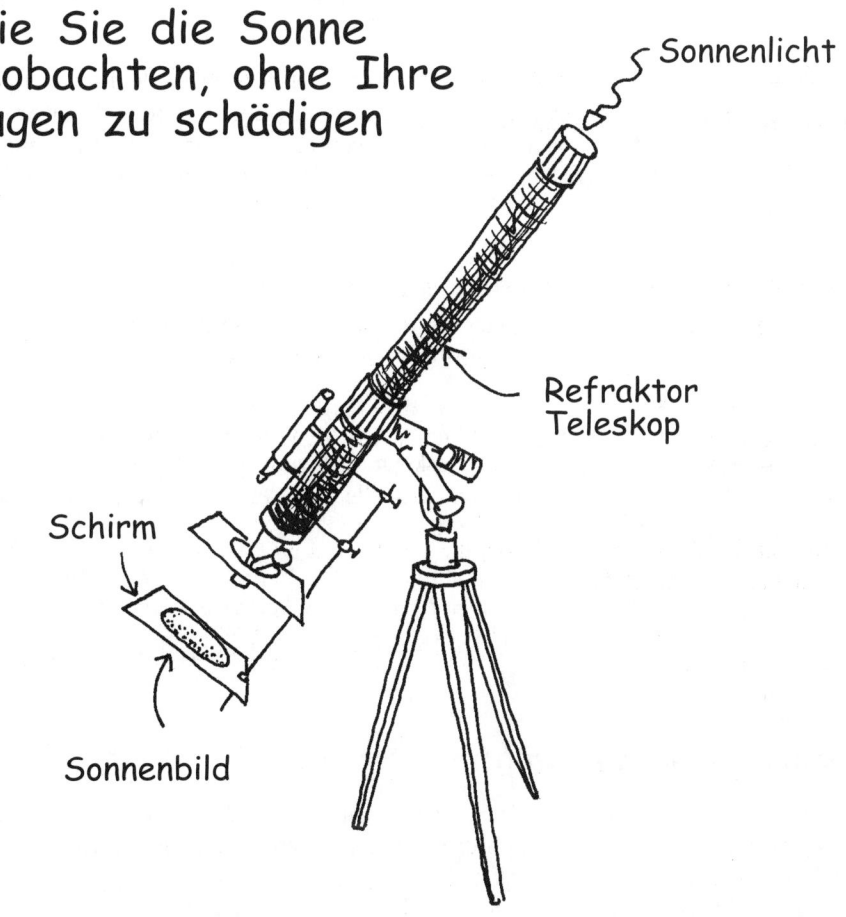

Abbildung 10.4: Die Sonne wird projiziert.

Wenn Sie sich des Teleskops als Sonnenprojektor bedienen, müssen Sie sehr viel Vorsicht walten lassen. Sie dürfen einem Kind, oder einer unerfahrenen Person *nie* gestatten, das Teleskop unbeaufsichtigt zu bedienen. Schauen Sie sich die Sonne weder durch das Teleskop, noch durch das Sucherfernrohr an, mit dem Ihr Teleskop vielleicht ausgerüstet ist. Achten Sie darauf, dass keines Ihrer oder der Körperteile anderer oder Objekte (mit Ausnahme Ihres Pappschirms) in den Projektionsstrahl der Sonne geraten.

Falls Sie das Projektionsverfahren nicht verwenden möchten oder nur über ein Teleskop verfügen, das sowohl Linsen als auch Spiegel enthält und in diesem Verfahren nicht benutzt werden soll, so können Sie die Sonne mithilfe eines Sonnenfilters trotzdem sicher beobachten. Dieser Gegenstand erfordert ein beträchtliches finanzielles Opfer, doch es lohnt sich. Sie sehen es an Galileos Beispiel!

Mehr sehen, wenn Geld keine Rolle spielt

Mithilfe spezieller, so genannter *H-Alpha-Filter* können Sie deutlich mehr Details auf der Sonne beobachten, als es im weißen Licht möglich ist. Besonders gewinnbringend sind diese Filter bei der Beobachtung von *Protuberanzen*, die wie Feuerbögen am Rand der Sonnenscheibe aussehen. Diese Filter sind jedoch sehr teuer (normalerweise über 1500 DM).

Wenn Sie der Preis nicht abschreckt, dann versuchen Sie zunächst etwas Erfahrung mit Weißlichtbeobachtungen zu gewinnen und gehen Sie dann erst zu H-Alpha-Filtern über. Zwei Hersteller sind Thousand Oaks Optical (www.thousandoaks optical.com) und The Coronado Instrument Group in Pearce, Arizona (www.coronadofilters.com/brochure.html).

Um einen dieser H-Alpha-Filter anbringen zu können, die nicht notwendigerweise dafür geschaffen sind, an jedes Teleskopmodell zu passen, werden Sie unter Umständen einen Filteradapter benötigen. Eine Quelle für den Kauf von Adaptern ist beispielsweise das Jim Hendrick Studio in Toronto, Kanada (www.kendrick-studio.com).

Schauen Sie auch unter astronomie.de/marktplatz/produktdb/dbwizz-start.php3 nach deutschen Herstellern bzw. Vertriebsmöglichkeiten.

Die Sonne durch Objektivfilter gesehen

Die einzigen Sonnenfilter, die ich empfehle, sind solche, die an das *vordere Ende Ihres Teleskops* gesetzt werden, sodass kein Licht durch das Teleskop durchgehen kann, ohne vorher durch den Filter gelaufen zu sein.

 Filter, die am, neben oder anstelle des Okulars eingesetzt werden, können oftmals infolge konzentrierten Sonnenlichts brechen und möglicherweise eine große Gefahr für Ihren Sehapparat werden. Verwenden Sie deshalb ausschließlich Filter, die am vorderen Ende Ihres Teleskops angebracht werden.

Im Folgenden empfehle ich Ihnen einige Objektivfilter:

✔ **Full-Aperture-Filter:** sind für Teleskope mit Öffnungen von höchstens 10 Zentimetern geeignet (die *Öffnung* ist der Durchmesser des Licht-sammelnden Spiegels oder der Linse ihres Teleskops), wie beispielsweise das Meade ETX-90/EC. Der Filter erstreckt sich über den gesamten Durchmesser des Teleskops, sodass der gesamte Licht sammelnde Spiegel oder die Linse gefiltertes Licht von der Sonne empfängt.

✔ **Off-Axis-Filter:** sind für Teleskope mit Öffnungen von mindestens 10 Zentimetern geeignet, die keine Refraktoren sind. Ein Off-Axis-Filter ist kleiner als die Öffnung des Teleskops, wird aber auf eine Platte montiert, welche die gesamte Öffnung des Teleskops bedeckt. Die Sonne ist so hell, dass Sie nicht die gesamte Öffnung benötigen, um genügend Licht für Ihre Sonnenbeobachtung einzufangen. Tatsächlich wird mit einer größeren Öffnung ein schärferes Bild erzeugt, doch führen atmosphärische Einflüsse an den meisten Beobachtungsorten dazu, dass man kaum ein der Güte des Teleskops gerechtes, scharfes Sonnenbild erzeugen kann. Je weniger unverwendbares Sonnenlicht in Ihr Teleskop eindringt, desto sicherer sind Sie und Ihr Teleskop.

Abblenden

Wenn Sie einen oder den größten Teil des Lichtwegs eines Teleskops versperren (z.B. indem Sie einen Filter verwenden, der nur durch einen Teil der Öffnung Licht durchlässt), dann heißt es, Sie blenden das Teleskop ab. Erzählen Sie jemandem im Astronomieverein, Sie hätten die Sonne mit abgeblendetem Teleskop beobachtet, dann wird man Sie für einen Profi halten. Raten Sie mal, wer das Abblenden von Teleskopen erfunden hat? Galileo! Das war ein Kerl! Sie können sein Werk wiederholen, indem Sie Sonnenflecken mit einem abgeblendeten Teleskop beobachten. Er führte allerdings auch physikalische Experimente durch. Beispielsweise ließ er Gewichte vom schiefen Turm von Pisa fallen. Denken Sie gar nicht erst dran, dies zu wiederholen.

Sie verwenden einen Off-Axis-Filter mit fast allen Teleskopen, die keine Refraktoren sind, da im Falle letzterer in der Regel Spiegel und mechanische Teile im Teleskoprohr zentriert sind und den Teil des Lichtes, der durch die Mitte der Röhre durchgeht, abblocken.

Im besonderen Falle eines Refraktors mit 10-Zentimeter-Öffnung oder größer, d.h. ein ziemlich teures Teleskop, sollte der verwendete Filter am oberen Ende des Teleskops angebracht werden, kleiner als die Teleskopöffnung sein, doch zentriert auf die das Teleskop bedeckende Platte montiert werden. Die Zentrierung ist wichtig, weil der zentrale Teil der Primär- oder Objektivlinse (die große Linse) eine bessere optische Qualität hat als deren Randfläche.

Sonnenfilter können Sie unter verschiedenen Adressen finden. Ich empfehle Ihnen darunter zwei Lieferanten, die im Ruf stehen, gute Qualität zu haben:

✔ Roger W. Tuthill, Inc., in Mountainside, New Jersey, verkauft Marken-Sonnenfilter (Solar Skreen) für Teleskope, Ferngläser, verschiedene Arten Foto- und Videokameras sowie speziell für diverse bekannte Teleskopmodelle, wie Celestron und Meade, hergestellte Filter. Diese Filter werden aus zwei Schichten speziellen Mylars angefertigt, die mit Aluminium bedeckt sind. Wenn Sie sich den Filter anschauen, sieht er aus, als wäre er nicht straff gezogen worden, doch so verhält sich das Material einfach. Und es funktioniert sehr gut.

Die für Spezialteleskope und andere Ausrüstung angefertigten Filter werden in Zellen oder Fassungen verkauft, die über Ihr Teleskop oder Ihre Linse passen. Tuthill verkauft auch unmontierte quadratische Stücke Solar Skreen. Neulich habe ich mir auf einer Finsterniskreuzfahrt an jeder Fernglaslinse ein solches Quadrat mit Gummibändern befestigt. Ich hatte einen tollen Blick auf die Finsternis und schlürfte dabei meine Pina Colada.

Verwenden Sie nur Solar Skreen – oder solche Filter, die nach den handwerklichen Richtlinien hergestellt wurden. Die Tuthill-Website können Sie sich unter `www.tuthillscopes.com` anschauen.

✔ Thousand Oaks Optical in Thousand Oaks, Kalifornien, stellt Objektiv- und Off-Axis-Sonnenfilter unter der Bezeichnung Type 2 Plus her. Diese Filter eignen sich für Ihr Teleskop.

Die Thousand Oaks-Filter vom Typ 3 Plus werden für Fotoaufnahmen der Sonne durch Teleskope verwendet, sind jedoch nicht ausreichend dunkel, um bei der Beobachtung mit dem Teleskop verwendet zu werden.

Thousand Oaks verkaufen auch Polymer Plus-Filter, die aus einer Plastik-Polymer-Beschichtung bestehen. Das ist ihr Pendant zum Tuthill Solar Skreen. Natürlich denkt jeder Hersteller, sein Produkt sei das beste. Siehe die Thousand Oaks Website unter `www.thousandoaksoptical.com`.

Auch hier verweise ich auf die Liste deutscher Anbieter im Internet unter `astronomie.de/marktplatz/produktdb/dbwizz-start.php3`.

Stürzen wir uns ins Vergnügen: Sonnenbeobachtungen

Die Sonne ist ein faszinierender, sich stets verändernder heißer Gasball, der dem vorsichtigen Astronomen jede Menge zu bieten hat. Mit den entsprechenden Vorsichtsmaßnahmen (siehe letzter Abschnitt), können Sie sich endlich zum Beobachten bereit machen. Zusätzlich zum Verwenden des Projektionsverfahrens oder von Sonnenfiltern können Sie Websites aufsuchen, auf denen Sie inspirierende, professionell erzeugte Bilder bestaunen können. In diesem Abschnitt werden Ihnen einige Möglichkeiten empfohlen, durch die Sie den alten Sol selbst genießen können.

Den Sonnenflecken auf der Spur

Sobald Sie sich damit angefreundet haben, die Sonne mit dem Projektionsverfahren oder durch Verwendung von Filtern zu beobachten, können Sie damit anfangen, die Sonnenflecken zu beobachten, indem Sie nach folgendem Plan vorgehen:

✔ Beobachten Sie die Sonne so häufig wie möglich (sagen Sie Ihrem Chef, Sie hätten nicht verschlafen, sondern Sonnenflecken gezählt und keine Schäfchen).

✔ Tragen Sie die Größe und Lage der Sonnenflecken und Sonnenfleckengruppen auf der Sonnenscheibe (der sichtbaren, also uns zugewandten Sonnenoberfläche) ein.

Einige Sonnenflecken sehen klein und dunkel aus. Wenn solche Flecken selbst durch große Observatorienteleskope klein und dunkel aussehen, dann handelt es sich dabei um so genannte Poren. Wenn ein Sonnenfleck jedoch groß genug ist, dann werden Sie seine unterschiedliche Regionen ausmachen können. Der dunkle, innere Teil wird Umbra genannt und der umliegende Bereich, der dunkler als die Sonnenscheibe, aber heller als die Umbra ist, heißt Penumbra.

✔ Tabellieren Sie die Bewegung der Sonnenflecken, während die Sonne eine vollständige Umdrehung vollführt, die am Äquator 25 Tage und an den Polen etwa 35 beträgt (ja, eines der rätselhaften und unerwarteten Eigenschaften der Sonne ist, dass sie sich in verschiedenen Breiten unterschiedlich schnell dreht).

Wie Sie Ihre persönliche Sonnenfleckenzahl erhalten

Berechnen Sie an jedem Beobachtungstag Ihre persönliche Sonnenfleckenzahl, indem Sie folgende Formel verwenden:

$R = 10g + s$,

Wobei R ihre persönliche Sonnenfleckenzahl, g die Anzahl der Sonnenfleckengruppen, die Sie auf der Sonne gesehen haben, und s die Gesamtanzahl der Sonnenflecken ist, die Sie gezählt haben, einschließlich derer in den Gruppen. In der Regel erscheinen Sonnenflecken in voneinander getrennter Form an verschiedenen Stellen auf der Sonnenscheibe. Diejenigen, die sich an einer Stelle auf der Scheibe dicht beieinander befinden, bilden eine Gruppe. Ein isolierter Fleck zählt als seine eigene Gruppe. Diese Bezeichnung scheint hier am falschen Fleck zu sein, doch so wird das seit vielen Jahren gehandhabt.

Nehmen wir an, Sie haben fünf Sonnenflecken ausgemacht, wovon drei sehr nah beieinander liegen und die anderen beiden sich an zwei getrennten Orten befinden. Sie haben damit drei Gruppen gefunden (die Dreiergruppe und die beiden Gruppen, welche nur einen Stern enthalten), womit g 3 beträgt. Die Zahl der individuellen Flecken ist dagegen 5. Dann gilt

$R = 10 \times 3 + 5$

$R = 30 + 5$

$R = 35$

Wie Sie offizielle Sonnenfleckenzahlen finden

An einem Tag melden verschiedene Beobachter unterschiedliche individuelle Sonnenfleckenzahlen. Wenn Sie bessere Sichtbedingungen haben und ein besseres Teleskop oder vielleicht eine stärkere Einbildungskraft besitzen, dann wird Ihre Sonnenfleckenzahl größer sein als die von Müllers nebenan. Sie haben soeben R = 35 gefunden, während jener untüchtige Müller mit nur R = 25 aufwarten konnte. Damit tun Sie es dem Nachbarn nicht nur gleich, sondern sind ihm um einiges voraus. Zumindest was die Sonnenfleckenzahl betrifft....

Zentrale Behörden, welche die Daten vieler verschiedener Observatorien tabellieren und mitteln, stellen fest, dass manche Beobachter es den Nachbarn gleichtun, andere nicht so viele Sonnenflekken zählen und einige den Nachbarn weit voraus sind. Anhand dieser Erfahrung wird jeder Beobachter und jedes Observatorium geeicht und zulässige Abweichungen für zukünftige Zählungen festgelegt, mit deren Hilfe die Meldungen gemittelt werden und die beste Schätzung für die Sonnenfleckenzahl an einem gegebenen Tag berechnet wird.

Die professionell bestimmte Sonnenfleckenzahl können Sie auf der Website www.sunspot.noao.edu/IMAGES/sunspot_numbers.html des National Observatory finden.

Die Spitze des aktuellen Sonnenfleckenzyklus wird um das Jahr 2000 erwartet. Wenn Sie vorher anfangen, Flecken zu beobachten, werden Sie das Maximum selbst herausfinden können, obwohl die amtliche Entscheidung diesbezüglich auf einem komplizierten Mittelungsverfahren beruht. Sie werden ebenfalls die Abnahme der Sonnenfleckenzahl über die folgenden Jahre bis hin zum Minimum des Sonnenfleckenzyklus, an dem Sie für Monate vergebens nach Flecken Ausschau halten werden, feststellen können.

Sonnenbilder im World Wide Web

Es gibt eine Reihe aktueller oder unlängst entstandener professioneller fotografischer Aufnahmen der Sonnenscheibe und -flecken (was Astronomen als Weißlichtaufnahmen bezeichnen, wobei man unter weißem Licht das sichtbare Sonnenlicht versteht). Eine gute Adresse ist die Site des italienischen Astrophysikalischen Observatoriums in Catania (www.ct.astro.it/sunoacf.html). Von den Beobachtern aus Catania wird die Sonnenfleckenzahl als Relativzahl bezeichnet (Wolf-Zahl, nach einem berühmten Sonnenastronomen benannt). Die entsprechenden Zählungen für Gruppen und Flecken werden dort neben den Fotos tabelliert. Sie können dadurch Erfahrung im Flecken- und Gruppenzählen gewinnen.

Es kommt mitunter vor, dass es in Italien bewölkt ist. In diesem Fall müssen Sie anderswo nach professionellen Weißlichtaufnahmen der gesamten Sonnenscheibe suchen. Ich empfehle Ihnen die Website des Learmonth Solar Observatory im Westen Australiens. Sie erfreuen sich vieler klarer Tage und stellen eine große Anzahl von Sonnenbildern aus (www.ips.oz.au/learmonth/solar/index.html). Wenn der Begriff »Weißlicht« (»white light«) nicht aufgeführt ist, dann suchen Sie nach einem Bild, in dessen Bezeichnung GONGWL enthalten ist. Es handelt sich dabei um eine Weißlichtaufnahme der Sonne, die im Rahmen des internationalen Projekts GONG aufgenommen wurde, welches in regelmäßigen Abständen neue Funde auf der Sonne vorstellt.

Wenn Sie ein fortgeschrittener Astronom geworden und bereit sind, durch Ihr Teleskop Himmelsszenen zu fotografieren, werden Sie sich auch an der Sonnenfotografie versuchen wollen. Inspirierende Beispiele wurden am Mount Wilson Observatory aufgenommen, wo die Sonne schon seit 1905 aufgenommen wird. Schauen Sie sich das wundervolle Bild an, auf dem die Silhouette eines Flugzeugs auf dem Hintergrund der fleckigen Sonne zu sehen ist, oder das am 7. April 1947 aufgenommene Bild der größten Sonnenfleckengruppe, die je fotografiert wurde. Sollten Sie jemals das Glück haben, eine nur halb so große Sonnenfleckengruppe zu entdecken, dann wird diese wahrscheinlich durch einen Sonnenfilter sichtbar sein, ohne dass ein Teleskop dafür benötigt wird. Die Mount Wilson-Site für Weißlichtaufnahmen der Sonne finden Sie unter http://physics.usc.edu/solar/direct.html.

Eigentlich studieren Astronomen die Sonne nicht nur in weißem, sondern in ganz unterschiedlichem Licht. Es gibt Bilder, die im ultravioletten und fernen ultravioletten Licht oder in Röntgenstrahlung aufgenommen werden. Dabei handelt es sich um verschiedene Lichtarten, die für das menschliche Auge unsichtbar sind und außerdem von der Erdatmosphäre abgeblockt werden. Solche Aufnahmen müssen mit Teleskopen aufgenommen werden, welche auf die Erde außerhalb der Atmosphäre umkreisenden Raumsonden montiert sind. Von Satelliten und von erdstationierten Teleskopen aufgenommene Sonnenbilder befinden sich auf der »Current solar images«-Site der NASA unter http://umbra.nascom.nasa.gov/images/latest.html.

Wenn Ihr Computer ausgerüstet ist, um Filme über das World Wide Web zu sehen, dann können Sie vom Satelliten SOHO stammende (solange er noch in Betrieb bleiben wird) ausgesuchte Videos des wandelbaren Sonnengesichts auf der SOHO-»Movie Theater«-Site der NASA sehen (http://sohowww.nascom.nasa.gov/synoptic/soho_movie.html).

Das Sonnen- und Heliosphärische Observatorium SOHO ist eine von der Europäischen Raumfahrt-Agentur (ESA, engl. European Space Agency) gebaute und mit zur Hälfte von der NASA beigesteuerten wissenschaftlichen Instrumenten beladene Raumsonde. Wenn Sie in den USA oder in Westeuropa leben, dann haben Sie vermutlich zur Unterstützung dieses Projekts Steuern bezahlt. Doch auch wenn Sie einer anderen Nation angehören und keine Steuern bezahlt haben, steht es Ihnen zu, sich diese Bilder anzusehen.

Eine totale Sonnenfinsternis erleben

Auf einer alltäglichen Basis können Sie die äußere, wandelbarste und schönste Region der Sonne, die Korona, am besten auf den im vorherigen Abschnitt angegebenen Satellitenbildern sehen.

Doch die Korona höchstpersönlich und wie sie leibt und lebt zu sehen, ist ein einzigartiges Ereignis, welches Sie sich nicht vorenthalten sollten. Es ist eine der schönsten Ansichten, welche uns die

Natur zu bieten hat. Aus diesem Grunde sparen Amateurastronomen über Jahre ihren Lohn, um das mühevoll Ersparte dann auf einer großartigen Finsternisreise zu verprassen. Obwohl sie ihre Teleskope und Satelliten haben, finden auch professionelle Astronomen stets Mittel und Wege, um zu den Finsternisregionen zu pilgern.

Es gibt *partielle, ringförmige* und *totale* Sonnenfinsternisse (siehe Abbildung 10.5). Das größte Erlebnis ist die totale Finsternis, obwohl auch manche ringförmigen Finsternisse eine Reise wert sind. Während einer ringförmigen Finsternis ist ein schmaler, heller ringförmiger Bereich der Photosphäre um den Mondrand zu sehen. Für eine partielle Finsternis würde ich dagegen nicht Hunderte von Kilometern weit fahren, weil man dabei die Chromosphäre und Korona nicht sieht, doch stellt sie, wenn sie in Ihrer Region sichtbar ist, eine gute Gelegenheit zum Üben dar. Schließlich ist die partielle Finsternis die erste und letzte Stufe einer totalen und ringförmigen Finsternis! Sie wollen also auch diese Stufe beobachten können.

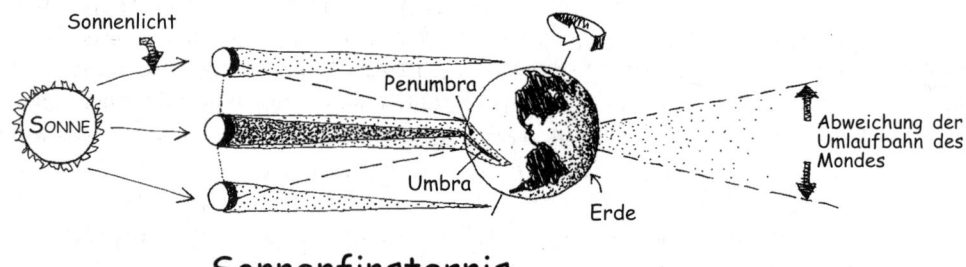

Abbildung 10.5: Was passiert, wenn sich die Sonne verfinstert?

Eine totale Finsternis beobachten

Verwenden Sie einen Solar Skreen oder andere Sonnenfilter, die im vorhergehenden Abschnitt beschrieben werden, um eine partielle Finsternis oder die partiellen Stufen einer totalen Finsternis zu beobachten. Sie können durch ein mit einem solchen Filter ausgerüstetes Teleskop oder Fernglas beobachten oder sich einfach einen Filter vor Augen halten.

Eine Finsternis beginnt in der Regel mit einer partiellen Phase, die von einem *ersten Kontakt* eingeleitet wird, wobei der Rand des Mondes am Sonnenrand erscheint. Jetzt sieht der Betrachter eine partielle Sonnenfinsternis. Das bedeutet, dass sie oder er sich in der *Penumbra*, dem schwachen äußeren Mondschatten, befindet. Zum Zeitpunkt des *zweiten Kontakts* hat der vorangehende Mondrand den entfernten Sonnenrand erreicht, sodass die Sonne vollständig bedeckt ist. Jetzt sind Sie Zeuge der *totalen Finsternis* und befinden sich in der dunklen Umbra, oder dem Kernschatten des Mondes. Zu diesem Zeitpunkt können Sie Ihren Filter ablegen und den atemberaubenden Anblick der total verfinsterten Sonne sicher bestaunen. Sobald die Totalität jedoch vorbei ist, dürfen Sie die Sonne natürlich nicht anstarren.

Die Korona bildet einen hellen weißen Halo um den Mond, mit ost- und westwärts weit auslaufenden Lichtstreifen. Dünne Polarstrahlen können aus dem nördlichen und südlichen Rand des Mondes und rund um den Mond herum ausströmen. Beachten Sie kleine, helle, rote Flecken, die Protuberanzen, welche mit bloßem Auge kurzzeitig zu sehen sind. In der Nähe des Maximums des Fleckenzyklus ist die Korona rund, während sie um das Minimum herum in ostwestliche Richtung gestreckt ist. Die Form der Korona ändert sich von einer Finsternis zur nächsten.

Manche Leute nehmen die Filter von ihren Ferngläsern oder Teleskopen ab und sehen sich die total verfinsterte Sonne durch diese Instrumente ohne den Schutz eines Filters an. Diese Vorgehensweise ist gefährlich, wenn:

✔ Sie den Filter zu früh abnehmen, bevor sich die Sonne in der Phase der totalen Bedeckung befindet.

✔ Sie zu lange ohne Filter beobachten (auf diese Weise kann sich ein Unfall sehr plötzlich ereignen), d.h. auch nachdem die Sonne wieder hinter dem Mond hervorzutreten beginnt, durch das ungeschützte Instrument beobachten.

Seien Sie gewarnt! Ich rate von Beobachtungen mit Teleskopen oder Ferngläsern ohne Filter selbst während der Totalitätsphase strengstens ab, es sei denn, Sie beobachten unter den Anweisungen einer erfahrenen Person. Um anzusagen, wann Sie sich die verfinsterte Sonne ohne Filter ansehen können und wann Sie damit wieder aufhören müssen, richten sich erfahrene Leiter einer Finsternisexkursion oder -kreuzfahrt mitunter nach einem speziellen System, nach Computerberechnungen und eigenem Beobachtungswissen.

Meiner eigenen schmerzhaften Erfahrung nach tritt Verletzungsgefahr am ehesten dann auf, wenn man »nur noch eine Sekunde oder zwei« durch das ungeschützte Teleskop blicken möchte, wenn ein kleiner Teil der hellen, sichtbaren Sonnenscheibe bereits angefangen hat, hinter dem Mond hervorzutreten. Da es eine Weile dauert, ehe Ihnen dieser Teil hell genug erscheint, um den Blick davon abwenden zu müssen, haben in dieser Zeit die von dem winzigen, hellen Teil abgestrahlten Infrarot-Strahlen unbemerkt Ihr Auge verletzt. Der Schmerz setzt erst einige Minuten später ein. Doch dann ist es schon zu spät.

So hell, dass Sie eine Schutzbrille tragen müssen!

Ein bedeutender Lieferant von in billigen Brillengestellen eingefassten Sonnenfiltern, wie sie auch für 3-D-Brillen angeboten werden (die er auch verkauft, die Ihnen bei der Finsternis aber nicht viel nutzen werden), ist eine Firma namens Rainbow Symphony, Inc. im kalifornischen Reseda. Ihr Produkt trägt die Bezeichnung »Eclipse Shades« (Sonnenfinsternis-Schutzbrillen). Da dieser Gegenstand sehr preisgünstig ist, dürfte es sich lohnen, ein Paar für jeden Teilnehmer Ihrer Beobachtungsgruppe zu besorgen. Die Veranstalter von Finsterniskreuzfahrten und -touren teilen in der Regel Schutzbrillen aus. Manchmal werden diese aus Mylar zurechtgeschnitten und selbst gebastelt. Das tut es auch, nur ist es weniger bequem als die Gestelle. Sehen Sie sich die Website von Rainbow Symphony unter www.rainbowsymphony.com/soleclipse.html an.

Befolgen Sie die Sicherheitsanweisungen, blicken Sie nie mit ungeschützten Augen in die Sonne, und Sie werden sich auch in Zukunft vieler totaler Sonnenfinsternisse erfreuen können!

Auf der Suche nach fliegenden Schatten und Perlenschnüren

Während der Totalitätsphase gibt es so vieles mit dem bloßen Auge am Himmel zu entdecken. Ein weiterer guter Grund, sich in dieser Zeit die Sonne nicht mit optischen Instrumenten anzugucken.

- ✔ Kurz vor der Totalität werden so genannte *fliegende Schatten* sichtbar. Das sind schimmernde, kontrastarme Muster alternierender dunkler und heller Streifen, die quer über die Erde oder das Deck Ihres Schiffes jagen. Es handelt sich dabei um einen optischen, in der Erdatmosphäre erzeugten Effekt, der zustande kommt, wenn die helle Sonnenscheibe bis auf einen letzten Splitter (jedoch noch nicht vollständig) vom Mond bedeckt wird.

- ✔ Das *Perlenschnurphänomen* ist eine weitere wundervolle, flüchtige Attraktion einer totalen Finsternis. Es tritt nur wenige Augenblicke vor und nach der Totalität auf, wenn kleine Regionen der hellen Sonnenscheibe durch Berg- und Kraterränder am Rande der Mondscheibe durchscheinen.

- ✔ Beachten Sie auch die Tier- und Vogelwelt, falls sie sich in einer entsprechenden Gegend befinden. Vögel lassen sich auf ihre Nachtlager nieder, Kühe werden in die Scheune zurückkehren wollen, usw. Im 19. Jahrhundert stellte ein Astronom einmal sein Teleskop zur Finsternisbeobachtung in einer Scheune auf. Das Teleskop zeigte zum Stalltor hinaus. Sie können sich seine Verdutztheit vorstellen, als just während der Totalität plötzlich die Kühe vor dem Teleskop standen.

Schauen Sie sich den Himmel rund um die Sonne an, wenn die Sonne vollständig bedeckt ist. Das ist die seltene Gelegenheit, Sterne am Taghimmel zu sehen. In astronomischen Zeitschriften oder auf den Websites veröffentlichte Spezialartikel werden Ihnen verraten, nach welchen Sternen und Planeten Sie Ausschau halten sollen. Sie können es aber auch selbst herausfinden, indem Sie das Datum und die Uhrzeit in Ihr Desktop-Planetarium eingeben und das Programm auffordern, den Himmel an Ihrem Standort aufzuzeigen.

Den Totalitätspfad verfolgen

Die Totalität endet beim *dritten Kontakt*, wenn der Rand der Mondscheibe aus der Sonnenscheibe hinausgleitet. Jetzt befinden sie sich wieder in der Penumbra und können eine partielle Finsternis beobachten. Beim *vierten oder letzten Kontakt* verlässt der Mond den Sonnenrand. Die Finsternis ist beendet.

Die gesamte Finsternis, vom ersten bis zum letzten Kontakt, kann einige Stunden dauern, doch der spannende Teil, die Totalität dauert nur zwischen weniger als einer Minute bis zu etwas mehr als sieben Minuten.

Es gibt nur einen Ort auf dem Totalitätspfad, der Spur, die von dem Kernschatten des Mondes auf der Erdoberfläche gezogen wird, an dem die Totalitätsdauer am längsten ist. Überall sonst auf dem

Pfad ist die Totalität kürzer. Natürlich muss der Ort, an dem die Finsternis am längsten dauert, nicht unbedingt auch mit den besten Wettervorhersagen gesegnet sein, oder er könnte nicht leicht zugänglich sein. Rechtzeitige Planung Ihrer Finsternisreise ist daher von entscheidender Bedeutung. An jedem günstigen Ort sind Unterkünfte, Mietwagen usw. schon ein oder zwei Jahre vor der Finsternis ausgebucht.

Suchen Sie sich, um Ihre Finsternisreise zu planen, eine für Sie in Frage kommende Finsternis aus Tabelle 10.1 aus und fangen Sie schon mal damit an, nach der besten Möglichkeit zu suchen, um diese sehen zu können.

Datum der totalen Finsternis	Maximaldauer (Minuten und Sekunden)	Totalitätspfad
21. Juni 2001	4:57	Über dem südlichen Atlantischen Ozean und Afrika von Angola bis Mosambik und über dem Indischen Ozean und Madagaskar
4. Dezember 2002	2:04	Im Ostatlantik, über Afrika von Angola bis Mosambik, über dem Indischen Ozean bis Australien
23. November 2003	1:57	In der Antarktis und im Süden des Indischen Ozeans
8. April 2005	0:42	Vom Südpazifik bis Mittelamerika und Venezuela
29. März 2006	4:07	Im Osten Brasiliens, über dem Atlantischen Ozean bis nach Ghana, über Afrika nach Libyen, über dem Mittelmeer bis in die Türkei, über dem Schwarzen Meer bis nach Georgien und Kasachstan
1. August 2008	2:27	Im Norden Kanadas, Grönland, im Arktischen Ozean, Russland, der Mongolei bis nach China
22. Juli 2009	6:39	Indien, Nepal, Bhutan, China, über dem Chinesischen Meer und mittleren Pazifik
11. Juli 2010	5:20	Über dem Südpazifik und den Osterinseln bis nach Südchile und Argentinien
13. November 2012	4:02	Australien, über dem Pazifischen Ozean bis nach (jedoch nicht einschließlich) Chile
3. November 2013	1:40	Über dem Atlantik bis nach Afrika, von Gabun nach Uganda, Kenia und Äthiopien

Tabelle 10.1   *Zukünftige totale Sonnenfinsternisse*

In den astronomischen Fachzeitschriften erscheinen einige Jahre im Voraus Informationen zu den Wetteraussichten und zur Logistik an den für die Finsternis relevanten Orten. Schauen Sie dafür in *Sterne und Weltraum*, *Sky&Telescope* und *Astronomy* und auf deren Websites. Schauen Sie in den Zeitschriften und auf dem Web nach Werbungen für Finsternistouren. Prüfen Sie die zuverlässigsten Finsternisvorhersagen auf der Finsternis-Website der NASA unter `sunearth.gsfc.nasa.gov/eclipse`.

Ich wünsche Ihnen dabei viel Spaß!

Die Sterne: Kernkraftwerke des Universums

In diesem Kapitel

▶ Verfolgen Sie die Lebenszyklen der Sterne

▶ Verstehen Sie die Sternarten

▶ Finden Sie Doppel- und Veränderliche Sterne

▶ Sehen Sie Sterne

▶ Treffen Sie stellare Persönlichkeiten

Unsere Heimatgalaxie, die Milchstraße, wird von Hunderten von Milliarden Sternen bevölkert. Entsprechend enthalten auch alle weiteren Milliarden Galaxien, die es in unserem Universum gibt, riesige Anzahlen von Sternen. Wie auch wir Menschen, werden die Sterne in Dutzende von Schubladen eingeordnet, doch ihr überwältigender Großteil kann in wenige einfache Typen klassifiziert werden. Diese Klassen entsprechen Phasen im Lebenszyklus der Sterne, ebenso wie Menschen anhand ihres Alters klassifiziert werden können.

Wenn Sie einmal verstanden haben, was ein Stern ist und wie er seinen Lebenszyklus durchläuft, werden Sie ein Gefühl für diese Leuchtfeuer am Nachthimmel, und auch für die weniger hellen darunter, entwickeln.

In diesem Kapitel lege ich Betonung auf die ursprüngliche Masse (oder Größe) eines Sterns, d.h. seine Geburtsmaße, als dem bestimmenden Faktor für das, was er einmal werden wird. Anschließend stelle ich die Haupteigenschaften der Sterne vor und führe die Merkmale der Doppel- und Veränderlichen Sterne an, die sie zu so spannenden Beobachtungsobjekten machen.

Natürlich wäre jede Diskussion über Sterne ohne die unverzichtbare Prominentenklatschspalte unvollständig. Daher werde ich Sie einigen Leuchten des Nachthimmels, den führenden Persönlichkeiten in der Umgebung der Sonne, auf die Sie gewiss gespannt sein werden, vorstellen.

Lebenszyklen der Heißen und Massereichen

Die wichtigsten Sternklassen entsprechen sukzessiven Stadien ihres Lebenszyklus: Babys, Erwachsene, Senioren und Sterbende. (Wie bitte? Keine Teenager? Nach den schwierigen ersten zwei Jahren hat das Universum die Klassifikation als Jugendlicher aufgegeben!) Selbstverständlich würde kein seinem Doktortitel würdiger Astrophysiker so einfache Begriffe verwenden. Darum sprechen die Astronomen von jungen stellaren Objekten (YSOs nach dem engl. young stellar objects),

Hauptreihensternen, Roten Riesen und entsprechenden Sternen, die sich im Endstadium ihrer Entwicklung befinden. (Sie werden erfreut sein zu erfahren, dass kein Stern je wirklich stirbt; im schlimmsten Falle »entwickelt« er sich zu einem neuen Endstadium, wie beispielsweise einem Weißen Zwerg oder Schwarzen Loch.)

Hier folgt nun der Lebenszyklus eines normalen Sterns mit der Masse unserer Sonne:

1. Der Stern wird durch die Kondensation von Gas und Staub in einem Kalten Nebel geboren und bildet ein junges stellares Objekt (YSO).
2. Während er schrumpft, stößt der Stern die übrig gebliebene Geburtswolke ab und sein Wasserstofffeuer wird gezündet. Mit anderen Worten, die Kernfusion setzt ein, wie ich es in Kapitel 10 erkläre.
3. Während der Wasserstoff beständig brennt, gesellt sich der Stern zur Hauptreihe (ein Stadium im Leben des Sterns, welches ich später beschreiben werde).
4. Nachdem der gesamte Wasserstoff im Kern aufgebraucht ist, wird der Wasserstoff in der Hülle (einer ausgedehnteren, den Kern umgebenden Region) gezündet.
5. Die durch das Wasserstoffbrennen in der Hülle freigesetzte Energie führt dazu, dass der Stern heller wird und expandiert, seine Oberfläche wird größer, kühler und roter. Der Stern wird zu einem sogenannten Roten Riesen.
6. Sternwinde tragen die äußeren Sternschichten fort. Diese bilden um den verbleibenden heißen Kern des Sterns einen planetarischen Nebel.
7. Der Nebel expandiert und löst sich im Weltraum auf, einen kleinen, heißen Kern hinterlassend.
8. Der Kern, der nun zu einem Weißen Zwerg geworden ist, kühlt ab und verlischt für immer.

Sterne mit deutlich höherer Masse als der Sonnenmasse haben andere Lebenszyklen. Anstatt planetarische Nebel zu bilden und als Weiße Zwerge zu sterben, explodieren sie als Supernovas und hinterlassen Neutronensterne oder Schwarze Löcher. Dieser Zyklus finden schnell statt. Die Sonne dürfte 10 Milliarden Jahre leben, doch ein Stern, der mit einer 20- oder 30-mal größeren Masse als der Sonnenmasse geboren wird, explodiert in nur einigen Millionen Jahren nach seiner Geburt.

Sterne mit deutlich geringerer Masse als die Sonne haben kaum einen Lebenszyklus. Sie fangen als YSOs an, werden dann zu Hauptreihensternen und bleiben dort für immer als Rote Zwerge. Dahinter steckt ein Grundsatz der Sternastrophysik: je größer die Masse, desto gewaltiger und schneller brennen die Kernfeuer, und umgekehrt, je kleiner die Masse, desto weniger heftig das Brennen und desto länger lebt der Stern.

Die Sonne wird mindestens neun Milliarden Jahre alt sein, wenn sie ihren Wasserstoffkern aufgebraucht haben wird. Ein Roter Zwerg verbrennt seinen Wasserstoff jedoch derart langsam, dass er praktisch ewig lebt.

In den folgenden Abschnitten werden die Lebensstadien der Sterne detaillierter vorgestellt.

YSOs: Die ersten kleinen Stern-Schritte

Junge stellare Objekte (YSOs) sind neugeborene Sterne, die noch von Spuren ihrer Geburtswolken umgeben sind. Darunter befinden sich die T Tauri-Sterne, die nach dem ersten entdeckten Stern ihrer Art genannt werden, dem Stern T im Sternbild Taurus (Stier), und die Herbig-Haro-Objekte, nach den beiden Astronomen genannt, die sie klassifiziert haben. (Eigentlich sind H-H-Objekte glühende Tropfen Gas, die vom jungen Stern selbst in entgegengesetzte Richtungen ausgestoßen wurden. Der Stern wird meistens durch den Staub seiner Geburtswolke verdeckt.) YSOs können in den sogenannten HII-Regionen, den Geburtshäusern der Sterne, gefunden werden. Ein solches Beispiel ist der Orion-Nebel (siehe Abbildung 11.1), wo in den vergangenen ein oder zwei Millionen Jahren Hunderte von Sternen geboren wurden.

Abbildung 11.1: Der Orion-Nebel ist einer der Nebel, in denen viele Sterne geboren werden, zunächst von Klumpen interstellaren Staubes verhüllt.

Viele der vom Hubble-Weltraumteleskop aufgenommenen Bilder spektakulärer strahlenartiger Nebel (Jets) sind eigentlich Bilder von YSOs. Nur ist es so, dass die Jets und andere umliegenden Bereiche des Nebels sichtbar sind, während man die Sterne selbst kaum sehen kann, da sie von dem sie umgebenden Gas verhüllt werden.

Hauptreihensterne: Ein langes Erwachsenenleben

Hauptreihensterne, einschließlich der Sonne, haben ihre Geburtswolken in den Schatten gestellt und strahlen dank der in ihrem Kern stattfindenden Kernfusion von Wasserstoff zu Helium (siehe Kapitel 10 für weitere Details der Kernfusion in der Sonne). Aus historischen Gründen, die darauf zurückzuführen sind, dass Astronomen Sterne klassifizierten, bevor sie deren Unterschiede verstanden haben, werden Hauptreihensterne auch Zwerge genannt. Ein Hauptreihenstern ist auch dann ein Zwerg, wenn er eine zehnmal größere Masse als die Sonne hat oder deutlich schwerer ist.

Wenn Astronomen und Wissenschaftsjournalisten von »normalen Sternen« sprechen, dann meinen sie damit häufig die Hauptreihensterne. Schreiben sie von »sonnenartigen Sternen«, so geht es um Hauptreihensterne, deren Masse etwa der Sonnenmasse gleicht, oder sich nicht mehr als um einen Faktor 2 davon unterscheidet.

Die kleinsten Hauptreihensterne sind die mattrot strahlenden *Roten Zwerge*.

Rote Zwerge haben geringe Massen, doch es gibt davon jede Menge. Sie stellen die überwiegende Mehrheit der Hauptreihensterne dar. Wie jene kleinen Stechmücken schwirren sie um uns herum, doch wir können sie kaum sehen (gewiss spüren). Rote Zwerge leuchten so schwach, dass sogar der uns am nächsten gelegene, Proxima Centauri, der zugleich abgesehen von der Sonne der uns am nächsten gelegene bekannte Stern ist, ohne teleskopische Hilfe nicht gesehen werden kann.

Rote Riesen

Rote Riesen sind eine weitere schöne Bescherung. Sie sind viel größer als die Sonne. Häufig beträgt ihr Umfang im Äquator eine Bahn der Venus oder sogar der Erde. Sie stellen eine spätere Phase im Leben eines Sterns *mittlerer Masse* dar, eines Sterns dessen Masse etwas kleiner bis zu einige Mal größer als die Sonnenmasse ist, nachdem er von der Hauptreihenstufe befördert wurde.

In ihrem Kern selbst findet kein Wasserstoffbrennen statt, jedoch in einer *schalenförmigen Wasserstoffbrennzone* außerhalb des Kerns. Der gesamte Wasserstoff im Kern wurde bereits aufgebraucht und durch Kernfusion in Helium umgewandelt. Sterne, die massiver als die Sonne sind, verwandeln sich nicht in Rote Riesen, sondern blähen sich derart stark auf, dass sie sich die Bezeichnung *Rote Überriesen* redlich verdient haben. Ein typischer Überriese kann ein- oder zweitausendmal größer als die Sonne sein und würde sich bis zu Jupiters oder Saturns Bahn erstrecken, wenn er sich an der Position der Sonne befände.

Sterne in den Endstadien der Sternentwicklung

Der Begriff *Ende der Sternentwicklung* ist ein höflicher, allumfassender Terminus für Sterne, die ihre besten Jahren hinter sich haben, darunter:

✔ Weiße Zwerge

✔ Zentralsterne planetarischer Nebel

✔ Neutronensterne

✔ Supernovas

✔ Schwarze Löcher

Sie alle befinden sich am Ende ihres Lebenswegs, sterbend oder dem Vergessen geweiht.

Je größer, desto seltener

Auf der Suche nach von fortschrittlichen Zivilisationen gesendeten Radiosignalen richten SETI-Beobachter (siehe Kapitel 14) ihre Teleskope keineswegs auf massereiche Sterne. Diese explodieren und sterben nach derart kurzer Lebenszeit, dass man sich die Entwicklung von Lebensformen auf einem ihrer Planeten nur schwer vorstellen kann. Selbst wenn es sie gäbe, würde der Stern gewiss schneller explodieren, als ein Teleskop aufgestellt werden kann. Es lebe die Bürokratie!

Massereiche Sterne sind viel seltener als massearme Sterne. Mit anderen Worten: Je massereicher die Sterne, desto weniger davon gibt es. Die Milchstrasse wird schließlich, während ihre Sterne altern und die Urnebel keine neuen Sterne mehr hervorbringen können, aus nur zwei Sternarten bestehen, den Roten Zwergen, die mehr oder minder ewig leben, und den dahinsiechenden Weißen Zwergen. Es wird natürlich auch jede Menge Neutronensterne und Schwarze Löcher geben, doch wird deren Anzahl, weil sie die Überbleibsel massereicherer Sterne sind, verglichen mit der Zahl der Roten und Weißen Zwerge, die von den häufigsten Hauptreihensternen abstammen, unbedeutend sein.

Sterne sind, was ihre Größe betrifft, wie Menschen. Die Großen sind dünn gesät.

Weiße Zwerge

Weiße Zwerge können eigentlich blau, weiß, gelb und sogar rot sein, je nachdem, wie heiß sie sind. Sie sind die Überbleibsel sonnenartiger Sterne und sterben nicht, sondern siechen ewiglich dahin.

Ein Weißer Zwerg gleicht einem Kohlestück in einem Feuer, das Sie soeben ausgelöscht haben. Es brennt nicht mehr, ist aber noch heiß und wird, während es abkühlt, unendlich langsam verglühen. Die Weißen Zwerge sind kompakte Sterne, klein und sehr dicht. Mit typischen Massen von der Größe der Sonnenmasse, sind sie jedoch kaum größer als die Erde, wenn überhaupt. Auch gleichen sie den Mückenschwärmen: sie sind da, aber man sieht sie nicht. Nach den Roten Zwergen sind sie die zweithäufigste Sternart, doch selbst der uns am nächsten gelegene Weiße Zwerg ist zu schwach, um ohne ein Teleskop gesehen zu werden.

In einem Weißen Zwerg gibt es so viel Materie, dass ein Teelöffel voll davon auf der Erde etwa eine Tonne wöge. Versuchen Sie nicht auf Biegen und Brechen, ihn mit Ihrem feinen Silberbesteck zu löffeln.

Einem Standardlehrbuch für College-Studenten zufolge, *The Cosmic Perspective* von Jeffrey Bennet, Megan Donahue, Nicholas Schneider und Mark Voit (Addison-Wesley, 1999), »wiegen zwei aus dem Material eines Weißen Zwergs angefertigte Würfel fünf Tonnen – etwa so viel wie drei Autos«. Versuchen Sie mal, mit diesen Würfeln Mensch-Ärgere-Dich-Nicht zu spielen!

Zentralsterne planetarischer Nebel

Zentralsterne planetarischer Nebel sind kleine, sich im Zentrum wunderschöner Nebel (z.B. dem berühmten Ringnebel im Sternbild Lyra, der in dem Farbteil dieses Buches abgebildet ist) befindenden Sterne.

Zentralsterne planetarischer Nebel sind den Weißen Zwergen im Grunde sehr ähnlich und verwandeln sich eigentlich auch in solche (wenn sie es nicht schon sind). Auch sie sind die Überbleibsel sonnenartiger Sterne. Die Nebel, die aus dem über einen Zeitraum von Zehntausenden Jahren vom Stern abgestoßenen Gas expandieren, werden auseinander geweht und hinterlassen schließlich Sterne, die kein Zentrum irgendwelcher Regionen mehr sind, sondern einfach Weiße Zwerge.

Neutronensterne

Neutronensterne sind derart klein, dass sie zu Weißen Zwergen aufblicken müssen, selbst wenn sie gewichtiger als diese sind. (Die Gewichtskraft ist die Kraft, die ein Planet oder anderer Körper auf ein Objekt gegebener Masse ausübt. Ihr Gewicht wäre auf dem Mond, dem Mars oder Jupiter unterschiedlich, während die Masse stets gleich bleibt.)

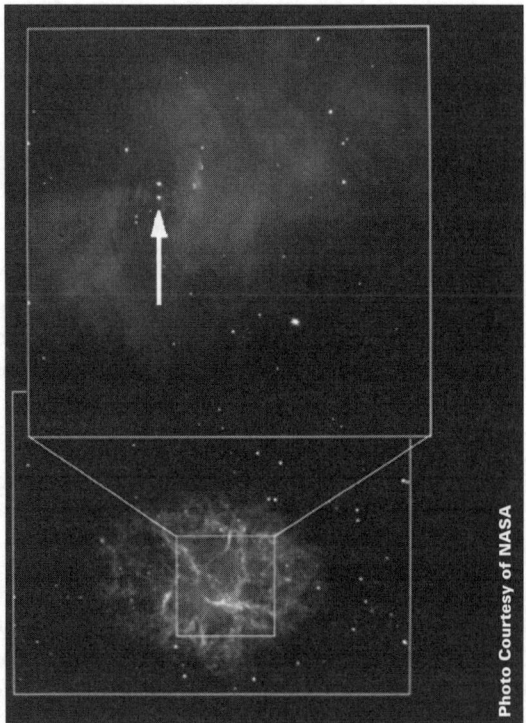

Abbildung 11.2: Eine von Hubble erzeugte Nahaufnahme des Krebsnebels (oberes Bild) zeigt einen Pulsar (siehe Pfeil).

Neutronensterne sind wie Napoleon: klein, aber nicht zu unterschätzen. Ihr typischer Durchmesser beträgt nur etwa 20 bis 40 Kilometer, doch ihre Masse reicht von einer halben bis zu zwei Sonnenmassen. Auf der Erde wöge ein Teelöffel Neutronensternmaterial etwa eine Milliarde Tonnen. Die Autoren des Buches *The Cosmic Perspective* haben berechnet, dass »eine aus Neutronensternmaterial angefertigte Büroklammer schwerer wäre als der Everest«.

Einige Neutronensterne sind als *Pulsare* bekannt. Abbildung 11.2 zeigt den Krebsnebel, in dessen Zentrum sich ein Pulsar befindet.

Ein Pulsar ist ein stark magnetisierter, sehr schnell kreisender Neutronenstern, der einen oder mehrere Lichtstrahlen aussendet (Radiowellen, Röntgentrahlen, Gammastrahlen und/oder sichtbares Licht). Da der Strahl wie das Licht eines Leuchtturms über die Erde streicht, empfangen unsere Teleskope kurze Signale dieser ausgesendeten Strahlung, so genannte Pulse. Daraus können Sie leicht erraten, woher ihr Name stammt. Die Pulsrate verrät uns, wie schnell diese Sterne kreisen. Sie können sich von einmal alle paar Sekunden bis zu hundertmal pro Sekunde um sich selbst drehen.

Supernovas

Supernovas oder auch *Supernovae* (so werden sie von Experten genannt, als könnten diese alle, wie es einst unter Wissenschaftlern Gang und Gäbe war, Latein) sind gewaltige, den gesamten Stern zerstörende Explosionen (siehe Abbildung 11.3).

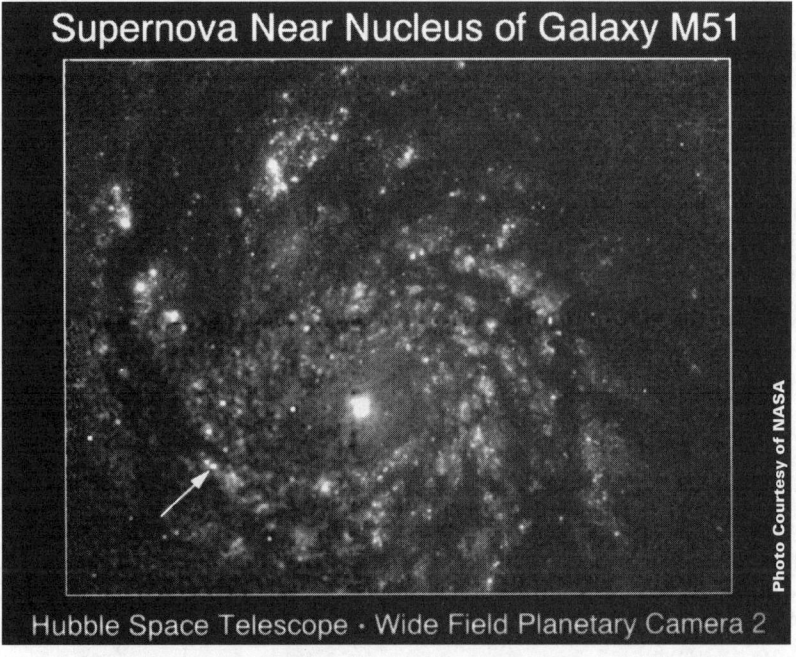

Abbildung 11.3: Eine Supernova im Spiralarm der Galaxie M51

Zunächst müssen Sie über den Typ II Bescheid wissen (ich habe das Zählsystem im Übrigen nicht erfunden!). Eine *Supernova vom Typ II* ist die glanzvolle katastrophale Explosion eines deutlich massereicheren, größeren und helleren Sterns als die Sonne. Vor der Explosion war sie ein Überriese, vielleicht sogar hinreichend heiß, um die Bezeichnung Blauer Überriese verdient zu haben. Wenn ein Überriese explodiert, dann kann er ungeachtet seiner Farbe ein kleines Souvenir in Gestalt eines Neutronensterns hinterlassen. Es kann auch vorkommen, dass der Großteil des Sterns derart wirksam implodiert (in sein eigenes Zentrum zusammenfällt), dass er ein noch seltsameres Objekt hinterlässt, und zwar ein Schwarzes Loch.

Ein zweiter sehr wichtiger Supernovatyp ist der so genannte Typ Ia. *Supernovas vom Typ Ia* sind heller als diejenigen vom Typ II und sie explodieren auf eine verlässliche Weise. Wenn Astronomen eine Supernova vom Typ Ia beobachten, können wir anhand ihrer Helligkeit auf ihre Entfernung schließen. Je weiter weg sie liegt, desto leuchtschwächer ist sie. Astronomen messen mithilfe der Supernovas vom Typ Ia das Universum und dessen Expansion aus. Zwei Forschungsgruppen entdeckten 1998 bei der Untersuchung von Typ-Ia-Supernovas, dass sich die Expansion des Universums nicht verlangsamt, sondern beschleunigt. Diese Entdeckung veranlasste Experten, ihre kosmologische Theorien und den Urknall zu revidieren (siehe Kapitel 16).

Da es sich dabei um Ausbrüche in Doppelsternsystemen handelt, verursachen Supernovas vom Typ Ia alle sehr ähnliche Explosionen. In solchen Systemen strömt Gas stets von einem Stern auf den anderen (ein Weißer Zwerg) eine heiße äußere Hülle bildend, die nach dem Erreichen einer kritischen Masse explodiert und den anderen Stern zerreißt. Unterhalb der kritischen Masse findet eine klassische Explosion statt, während oberhalb der kritischen Masse... Moment mal – mehr als kritische Masse geht ja wohl nicht, denn der Stern wäre dabei längst explodiert! Die Astrophysik ist doch gar nicht so schwer.

Schwarze Löcher

Schwarze Löcher sind derart dichte und kompakte Objekte, dass Neutronensterne und Weiße Zwerge dagegen wie Zuckerwatte erscheinen. So viel Materie ist in ein so kleines Volumen gestopft, dass dessen Gravitation ausreichend stark ist, um alles, sogar Lichtstrahlen, am Entweichen zu hindern. Physiker meinen, dass der Inhalt der Schwarzen Löcher das Universum verlassen hat. Wenn Sie in ein Schwarzes Loch fallen, können Sie sich sozusagen von Ihrem Universum verabschieden.

Das Licht eines Schwarzen Lochs können Sie nicht sehen, da es darin eingefangen ist. Wissenschaftler spüren diese Objekte anhand ihrer Auswirkungen auf ihre Umgebung auf. Die sich um ein Schwarzes Loch befindende Materie wird sehr stark aufgeheizt und rast wie wild umher, ohne jemals eine gewisse Ordnung zu erreichen. Statt dessen stürzt sie ins Schwarze Loch und »das war's, Leute«. Das alles ist der gewaltigen Gravitation des Schwarzen Lochs zu verdanken.

Eigentlich habe ich das Bild sehr vereinfacht dargestellt. Ein kleiner Teil der um das Schwarze Loch strudelnden Materie entweicht mitunter gerade rechtzeitig. Es wird in der Gestalt gewaltiger Jets mit Geschwindigkeiten von einigen Bruchteilen der Lichtgeschwindigkeit (die im Vakuum um die 300 000 Kilometer pro Sekunde beträgt) herausgeschossen.

So spüren Wissenschaftler Schwarze Löcher auf: Wir sehen Gas um sie herumstrudeln, das unter normalen Bedingungen zu heiß ist. Wir beobachten hochenergetische Teilchen, die in Form von Jets aus dem Schwarzen Loch herausschießen, und wir beobachten sogar Sterne, die mit atemberaubender Geschwindigkeit auf Bahnen um das Schwarze Loch rasen, als wären sie von dem Gravitationszug einer enormen unsichtbaren Masse getrieben (was ja im Grunde auch der Fall ist).

Bis April 1999, als Wissenschaftler die Entdeckung einer dritten Klasse Schwarzer Löcher verkündeten, die Schwarzen Löcher *mittlerer Masse*, waren zwei Klassen Schwarzer Löcher bekannt:

- Schwarze Löcher stellarer Masse
- Supermassive Schwarze Löcher

Ein *Schwarzes Loch stellarer Masse* – Sie haben das gewiss schon erraten – hat die Masse eines Sterns. Genauer gesagt, kann seine Masse vom Dreifachen der Sonnenmasse bis hin zum Hundertfachen reichen, obwohl bisher noch kein so schweres gefunden wurde. Ihre Größe entspricht etwa einem Neutronenstern. Ein Schwarzes Loch mit 10 Sonnenmassen hat einen Durchmesser von ungefähr 60 Kilometern. Wenn Sie die Sonne auf eine derart kompakte Größe zusammenquetschen könnten (zum Glück wird dies wahrscheinlich nie passieren), so betrüge ihr Durchmesser nur 6 Kilometer. Schwarze Löcher stellarer Masse werden bei Supernova-Explosionen gebildet und möglicherweise auch auf andere Art.

Ein *supermassives Schwarzes Loch* hat ein Hunderttausend- bis Milliardenfaches der Sonnenmasse. In der Regel befinden sich diese im Zentrum von Galaxien. Das sich im Zentrum unserer Milchstraße befindliche Schwarze Loch heißt Sagittarius A* (nein, der Stern weist nicht auf eine Fußnote hin, sondern dieser Name wird in der Tat »Sagittarius A Stern« ausgesprochen). Seine Masse beträgt etwa eine Million Sonnenmassen und wir umkreisen es mitsamt unseres Sonnensystems einmal alle 226 Milliarden Jahre. Das ist der neueste vom Very Large Baseline Array (VLBA) gemeldete Wert. Das VLBA ist ein aus einem Komplex von Antennen bestehendes Radioteleskop, welches sich von den Virgin Islands über Nordamerika bis hin nach Hawaii erstreckt. Einige Astronomen denken, dass es im Zentrum jeder Galaxie, zumindest jeder Galaxie normaler Größe, ein supermassives Schwarzes Loch gibt. Was Zwerggalaxien betrifft, sind wir uns nicht sicher. Mehr über supermassive Schwarze Löcher werde ich in Kapitel 13 erzählen.

Schwarze Löcher mittlerer Masse haben die einfallsreiche Namensgebung ihren Entdeckern zu verdanken, die nicht genau wussten, worum es sich dabei handelt. Manche Wissenschaftler glauben, sie seien nichts anderes als künftige supermassive Schwarze Löcher im Teenagerstadium, viel leichter also, als sie irgendwann sein werden, die jedoch alles, was sich in ihrer Reichweite befindet, verschlucken und daher für eine beachtlichere Gewichtsklasse geradezu prädestiniert sind. Andere wiederum denken, sie könnten etwas ganz anderes sein. Doch was denn? Neugierige Geister wollen es wissen und dafür müssen wir mehr forschen. Ihre Masse beträgt etwa 500 bis 1000 Sonnenmassen.

Um die Wahrheit zu sagen, sind supermassive Schwarze Löcher gar keine Sterne. Und aller Wahrscheinlichkeit nach sind es auch Schwarze Löcher mittlerer Masse nicht. Ich musste sie nur an irgendeiner Stelle erwähnen. Solange Sie nichts über Schwarze Löcher wissen, können sie sich selbst noch nicht als Astronom bezeichnen. Sobald Sie sich nämlich als Astronom ausgeben, wird man Sie wegen der Schwarzen Löcher geradezu löchern. Wie viele Fragen, schätzen Sie, wird man Ihnen über Hauptreihensterne und junge stellare Objekte stellen?

Sterne im Diagramm: Temperatur, Masse und Hertzsprung-Russell

Die Bedeutung der verschiedenen Sterntypen wird klarer, wenn man grundlegende Beobachtungsdaten in einem astrophysikalischen Graphen darstellt. Die Daten beziehen sich auf die Helligkeit der Sterne, die auf der vertikalen Achse dargestellt, und die Farbe (oder Temperatur), welche auf der horizontalen Achse eingetragen wird. Diesen Graphen bezeichnet man als *Farben-Helligkeits-Diagramm*, auch unter der Bezeichnung Hertzsprung-Russel- oder H-R-Diagramm bekannt, nach dem Namen der beiden Astronomen, die als erste eine solche Abbildung anfertigten (siehe Abbildung 11.4).

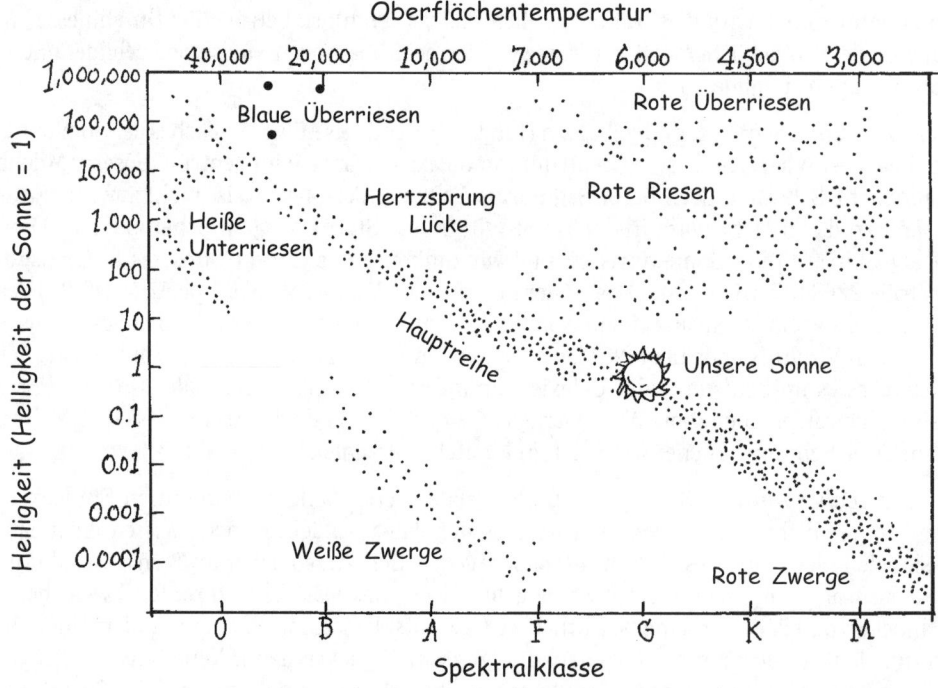

Abbildung 11.4: Das Hertzsprung-Russel-Diagramm

Als Lehrender der Astronomiegrundkurse an der UCLA und der Universität Maryland konnte ich leicht herausfinden, wer gelernt hatte und wer nicht. Wenn ich in der Prüfung zur Mitte des Semesters fragte, was in den H-R-Diagrammen dargestellt würde, und manche antworteten, es sei das H und das R, wusste ich, dass diese Studenten ganz dringend Nachhilfe nötig hatten.

Spektralklassen: Welche Farbe hat mein Stern?

Hertzsprung und Russel verfügten nicht über Informationen zu den Temperaturen und Farben der Sterne. Aus diesem Grunde trugen sie die Spektralklasse auf der Horizontalachse ihres Diagramms ein. Die *Spektralklasse* ist ein Parameter, der einem Stern anhand seines Spektrums vergeben wird. Das *Spektrum* ist wiederum die Art, wie das Licht eines Sterns beim Durchgang durch ein Prisma oder ein anderes optisches, Spektrograph genanntes, Gerät erscheint.

Ursprünglich hatten Astronomen von der Bedeutung der verschiedenen Klassen keinen blassen Schimmer, sodass Sie die Sterne nach der Ähnlichkeit ihrer Spektren gruppierten (unter der Bezeichnung Klasse A, Klasse B usw.). Später erst verstanden sie, dass die unterschiedlichen Klassen eigentlich die Temperaturen und andere in ihren Atmosphären, aus denen das Licht in den Raum hinausgesandt wird, herrschende physikalische Bedingungen reflektierten. Als sie die Bedeutung der Farben begriffen hatten, waren sie in der Lage, die Spektralklassen in der Reihenfolge ihrer Temperaturen zu ordnen und Hertzsprung und Russel stellten sie in ihrem Diagramm dar. Auf einige überflüssige Klassen wurde verzichtet.

Die Hauptspektralklassen im Hertzsprung-Russel-Diagramm, angefangen mit den heißesten und bis hin zu den kältesten Sternen, sind O, B, A, F, G, K, M. Mithilfe der Mnemotechnik können Sie sich diese Reihe einfach merken. Ich schlage vor »Oh, be a fine girl (guy), kiss me«.

In Tabelle 11.1 werden die Haupteigenschaften der Sterne jeder Spektralklasse beschrieben.

Klasse	Farbe	Oberflächentemperatur	Beispiel
O	Violett	30 000° K und höher	Lambda Orionis
B	Blau-Weiß	12 000° K bis 30 000° K	Rigel
A	Weiß	8000° K bis 12 000° K	Sirius
F	Gelb-Weiß	6000° K bis 8000° K	Procyon
G	Gelblicheres Weiß	5000° K bis 6000° K	Sonne
K	Orange	3000° K bis 5000° K	Arcturus
M	Rot	Kleiner als 3000° K	Antares

Tabelle 11.1: Spektralklassen der Sterne

Sternenlicht, helle Sterne: Die Leuchtkraft klassifizieren

Jede Spektralklasse wird weiter unterteilt. Die Sonne hat z.B. ein G2V-Spektrum, d.h. sie ist ein Stern der Klasse G, der kühler ist als ein G0- oder G1-Stern und leicht heißer als ein G3-Stern, doch deutlich kühler als ein K-Stern, und sie ist ein Hauptreihenzwerg, was durch das V angegeben wird. Das V wird als die Leuchtkraftklasse der Sonne bezeichnet. Jedem Stern wird eine durch eine römische Zahl gekennzeichnete Leuchtkraftklasse zugeordnet.

Überriesen haben die Leuchtkraftklassen I und II, Riesen gehören der Klasse III, Unterriesen (eine Stufe zwischen Hauptreihensternen und Roten Riesen) der Klasse IV an. Alle Roten Zwerge haben die Leuchtkraftklasse V und Weiße Zwerge Klasse VI.

Heutzutage können Sie sehr unterschiedlich aussehende H-R-Diagramme finden, doch stellen sie stets dieselbe Art von Daten dar: die relativen Eigenschaften der Sterne, gegeben durch ihre Temperatur und Leuchtkraft.

Einige H-R-Diagramme werden geeicht, sodass sie die tatsächliche Leuchtkraft der Sterne darstellen und nicht die scheinbare Größe oder Leuchtkraft, wie wir sie von der Erde aus sehen.

Die Masse bestimmt die Klasse

Sterne größerer Masse bergen ein gewaltigeres Kernfeuer in ihrem Kern und erzeugen mehr Energie als Sterne geringerer Masse. Der massereichere Hauptreihenstern ist also heller und heißer als ein massearmer Hauptreihenstern. Die massereicheren Sterne sind gleichzeitig auch größer. Anhand dieser Information können Sie den Kernpunkt stellarer Astrophysik im H-R-Diagramm reflektiert sehen: Die Masse bestimmt die Klasse.

Auf H-R-Diagrammen (wie z.B. dem in Abbildung 11.4 gezeigten) werden größere Helligkeiten in den oberen Bereichen des Bildes und die Spektralklassen mit den heißeren Sternen auf der linken, mit den kühleren auf der rechten Seite dargestellt. Das heißt. die Temperatur läuft von rechts nach links und die Helligkeit von oben nach unten.

Jedes H-R-Diagramm, die Darstellung realer Beobachtungsdaten, auf dem jeder Punkt einen einzelnen Stern darstellt, verrät dem sorgfältigen Betrachter eine Menge:

✔ Die meisten Sterne liegen innerhalb eines Streifens, der sich diagonal von der oberen linken Hälfte zur unteren rechten Hälfte zieht. Der diagonale Streifen ist die Hauptreihe und alle auf ihr liegenden Sterne sind normale, in ihrem Kern Wasserstoff verbrennende Sterne von der Art unserer Sonne.

✔ Einige Sterne liegen auf einem breiteren, dünner gesäten vertikalem Band, das sich rechts von der Diagonalen befindet. Dieses Band, welches sich zu hellerer Leuchtkraft und kälteren Temperaturen hin erstreckt, ist die Riesenreihe. Sie besteht aus Roten Riesen

✔ Wenige Sterne liegen am oberen Rand des Diagramms, von links nach rechts. Das sind die Überriesen; Blaue Überriesen befinden sich grob auf der linken Seite und Rote Überriesen (deren Zahl die der Blauen übertrifft) auf der rechten Seite.

✔ Wenige Sterne liegen unterhalb des diagonalen Streifens vom unteren linken Rand bis zur Mitte des unteren Randes. Diese Sterne sind die Weißen Zwerge.

Ein Hauptreihenstern wird im H-R-Diagramm entsprechend seiner Helligkeit und Temperatur dargestellt, diese hängen aber von der Masse des Sterns ab. Die diagonale Richtung der Hauptreihe stellt einen Trend dar, und zwar von Sternen hoher Masse zu Sternen niedriger Masse. Die Massen der Sterne auf der oberen linken Hälfte der Hauptreihe sind größer als die Sonnenmasse, und diejenigen auf der rechten Hälfte haben geringere Massen als die der Sonne.

In der Regel werden junge stellare Objekte nicht in dasselbe H-R-Diagramm mit den anderen Sternen eingetragen. Wenn man das täte, so befänden sich diese auf der rechten Seite des Diagramms, oberhalb der Hauptreihe, doch nicht so weit oben wie die Überriesen. Neutronensterne und Schwarze Löcher sind zu leuchtschwach, um auf den Diagrammen, auf denen normale Sterne dargestellt werden, zu erscheinen.

Wie Sie das H-R-Diagramm interpretieren

Mit nur einigen weiteren Erläuterungen können auch Sie ein stellarer Astrophysiker sein und auf einen Schlag verstehen, warum all diese Sterne auf verschiedene Teile des Diagramms fallen. Forscher haben Jahrzehnte damit verbracht, dies zu verstehen, während Sie es in *Astronomie für Dummies* einfach vorgesetzt bekommen. Um die Dinge einfach zu halten, diskutiere ich ein kalibriertes H-R-Diagramm, in das alle Sterne nach ihrer absoluten Helligkeit eingetragen werden.

Überlegen Sie Folgendes: Warum ist ein Stern heller oder schwächer als ein anderer? Zwei einfache Faktoren bestimmen die Helligkeit eines Sterns: die Temperatur und die Größe der Oberfläche. Je größer der Stern, desto größer ist dessen Oberfläche und jeder Quadratzentimeter der Oberfläche strahlt Licht ab. Je mehr Quadratzentimeter, desto mehr Licht. Was ist aber mit der Lichtmenge, die von einem Quadratzentimeter abgestrahlt wird? Heiße Objekte sind heller als kühle, sodass um so mehr Licht pro Quadratzentimeter abgestrahlt wird, je heißer der Stern ist.

Haben Sie alles mitbekommen? So passt das zusammen:

✔ **Weiße Zwerge** befinden sich am unteren Rand des Diagramms, weil sie sehr klein sind. Mit Oberflächen von nur wenigen Quadratzentimetern (verglichen mit den normalen Sternen wie der Sonne), leuchten sie nicht sehr hell. Während sie langsam verblassen, sinken sie im Diagramm (da sie schwächer leuchten) und rutschen gleichzeitig weiter nach rechts (weil sie kälter werden). Da die kühlen Weißen Zwerge so leuchtschwach sind, liegen sie in der Regel unterhalb des unteren Randes der üblicherweise in Büchern gezeigten Diagramme. Aus diesem Grunde gibt es nicht so viele von ihnen auf der rechten Seite des H-R-Diagramms.

✔ **Überriesen** befinden sich am oberen Rand des Diagramms, weil sie sehr groß sind. Ein Roter Überriese kann bis zu tausendmal größer sein als die Sonne. Ein solches Objekt anstelle der Sonne würde bis jenseits von Jupiters Bahn reichen. Wegen ihrer riesigen Oberfläche sind sie natürlich auch sehr hell.

Die Tatsache, dass sie sich über die gesamte Breite des Diagramms in etwa derselben Höhe befinden, bedeutet, dass die Blauen Überriesen (die auf der linken Hälfte liegenden Überriesen) kleiner als die Roten (die auf der rechten Hälfte liegenden) sein müssen. Woher wollen wir das eigentlich wissen? Die Antwort liegt auf der Hand: Sie sind blau, weil sie heißer sind, und aus diesem Grunde strahlen sie mehr Licht pro Quadratzentimeter ab. Weil aber die Helligkeiten der beiden Typen nahezu gleich sind (alle Überriesen liegen am oberen Rand des Diagramms), müssen die Roten eine größere Oberfläche haben, um die selbe totale Lichtmenge zu produzieren wie die Blauen.

✔ **Hauptreihensterne** liegen auf dem diagonalen Streifen im Diagramm, der von der oberen linken Ecke zur unteren rechten verläuft, weil sie im Kern unabhängig von ihrer Größe Wasserstoff verbrennen. Größenunterschiede wirken sich nur auf die Lage der Hauptreihensterne im Diagramm aus. Die heißeren, die sich auf der linken Seite befindenden, sind gleichzeitig größer als die kühlen Hauptreihensterne. Das heißt, letztere haben zwei Eigenschaften, die für sie sprechen: große Oberflächen und gleichzeitig mehr Lichtabstrahlung pro Quadratzentimeter als die kühlen Sterne. Die Hauptreihensterne weit rechts im Diagramm sind sehr leuchtschwach und kühl. Das sind die Roten Zwerge.

Die Hauptreihe befindet sich in der Mitte des H-R-Diagramms, weil alle anderen Sterne entweder heller oder kühler als sie sind (sie liegen höher oder tiefer im Diagramm).

Zusammen geboren, zusammen geblieben: Doppel- und Mehrfachsterne

Ungefähr die Hälfte aller Sterne existieren als Paare. Diese so genannten *Doppelsterne* sind gleichaltrig oder *coeval*, d.h. sie wurden zusammen geboren. Durch ihre wechselseitige Gravitationskraft zusammengehalten, schon während sie aus ihrer Geburtswolke kondensierten, bleiben sie in der Regel zusammen. Was die Gravitation verbindet, wird von kaum einer Kraft des Himmels wieder auseinander gerissen werden können. Ein erwachsener Stern in einem Doppelsternsystem hat nie einen anderen Partner gehabt.

Ein *Doppelsternsystem* besteht aus zwei Sternen, die ihr gemeinsames Massenzentrum umkreisen. Das Zentrum zweier Sterne gleicher Masse befindet sich genau in der Mitte zwischen den beiden Sternen. Wenn die Masse des einen Sterns jedoch doppelt so groß ist wie die des anderen, dann liegt das Massenzentrum näher an dem schweren Stern dran. Genauer liegt es doppelt so weit von dem leichteren Stern weg als von dem schweren. Hat ein Stern ein Drittel der Masse seines schweren Gefährten, dann liegt er dreimal weiter vom Massenzentrum weg, usw. Die zwei Sterne sind wie Kinder auf einer Wippe. Das schwerere Kind muss näher am Drehpunkt sitzen, damit sie beide im Gleichgewicht bleiben.

Die beiden Komponenten des Doppelsternsystems haben gleich große Bahnen, wenn sie die gleiche Masse haben, und umgekehrt. Im Allgemeinen kreist der schwerere Stern auf einer engeren Bahn. Sie stellen sich vielleicht vor, dass sich Doppelsterne wie unser Sonnensystem verhalten, d.h. je näher der Planet an der Sonne dran ist, desto schneller kreist er, d.h. desto kürzer ist seine Umlaufzeit. Das wäre eine schlaue Idee, doch stimmt es leider nicht.

In einem Doppelsternsystem kreist der schwere Stern, dessen Bahn kleiner ist, langsamer als der kleine Stern auf der großen Bahn. Ihre Relativgeschwindigkeit hängt eigentlich von ihrer Relativmasse ab. Der Stern, dessen Masse ein Drittel der Masse seines Gefährten beträgt, dreht sich dreimal schneller. Aus Messungen dieser Relativgeschwindigkeiten können Astronomen die Relativmasse der Mitglieder des Systems bestimmen.

Wenn zwei oder mehr zusammen kommen

Als *Doppel* werden zwei Sterne bezeichnet, die von der Erde aus betrachtet scheinbar sehr nah beieinander liegen. Bei einigen handelt es sich um echte, ihr gemeinsames Massenzentrum umkreisende Doppelsterne, doch andere sind nur optische Doppelsterne, d.h. zwei Sterne, die sich zufällig in derselben Richtung von der Erde aus befinden, doch in sehr unterschiedlichen Entfernungen dazu. Sie haben sonst nichts miteinander zu tun; sie sind nicht einmal einander vorgestellt worden.

Als *Tripel* werden drei Sterne bezeichnet, die nahe beieinander zu liegen scheinen und die, wie auch die Mitglieder des Doppels, sich nahe stehen können oder auch nicht. Ein Dreifachsternsystem besteht jedoch aus drei Sternen, die wie das Doppelsternsystem durch die Kraft ihrer wechselseitigen Gravitation zusammenhalten werden und ein gemeinsames Massenzentrum umkreisen.

Ein Vergleich mit dem ehelichen (oder auch unehelichen) Glück mag hier angebracht sein. Der Ausdruck »Drei ist eine Menge« umschreibt die instabile Lage, in die selbst eine höchst romantische Beziehung gerät, wenn plötzlich eine dritte Person involviert wird. Dasselbe gilt für Dreifachsterne. Diese bestehen eigentlich aus einem engen Doppelsternsystem und einem dritten Stern auf einer deutlich größeren Bahn. Kämen sich alle diese drei Sterne sehr nahe, so würden sie gravitativ auf chaotische Weise wechselwirken und die Gruppe fiele auseinander, indem zumindest ein Stern auf Nimmerwiedersehen verschwände. Das Dreifachsystem ist also im Prinzip ein »Doppelsternsystem« dessen eines Mitglied eigentlich ein sehr enges Sternenpaar ist.

Quadrupel werden häufig als »doppelte Doppel« bezeichnet und bestehen aus zwei nahen Doppelsternsystemen, die um das gemeinsame Massenzentrum der vier Sterne kreisen.

Der Begriff *Mehrfachsterne* ist ein Sammelbegriff für Sternsysteme, die größer sind als Doppelsternsysteme: Tripel, Quadrupel und mehr. Ab einem bestimmten Punkt ist der Unterschied zwischen einem Mehrfachsternsystem und einem kleinen Sternhaufen nicht mehr klar. Es ist im Grunde dasselbe.

Der Dopplereffekt. Wie wichtig es ist, ein Doppelstern zu sein

Da die Rotationsgeschwindigkeit der Komponenten eines Doppelsternsystems von deren Masse abhängt, sind sie für Astronomen besonders anziehend. Es gibt viele Theorien über die Massen verschiedener Sterne, doch kaum eine gute Möglichkeit, diese nachzuprüfen. Es mag 50 unterschiedliche Arten geben, auf die man seinen Partner verlassen kann, sehr wenige Möglichkeiten aber, einen Stern zu wiegen. Zum Glück müssen Astronomen hier nicht kapitulieren, denn sie können durch das Studium der Doppelsterne und mithilfe grundlegender physikalischer Eigenschaften von beobachteten Lichtquellen einiges über Sternmassen herausfinden.

Wenn ein Stern dreimal so groß ist wie der andere, dann beträgt seine Rotationsgeschwindigkeit ein Drittel der Geschwindigkeit seines Begleiters. Um zu wissen, wie groß ihre Relativmasse ist (d.h. um wie viel der eine Stern schwerer als der andere ist), müssen wir also ihre Geschwindigkeiten messen. Da die meisten Doppelsterne zu weit

entfernt sind, ist es nur in seltenen Fällen möglich, die einzelnen Sterne auf ihrer Bahn zu verfolgen. Wir können jedoch das Licht des Sterns empfangen und dessen Spektrum untersuchen, wobei es sich jedoch auch um eine Kombination der Spektren beider Sterne handeln kann.

Es folgt nun alles, was Sie über den nach dem im 19. Jahrhundert lebenden österreichischen Physiker Christian Doppler benannten Dopplereffekt wissen müssen.

Die von einem Beobachter empfangene Lichtfrequenz oder Wellenlänge hängt von der auf den Beobachter bezogenen Geschwindigkeit der strahlenden Quelle ab. Im Falle von Schallwellen kann die emittierende Quelle z.B. eine Zugpfeife sein. Licht kann beispielsweise von einem Stern abgestrahlt werden. (Man sagt, dass Töne höherer Frequenz eine höhere Stimmlage haben. Ein Sopran singt eine höhere Stimmlage als ein Tenor. Lichtwellen höherer Frequenz haben geringere Wellenlängen und sind blauer, während Licht niedrigerer Frequenz längere Wellenlängen hat und roter ist).

Dem Dopplereffekt zufolge gilt:

✔ Wenn sich die Quelle auf Sie zu bewegt, dann erhöht sich die Frequenz, d.h.
  • der Ton der Zugpfeife scheint höher zu sein.
  • das Licht des Stern erscheint blauer.

✔ Wenn sich die Quelle von Ihnen entfernt, dann verringert sich die Frequenz, d.h.
  • die Zugpfeife klingt tiefer.
  • der Stern erscheint roter.

Sternspektroskopie in einer Nussschale

Unter Sternspektroskopie versteht man die Analyse der Linien in den Spektren von Sternen. Es ist bei weitem das wichtigste Instrument, das der Astronom zur Hand hat, um die physikalische Natur der Sterne zu verstehen. Folgende Aspekte können mithilfe der Spektroskopie aufgedeckt werden:

✔ Radialgeschwindigkeiten der Sterne (Bewegungen auf die Erde zu oder von der Erde weg)

✔ Relativmassen, Umdrehungszeiten und Bahngrößen von Sternen eines Doppelsternsystems

✔ Oberflächengravitation der Sterne

✔ Magnetfeldstärken von Sternen

✔ Chemische Zusammensetzung der Sterne (welche Art von Atomen sind im Stern vorhanden und in welchem Zustand befinden sie sich)

✔ Sonnenfleckenzyklen von Sternen (na ja, eher Sternfleckenzyklen)

11 ➤ Die Sterne: Kernkraftwerke des Universums

All diese Informationen können aus den Messungen der Lagen, Breiten und Stärken (wie dunkel oder hell sie sind) der kleinen dunklen (oder manchmal hellen) Linien in den Spektren der Sterne gewonnen werden. Wissenschaftler analysieren diese mithilfe des Dopplereffekts, um zu lernen wie schnell sich Sterne bewegen, wie groß ihre Bahnen und Relativmassen sind. Es gibt noch weitere Effekte, den *Zeemaneffekt* und den *Starkeffekt*, die die Erscheinung von Spektrallinien beeinflussen. Mittels des Zeemaneffekts erhalten wir Informationen über die Stärke von Magnetfeldern der Sterne und der Starkeffekt lässt uns auf die Masse und Oberflächengravitation in der Sternatmosphäre schließen. Das Vorhandensein bestimmter Spektrallinien, worunter eine jede von einer bestimmten Art Atomen herrührt, welche Licht in der Atmosphäre eines Sterns absorbieren (dunkle Linien) oder emittieren (helle Linien), verrät uns, welche chemischen Elemente vertreten sind und was für Temperaturen diese haben.

Die Spektrallinien verraten uns sogar, in welchem *Ionisationszustand* sich die Atome befinden. Sterne sind derart heiß, dass z.B. die Eisenatome ein oder mehrere ihrer Elektronen verloren haben. Das macht sie zu Eisenionen. Jede Art von Eisenion erzeugt Spektrallinien mit einem charakteristischen Muster und unterschiedlichen Lagen im Spektrum. Indem sie die von Teleskopen aufgenommenen Spektren mit in Laboratorien experimentell bestimmten oder durch Computer ausgerechneten vergleichen, können Astronomen einen Stern untersuchen, ohne sich ihm jemals auch nur um Lichtjahre nähern zu müssen.

In kühlen Sterngasen haben die meisten Eisenatome nur ein Elektron pro Atom verloren. Damit entspricht das erzeugte Spektrum dem des einfach ionisierten Eisens. In den sehr heißen Gebieten des Sterns, wie beispielsweise in der Millionen Grad heißen Korona der Sonne, können die Eisenatome zehn Elektronen verloren haben, d.h. das Eisen ist hoch ionisiert und erzeugt ein entsprechendes Muster von Spektrallinien, das ein Indikator für eine Region hoher Temperatur im Stern ist.

Bestimmte Teile des Sonnenspektrums ändern sich entsprechend dem Erscheinen und Verschwinden gestörter Regionen auf der Sonne, die alle 11 Jahre einen Höhepunkt erreichen. Ähnliche Änderungen treten in den Spektren von sonnenähnlichen Sternen auf. Daher können Astronomen mithilfe der Spektroskopie sogar Aussagen über die Länge des Fleckenzyklus entfernter Sterne machen, selbst wenn diese so weit weg sind, dass man keinen Blick auf ihre Flecken werfen kann.

Die Zugpfeife ist das Standardbeispiel für den Dopplereffekt, welches seit Generationen mitunter unmotivierten Schülern beim Unterricht angeführt wurde. Doch welche Züge pfeifen heutzutage noch?

Eine zeitgemäße Analogie wäre statt dessen eher die Reise auf einem Motorboot auf dem Meer. Wenn man sich von der Küste in die Richtung, aus der die Wellen kommen, wegbewegt, so spürt man, dass das Boot durch den Schlag der Wellen rasch geschaukelt wird, während das Schaukeln auf dem Weg zurück zur Küste deutlich sachter ist. Im ersten Fall bewegen Sie sich auf die Wellen zu und treffen eher auf sie, als wenn Sie still stehen (oder schwimmen) würden. Die Frequenz, mit der sie auftreffen, ist größer als im Falle eines ruhenden Bootes.

Das Spektrum eines Sterns enthält einige schwarze Linien. An diesen Stellen (Wellenlängen oder Farben) erzeugt der Stern nicht so viel Licht wie in den umliegenden Wellenlängen. Die Linien kommen dadurch zustande, dass Atome in der Sternatmosphäre Licht absorbieren. Sie bilden erkennbare Muster. Wenn sich ein Stern vor und zurück bewegt, dann verschieben sich diese Muster aufgrund des Dopplereffekts entsprechend im Spektrum.

Indem sie also die Spektren von Doppelsternsystemen beobachten und deren Verschiebung von Rot nach Blau und wieder zurück messen, während diese auf ihren Bahnen kreisen, können Astronomen auf ihre Geschwindigkeiten und Massen schließen. Aus der Zeit, in der eine Spektrallinie von Rot nach Blau und wieder zurück wandert, schließen sie auf die Rotationsperiode der Doppelsternbahn.

Wissen Sie z.B., dass eine vollständige Umdrehung 60 Tage dauert, und wie schnell sich der Stern bewegt, dann können Sie daraus den Bahnumfang und damit den Radius bestimmen. Wenn Sie mit 100 Kilometern pro Stunde von Frankfurt aus drei Stunden nonstop irgendwohin in den Norden fahren (viel Glück mit dem Verkehr!), dann wissen Sie, dass die von Ihnen zurückgelegte Strecke dreimal 100, also 300 Kilometer, betragen muss.

Veränderliche Sterne

Nicht jeder Stern ist, wie Shakespeare schrieb, »so beständig wie der Polarstern«. Eigentlich ist auch der Polarstern nicht beständig. Er ist ein so genannter Veränderlicher Stern, d.h. seine Helligkeit verändert sich hin und wieder. Astronomen glaubten lange daran, die Helligkeitsveränderungen des Polarsterns fest im Griff zu haben. Er schien sich auf eine reproduzierbare Weise in periodischen Abständen leicht aufzuhellen und wieder zu verdunkeln. Diese Änderung im Muster könnte möglicherweise zeitabhängig sein und Wissenschaftler untersuchen ihre Bedeutung.

Es gibt zwei Klassen Veränderlicher Sterne:

✔ *Intrinsische Veränderliche* sind diejenigen, deren Helligkeitsänderung durch physikalische Veränderungen in den Sternen selbst hervorgerufen werden. Sie können in drei Hauptkategorien aufgeteilt werden:

- pulsierende Sterne
- Flaresterne
- explodierende Sterne

✔ *Extrinsische* oder *scheinbare Veränderliche* sind solche, deren Helligkeit aufgrund eines außerhalb des Sterns stattfindenden Ereignisses scheinbar herabgesetzt wird. Davon gibt es zwei Klassen:

- Bedeckungsveränderliche
- »Microlensing Event«-Sterne

Sie können Beobachtungsergebnisse über Veränderliche Sterne unter http://thola.de/bav.html (deutsch) rückmelden. Die Aufnahme von Lichtkurven unzähliger Veränderlicher ist für die Profiastronomie zu aufwendig.

Pulsierende Sterne: Jedermanns Lieblinge

Pulsierende Sterne schwellen an und ab, vergrößern und verkleinern sich, heizen sich auf und kühlen ab, hellen sich auf und werden schwächer. Diese Sterne befinden sich in solchen physikalischen Zuständen, die sie wie klopfende Herzen am Himmel erscheinen lassen.

Klassische Cepheiden

Vom wissenschaftlichen Standpunkt her sind die wichtigsten pulsierenden Sterne die *Cepheiden*, die nach dem ersten entdeckten Stern dieser Art benannt wurden, dem Stern Delta in dem Sternbild Cepheus (Delta Cephei).

Die amerikanische Astronomin Henrietta Leavitt hat herausgefunden, dass Cepheiden einer *Periode-Helligkeit-Relation* gehorchen. Dieser Begriff bedeutet, dass je länger die Veränderungsperiode (die Zeitspanne zwischen zwei aufeinander folgenden Spitzen in der Helligkeit), desto größer die gemittelte Helligkeit des Sterns ist. Ein Astronom, der die Änderung der scheinbaren Helligkeit eines Cepheiden und somit die Periode der Veränderung bestimmt, kann sofort die absolute Helligkeit des Sterns bestimmen.

Warum interessiert uns das überhaupt? Nun, wir wissen, dass wir mithilfe der absoluten Helligkeit auf die Entfernung des Sterns schließen können. Schließlich erscheint er um so schwächer, je weiter entfernt er ist, doch ist es immer noch derselbe Stern mit derselben absoluten Helligkeit.

Die Entfernungen schwacher Sterne kann nach dem *Gesetz des inversen Quadrats* bestimmt werden. Wenn er doppelt so weit entfernt liegt, dann erscheint er viermal schwächer; wenn er dreimal so weit entfernt liegt, dann erscheint er neunmal schwächer; und wenn er zehnmal so weit entfernt ist, dann erscheint er hundertmal schwächer.

Jene Schlagzeilen über die mit dem Hubble-Weltraumteleskop bestimmte räumliche Ausdehnung und das Alter des Universums basieren auf einer Studie von Cepheiden-Veränderlichen. Diese befinden sich in entfernten Galaxien. Indem ihre Helligkeitsänderungen verfolgt und die Periode-Helligkeit-Relation verwendet wurde, konnten Hubble-Beobachter die Entfernungen der Galaxien herauskriegen.

RR-Lyrae-Sterne

RR-Lyrae-Sterne sind den Cepheiden ähnlich, nur sind sie nicht so hell wie diese. Einige befinden sich in Kugelsternhaufen in unserer Milchstraße und gehorchen ebenfalls einer Periode-Helligkeit-Relation.

Kugelhaufen sind riesige Bälle voller Sterne, die geboren wurden, während sich die Milchstraße noch im Entwicklungsstadium befand. Einige Hunderttausend bis zu einer Million Sterne drängeln sich auf einem Raumgebiet von nur 60 bis 100 Lichtjahren Durchmesser. Die Beobachtung der Helligkeitsveränderungen von RR-Lyrae-Sternen liefern uns Informationen über ihre Entfernungen, und wenn sie sich in Kugelhaufen befinden, dann verraten uns die Beobachtungen, wie weit entfernt diese Kugelhaufen sind.

Doch warum ist es so wichtig, die Entfernung eines Haufens zu kennen? Aus folgendem Grund: Sämtliche Sterne im Haufen wurden zeitgleich aus einer gemeinsamen Wolke geboren. Da sie Bestandteile desselben Haufens sind, befinden Sie sich alle in etwa derselben Entfernung von der Erde. Damit sind die aufgetragenen H-R-Diagramme frei von Fehlern, die aufgrund von Unterschieden in der Position der Sterne zustande kommen könnten. Wenn wir die Entfernung des Haufens kennen, dann können alle aufgetragenen Größen in absolute Helligkeiten umgewandelt werden, d.h. in Energieerzeugungsraten pro Sekunde eines Sterns. Solche Größen lassen sich direkt mit astrophysikalischen Theorien über die Sterne und deren Energieerzeugungsprozesse vergleichen. Das ist es, was Astrophysiker beschäftigt hält.

Langperiodische Veränderliche

Während Astrophysiker die von Cepheiden und RR-Lyrae-Veränderlichen Sternen gewonnene Information zelebrieren, genießen Amateurastronomen eher die Beobachtung von langperiodischen Veränderlichen, die auch als Mirasterne bekannt sind. Mira ist ein Zweitname des im Sternbild Cetus, dem Wal, liegenden Sterns Omicron Ceti, dem ersten bekannten Stern dieser Art.

Mirasterne pulsieren ebenso wie Cepheiden, nur haben sie deutlich längere Perioden, deren Mittelwerte bei 10 Monaten oder länger liegen. Mira selbst kann, wenn er am hellsten ist, mit bloßem Auge gesehen werden. Wenn er schwächer wird, brauchen Sie dafür ein Teleskop. Die Variationen in den Änderungen langperiodischer Veränderlicher sind stärker als bei Cepheiden. Die stärkste Helligkeit, die ein bestimmter Stern erreicht, kann von einer Periode zur nächsten sehr unterschiedlich sein. Es handelt sich hierbei um leicht zu beobachtende Änderungen, die grundlegende wissenschaftliche Informationen in sich birgt. Sie können zum Studium des einen oder anderen Veränderlichen Sterns aktiv beitragen, wie ich im letzten Abschnitt dieses Kapitels beschreiben werde.

Flaresterne

Flaresterne sind kleine Rote Zwerge, die große Explosionen von der Art der Sonnenflares erlitten haben. Weil das Licht des Flares nur einen kleinen Bruchteil des Sonnenlichts ausmacht, müssen für die Beobachtung von Flares auf der Sonne spezielle Filter verwendet werden (und aus Sicherheitsgründen zusätzlich die Projektionsmethode oder ein Filter, wie ich sie in Kapitel 10 beschrieben habe). Die Explosionen auf Flaresternen sind jedoch so hell, dass sich die Helligkeit des Sterns insgesamt dabei messbar verändert. Nicht alle Roten Zwerge weisen diese häufigen Explosionen auf, doch bei Proxima Centauri, dem uns am nächstgelegenen Stern jenseits der Sonne, handelt es sich um einen solchen Flarestern.

Explodierende Sterne: Supernovae und Kataklysmische Veränderliche

Die Explosionen der Novas und Supernovas sind derart gewaltig, dass ich sie nicht mit den Flaresternen zusammenpacken kann.

Novas

Novas explodieren durch einen kumulativen Prozess in einem Weißen Zwerg eines Doppelsternsystems. Sie ähneln den im ersten Abschnitt dieses Kapitels beschriebenen Supernovas des Typs Ia, mit dem Unterschied, dass der Weiße Zwerg nicht zerstört wird. Er wirft nur seine Mütze ab, kommt hinterher zur Ruhe und saugt mehr Gas von seinem Begleiter, um es selbst anzusetzen. Das Gas wird durch die starke Gravitationskraft des Weißen Zwergs komprimiert und diese Oberflächenschicht wird aufgeheizt. Nach Jahrhunderten oder Millennien geht die Post wieder ab! Soweit zumindest die Theorie. Niemand war bisher zugegen, um die Explosion einer normalen oder klassischen Nova zweimal zu erleben. Es gibt jedoch ähnliche Doppelsternsysteme, deren Explosionen zwar schwächer sind, sich jedoch hinreichend häufig ereignen, um z.B. von Amateurastronomen, welche diese Systeme stets überwachen, entdeckt und von Profis untersucht zu werden. Diese Objekte haben unterschiedliche Namen, wie beispielsweise *Zwergnova* oder *AM Herculis-Systeme*.

Klassische Novas, Zwergnovas und ähnliche Objekte sind unter dem Sammelbegriff *Kataklysmische Veränderliche* bekannt.

Alle zehn Jahre, Pi mal Daumen, ereignet sich eine Nova, die hell genug ist, um mit dem bloßen Auge gesehen zu werden. Ich habe eine im Herkules 1963 für meine Doktorarbeit untersucht. Wäre der Stern nicht noch rechtzeitig explodiert, so würde ich jetzt vielleicht immer noch nach einem Thema suchen. In jüngster Zeit wurden Astronomen 1999 von der hellen Nova in Vela geblendet.

Supernovas

Supernovas werfen Supernova-Überreste genannte Nebel ab, die sich mit hohen Geschwindigkeiten in alle Richtungen ausbreiten (siehe Abbildung 11.5). Zunächst besteht der Nebel aus dem Material, das bis auf das hinterlassene Zentralobjekt, sei es ein Neutronenstern oder ein Schwarzes Loch, einst den zerschmetterten Stern ausmachte. Während er sich in den Weltraum ausbreitet, sammelt er jedoch, gleich der Schaufel eines Schneepfluges, interstellares Gas auf. Nach einigen Tausend Jahren besteht der Supernova-Überrest mehr aus aufgesammeltem Gas als aus Supernova-Trümmern.

Supernovas sind unvorstellbar hell und eher seltene Objekte. Astronomen schätzen, dass es in einer Galaxie wie der Milchstraße alle 25 bis 100 Jahre eine Supernova gibt. In unserer Galaxie haben wir seit Keplers Stern 1604, noch vor der Erfindung des Teleskops, keine Supernova bezeugt. Es mögen auch andere stattgefunden haben, doch waren diese durch Staubwolken in der Galaxie vermutlich verdeckt. Ein riesiger Südstern namens Eta Carinae sieht danach aus, als wäre er auf dem Sprung zur Supernova in unserer Milchstraße, doch in der Sprache der Astronomen heißt das, dass er irgendwann in den nächsten Millionen Jahren explodieren könnte.

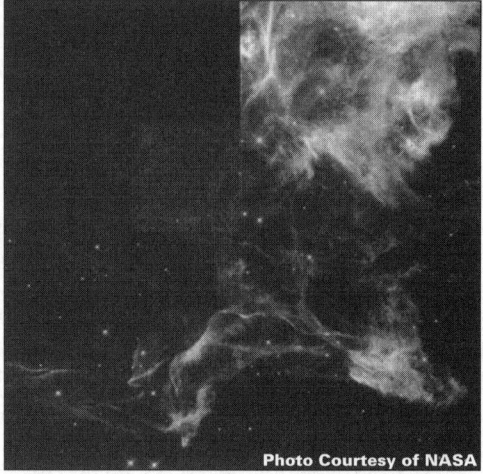

Abbildung 11.5: Ein Teil der Cygnus-Schleife, ein Supernova-Überrest.

Bedeckungsveränderliche Sterne

Bedeckungsveränderliche Sterne sind Doppelsternsysteme, deren absolute Helligkeit unverändert bleibt (es sei denn einer der Sterne ist ein pulsierender Stern, Flarestern oder ein anderer intrinsischer Veränderlicher), von Beobachtern auf der Erde jedoch als sich verändernd registriert wird. Das liegt daran, dass die *Bahnebene* des Systems – die Ebene, in der sich die Bahnen der beiden Planeten befinden – so ausgerichtet ist, dass unsere Sichtlinie zu dem Doppelsternsystem darin enthalten ist.

Wenn die Bahnperioden der beiden Sterne im System vier Tage betragen, dann geht der massereichere Stern, in der Regel A genannt, alle vier Tage von der Erde aus gesehen vor dem anderen Stern durch. Dieser Durchgang blockiert einen Teil oder das gesamte vom zweiten, B genannten Stern abgestrahlte Licht (je nachdem, ob er größer oder kleiner als A ist – mitunter ist der masseärmere Stern größer als dessen schwerer Begleiter), sodass das System leuchtschwächer erscheint. Dieser Prozess wird als *Bedeckung* bezeichnet. Zwei Tage nach der Finsternis wird Stern B vor Stern A durchgehen, und eine weitere Bedeckung wird stattfinden.

Im Abschnitt »Zusammen geboren, zusammen geblieben: Doppel- und Mehrfachsterne«, erwähnte ich, wie man mithilfe der Bahngeschwindigkeiten auf die Massen und die Bahndurchmesser der Sterne schließen kann. Die Bahngeschwindigkeiten werden wiederum aus den aufgenommenen Spektren mithilfe des Dopplereffekts bestimmt. Wir messen zudem die Dauer der Finsternis von Bedeckungsveränderlichen. Eine Bedeckung des Sterns B beginnt, wenn der vorangehende Rand des Sterns A anfängt, sich über seine Scheibe zu schieben, und endet, wenn der folgende Rand des Sterns A die Scheibe des Sterns B verlässt. Damit sagt uns das Produkt aus Bahngeschwindigkeit und Finsternisdauer, wie groß der Stern ist.

Die Details all dieser Methoden sind natürlich etwas komplizierter. Für das Verständnis der Prinzipien sind sie jedoch sehr gut geeignet.

Als berühmtestes Beispiel für Bedeckungen in einem Doppelsternsystem wird Beta Persei angeführt, der auch unter dem Namen Algol, der Dämonenstern, bekannt ist.

Sie werden gewiss nicht in Teufels Küche geraten, wenn Sie Algols Finsternisse von der Nordhalbkugel aus beobachten – dieser ist nämlich ein heller, auf dem Nordhimmel im Herbst wohlpositionierter Stern. Die Bedeckungen können Sie selbst ohne ein Teleskop oder Fernglas beobachten. Alle zwei Tage und einundzwanzig Stunden verringert sich Algols Helligkeit um etwas über eine Größenklasse (mehr als um einen Faktor 2,5) über die Dauer von etwa zwei Stunden. Sie müssen jedoch wissen, *wann* Sie nach einer Finsternis zu suchen haben. Sie möchten doch sicherlich nicht drei Tage lang in Ihrem Garten darauf warten. Schauen Sie sich den kleingedruckten Text auf den letzten Seiten von *Sky&Telescope* an oder die Rubrik *Aktuelle Hinweise für den Beobachter* in *Sterne und Weltraum*, wo Informationen für Beobachter aufgeführt werden, oder konsultieren Sie das im Kosmos Verlag jährlich erscheinende *Himmelsjahr*. In der Zeitschrift *Sky&Telescope* gibt es hin und wieder einen *Minima of Algol* betitelten Abschnitt, in dem die Daten und Zeiten, zu denen sich die Bedeckungen ereignen werden, schon Monate im Voraus aufgeführt werden.

Die *Minima* sind die Zeitpunkte, zu denen Veränderliche Sterne den niedrigsten Helligkeitswert ihres aktuellen Zyklus erreichen. Die *Maxima* sind dagegen die Zeitpunkte, zu denen sie am hellsten erscheinen.

Microlensing-Effekte

Es kommt mitunter vor, dass ein weit entfernter Stern vor einem noch entfernteren durchläuft. Die beiden Sterne haben offenbar nichts miteinander zu tun und können Tausende von Lichtjahren voneinander entfernt sein. Das Gravitationsfeld des näheren Sterns kann jedoch das vom dahinter liegenden Stern ausgesandte Licht derart beugen, dass uns dieser fernere Stern über Tage oder sogar Wochen deutlich heller erscheint. Dieser Effekt wird von Einsteins Allgemeiner Relativitätstheorie vorhergesagt und in regelmäßigen Abständen festgestellt. Er ist unter der Bezeichnung *Gravitationslinseneffekt* bekannt, und wenn die das Licht beugende »Linse« oder das Gravitationsfeld eines Objekts ein Stern ist, dann nennt man den Effekt *Microlensing*. Die starke Lichtablenkung durch die Gravitation einer oder mehrerer Galaxien wird als *Lensing* bezeichnet (ohne micro).

Sie denken vielleicht, es sei sehr unwahrscheinlich, dass zwei beliebige Sterne mit der Erde eine Linie zu bilden vermögen, womit Sie durchaus Recht haben! Ich gratuliere Ihnen zu diesem Gedanken. Um solche seltenen Ereignisse in regelmäßigen Abständen zu beobachten, verwenden Astronomen teleskopische elektronische Kameras, mit deren Hilfe Hunderttausende bis zu Millionen Sterne zeitgleich aufgenommen werden können. Unter all diesen beobachteten Sternen ist die Wahrscheinlichkeit dafür, dass einer vor einem anderen durchgeht, deutlich höher.

Der Trick dabei ist, das Teleskop auf eine Stelle am Himmel zu richten, bei der eine sehr große Zahl von Sternen gleichzeitig im Gesichtsfeld vorhanden sind. Ein Beispiel hierfür ist die Große Magellanische Wolke, eine benachbarte Satellitengalaxie der Milchstraße, und der Zentralbalken (Bulge) der Milchstraße selbst, wo es ein ganzes Durcheinander von Sternen gibt.

Sternnachbarn, die man kennen muss

Proxima Centauri, den nächsten Stern jenseits der Sonne, haben Sie bereits kennen gelernt. Es ist das dritte oder abseits gelegene Mitglied des Alpha Centauri Tripels.

- ✔ Alpha Centauri ist ein heller dem südlichen Sternbild Kentaur (Centaurus) zugehöriger Stern (siehe Abbildung 11.6). Er ist ein Stern des Typs G, ein Hauptreihenzwerg mit etwa derselben Farbe wie die Sonne, doch etwas heller.
- ✔ Alpha Centauris oranger Begleiter ist ein etwas kleinerer und kühlerer, Alpha Centauri B genannter Zwerg.
- ✔ Der kleine Rote Zwerg und Flarestern Proxima ist Alpha Centauri C.

Das System Alpha Centauri liegt etwa 4,4 Lichtjahre von der Erde entfernt, wobei der uns am nächsten gelegene Proxima, 4,2 Lichtjahre entfernt ist.

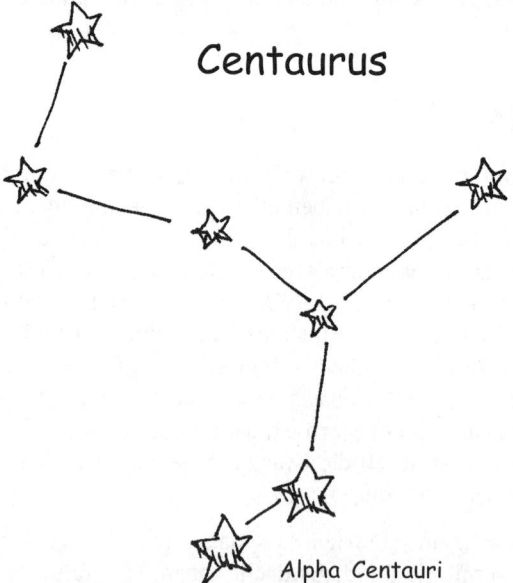

Abbildung 11.6: Alpha Centauri liegt am fernen Südhimmel.

Sirius ist der hellste Stern des Nachthimmels. Sein amtlicher Name lautet Alpha Canis Majoris im Canis Major, dem Großen Hund (siehe Abbildung 11.7). Etwas südlich des Himmelsäquators liegt der Weiße Hauptreihenstern des Typs A, von den meisten bewohnten Erdregionen aus leicht sichtbar. Er liegt 8,5 Lichtjahre von uns entfernt und ist so hell, dass er fast jedermann auffällt.

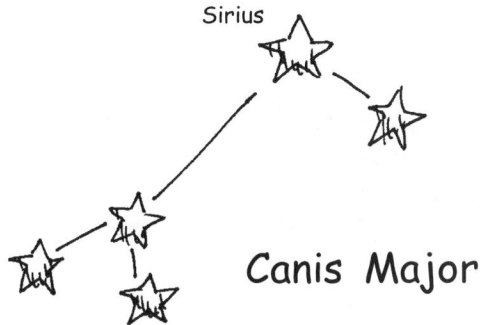

Abbildung 11.7: Sirius ist der Herr der Hunde in Canis Major.

Wie die meisten anderen Sterne außer der Sonne hat Sirius einen Begleiter, den Weißen Zwerg Sirius B. Sirius ist als »der Hund« bekannt, und als sein winziger Begleiter entdeckt wurde, lag es auf der Hand, diesen »den kleinen Hund« zu taufen.

Es existieren eine Legende und einige, verschiedene Interpretationen zulassende, schriftliche Aufzeichnungen darüber, dass Sirius vor Tausenden von Jahren als roter Stern gesehen wurde. Trotz großer Bemühungen ist es den Wissenschaftlern jedoch nicht gelungen, diese Farbe anhand bekannter physikalischer Prozesse zu erklären. Aus diesem Grunde behaupten wir natürlich, dass dem nicht so gewesen sein könne.

Vega ist Alpha Lyrae, der hellste Stern in der Lyra, der Leier. Von den gemäßigten nördlichen Breiten aus gesehen (wie z.B. den unsrigen), steht er an Sommerabenden hoch am Himmel und ist jedem ernsthaften Amateurastronomen wie die eigene Westentasche bekannt. Als einer der hellsten Sterne am Himmel strahlt und funkelt er weißlich etwa 26 Lichtjahre entfernt.

Fast 500 Lichtjahre entfernt, liegt Betelgeuse nicht eben in unserer Nachbarschaft. Beobachter erfreuen sich an seiner tiefroten Farbe und dem lustigen Namen. Es ist ein Roter Überriese, etwa 50 000 mal heller als die Sonne. Betelgeuses offizieller Name ist Alpha Orionis, doch der größte Stern in Orion ist Rigel (Beta Orionis).

Sternbeobachtungen im Dienste der Wissenschaft

Weil sie sich in der Helligkeit unterscheiden und verschiedene andere charakteristische Eigenschaften aufweisen, befinden sich die Sterne unter ständiger fachkundiger Überwachung. Die professionellen Astronomen werden jedoch nicht mit allen fertig, und dies ist der Punkt, an dem Sie ins Spiel kommen. Sie können mit Ihren Augen, dem Fernglas oder Teleskop einige dieser Sterne überwachen.

Sie müssen in der Lage sein, die Sterne zu erkennen und ihre Helligkeit einzuschätzen. Die Helligkeit der meisten Sterne ändert sich derart signifikant (um einen Faktor zwei, zehn oder sogar hundert), dass Abschätzungen mit dem bloßen Auge ausreichend genau sind, um sie auseinander zu halten. Dabei können Sie sich einer so genannten *Vergleichskarte* bedienen, einer Karte, auf der sowohl die Lagen der variablen Sterne als auch die Positionen und Größenklassen der *Vergleichssterne* verzeichnet sind. Die Helligkeit der Vergleichssterne bleibt dabei stets unverändert und ist bereits gemessen worden.

Eine Fülle an Informationen zu Beobachtungsmodalitäten von Veränderlichen Sternen werden von der American Association of Variable Star Observers (AAVSO) angeboten. Deren Website befindet sich unter www.aavso.org. Sie bieten Beobachternovizen Hilfe an. Ein erschwinglicher Sternatlas und Hunderte von Vergleichskarten für verschiedene Veränderliche Sterne werden unter anderem angeboten. Die Karten kosten nur 25 Cents pro Stück, können aber auch unentgeltlich von der AAVSO-Website gezogen werden.

Die AAVSO koordiniert eine Nova- und eine Supernova-Suche, denen Sie sich, nachdem Sie einige Erfahrungen im Beobachten gesammelt haben werden, hinzugesellen können.

- ✔ **Die Nova-Suche:** Bei diesem Vorhaben ist Geduld, Sorgfalt und ein Fernglas angesagt. Bei Ihrem Beitritt wird ihnen ein kleiner Teil des Himmel zugewiesen. Ihre Aufgabe ist es, diesen Teil so häufig, wie es Ihnen möglich ist, zu durchsuchen. Prüfen Sie mit Ihrem Fernglas die Muster schwacher Sterne sorgfältig und vergleichen Sie diese mit den Sternkarten.

  Wenn Sie einen »neuen Stern« (dies ist die Bedeutung des lateinischen *nova*) gefunden haben, der nicht auf Ihren Karten verzeichnet ist, melden Sie ihn so schnell wie möglich, am besten per E-Mail. Es könnte sein, dass Sie eine echte Nova entdeckt haben, eine Explosion in einer bestimmten Art Doppelsternsystem. Doch sollten Sie vorher ein paar Stunden abwarten, um zu sehen, ob sich die »Nova« bewegt. Wenn sie sich bezogen auf andere im Sichtfeld liegende Sterne bewegt, dann handelt es sich dabei auf keinen Fall um einen Stern, sondern um einen Asteroiden oder einen schwachen Kometen. Auch andere Fehler können auftreten. In den frühen Fünfzigern haben mein Kumpel Charlie und ich der AAVSO ein Telegramm geschickt, in dem wir eine mit dem Teleskop von einem der Dächer Brooklyns aus von uns entdeckte Nova meldeten. Da sie sich weder bewegte noch auf unseren Karten verzeichnet war, glaubten wir, es sei eine Nova. Der Ruhm blieb jedoch aus, denn es stellte sich heraus, dass wir lediglich einen Stern entdeckt hatten, der zufälligerweise nicht auf der Karte verzeichnet worden war.

- ✔ **Die Supernova-Suche:** Dieses Programm ist für fortgeschrittene Amateure geeignet. In einigen Jahren werden Sie dafür gerüstet sein. Für diese Art von Beobachtungen benötigen Sie ein ziemlich gut ausgerüstetes Teleskop und möglicherweise auch eine elektronische Kamera, mit der Sie durch das Teleskop Aufnahmen machen können. In diesem Fall werden Sie nämlich nicht einen Flicken Himmel in unserer Milchstraße überwachen, sondern entfernte Galaxien einzeln unter die Lupe nehmen und nach einem hellen Fleck Ausschau halten, der plötzlich irgendwo erscheinen könnte. Da sie so viel heller ist als eine Nova, kann eine Supernova, selbst wenn sie sich in einer entfernten Galaxie ereignet, leicht gesehen werden.

Galaxien: Die Milchstraße und jenseits davon

In diesem Kapitel

▶ Bereisen Sie die Milchstraße, deren Sternhaufen und Nebel

▶ Werden Galaxien nach Form und Größe klassifiziert

▶ Werden Galaxien in Gruppen und Haufen aufgeteilt

▶ Betrachten Sie Superhaufen, Große Mauern und kosmische Leeren

---

Unser Sonnensystem ist ein kleiner Teil der Milchstraße, einer Galaxie, die Hunderte von Milliarden Sterne, Tausende von Nebeln und Hunderte von Sternhaufen enthält. Die Milchstraße ist ihrerseits eine der größten Komponenten der Lokalen Gruppe. Jenseits der Lokalen Gruppe, gute 50 Millionen Lichtjahre von der Erde entfernt, befindet sich der Virgo-Haufen, der nächstgelegene Galaxienhaufen. Wenn Wissenschaftler zu viel größeren Entfernungen ins Universum hinausblicken, sehen sie Superhaufen, überwältigende, mehrere Galaxienhaufen enthaltende Systeme. Derzeit sind noch keine Superhaufen von Superhaufen entdeckt worden, doch Große Mauern, bei denen es sich um unvorstellbar lange Superhaufen handelt, gibt es. Der Großteil des Universums scheint von nur wenige Galaxien enthaltenden Leerräumen, so genannten »Voids«, durchsetzt zu sein.

In diesem Kapitel werden Ihnen die Milchstraße und deren wichtigste Teile vorgestellt, und Sie werden auf systematische Weise in die Tiefen des Universums eintauchen, wo Sie anderen Galaxienarten begegnen und deren Aufbau verstehen werden.

Eine Reise entlang der Milchstraße: Das galaktische Heim der Erde

Gönnen Sie sich doch einmal eine Reise entlang der Milchstraße! Sie ist zwar länger als jede uns bekannte sehenswürdige Weinstraße, und die Kostproben haben eine etwas ungewohnte Konsistenz (eher milchig und kremig), doch sie ist mindestens genauso reizvoll. Die Milchstraße ist jenes weiße Band diffusen Lichts, das Sie an klaren Sommertagen und Winternächten am besten sehen können.

Bis 1610, als Galileo sie sich mit einem Teleskop genauer ansah, ging kaum eine Erklärung für die Milchstraße darüber hinaus, dass es sich dabei um eine Milchströmung durchs Universum handele. Galileo entdeckte, dass es da nichts zu Schlecken gab, sondern dass sich eine immense Zahl schwachleuchtender, zusammengewürfelter Sterne dem Auge als eine große, flauschige Wolke zeigte. Das Teleskop stellte sich eindeutig als Fortschritt heraus.

Wie ich später in diesem Kapitel erklären werde, sind Galaxien die Grundbausteine des Universums, und die Milchstraße ist ein wohlgeratener Baustein. Sie enthält fast alles, was sich mit bloßem Auge sehen lässt, und darüber hinaus einiges mehr – von der Erde und deren Sonnensystem bis hin zu den Sternen in der Sonnennachbarschaft, den sichtbaren Sternen in den Sternbildern und allen anderen Sternen, die zusammengerührt eine milchige Strömung am Nachthimmel ergeben. Zusätzlich enthält die Milchstraße jeden einzelnen Nebel, den Sie ohne ein Teleskop sehen können, und viele andere, die sich Ihren Blicken entziehen.

Die Milchstraße ist eine riesige Galaxie! Außer einzelnen Sternen enthält sie Hunderte von Sternhaufen, wie beispielsweise die Plejaden und Hyaden im Sternbild Taurus, oder, für die glücklichen Beobachter in Australien, Südamerika und anderen Orten auf der Südhalbkugel, das Schmuckkästchen in der Crux, dem Kreuz des Südens, und den großen runden Omega Centauri.

Welche Form hat die Milchstraße?

Die Milchstraße ist eine aus Milliarden von Sternen bestehende Spiralgalaxie, wobei die Spiralarme in einer ähnlich einer Pizza abgeflachten Scheibe liegen (die *galaktische Scheibe*). Die Arme sehen aus, wie die aus einem sich drehenden Rasensprenger herausschießenden Wasserstrahlen und enthalten zahlreiche helle, junge, blaue und weiße Sterne und Gaswolken. Gruppen junger heißer Sterne (so genannte Assoziationen) sprenkeln die Spiralarme in der galaktischen Scheibe wie Peperoni-Scheiben auf einer Pizza. Helle und dunkle sich in den Armen ebenfalls befindende Nebel sehen aus wie Pilze. Zwischen den Armen liegen die Zwischenarmregionen (nicht alle astronomischen Begriffe sind so packend wie Barnacle Bill, ein Fels auf dem Mars, oder das Rote Rechteck, ein Nebel, der eigentlich eher wie eine Sanduhr aussieht).

Die düstere Milchstraße

Früher war die Milchstraße für jeden sichtbar. Heutzutage leben viele Menschen in oder um große Städte, wo sie durch die hellen Lichter verdeckt bleibt.

Eine Möglichkeit, die Milchstraße fernab der Lichtverschmutzung zu sehen, ist, in die Berge oder ans Meer zu fahren und es bei einem dunkleren als dem gewohnten Himmel zu versuchen. Das Licht des Vollmondes wirkt sich ebenfalls störend auf die Beobachtung aus. Planen Sie Ihre Ferien daher um die Zeit des Neumondes ein, in der es nur wenig oder gar kein Mondlicht gibt. Am stärksten ausgeprägt ist die Milchstraße im Sommer und Winter und am wenigsten sichtbar im Frühling und Herbst.

Der Blick über die Milchstraße hinaus

Die drei leicht mit dem bloßen Auge sichtbaren Objekte jenseits der Milchstraße sind die Großen und Kleinen Magellanschen Wolken (zwei benachbarte Galaxien, die von der Südhalbkugel aus gesehen werden können) und die Andromeda-Galaxie. Manche, mit einem hervorragenden Sehvermögen ausgestattete Leute (und viele andere, die ihre Freunde beeindrucken wollen) behaupten, die Dreiecksgalaxie ebenfalls sehen zu können. Sowohl das Dreieck als auch Andromeda liegen etwa zwei Millionen Lichtjahre von der Erde entfernt, doch Andromeda ist größer und heller.

Ich rede von der Großen Magellanschen Wolke als einem Objekt, in Wirklichkeit aber enthält sie einen riesigen, hellen Nebel, die Tarantel, der ebenfalls mit bloßem Auge gesehen werden kann. Im Jahre 1997 war in der Großen Wolke für einige Monate die helle Supernova 1987A sichtbar.

Im Zentrum unserer Galaxie befindet sich das so genannte *galaktische Zentrum* (sie haben es erraten!), in dessen Zentrum wiederum der so genannte »Bulge« liegt. Der *galaktische Bulge* ist eine grob sphärische Ansammlung von Millionen meist oranger und roter Sterne, die wie ein riesiger Fleischkloß im Zentrum der galaktischen Scheibe liegt und nach oben und unten weit über diese hinausragt. In ihrem Zentrum thront das supermassive Schwarze Loch Sagittarius A*. Abbildung 12.1 stellt ein Modell der Milchstraße mitsamt ihren Bestandteilen dar.

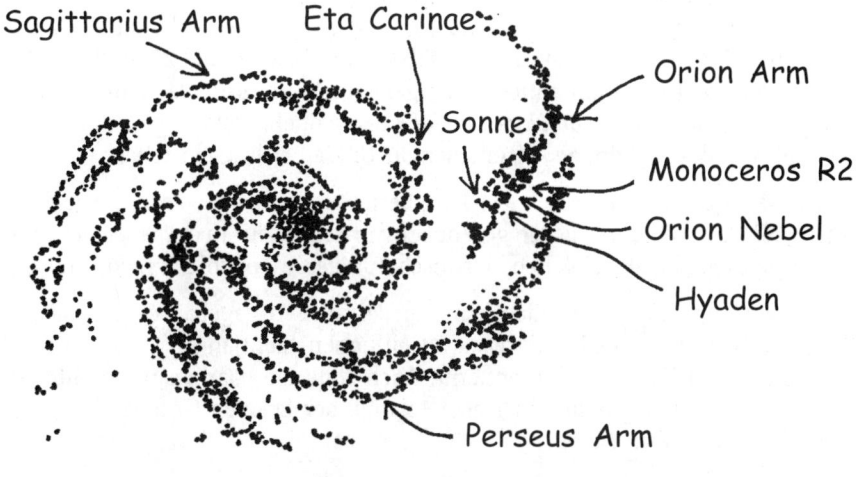

Die Milchstraße

Abbildung 12.1: Die Milchstraße ist eine Spiralgalaxie, deren Arme das Galaktische Zentrum umschlingen.

 Die flache, imaginäre Fläche oder Mittelebene der Galaxis wird galaktische Scheibe genannt, und der Kreis, der ihren Durchschnitt mit dem von der Erde aus sichtbaren Himmel darstellt, ist der *galaktische Äquator*.

Manchmal wird die Lage eines Objekts nicht in Rektaszension und Deklination (den in Kapitel 1 definierten Koordinaten) sondern in galaktischen Koordinaten angegeben. Die galaktischen Koordinaten sind die *galaktische Breite*, die in Grad nördlich oder südlich des galaktischen Äquators gemessen wird, und die *galaktische Länge*, die in Grad entlang des galaktischen Äquators gemessen wird.

Die galaktische Länge wird ausgehend vom galaktischen Zentrum, dem eine Länge von Null Grad entspricht, gezählt. (Eigentlich liegt der tatsächliche Nullpunkt etwas abseits des galaktischen Zentrums, weil es der Punkt ist, den man 1959 für das galaktische Zentrum hielt. Heute wissen wir es genauer.) Die galaktische Länge nimmt entlang des galaktischen Äquators vom Sternbild Sagittarius zum Adler, Cygnus und Cassiopeia zu, geht dann über zum Fuhrmann, Großen Hund, Carina und Centaurus – den ganzen Weg bis zum 360. Längengrad, zurück zum galaktischen Zentrum. Sehen Sie sich die eben erwähnten Sternbilder mit einem Fernglas an, so werden Sie mehr Sterne, Sternhaufen und Nebel sehen als sonstwo am Himmel.

Die Sternbilder, die von der galaktischen Scheibe durchkreuzt werden, gehören zu den schönsten Sehenswürdigkeiten des Himmels. Einfach galaktisch!

Wo können Sie die Milchstraße finden?

Die Milchstraße liegt nicht in einer bestimmten Entfernung von der Sonne und der Erde, welche ja in ihr enthalten sind. Das galaktische Zentrum liegt jedoch etwa 25 000 Lichtjahre von der Erde weg. Aktuelle mit einem *Very Long Baseline Array* genannten Radioteleskop aufgenommene Messungen ergaben, dass das Sonnensystem das galaktische Zentrum in 226 Millionen Jahren einmal vollständig umkreist. Diese Information beseitigte eine große Diskrepanz: Bis dahin wussten Wissenschaftler nicht, ob diese als *galaktisches Jahr* bezeichnete Zeitspanne 200 oder 250 Millionen Jahre beträgt. Von nun an können Astronomen die Uhrzeit richtig einstellen.

Die uns am nächsten liegenden Teile der Peripherien der Galaxie, oder des Science Fiction-Fans bekannten *galaktischen Rands*, liegen gegenüber von Sagittarius in etwa gleicher Entfernung. Die Scheibe der Milchstraße ist weitgehend identisch mit diesem milchigen Lichtband am Himmel.

Die Milchstraße liegt etwa 169 000 Lichtjahre von der Großen Magellanschen Wolke, etwa 2 Millionen Lichtjahre von Andromeda und etwa 50 Millionen Lichtjahre von dem nächsten großen Galaxienhaufen, dem Virgo-Haufen, entfernt. Auch stellt sie haargenau die Mitte eines kleinen Galaxienhaufens dar (Größen sind hier eher relativ), der Lokalen Gruppe, die ich alle später in diesem Kapitel beschreiben werde.

Wann und wo bildete sich die Milchstraße?

Die Milchstraße ist vermutlich so alt wie das Universum und sicherlich älter als die 12 Milliarden Jahre, auf welche das Alter einiger ihrer ältesten Sterne geschätzt wird. Manche werden sogar noch älter geschätzt. Da es die Erde damals noch nicht gab, war auch niemand dabei, um das bestätigen zu können. Damit sind diese Schätzungen sehr grob.

Die Milchstraße verdankt ihre Form und Größe der Gravitation. Vor langer Zeit bewirkte die Gravitation den Kollaps und die Verdichtung einer Riesenwolke von Urgas. Da kleine Klumpen innerhalb der kollabierenden Wolke noch schneller als die Wolke als Ganzes in sich zusammenfielen, bildeten sich die Sterne. Da sich die große Wolke anfänglich sehr langsam gedreht haben muss, wird sie später, während sie sich verkleinerte, immer schneller gekreist und zur heutigen Spiralscheibenform abgeflacht sein und *voilà, la voie lactée* (da ist sie, die Milchstraße).

Wenn Sie eine bessere Theorie haben, dann werden Sie selbst Astronom(in) und schreiben eines Tages Ihr eigenes Buch – in der Wissenschaft geht es, wie in Galaxien, manchmal rund.

Galaktische Verbündete: Die Sternhaufen

Sternhaufen sind einfach Haufen von sich in und um die Galaxie befindenden Sternen. Es handelt sich dabei nicht um Zufallsverbindungen (obwohl eine Art von Sternhaufen als »Assoziation« bezeichnet wird), sondern um Gruppen von Sternen, die gemeinsam in einer Wolke geboren und in den meisten Fällen durch die Gravitation zusammengehalten wurden.

Die drei Hauptarten von Sternhaufen sind offene Haufen, Kugelhaufen und OB-Assoziationen.

Für die Ansicht wunderschöner Aufnahmen von Sternhaufen lege ich Ihnen die Website des Anglo-Australian Observatory ans Herz, die Sie unter `www.aao.gov.au/local/www/dfm/cluster_frames.html` finden können, oder laden Sie sich selbst zu einem »coffee-table«-Buch ein, dem *The Invisible Universe* von David Malin (Bulfinch Press, 1999), das eine Auswahl der besten am Observatorium verarbeiteten Fotografien enthält.

Offene Haufen

Offene Haufen enthalten Dutzende von Tausenden von Sternen, weisen keine bestimmte Form auf und liegen in der Scheibe der Milchstraße. Typische offene Haufen messen etwa 30 Lichtjahre im Durchmesser. Im Unterschied zu Kugelhaufen verdichten sie sich zum Zentrum hin nicht und sind normalerweise deutlich jünger als diese. Für Beobachtungen mit kleinen Teleskopen oder Ferngläsern sind sie bestens geeignet, wobei manche sogar mit bloßem Auge gesehen werden können.

Die bekanntesten und am leichtesten sichtbaren Sternhaufen am Nordhimmel sind folgende:

✔ Die in der nordwestlichen Ecke des Taurus (dem Stier) liegenden Plejaden.

Die Plejaden, auch als Siebengestirn bekannt, sehen mit bloßem Auge wie ein winziger Wagen aus. Sie können Ihr Sehvermögen mit dem eines Freundes dadurch vergleichen, dass sie prüfen, wie viele Sterne Sie im Plejaden-Haufen – oder M45, da er das 45. Objekt in Messiers Katalog ist (siehe Kapitel 1) – ausmachen können.

Schauen Sie anschließend durch ein Fernglas, um festzustellen, wie viele Sie damit zusätzlich sehen können. Der größte Stern in den Plejaden ist Eta Tauri (Größenklasse 3), der auch unter dem Namen Alcyone bekannt ist. (Siehe Kapitel 1 für die Definition der Größenklasse).

✔ Die ebenfalls in Taurus liegenden Hyaden.

Die für das bloße Auge eine weitere Sehenswürdigkeit darstellenden Hyaden umfassen nahezu alle das V am Kopf des Taurus ausmachenden Sterne. Weil sich im V der helle Rote Riese Aldebaran (Größenklasse 1) oder Alpha Tauri (siehe Abbildung 12.2) befindet, können Sie es kaum übersehen. Eigentlich liegt Aldebaran nicht in den Hyaden, sondern weit dahinter, doch von der Erde aus gesehen, sieht es so aus, da er in derselben Richtung wie die Hyaden liegt.

Weil sie nur 150 Lichtjahre von der Erde entfernt sind, erscheinen die Hyaden deutlich heller als die 400 Lichtjahre entfernten Plejaden.

✔ Der Doppelhaufen in Perseus.

Mit kleinen Teleskopen oder Ferngläsern beobachtbar, bietet der Doppelhaufen einen herrlichen Anblick. Dessen zwei Haufen NGC 869 und 884 liegen vermutlich beide in einer Entfernung von mehr als 7000 Lichtjahren von der Erde entfernt. NGC steht dabei für *New General Catalogue* (Neuer Allgemeiner Katalog), der bei seinem Erscheinen im Jahre 1888 in der Tat neu war.

✔ Der Bienenstock im Krebs.

Der Bienenstock (Messier 44) ist die Hauptattraktion im Krebs, ein aus einem leuchtschwachen Sternen zusammengesetztes Sternbild. Mit bloßem Auge sieht es wie ein flauschiger Flicken aus und durch ein Fernglas wie ein Sternenschwarm.

Für Beobachter auf der Südhalbkugel zählen zu den schönsten offenen Haufen die Folgenden:

✔ NGC 6231 in Scorpius, dem Skorpion.

NGC 6231 ist ein Objekt des Südhimmels, kann jedoch an Sommerabenden auch vom Großteil der USA und in südlicheren Breiten des europäischen Kontinents leicht gesehen werden. Dafür müssen Sie sich nur einen dunklen Ort mit einem freien Südhorizont aussuchen.

✔ Das Schmuckkästchen im Crux, dem Kreuz des Südens.

Der helle Stern Kappa Crucis liegt im Schmuckkästchen. Das Kreuz des Südens ist ein beliebtes, von der Südhalbkugel aus das ganze Jahr über sichtbares Sternbild. Wenn Sie vorhaben, eine Kreuzfahrt auf der Südsee zu machen, bestehen Sie darauf, dass sich ein Experte an Bord befindet. Sie oder er wird Sie mit Vergnügen auf das Kreuz des Südens aufmerksam machen und mit einem Fernglas können Sie den schönen Blick auf das Schmuckkästchen genießen.

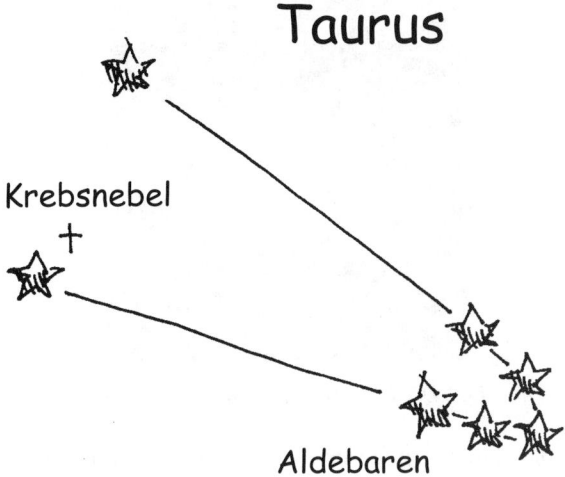

Abbildung 12.2: Taurus beherbergt den Roten Riesen Aldebaran.

Kugelhaufen

Kugelhaufen sind die Seniorenheime der Milchstraße. Sie sind nahezu so alt wie die Galaxie selbst (einige Experten vermuten, sie seien die ersten in der Milchstraße entstandenen Objekte), sodass sie aus sehr alten Sternen, einschließlich zahlreicher Roter Riesen (siehe Kapitel 11) bestehen. Die Sterne, die Sie in einem Kugelhaufen mit Ihrem Teleskop sehen können, sind größtenteils Rote Riesen. Mit größeren Teleskopen werden auch orange und rote Hauptreihenzwerge sichtbar. Nur das Hubble-Weltraumteleskop und andere sehr hoch auflösende Instrumente sind in der Lage, mehr als eine Handvoll der deutlich schwächeren Weißen Zwerge zu unterscheiden.

Ein typischer Kugelhaufen besteht aus Hunderttausenden bis zu über einer Million in eine Kugel mit dem Durchmesser zwischen 60 und 100 Lichtjahren gepackten Sterne (daher auch die Bezeichnung »Kugelhaufen«). Zum Zentrum hin sind sie dichter gepackt (siehe Abbildung 12.3). Es ist diese hohe Dichte und die Anzahl der Sterne, die einen Kugelhaufen von einem offenen Haufen unterscheidet.

Ein weiterer Unterschied besteht darin, dass offene Haufen in einem großen flachen Muster über die gesamte Scheibe verteilt sind, während sich Kugelhaufen sphärisch um das Zentrum der Milchstraße konzentrieren, wobei viele von ihnen weit oberhalb und tief unterhalb der galaktischen Scheibe liegen. Auch diese Haufen verdichten sich zum Zentrum hin, doch viele gut sichtbaren Kugelhaufen liegen weit oberhalb oder unterhalb der galaktischen Scheibe.

Abbildung 12.3: Der Kugelhaufen G1 in der Andromeda-Galaxie

Folgende Kugelhaufen eignen sich am Nordhimmel am besten für die Beobachtung:

- der den gleichnamigen mythologischen Charakter darstellende Messier 13 in Herkules.
- M15 im geflügelten Pferd Pegasus.

Sie können sowohl M13 als auch M15 mit bloßem Auge unter geeigneten Beobachtungsbedingungen (hinreichend dunkler Himmel) sehen, nur müssen Sie sich mithilfe eines Fernglases oder eines kleinen Teleskops, durch das sie als flauschige Flecken etwas größer als ein Stern aussehen, vergewissern. Verwenden Sie eine Sternkarte (z.B. *Norton's Star Atlas* von Arthur P. Norton; 19. Auflage, herausgegeben von Ian Ridpath und publiziert von Longman Publishing Group, 1998) um sie zu orten.

Beobachter auf der Nordhalbkugel wurden um die besten Kugelhaufen betrogen, denn die bei weitem hellsten und größten befinden sich am Südhimmel:

- Omega Centauri in Centaurus, dem Kentaur.
- 47 Tucanae in Tucana, dem Tukan.

Durch ein kleines Fernglas betrachtet, stellen diese spektakuläre Beobachtungsziele dar und sind gewiss eine Reise nach Südamerika, Südafrika, Australien oder an andere Orte, von denen aus man sie gut sehen kann, wert.

OB-Assoziationen

OB-Assoziationen sind relativ lose Ansammlungen mit Dutzenden von Sternen der Spektralklasse O und B und mitunter auch schwächeren, kühleren Sternen (für weitere Informationen zu Spektralklassen sei auf Kapitel 11 verwiesen). Im Unterschied zu den offenen und Kugelhaufen, werden diese Assoziationen durch die Gravitation nicht zusammengehalten; mit der Zeit bewegen sich ihre Sterne voneinander weg und die Assoziation wird gleich einer Partnerschaft, deren Ende erreicht wurde, aufgelöst. OB-Assoziationen liegen in der Nähe der galaktischen Scheibe.

Viele der hellen, jungen Sterne im Sternbild Orion (das sich südwestlich der galaktischen Scheibe befindet) sind Mitglieder der OB-Assoziation Orion.

Die Nebel: Hellleuchtende und dunkle Wolken

Ein Nebel ist eine Wolke aus Gas und Staub im Weltraum. (Unter Staub versteht man mikroskopische Festkörperteilchen, welche aus Silikaten, Kohlenstoff, Eis oder verschiedenen Kombinationen dieser Materialien beschaffen sind.) Wie ich in Kapitel 11 bereits erwähnte, spielen einige Nebel bei der Sternentstehung eine bedeutende Rolle; andere wiederum werden von auf dem Sterbebett liegenden Sternen erzeugt. Zwischen Wiege und Grab gibt es eine Auswahl von Nebeln.

Die wichtigsten Nebel sind die folgenden:

- **H II-Regionen** sind Nebel ionisierten Wasserstoffs, d.h. aus Wasserstoffatomen, die ihr Elektron verloren haben. (Das Wasserstoffatom besteht aus einem Elektron und einem Proton.) Das Gas einer H II-Region ist heiß, ionisiert und aufgrund der ultravioletten Strahlung nahe gelegener O- und B- Sterne leuchtend. Sämtliche großen, hellen Nebel, die Sie durch Ihr Fernglas sehen können, sind H II-Regionen. H II ist ein Fachbegriff, der sich auf das Spektrum des ionisierten Wasserstoffs bezieht.

- **Dunkelwolken**, die Staubflusen der Milchstraße, sind Ansammlungen von Staub, die nicht leuchten. Ihr Wasserstoff ist neutral, d.h. er hat sein Elektron nicht verloren. Der Begriff H I-Region, unter dem Dunkelwolken ebenfalls bekannt sind, bezieht sich auf einen Nebel neutralen Wasserstoffs.

- **Reflexionsnebel** bestehen aus Staub und kühlem, neutralen Wasserstoff. Sie leuchten, indem sie das Licht der Nachbarsterne zurückwerfen. Gäbe es keine solchen Nachbarsterne, so wären diese Objekte einfach Dunkelwolken.

- **Riesen-Molekülwolken** sind die größten Objekte der Milchstraße. Von der Existenz dieser kühlen und dunklen Objekte wissen wir nur dank der von Radioteleskopen gesammelten Daten. Diese sind nämlich in der Lage, die schwachen, von Molekülen wie z.B. dem Kohlenmonoxid (CO) ausgestrahlten Radiowellen zu empfangen. Wie alle anderen Nebel, bestehen auch Molekülwolken größtenteils aus Wasserstoff, doch werden sie häufig mittels ihrer Spurenkomponenten, wie dem CO, untersucht. Der in diesen Wolken vorhandene Wasserstoff liegt in Form von Molekülen vor, die man als H_2 bezeichnet. Dies bedeutet, dass jedes Molekül aus zwei neutralen Wasserstoffatomen besteht.

Eine der aufregendsten Entdeckungen der Wolkenstudien vergangener Jahrzehnte war die Tatsache, dass jene H II-Regionen, wie z.B. der Orion-Nebel, einfach kleine, heiße Bereiche an den Peripherien von Riesen-Molekülwolken sind. Der Orion-Nebel konnte über Jahrhunderte beobachtet werden, doch niemand ahnte, dass er nur einen kleinen Pickel auf einem riesigen, unsichtbaren Objekt, der Orion-Molekülwolke, darstellte. Heute wissen wir es besser. Neue Sterne werden in Molekülwolken geboren, und sobald sie hinreichend heiß geworden sind, ionisieren sie ihre unmittelbare Umgebung und verwandeln diese in H II-Regionen. An den Stellen, wo der Staub einer Molekülwolke so dicht ist, dass er das Licht vieler oder der meisten von der Erde aus betrachtet hinter der Wolke liegenden Sterne abblockt, bezeichnen wir den Bereich der Molekülwolke als Dunkelwolke.

- ✔ **Planetarische Nebel** sind, wie ich in Kapitel 11 bemerkte, die Atmosphären alter Sterne, die zunächst der Sonne ähnlich waren, jedoch später, als sie in den Todeskampf gerieten, ihre äußeren Schichten aushauchten. Ihnen ist der nächste Abschnitt gewidmet.
- ✔ **Supernova-Explosionen** sind Nebel, die aus dem bei Explosionen massereicher Sterne freigesetzten Material bestehen (siehe Kapitel 11). Details zu Supernovas finden Sie später in diesem Kapitel.

H II-Regionen, Dunkelnebel, Riesen-Molekülwolken und viele der Reflexionsnebel befinden sich in der oder um die Scheibe unsere Milchstraße.

Planetarische Nebel

Planetarische Nebel sind die Atmosphären alter Sterne, die zunächst der Sonne glichen, doch später ihre äußeren atmosphärischen Schichten abstießen. Durch das ultraviolette Licht der heißen, kleinen Sterne in ihrem Zentrum, den Hinterlassenschaften ehemaliger Sonnen, werden die Nebel ionisiert und zum Leuchten angeregt. Diese Nebel expandieren in den Weltraum und verblassen, indem sie sich vergrößern.

Ein galaktisches Missgeschick

Bis 1950 wurde der Begriff »Nebel« auch im Zusammenhang mit Galaxien verwendet. Der Grund dafür liegt darin, dass man bis 1920 Galaxien jenseits der Milchstraße für Milchstraßennebel hielt. Astronomen glaubten an die Existenz einer einzigen Galaxie, der Heimatgalaxie der Erde: die Milchstraße.

Es vergingen einige weitere Dutzende Jahre, bis sich unser Wandel im Verständnis in der Fachsprache durchsetzte. Die Autoren von Astronomiebüchern haben erst kürzlich damit aufgehört, die Andromeda-Galaxie als Andromeda-Nebel zu bezeichnen.

Edwin P. Hubble, nach dem das Weltraumteleskop und viele andere Dinge in der Astronomie benannt wurden, schrieb das berühmte Buch *Das Reich der Nebel* (engl. *The Realm of the Nebulae*). Dieses handelt von Galaxien und nicht von dem, was wir heutzutage unter Nebel verstehen. Unter seinen zahlreichen Errungenschaften zeigte Hubble, dass der Andromeda-Nebel eine Galaxie voller Sterne ist und keineswegs eine große Wolke voller Gas. Man sagte dem ehemaligen Boxer – er kämpfte im Ersten Weltkrieg – und Pfeifenraucher nach, einige der anderen Astronomen im Mount Wilson-Observatorium tyrannisiert zu haben, doch seine Entdeckungen waren handfest.

Über viele Jahrzehnte glaubten Astronomen, dass alle oder ein Großteil planetarischer Nebel sphärisch oder nahezu sphärisch seien. Heute ist bekannt, dass die meisten bipolar sind, d.h. sie bestehen aus zwei runden, sich auf entgegengesetzten Seiten des Zentralsterns gegenüberstehenden Lappen. Jene planetarischen Nebel, die sphärisch erscheinen, wie beispielsweise der Ringnebel im Sternbild Lyra (siehe Abbildung 12.4), sind ebenfalls bipolar, doch ihre Zentralachse zeigt zufälligerweise auf die Erde zu, sodass sie wie eine Hantel, auf die man koaxial blickt, kreisförmig erscheinen. Es bedurfte vieler Jahre, ehe Astronomen darauf kamen. Planetarische Nebel können weit aus der galaktischen Scheibe hinausragen.

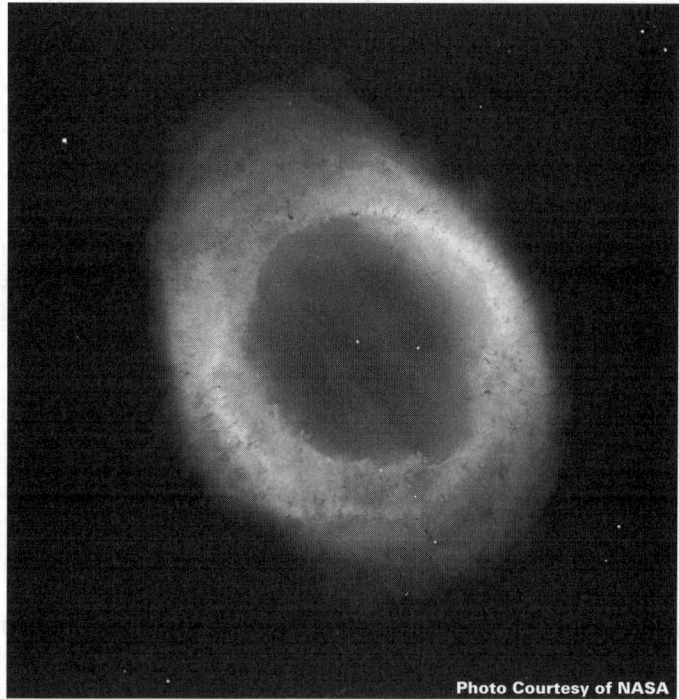

Abbildung 12.4: Der Ringnebel in der Lyra

Ein seltsamer Aspekt: Die von Astrophysikern gründlich untersuchten *protoplanetaren Nebel* sind mit den planetarischen Nebeln verwandt, aber auch wiederum nicht. Die eine Sorte protoplanetarer Nebel sind die Frühstadien planetarischer Nebel, d.h. sie bedeuten eine Phase im Sterbeprozess eines Sterns. Die andere Sorte sind die Geburtswolken von Sonnensystemen aus einem Stern und dessen Planeten. Es ist nicht sehr günstig, denselben Begriff für zwei unterschiedliche Objekte zu verwenden, doch niemand ist perfekt. Wir müssen auf einen zweiten Edwin P. Hubble warten, der uns solange piesacken wird, bis wir uns zu einer vernünftigeren Terminologie entschließen können.

Supernova-Überreste

Supernova-Überreste setzen sich zunächst aus dem bei der Explosion massereicher Sterne freigesetzten Material zusammen. Ein junger Supernova-Überrest besteht nämlich nahezu ausschließlich aus den Bruchstücken des explodierten Sterns. Während sich das Gas in den interstellaren Raum ausbreitet, verhält es sich jedoch wie ein Schneeball, der beim Rollen immer mehr Schnee aufsammelt. Bei der Ausbreitung des Supernova-Überrests entsteht eine Art Schneeballeffekt, bei dem er dünnes interstellares Gas aufsammelt. Zehntausende Jahre später, wenn der Supernova-Überrest gealtert ist, besteht der Nebel vorwiegend aus aufgesammeltem interstellaren Gas, während die Überbleibsel des explodierten Sterns nur noch Spuren darstellen.

Supernova-Überreste wurden entlang und in der Nähe der galaktischen Scheibe der Milchstraße gefunden.

Nebel sind eines Blickes würdig

Im Folgenden führe ich einige der besten, hellsten (oder im Falle der Dunkelwolken dunkelsten) und schönsten von der Nordhalbkugel aus sichtbaren Nebel auf:

✔ Der im Orion, dem Himmelsjäger, liegende Orion-Nebel, Messier 42.

   Der Orion-Nebel ist eine H II-Region, die mit dem bloßen Auge sehr leicht als flauschiger Fleck im Schild des Orion gesehen werden kann. Der Nebel sieht durch ein Fernglas nett und durch ein Teleskop spektakulär aus. Durch das Teleskop kann auch das Trapez gesehen werden, ein heller Viererstern (siehe Kapitel 11) im Nebel.

✔ Der Ringnebel in der Lyra, Messier 57.

   Der Ringnebel ist ein planetarischer Nebel, der in normalen nördlichen Breiten an Sommerabenden hoch am Himmel steht. Wie im Falle aller planetarischer Nebel, benötigen Sie, um ihn mit Ihrem Teleskop zu finden, eine Sternkarte, es sei denn, Sie besitzen ein computergesteuertes Teleskop, wie z.B. das Meade ETX-90/EC (siehe Kapitel 3), welches ihnen den Nebel auf Bestellung vorzeigen wird.

✔ Der Hantelnebel in der Vulpecula, dem Füchslein, Messier 27.

   Der Hantelnebel ist zusammen mit dem Ringnebel einer der mit einem kleinen Teleskop am leichtesten zu entdeckenden planetarischen Nebel. Er steht für Beobachtungen günstig im Sommer und Herbst.

✔ Der Krebsnebel in Taurus, dem Stier, Messier 1.

   Der Krebsnebel stellt die Überbleibsel einer von der Erde aus betrachtet im Jahre 1054 explodierten Supernova dar. Durch ein kleines Teleskop sieht der Krebsnebel wie ein kleiner flauschiger Fleck aus, doch mit einem großen Teleskop unterscheidet man unweit seines Zentrums zwei Sterne. Einer dieser Sterne gehört nicht zum Nebel, sondern befindet sich nur auf derselben Sichtlinie. Bei dem anderen Stern handelt es sich um einen von der Explosion hinterlassenen Pulsar. Dieser dreht sich dreißigmal pro Sekunde um sich selbst und der eine oder andere seiner Leuchtturmsignale streift die Erde jedes Sechzigstel einer Sekunde.

- ✔ Der Nordamerikanische Nebel, NGC 7000, in Cygnus, dem Schwan.

  Der Nordamerikanische Nebel ist eine schwache, doch große H II-Region, die sich an dunklen Sommerabenden dem aufmerksamen Betrachter mit bloßem Auge zeigt. Um ihn leichter zu orten, wenden Sie die Methode des indirekten Sehens an – suchen Sie ihn aus dem Augenwinkel. Der Name ist auf seine Form zurückzuführen.

- ✔ Der Nördliche Kohlensack in Cygnus, dem Schwan.

  Der Nördliche Kohlensack ist eine neben Deneb oder Alpha Cygni, dem hellsten Stern in Cygnus, liegende Dunkelwolke. Sie können sie mit bloßem Auge als dunklen Klecks auf dem helleren Hintergrund der Milchstraße entdecken.

In moderaten südlichen Deklinationen, doch sowohl von der Nord- als auch von der Südhalbkugel aus sichtbar und nicht zu übersehen sind:

- ✔ Der Lagunennebel in Sagittarius, dem Schützen, Messier 8.
- ✔ Der Trifidnebel in Sagittarius, Messier 20.

  Der Lagunennebel und der Trifidnebel sind große, helle H II-Regionen, die mit dem Fernglas im selben Sichtfeld gesehen werden können. Sie liegen günstig für Beobachtungen an Sommerabenden. Ein Farbbild zeigt, dass der Trifid aus einer hellen, roten Region und einer abgetrennten schwächeren blauen Region besteht. Die rote Region ist die H II-Region, während die blaue der Reflexionsnebel ist.

Einige grandiose Nebel, die ausschließlich auf der Südhalbkugel betrachtet werden können, sind:

- ✔ Die Tarantel in Dorado, dem Schwertfisch oder Goldfisch.

  Die Tarantel liegt nicht in der Milchstraße, sondern in der Großen Magellanschen Wolke. Weil sie jedoch eine derart riesige und helle HH II-Region ist, fällt sie dem Beobachter in den gemäßigten und weit südlichen Breitengraden sofort ins bloße Auge. Die Tarantel ist ein weiteres, für Südseekreuzfahrten geeignetes Beobachtungsziel. Vertrauen Sie mir ruhig. Sie werden nicht enttäuscht sein.

- ✔ Der Carina-Nebel in Carina, dem Schiffskiel.

  Der den riesigen instabilen Stern Eta Carinae (siehe Kapitel 11) umgebende Carina-Nebel ist eine riesige, helle H II-Region

- ✔ Der Kohlensack im Kreuz.

  Der Kohlensack ist eine Dunkelwolke, ein riesiger, einige Grad breiter dunkler Flicken im Sternbild Kreuz. In einer klaren Nacht mit dunklem Himmel können Sie ihn, solange Sie sich tief im Süden auf der Südhalbkugel befinden, nicht übersehen.

✔ Der Eight-Burst-Nebel in Vela, dem Segel, oder NGC 3132.

Der Eight-Burst-Nebel ist ein planetarischer Nebel des fernen Südhimmels.

Die Galaxien: Inseln im Universum

Eine große Galaxie besteht aus Tausenden von Sternhaufen, und Milliarden bis Billionen einzelner Sterne werden durch die Gravitation zusammengehalten. Die Milchstraße passt in dieses Bild. Sie ist ein großes spiralartiges Gebilde, doch Galaxien weisen auch verschiedene andere Formen auf (siehe Abbildung 12.5).

Drei Hauptgalaxienformen

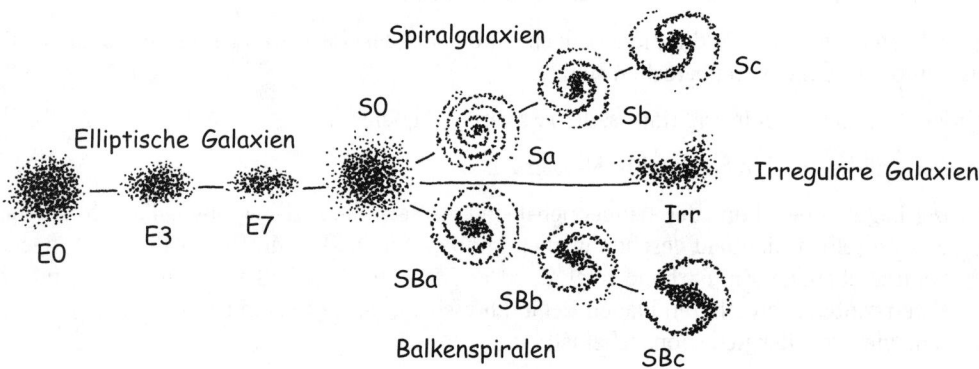

Abbildung 12.5: Es gibt viele verschiedene Arten von Galaxien.

Ihrer Form und Größe nach werden Galaxien in folgende Haupttypen aufgeteilt:

✔ Spiralgalaxien

✔ Balkenspiralen

✔ Linsenförmige Galaxien

✔ Elliptische Galaxien

✔ Irreguläre Galaxien

✔ Zwerggalaxien

✔ Galaxien niedriger Oberflächenhelligkeit

Spiral-, Balken- und linsenförmige Galaxien

Spiralgalaxien sind scheibenförmig mit sich in der Scheibe aufwickelnden Spiralarmen. Sie ähneln der Milchstraße, doch ihre Arme können durchaus stärker oder schwächer aufgewickelt sein als die unserer Milchstraße, und der zentrale Bulge einer anderen Galaxie kann verglichen mit den Spiralarmen mehr oder weniger hervorstehend sein.

Die Form ist eines der ersten Kriterien, nach denen Galaxien klassifiziert wurden. Eines der über einige Jahre meist benutzten Klassifikationsschemata war das *Hubble-Schema*. Dreimal dürfen Sie raten, nach wem dieses benannt wurde. (Edwin P. Hubble, 1889-1953, lieferte der Astronomie des 20. Jahrhunderts einige bedeutende Beiträge, sodass die NASA das Hubble-Weltraumteleskop nach ihm benannte.)

Spiralgalaxien zeichnen sich dadurch aus, dass sie jede Menge interstellares Gas, Nebel, OB-Assoziationen, offene Haufen und Kugelhaufen besitzen.

Balkenspiralen sind Spiralgalaxien, deren Spiralarme nicht aus dem Zentrum hervorzugehen scheinen, sondern von den Rändern einer fußballförmigen Sternwolke, die das Zentrum umfasst. Diese Sternwolke wird als *Balken* bezeichnet. Gas aus den äußeren Bereichen der Galaxie kann durch den Balken ins Zentrum geleitet werden. Durch diesen Prozess können neue Sterne entstehen, die den zentralen Bulge der Galaxie noch wulstiger machen.

Linsenförmige Galaxien sind abgeflachte Systeme, die genau wie Spiralgalaxien Scheiben besitzen. Sie enthalten Staub und Gas, haben aber keine Spiralarme.

Elliptische Galaxien

Elliptische Galaxien haben im weitesten Sinne des Wortes die Form eines Fußballs. Dies betrifft sowohl den europäischen Fußball, als auch den in den USA populären Rugby-Ball. Manche elliptischen Galaxien sind nämlich kugelförmig und andere erinnern mit ihrer ellipsoidischen Form wiederum eher an einen Rugby-Ball. Sie können umwerfende Ansichten schießen... äh, bieten. Elliptische Galaxien enthalten jede Menge alte Sterne, Kugelsternhaufen und weiter nicht viel.

In elliptischen Galaxien ist die Sternentstehung bereits größtenteils oder völlig zum Stillstand gekommen. Es gibt keine H II-Regionen oder OB-Assoziationen. Stellen Sie sich das Leben in einer dieser langweiligen Galaxien mal vor, in denen es zu Ihrer Unterhaltung nur den Orion-Nebel gibt, und nichts, worin neue Sterne entstehen können. Und vermutlich auch nichts Spannendes im Fernsehen.

Die Erzeugung neuer Sterne kann dadurch zum Stillstand gekommen sein, dass das gesamte Gas während der Bildung der bereits vorhandenen aufgebraucht worden ist. Eine weitere Möglichkeit besteht darin, dass eventuell vorhandenes, für die Bildung neuer Sterne geeignetes Gas durch irgendeinen Prozess fortgeblasen wurde. Ich erwähne dies, weil einige elliptische Galaxien, obwohl sie keine H II-Regionen oder Gruppen junger Sterne aufweisen, ein extrem heißes und derart dünnes Gas enthalten, dass es nur im Röntgenbereich strahlt. Derartiges Gas kann sich nicht ohne weiteres zu Sternen verdichten. Und, um die Wahrheit zu sprechen, wurde in einigen elliptischen

Galaxien eine Anzahl bläulicher Sternhaufen entdeckt, bei denen es sich um sehr junge – deutlich jünger als jeder Stern der Milchstraße – Kugelsternhaufen zu handeln scheint.

Einer führenden Theorie elliptischer Galaxien, oder zumindest einiger elliptischen Galaxien, zufolge, sind diese durch den Zusammenstoß und die Verschmelzung kleinerer Galaxien entstanden. Die Kollision zweier Spiralgalaxien kann beispielsweise zu einer großen elliptischen Galaxie führen, und durch das Ereignis gebildete Stoßwellen könnten große Molekülwolken in den Spiralen komprimieren und riesige Haufen heißer, junger Sterne erzeugen: die bläulichen Sternhaufen, die in einigen dieser Galaxien gefunden wurden. Der Zusammenstoß einer kleinen Galaxie mit einer großen Spiralgalaxie kann jedoch eventuell nur dazu führen, dass die erstere von der letzteren verschluckt wird. Dies hat lediglich eine Vergrößerung des zentralen Bulge zur Folge.

Je gründlicher wir in den Weltraum blicken, desto mehr Beispiele solcher kollidierender und verschmelzender Galaxien finden wir, und je weiter draußen wir suchen, um so mehr scheinen diese zu überwiegen. Anscheinend waren Galaxienkollisionen im frühen Universum deutlich häufiger und könnten viele der Galaxien, die wir heute sehen, geformt haben.

Eine Galaxie ist eine Galaxie

Die Worte »Galaxie« und »Galaxien« dauernd zu wiederholen ist zwar kein guter Schreibstil, jedoch gibt es kein Synonym dafür. Einige schlecht informierte Leute (oder Lektoren) schreiben aus Gründen der Abwechslung statt dessen »Sternhaufen«, was natürlich schlichtweg falsch ist. Eine große Gruppe von Galaxien ist auch nicht ein »galaktischer Haufen«, ein Begriff, der sich auf einen offenen Sternhaufen innerhalb einer Galaxie bezieht, sondern ein *Galaxienhaufen*. Dieser besteht aus Galaxien.

Irreguläre Galaxien, Zwerggalaxien und Galaxien niedriger Oberflächenhelligkeit

Irreguläre Galaxien haben, wie es der Name bereits verrät, keine bestimmte gemeinsame Form. In der einen oder anderen kann man vielleicht das Schimmern einer leichten Spiralstruktur erkennen. Im Allgemeinen enthalten sie sehr viel interstellares Gas und ständig neu entstehende Sterne. Von der Größe her sind sie in der Regel kleiner als die sternärmeren Spiral- oder elliptischen Galaxien.

Zwerggalaxien sind klitzekleine, nur höchstens einige Tausend Lichtjahre im Durchmesser betragende Systeme. Sie umfassen elliptische, sphäroidische, irreguläre und augenscheinlich (dieser Punkt ist jedoch noch umstritten) Spiralzwerggalaxien.

In unserem Provinznest, der *Lokalen Gruppe* (mehr dazu finden Sie im nächsten Abschnitt), stellen die Zwerggalaxien den häufigsten Galaxientypus dar, ebenso wie die kleinen Sterne, die Roten Zwerge, in der Milchstraße am häufigsten vorkommen. Dasselbe gilt vermutlich weit draußen im Weltraum, nur lässt sich das schwer sagen, denn die Zwerggalaxien sind in derart großen Entfernungen deutlich schwerer sichtbar und abzählbar, als es die »voll ausgewachsenen« Galaxien sind.

Galaxien niedriger Flächenhelligkeit wurden in den Neunzigern als Hauptklasse erkannt. Sie können etwa so groß wie die meisten anderen Galaxien sein, strahlen jedoch kaum. Letzteres liegt daran, dass sie, obwohl sie sehr viel Gas enthalten, nur wenige Sterne hervorgebracht haben. Über Jahrzehnte ahnte man nichts von ihrer Existenz. Erst mithilfe moderner elektronischer Kameras wurde es möglich, sie zu registrieren. Sie sind keine geeigneten Beobachtungsziele für Heimteleskope. Ich erwähnte sie der Vollständigkeit halber. Wer weiß, was es dort draußen noch alles gibt, wovon wir zur Zeit nichts ahnen?

Einige Astrophysiker vermuten, dass der Großteil der im Universum existierenden Masse in Form von Galaxien niedriger Flächendichte vorhanden ist, die jedoch noch nicht richtig abgezählt wurden. Sie sind sozusagen unterrepräsentiert.

Großartige Galaxien für Schaulustige

Zu den empfehlenswertesten von der Nordhalbkugel aus beobachtbaren Galaxien zählen:

✔ Die Andromeda-Galaxie (Messier 31) in Andromeda, dem nach einer äthiopischen Prinzessin aus der griechischen Mythologie benannten Sternbild (Abbildung 12.6 zeigt diese Galaxie).

Die Andromeda-Galaxie ist auch unter dem Namen Große Spiralgalaxie in Andromeda bekannt oder früher entsprechend als Großer Spiralnebel in Andromeda. Auch hierbei handelt es sich um ein sich dem bloßen Auge als flauschiger Flicken zeigendes Gebilde, das am nördlichen Herbsthimmel sichtbar ist. Von einem dunklen Beobachtungsort aus mit dem Fernglas betrachtet, misst sie etwa drei Grad im Durchmesser, das ist etwa sechsmal die Breite des Vollmondes. Versuchen Sie jedoch nicht, sie bei Vollmond zu beobachten. Warten Sie, ehe der Mond schwach beleuchtet ist, oder gar vollständig unterhalb des Horizonts liegt. Je dunkler die Nacht, desto besser können Sie die Andromeda-Galaxie sehen.

✔ NGC 205 und Messier 32 in Andromeda.

Hierbei handelt es sich um elliptische Galaxien, welche kleine nahe Begleiter der Andromeda-Galaxie sind. Von manchen Experten werden sie als elliptische Zwerggalaxien bezeichnet, von anderen wiederum nicht (ich wünschte, sie könnten sich einigen). Jedenfalls ist M32 kugelförmig und NGC 205 ellipsoidisch.

✔ Triangulum, oder das Windrädchen (Messier 33) im Triangulum, dem Dreieck.

Triangulum, ein weiteres Beispiel einer großen, hellen, benachbarten Spiralgalaxie, ist etwas kleiner und leuchtschwächer als Andromeda und mithilfe eines Fernglases im Herbst sehr gut sichtbar.

- Die Whirlpoolgalaxie (Messier 51) in Canes Venatici, den Jagdhunden.

   Die Whirlpoolgalaxie ist weiter entfernt und schwächer als Andromeda und Triangulum, bietet jedoch durch ein hochwertiges kleines Teleskop eine prächtigere Ansicht. Es handelt sich dabei um eine so genannte *face-on*-Spiralgalaxie (das bedeutet, dass ihre galaktische Scheibe im rechten Winkel zu unserer Sichtlinie liegt; wir blicken geradewegs auf sie drauf). Bei einer Sternparty sollten Sie mit einem größeren Teleskop aus einer Entfernung von 15 Millionen Lichtjahren ihre Spiralstruktur erkennen können. Es war Messier 51, bei dessen Beobachtung Astronomen, lange bevor sie wussten, dass es sich bei jenen »Nebeln« um Galaxien handelte, die Spiralstruktur der Galaxien entdeckten. Suchen Sie danach an einem Frühlingsabend.

- Die Sombrerogalaxie (Messier 94) in Virgo, der Jungfrau.

   Die Sombrerogalaxie ist eine helle *edge-on*-Galaxie (das bedeutet, dass unsere Sichtlinie parallel zur galaktischen Scheibe liegt). Auf ihrer Hutkrempe, der galaktischen Scheibe, erscheint ein dunkler Streifen, der durch ein breites Band von Dunkelnebel oder Kohlensäcken erzeugt wird. Suchen Sie auch danach im Frühling. Sie liegt etwa dreimal so weit weg wie die Whirlpoolgalaxie, ist jedoch mit einem guten Teleskop immer noch gut zu sehen.

M 31
Die Andromeda Galaxie

40,000 LY	2,000 LY	40 LIGHT-YEARS
Bodenansicht der Galaxie	Bodenansicht des Galaktischen Zentrums	HST Ansicht des Galaktischen Kerns

Abbildung 12.6: Die Andromeda-Galaxie

Im Folgenden führe ich einige von der Südhalbkugel aus beobachtbare Galaxien auf:

- Die Großen und Kleinen Magellanschen Wolken (LMC und SMC) sind irreguläre Galaxien und Satelliten der Milchstraße. Dabei ist die Große Wolke nicht nur größer, sondern auch näher an der Erde dran. Über den Daumen gepeilt liegt sie lediglich 169 000 Lichtjahre von uns weg. Jahrelang glaubte man, LMC sei die nächste Galaxie jenseits der Milchstraße. (Heutzutage wissen wir jedoch, dass eine leuchtschwache, klägliche Galaxie, welche als Sagittarius-Zwerggalaxie bezeichnet wurde, näher liegt, doch auf teleskopischen Bildern im Licht der Milchstraße verloren geht. Lebewohl, Sagittarius, du wirst uns fehlen!)

   Die LMC und SMC sehen tatsächlich wie Wolken am Himmel aus. Sie sind so groß und hell und für beinahe die gesamte Südhalbkugel zirkumpolar. Mit anderen Worten gehen sie in großen südlichen Breitengraden nie unter. In den südlichsten Regionen Südamerikas oder von anderen Orten der Südhalbkugel aus, sind die Wolken an jeder klaren Nacht das ganze Jahr über sichtbar. Durchmustern Sie sie mit ihrem Fernglas und zählen Sie die Sternhaufen und Nebel, welche Sie darin zu sehen vermeinen.

- ✔ Die Sculptorgalaxie (NGC 253) ist eine große, helle Galaxie.

- ✔ Centaurus A (NGC 5128) ist eine riesige Galaxie mit einem sonderbaren Aussehen. Sie ist sphäroidisch und in der Mitte von einem dichten Band dunklen Staubes durchsetzt. Beobachtungen mit Radioteleskopen haben gezeigt, dass sie eine starke Quelle von Radiostrahlung ist. Theoretiker debattieren, ob sie ein Beispiel eines Galaxienzusammenstoßes ist. Ich glaube, dass sie vielleicht eine oder zwei kleinere Galaxien verschluckt hat, betrachten Sie sie also aus sicherem Abstand.

Die Lokale Gruppe

Die Lokale Galaxiengruppe, eigentlich Lokale Gruppe genannt, besteht aus zwei großen Spiralgalaxien (der Milchstraße und der Andromeda-Galaxie), einer kleineren Spiralgalaxie (Triangulum) und deren Satelliten (die Großen und Kleinen Magellanschen Wolken sowie M32 und NGC 205 eingeschlossen) und etwa einem Dutzend Zwerggalaxien.

Die Lokale Gruppe ist nicht die prachtvollste aller Galaxienzusammensetzungen, doch ist sie unsere Heimat. Sie ist die größte Struktur, an die wir, hier auf Erden, kraft der Gravitation gebunden sind. Dies bedeutet, dass die Erde nicht aus der Lokalen Gruppe flieht, während das Universum expandiert. Ebenso wie das Sonnensystem nicht größer wird, weil die Planeten an ihrer Flucht durch die Gravitation der Sonne gehindert werden, wird die Lokale Gruppe durch die Gravitation der drei Spiralgalaxien und der anderen Komponenten zusammengehalten. Alle anderen Gruppen und Haufen von Galaxien sowie entfernte vereinzelte Galaxien jenseits des Gravitationszuges der Lokalen Gruppe bewegen sich von dieser weg, mit Raten, die durch die Hubble-Beziehung (nach dem Astronomen und nicht dem Teleskop benannt) gegeben werden. In Kapitel 16 wird mehr über diese Flucht berichtet.

Die Lokale Gruppe hat eine Breite von etwa einem Megaparsec und ist in der Nähe der Milchstraße zentriert. Ein *Parsec* entspricht einem Abstand von 3,26 Lichtjahren, und *Mega* bedeutet eine Million. Das heißt, dass die Lokale Gruppe etwa 3,26 Millionen Lichtjahre oder 30 Billionen Kilometer breit ist. Diese Größe mag Ihnen riesig erscheinen, verglichen mit der beobachtbaren Ausdehnung des Universums ist sie jedoch winzig.

Galaxienhaufen und -superhaufen sind deutlich größer als die Lokale Gruppe und können über Milliarden von Lichtjahren hinweg leicht geortet werden. Die meisten Galaxien im Universum, zumindest die sichtbaren, liegen in kleinen Gruppen mit nur wenigen Dutzend Mitgliedern (wie z.B. die Lokale Gruppe mit ihren etwa 30 Komponenten). Was die Galaxiennachbarschaft betrifft, liegen wir also gut im Durchschnitt.

Galaxienhaufen

Der Großteil der Galaxien ist in kleinen Gruppen, wie der Lokalen Gruppe, organisiert, doch wenn Astronomen mit ihren professionellen Teleskopen die Weiten des Firmaments erreichen, sind die vorherrschenden Strukturen die Galaxienhaufen. Am auffälligsten sind dabei die so genannten *reichen* Haufen, welche Hunderte und sogar Tausende von Galaxien mit jeweils Milliarden von Sternen beherbergen.

Der uns nächstgelege Galaxienhaufen ist der Virgo-Haufen, der sich über das gleichnamige und einige benachbarte Sternbilder erstreckt. Etwa 50 Millionen Lichtjahre von uns entfernt, besteht er aus Hunderten bekannter Galaxien.

Sie können einige der größten und hellsten Galaxienmitglieder des Virgo-Haufens mit Ihren Teleskop beobachten. Eine der besten Aussichten bietet Messier 87, eine riesige sphäroidische elliptische Galaxie. Ein starker Materiestrahl, ein so genannter Jet, schießt aus seinem Zentrum, aus der Nähe eines supermassiven Schwarzen Lochs, heraus. M87 kann mit einem Amateurteleskop gesehen werden, der Jet dagegen nicht, es sei denn, Sie sind ein *sehr* fortgeschrittener Amateur. M87 scheint einige kleinere Galaxien verschluckt zu haben. Vielleicht ist sie deswegen so groß. Sie mag klein angefangen und sich emporgearbeitet haben. Messier 49 und 84 sind zwei weitere Riesengalaxien vom elliptischen Typ im Virgo-Haufen, die Sie beobachten können, und Messier 100 ist eine große Spiralgalaxie im Haufen.

Galaxienhaufen gibt es, so weit unsere Teleskope reichen. Beim gegenwärtigen Stand der Technologie im späten 20. Jahrhundert gibt es etwa 150 Milliarden Galaxien im beobachtbaren Universum, doch keiner hat sie gezählt.

Superhaufen, Große Mauern und kosmische Leeren

Sie denken wohl, dass ein großer Galaxienhaufen mit einem Durchmesser von bis zu 3 Millionen Lichtjahren die Grenze sei. Deep-Sky-Durchmusterungen ergaben jedoch, dass die meisten Galaxienhaufen selbst in größeren Strukturen, den so genannten *Superhaufen*, organisiert sind. Superhaufen werden nicht von der Gravitation zusammengehalten, sind aber auch nicht auseinander gegangen. Sie weisen lange filamentartige oder flache pfannkuchenartige Formen auf. Ein Superhaufen kann Dutzende bis Hunderte Galaxienhaufen enthalten und bis zu 100 oder 200 Millionen Lichtjahre lang sein.

Wir befinden uns in dem Außenbereich des mitunter als Virgo-Superhaufen bezeichneten Lokalen Superhaufens, der in der Nähe des Virgo-Galaxienhaufens zentriert ist.

Die Superhaufen scheinen an den Rändern riesiger leerer Regionen zu liegen, die man als *galaxienfreie* Bereiche oder »Voids« bezeichnet. Der nächstgelegene Bootes-Void hat einen Durchmesser von drei Millionen Lichtjahren. Während an seinen Peripherien zahlreiche Galaxien sitzen, wurden innerhalb nur wenige, meistens kleine gefunden.

Der Bootes-Void wurde von dem Astronomen Robert Kirschner entdeckt. Als ihm anlässlich seiner Entdeckung gratuliert wurde, erwiderte er bescheiden, »Das ist doch nichts«.

Einige der größten Superhaufen oder Gruppen von Superhaufen werden Große Mauern genannt (Great Walls). Die zuerst entdeckte ist ungefähr 750 Millionen Lichtjahre lang, doch andere, weit draußen im Universum sitzende Große Mauern könnten weitaus länger sein. Soweit Astronomen bekannt, gibt es auf diesen Mauern kein Graffiti. Verstünden wir ihre Sprache, so würden sie uns einiges über den Ursprung großräumiger Strukturen im All und die frühzeitliche Geschichte des Universums verraten.

Galaktische Bilder im World Wide Web

Dieser Abschnitt vollendet unsere kurze Reise zu einigen der sehenswürdigsten Aussichtspunkte in der Milchstraße und jenseits davon.

Von Radioteleskopen, Röntgen- und Gammastrahlen-Beobachtungssatelliten und im sichtbaren Licht (klicken Sie auf OPTICAL) aufgenommene Panorama-Karten der Galaktischen Scheibe unserer Milchstraße finden Sie auf der Website der NASA unter adc.gsfc.nasa.gov/mw/milkyway.html.

Um einige der besten Farbaufnahmen von Nebeln zu bestaunen, die je fotografiert wurden, suchen Sie die Sites des Space Telescope Science Institute unter folgenden Adressen auf:

✔ Die ursprünglich Pressemitteilungen beiliegenden Aufnahmen unter opposite.stsci.edu/pubinfo/nebulae.html.

✔ Die Aufnahmen planetarischer Nebel ausstellende Galery of Planetary Nebula Images unter opposite.stsci.edu/pubinfo/pr/97/pn.

✔ Die Galerieseiten des Hubble Heritage-Projekts (auf denen sich auch wundervolle Aufnahmen von Galaxien und anderen Objekten befinden) unter heritage.stsci.edu/public/gallery/galindex.html.

Schwarze Löcher und Quasare

In diesem Kapitel

▶ Stochern Sie tiefer in Schwarzen Löchern

▶ Können Sie Ihre Quasare und Ihre Blazare auseinander halten

▶ Vereinigen Sie aktive galaktische Kerne

Schwarze Löcher und Quasare sind zwei der aufregendsten und manchmal verwirrendsten Gebiete der modernen Astronomie, und es hat sich herausgestellt, dass die beiden Themen verwandt sind. In diesem Kapitel werde ich Ihnen den Zusammenhang zwischen ihnen erklären.

Wahrscheinlich werden Sie durch Ihr eigenes Teleskop niemals ein Schwarzes Loch sehen. Aber ich kann Ihnen garantieren, dass die Leute, sobald Sie herausgekriegt haben, dass Sie sich mit Astronomie beschäftigen, fragen werden: »Was ist ein Schwarzes Loch?« Ich habe Schwarze Löcher kurz in Kapitel 11 erwähnt, aber in diesem Kapitel werden wir richtig tief hineingehen.

Schwarze Löcher: Unheimlich, und doch unwiderstehlich

Sie können in ein Schwarzes Loch hineinfallen, aber nicht hinaus – ja, Sie können auch gar nicht wieder hinaus, selbst wenn Sie es wollen (und Sie *würden* es wollen). Sie können noch nicht mal zu Hause anrufen. E.T. hat wirklich Glück gehabt, denn er landete auf der Erde und nicht in einem Schwarzen Loch und konnte daher wenigstens noch telefonieren.

Ein *Schwarzes Loch* ist ein Objekt im All, dessen Anziehungskraft so gewaltig ist, dass nicht einmal das Licht selbst aus ihm entkommen kann – was der Grund dafür ist, dass Schwarze Löcher unsichtbar sind.

Alles, was in ein Schwarzes Loch eintritt, benötigt mehr Schwung, als es jemals besitzen kann, um wieder herauszukommen. Der formale Name für diesen Schwung ist Fluchtgeschwindigkeit. Raketenwissenschaftler benutzen den Begriff *Fluchtgeschwindigkeit* für die Geschwindigkeit, mit der eine Rakete oder ein anderes Objekt sich bewegen muss, um der Erdanziehung zu entrinnen und in den interplanetaren Raum vorzudringen. Dieser Begriff lässt sich auf ähnliche Weise auf jedes andere Objekt im Universum übertragen.

Die Fluchtgeschwindigkeit auf der Erde beträgt 11 Kilometer pro Sekunde. Objekte mit schwächerer Anziehungskraft besitzen niedrigere Fluchtgeschwindigkeiten (die Fluchtgeschwindigkeit auf dem Mars beträgt z.B. nur 5 Kilometer pro Sekunde), während Objekte mit größerer Anziehung höhere Fluchtgeschwindigkeiten haben. Auf dem Jupiter beträgt die Fluchtgeschwindigkeit 61 Kilometer pro Sekunde. Aber der *Welt*rekordhalter für Fluchtgeschwindigkeiten ist und bleibt das

Schwarze Loch. Die Anziehungskraft eines Schwarzen Lochs ist so groß, dass seine Fluchtgeschwindigkeit höher als die Lichtgeschwindigkeit (300 000 Kilometer pro Sekunde) ist. Nichts, noch nicht einmal das Licht, kann einem Schwarzen Loch entkommen. (Weil Sie schneller als Lichtgeschwindigkeit fliegen müssten, um einem Schwarzen Loch zu entkommen, und nichts schneller als Licht sein kann – auch das Licht nicht –, gibt es selbst für das Licht keinen Weg hinaus.)

Typen von Schwarzen Löchern

Wir Forscher sind in der Lage, Schwarze Löcher zu entdecken, wenn wir Gas um sie herumwirbeln sehen, das unter normalen Bedingungen zu heiß ist. Wir entdecken Strahlen aus hochenergetischen Teilchen, die die Flucht ergreifen, als ob sie vermeiden wollten, in das Schwarze Loch zu fallen, und wir entdecken sogar Sterne, die mit phantastischen Geschwindigkeiten durch Umlaufbahnen rasen, als ob sie von der Anziehungskraft einer riesigen unsichtbaren Masse angetrieben würden (und das ist ja auch so).

Wie ich in Kapitel 11 schon erwähnt habe, sind zwei Haupttypen von Schwarzen Löchern anerkannt: stellare Schwarze Löcher, die die Masse eines normalen Sterns haben, und supermassive Schwarze Löcher, die etwa eine Million bis mehrere *Milliarden* mal so schwer sind wie die Sonne.

1999 wurden Schwarze Löcher mittlerer Masse entdeckt, die 500- bis 1000-mal so schwer sind wie die Sonne. Ihre Rolle im Universum ist sogar noch unklarer als die der stellaren und der supermassiven Sorte.

Was befindet sich in einem Schwarzen Loch?

Ein Schwarzes Loch besteht aus drei Teilen:

✔ Dem Ereignishorizont, der gewissermaßen die Oberfläche des Schwarzen Lochs ist.

✔ Der Singularität, dem Herz des Lochs, das durch die gewaltige Komprimierung der gesamten Materie in seinem Innern gebildet wird, außer:

✔ Der Materie, die vom Ereignishorizont in die Singularität hineinfällt.

Die folgenden Abschnitte beschreiben diese drei Teile im Detail.

Der Ereignishorizont

Der Ereignishorizont ist eine sphärische Oberfläche, die das Schwarze Loch definiert (siehe Abbildung 13.1). Wenn ein Objekt sich erst einmal innerhalb dieses Ereignishorizonts befindet, kann es nie mehr aus dem Schwarzen Loch herauskommen und ist auch für niemanden außerhalb sichtbar, weil auch kein Licht aus dem Schwarzen Loch herauskommt.

Die Größe eines Ereignishorizonts ist proportional der Masse des zugehörigen Schwarzen Lochs. Ein doppelt so schweres Schwarzes Loch hat einen doppelt so breiten Ereignishorizont. Wenn die Wissenschaft einen Weg wüsste, um die Erde zu einem Schwarzen Loch zusammenzuquetschen (sie kennt keinen, und wenn doch, würde ich es Ihnen nicht sagen), hätte sie einen Ereignishorizont mit einem Durchmesser von weniger als zwei Zentimetern.

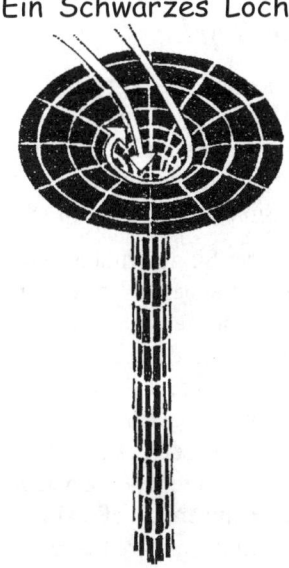

Abbildung 13.1: Konzept eines Schwarzen Lochs. Die Pfeile repräsentieren hineinfallende Materie, deren Schicksal besiegelt ist.

Kleine oder *stellare* Schwarze Löcher haben Massen von etwa der dreifachen Sonnenmasse oder größer. *Supermassive* Schwarze Löcher sind hundert- oder tausendmal oder sogar mehrere Billionen mal so schwer wie die Sonne. Stellare Schwarze Löcher resultieren aus dem Tod großer Sterne, wie ich es in Kapitel 11 beschrieben habe. Supermassive Schwarze Löcher kommen in den Zentren von Galaxien vor und sind möglicherweise durch die Fusion vieler dichtgepackter Sterne entstanden, etwa um die Zeit, als die Galaxien sich bildeten. Aber sicher weiß das keiner.

Tabelle 13.1 enthält einige Größen von Schwarzen Löchern, für den Fall, dass sie welche anprobieren wollen.

Masse des Schwarzen Lochs in Sonnenmassen	Durchmesser des Schwarzen Lochs in Kilometern	Kommentar
3	18	Kleinstes stellares Schwarzes Loch
10	60	
100	600	Größtes stellares Schwarzes Loch
1000	6000	Mittelschweres Schwarzes Loch
1 Million	6 Million	Schwarzes Loch im Zentrum der Milchstraße
1 Billion	6 Billion	Schwarzes Loch in einem Quasar

Tabelle 13.1: Maße Schwarzer Löcher

So weit wir wissen, ist keines der existierenden Schwarzen Löcher leichter als etwa drei Sonnenmassen und kleiner als 18 Kilometer.

Die Singularität und fallende Objekte

Alles, was in den Ereignishorizont hineinfällt, bewegt sich auf die Singularität zu. Dort verschmilzt es mit der Singularität, von der die Forscher glauben, dass sie unendliche Dichte besitzt. Es ist nicht bekannt, welche physikalischen Gesetze für die gewaltigen Dichten gelten, die nahe bei oder in der Singularität erreicht werden, und daher können wir nicht beschreiben, welche Bedingungen dort herrschen. Das ist im wahrsten Sinne des Wortes ein »Schwarzes Loch« in unserem Wissen.

Einige Mathematiker glauben, dass an der Singularität ein *Wurmloch* sein könnte, ein Durchgang, der von dem Schwarzen Loch zu einem anderen Universum führt. Das Wurmloch-Konzept hat Autoren und Regisseure dazu verlockt, eine Menge Science Fictions zu diesem Thema zu produzieren. Aber sie fischen nur im Trüben. (Eines der neusten Bücher ist *Cosm* von Gregory Benford (Heyne-Verlag), in dem Physiker auf Long Island ein Wurmloch produzieren.) Die meisten Experten sind der Meinung, dass Wurmlöcher nicht existieren. Und selbst wenn, gibt es für uns weder die Möglichkeit, sie innerhalb eines Schwarzen Lochs zu sehen, noch einen Weg, zu ihnen hinunterzugelangen, um Wurm zu spielen. Eine andere Theorie besagt, dass an der Stelle, wo das hypothetische Wurmloch an ein anderes Universum anschließt, ein *Weißes Loch* existiert, ein Ort, wo sich enorme Energiemengen von unserem in das andere Universum ergießen. Auch diese Idee scheint falsch zu sein, aber selbst wenn die Theorie stimmen würde, müssten wir eine Reise in das andere Universum unternehmen (denken Sie an die Vielfliegermeilen!), um eines zu sehen.

An eine Reise in ein anderes Universum ist selbstverständlich gar nicht zu denken (zumindest im Moment). Die andere Möglichkeit ist natürlich, nach Weißen Löchern in unserem eigenen Universum zu suchen, wo Wurmlöcher von anderen Universen enden könnten. Doch die Forscher konnten so etwas bisher nicht finden. Jemand vermutete einmal, Quasare könnten solche Wurmlöcher sein. Aber inzwischen haben die Astronomen perfekte Erklärungen für Quasare (mit denen ich mich in dem Abschnitt »Quasare: Die jeder Definition trotzen« später in diesem Kapitel befassen werde), und was mich angeht, finde ich, dass die Astronomen da aus dem Schneider sind.

Was sich außerhalb von Schwarzen Löchern befindet

In tatsächlichen Fällen von Himmelsobjekten, die nach Ansicht der Forscher Schwarze Löcher beherbergen, scheint manchmal das Folgende zu passieren:

1. Gasartige Materie, die auf das Schwarze Loch zufällt, wirbelt in einer abgeflachten Wolke namens *Akkretionsscheibe* herum.

2. Je näher das Gas in der Akkretionsscheibe dem Schwarzen Loch kommt, desto dichter und heißer wird das Gas.

   Das Gas erhitzt sich, weil es durch die Anziehungskraft des Schwarzen Lochs zusammengedrückt wird. (Dieser Prozess ähnelt der Arbeitsweise von Klimaanlagen und Kühlschränken: Wenn Gas expandiert, kühlt es ab; wenn es aber komprimiert wird, wird es heißer.)

3. Wenn das Gas dem Schwarzen Loch näher kommt und sich erhitzt, leuchtet es hell auf. Die von der Akkretionsscheibe ausgehende Strahlung kann viele Formen annehmen, für gewöhnlich handelt es sich aber um Röntgenstrahlen. Röntgen-Teleskope wie das neuste, große, die Erde umkreisende Observatorium der NASA, CHANDRA, entdecken diese Röntgenstrahlung und ermöglichen es den Forschern, die Position des Schwarzen Lochs genau zu bestimmen.

Obwohl Sie also das eigentlich Schwarze Loch durch ein Teleskop nicht sehen können, können Sie die Strahlung der Akkretionsscheibe entdecken, die um es herumwirbelt – falls Sie ein Röntgen-Teleskop besitzen und durch den Raum schweben. Röntgenstrahlen durchdringen die Erdatmosphäre nämlich nicht, und daher benutzen die Astronomen zu ihrer Beobachtung Teleskope, die im Weltraum stationiert sind.

Es könnten aber auch reine Schwarze Löcher draußen im All existieren, die nicht von herumwirbelndem Gas begleitet werden. Wenn dies der Fall ist, können die Astronomen sie nicht sehen, wenn sie nicht gerade zufällig vor einem Hintergrundstern oder einer Galaxie vorbeiziehen, wenn wir hinsehen. In diesem Fall könnten wir auf die Existenz des Schwarzen Lochs schließen, weil wir den Effekt seiner Anziehungskraft auf das Erscheinungsbild des Hintergrundobjekts sehen würden. Doch solch eine Situation wäre reiner Zufall. Um ein reines Schwarzes Loch zu entdecken, können Sie wahrscheinlich warten, bis Sie selbst schwarz werden.

Verzerrungen von Raum und Zeit

Ein Schwarzes Loch kann auch anders beschrieben werden, nämlich als ein Ort, wo die Struktur von Raum und Zeit hochgradig verzerrt ist. Eine *Gerade* – in der Physik der Weg, den das Licht durch ein Vakuum nimmt – wird in der Nähe eines Schwarzen Lochs verbogen. Und je näher ein Objekt einem Schwarzen Loch kommt, desto merkwürdiger verhält sich die Zeit, zumindest, wie sie von einem Beobachter in sicherer Entfernung wahrgenommen wird.

Stellen Sie sich vor, Sie befinden sich in einer sicheren Entfernung vom Schwarzen Loch, haben aber eine Roboter-Sonde hineingeschickt. Eine große elektronische Anzeigetafel an der Sonde zeigt die Zeit an, wie sie von einer Uhr an Bord der Sonde gemessen wird. Sie beobachten die Anzeige durch ein Teleskop in Ihrem Raumschiff, während die Sonde auf das Schwarze Loch zufällt. Was Sie sehen, ist, dass die Uhr immer langsamer wird, je näher die Sonde dem Schwarzen Loch kommt. Tatsache ist, dass Sie die Sonde niemals wirklich in das Loch fallen sehen können. Sie werden sehen, wie sie röter und immer röter wird, weil ihr Leuchten durch die gewaltige Anziehungskraft des Schwarzen Lochs rotverschoben wird. Nach einer Weile wird das Leuchten der elektronischen Anzeigetafel zum infraroten Licht hin verschoben, das Ihr Auge nicht wahrnehmen kann. (Siehe Kapitel 11, in dem der Dopplereffekt und die Rotverschiebung diskutiert werden.)

Betrachten wir nun, was Sie sehen würden, wenn Sie sich an Bord der fallenden Sonde befänden. (Probieren Sie das aber bitte nicht zu Hause aus, oder, noch besser, nirgendwo.) Sie können das Zifferblatt der Uhr innerhalb der Sonde sehen und schauen durch ein Fenster hinaus zurück in die Richtung, aus der Sie gekommen sind. Sie als der unglückliche Beobachter an Bord, sehen, dass die Uhr vollkommen normal läuft. Dass sie auch nur irgendwie langsamer läuft, können Sie absolut nicht feststellen. Als Sie aus dem Fenster schauen, zum Mutterschiff und den Sternen hin, scheint alles zum Blauen hin verschoben. Sie sind traurig bei dem Gedanken, dass Sie nie mehr nach Hause zurückkehren können. Sie überqueren eine unsichtbare Grenze um das Schwarze Loch in Nullkommanichts. Diese Grenze ist der Ereignishorizont, und wenn Sie einmal dahinter sind, kann niemand von draußen Sie jemals wieder sehen.

Vom Mutterschiff aus gesehen erreichen Sie das Schwarze Loch nie; Sie kommen ihm nur immer näher. In Ihrer fallenden Sonde bemerken Sie dagegen nichts Besonderes, wenn Sie den Ereignishorizont überschritten haben. Die Objekte draußen sehen nur immer verzerrter und merkwürdiger aus, und Sie fühlen sich irgendwann nicht mehr so gut. Letzten Endes wird jeder, der in ein Schwarzes Loch fällt, von den Gezeitenkräften auseinander gerissen, die aus der gewaltigen Zunahme der Gravitation zum Zentrum des Schwarzen Lochs hin resultieren. Zumindest werden Sie längs einer Dimension zerrissen. Um die Sache noch schlimmer zu machen, werden Sie in den beiden anderen räumlichen Dimensionen unbarmherzig zusammengequetscht.

Wenn Sie das Schwarze Loch mit den Füßen zuerst betreten, werden Sie gestreckt (sofern es Sie nicht bereits zerrissen hat), bis Sie lang genug sind, um in der National Basketball Association aufgestellt zu werden. Aber in der Nabel-Rücken- und der Hüfte-Hüfte-Dimension werden Sie zusammengedrückt wie Kohle, die sich unter dem immensen Druck im Erdinnern in einen Diamanten verwandelt. Nur schlimmer, und das Ergebnis ist nicht so ansehnlich.

Die kleinen oder stellaren Schwarzen Löcher sind die tödlichsten, genau wie einige kleinere Spinnen giftiger sind als die großen Taranteln. Wenn Sie auf ein stellares Schwarzes Loch zufallen, werden Sie zerrissen und zusammengequetscht, noch bevor Sie richtig drin sind, und kommen gar nicht mehr dazu, einen letzten Blick auf das Universum zu werfen, bevor es um Sie geschehen ist. Viel angenehmer ist es da doch, in ein supermassives Schwarzes Loch zu geraten. Sie fallen in den Ereignishorizont und haben noch Zeit, dem Universum ein letztes Mal zuzuwinken, bevor Sie Ihr Gezeitenschicksal ereilt (ein wirklich schöner Abgang, um den Sie jeder, der jemals auch nur einen Fuß in ein stellares Schwarzes Loch gesetzt hat, beneiden wird).

Wenn Sie bedenken, dass wir im Universum von Schwarzen Löchern umgeben sind, verstehen Sie, warum die Wissenschaftler sie aufspüren und studieren wollen, aber immer aus sicherer Entfernung.

Quasare: Die jeder Definition trotzen

Für Quasare gibt es mindestens zwei Definitionen, die ursprüngliche und die aktuelle:

✔ **Die ursprüngliche Definition:** *Quasar* ist eine Abkürzung oder ein Akronym für »quasistellare Radioquelle«. Damit ist ein Himmelsobjekt gemeint, das starke Radiowellen ausstrahlt, durch ein gewöhnliches Teleskop aber wie ein Stern aussieht (siehe Abbildung 13.2).

Gegen diese Originaldefinition des Quasars ist im Prinzip nichts einzuwenden, außer, dass sie, wie sich herausgestellt hat, auf höchstens zehn Prozent aller Objekte, die wir inzwischen als Quasare bezeichnen, zutrifft. Die anderen 90 Prozent produzieren keine starken Radiowellen. Sie sind das, was Astronomen radio-ruhige Quasare nennen.

✔ **Die aktuelle Definition:** Ein *Quasar* ist ein helles Objekt im Zentrum einer Galaxie, das etwa zehn Billionen mal soviel Energie pro Sekunde produziert wie unsere Sonne und dessen Emissionen für alle Wellenlängen hochgradig variabel sind.

Abbildung 13.2: Ein Quasar in einer anscheinend zerrissenen Galaxie leuchtet links unterhalb der Mitte.

Nach Jahrzehnten des Nachgrübelns über das Wesen der Quasare sind die Astronomen zu dem Schluss gekommen, dass sie gigantische Schwarze Löcher in den Zentren von Galaxien repräsentieren. Enorme Energiemengen werden durch die Materie, die in die Schwarzen Löcher hineinfällt, freigesetzt, und die beobachteten Energiequellen sind das, was die Astronomen Quasare nennen.

Alle Quasare produzieren starke Röntgenstrahlung; etwa zehn Prozent produzieren starke Radiowellen, und sie alle senden ultraviolettes, sichtbares und infrarotes Licht aus. Alle diese Emissionen können über Wochen, Monate, Jahre und selbst über solch kurze Zeiträume wie einen Tag variieren.

Die Tatsache, dass Quasare oft über den Zeitraum eines einzigen Tages signifikant ihre Helligkeit ändern, zeigt den Forschern etwas überaus Wichtiges an: Der Quasar kann nicht größer sein als etwa ein *Lichttag*, die Entfernung, die das Licht im Vakuum an einem Tag zurücklegt. Und ein Lichttag ist nur 26 Milliarden Kilometer lang. Diese Zahl bedeutet, dass ein Quasar, der so viel Licht erzeugt wie zehn Billionen Erdsonnen oder hundertmal soviel wie die Milchstraße, nicht viel größer ist als unser Sonnensystem, welches nur ein winziger Teil unserer Galaxie ist.

Wenn der Quasar viel größer als ein Lichttag wäre, könnte er in solch kurzer Zeit nicht so deutlich fluktuieren, genauso wenig wie ein Elefant so schnell mit seinen Ohren flattern kann wie ein Kolibri mit seinen Flügeln.

Bei Quasaren, die starke Radioquellen sind, lassen sich oft *Jets* beobachten, lange schmale Strahlen, in denen Energie in Form von hochenergetischen Elektronen und möglicherweise anderer schneller Materie aus den Quasaren schießt. Häufig sind diese Jets nicht glatt, sondern wirken klumpig, mit Materieklecksen, die sich außen an den Strahlen entlang bewegen. Manchmal scheinen sich diese Klecks schneller als Lichtgeschwindigkeit zu bewegen. Diese *superluminale* Bewegung ist eine Illusion, die daher kommt, dass die Jets in diesen Fällen fast genau auf die Erde zeigen; die Materie in ihnen bewegt sich in Wirklichkeit zwar fast so schnell wie das Licht, aber nicht schneller.

In vielen Bücher steht, dass ein Quasar sehr breite Linien in seinem Spektrum hat, entsprechend der Rot- und Blauverschiebungen von Gas, das innerhalb des Quasars mit bis zu 10 000 Kilometern pro Sekunde durch die Gegend wirbelt. Diese Behauptung stimmt nicht immer. Quasare gibt es in allen Varianten und nicht alle haben diese breiten Spektrallinien.

Trotzdem sind die breiten Spektrallinien ein wichtiges Merkmal vieler Quasare und der Schlüssel zu ihrer Verwandtschaft mit anderen Objekten, wie ich im nächsten Abschnitt erläutern werde.

Aktive galaktische Kerne: Was zum Teufel sind Blazare?

Jahrelang nach der Entdeckung der Quasare stritten die Astronomen darüber, ob sie in Galaxien angesiedelt seien. Heute wissen wir, dass sie es sind, und zwar deswegen, weil die Technologie sich so weit verbessert hat, dass wir eine Teleskopaufnahme machen können, die sowohl den Quasar als auch die umgebende Galaxie zeigt. Letztere wird die *Wirtsgalaxie* des Quasaren genannt. Da ein Quasar hundertmal oder sogar noch heller sein kann als seine Wirtsgalaxie, neigen die Gastgeber dazu, vom Glanz ihrer Gäste überstrahlt zu werden, wie der Hotelbesitzer, der für eine Nacht einen Kanzlerkandidaten beherbergt.

Elektronische Kameras, die einen größeren Bereich von Helligkeiten in einer Einzelbelichtung aufzeichnen können als ein fotografischer Film, machten diese Entdeckung möglich.

Quasare sind eine extreme Form dessen, was Astronomen heute *aktive galaktische Kerne* (AGN) nennen. Dieser Begriff bezeichnet das zentrale Objekt in einer Galaxie, wenn dieses Objekt, sagen wir einmal, quasarartige Eigenschaften hat, wie etwa ein sehr helles sternartiges Erscheinungsbild, sehr breite Spektrallinien und deutliche Helligkeitsschwankungen.

Dieses sind die Hauptbegriffe, mit denen aktive galaktische Kerne (AGN) beschrieben werden:

✓ **Radio-laute Quasare (»Originalquasare«) und radio-ruhige Quasare (90 oder mehr Prozent aller Quasare):** Dies sind die Quasare, die im vorigen Abschnitt beschrieben werden. Es sind Objekte der gleichen Art, mit und ohne starke Radioemissionen. Sie sind in Spiralgalaxien wie der Milchstraße zu finden. In der Milchstraße ist zwar kein Quasar zu sehen, aber es gibt Anzeichen für die Existenz eines Schwarzen Lochs von ungefähr einer Million Sonnenmassen im Zentrum der Galaxis.

✔ **Quasistellare Objekte (QSOs):** Dieser Begriff wird kollektiv auf radio-laute und radio-ruhige Quasare angewandt. Einige Astronomen werfen sie alle als QSOs in einen Topf.

✔ **Seyfert-Galaxien:** Diese Spiralgalaxien haben einen AGN in ihrem Zentrum. Ein Seyfert-AGN ähnelt in vieler Hinsicht einem Quasar, mit breiten Spektrallinien und rapiden Helligkeitsschwankungen. Er kann so hell wie die Wirtsgalaxie sein, aber nicht – wie ein Quasar – hundertmal heller. Der Gastgeber wird also nicht vom Glanz des Seyfert-Kerns überstrahlt.

Ein Seyfert-Kern ist kein besonders anstrengender Gast; er ähnelt einem chancenlosen Präsidentschaftskandidaten, der eine kleine Stadt in der Provinz besucht, ohne großen Wirbel zu veranstalten. Die Leute am Ort wissen, dass er in der Gegend ist, lassen sich bei ihrer täglichen Arbeit aber nicht stören. Carl Seyfert war ein amerikanischer Astronom, der beim Studium dieser Galaxien und ihrer hellen Zentren Pionierarbeit leistete.

✔ **OVVs:** Diese Abkürzung steht für *optically violently variable quasars* (etwa: optisch heftig schwankende Quasare). Dies sind Quasare mit Jets, die genau auf die Erde zeigen, und bei denen noch ausgeprägtere schnelle Helligkeitsschwankungen zu beobachten sind als bei gewöhnlichen Feld-, Wald- und Wiesen-Quasaren. Stellen Sie sich einige Feuerwehrmänner vor, die versuchen, einen Schlauch auf jemanden zu richten, dessen Kleider in Flammen stehen. Der Wasserdruck ist vielleicht instabil, und das Wasser kann leicht pulsieren. Für einen Beobachter, der daneben steht, sieht der Strahl aus dem Schlauch vielleicht wunderbar stabil aus, aber die Person am anderen Ende fühlt jede Fluktuation im Fluss, wenn das ankommende Wasser sie trifft. OVVs sind die Feuerschläuche im Reich der Quasare.

✔ **BL-Lacs:** Dies ist Astronomenjargon für *BL Lacertae-Objekte*, manchmal auch *Lacertiden* genannt. BL-Lacs als Gruppe sind AGNs, die BL Lacertae ähneln. BL Lacertae ändert sich in der Helligkeit und war jahrelang einfach für einen weiteren variablen Stern im Sternbild Lacertae gehalten worden (auf Himmelsfotografien sieht er wie ein Stern aus). Dann wurde er als starke Quelle von Radiowellen identifiziert und schließlich als der aktive Kern einer Wirtsgalaxie festgenagelt, die in seinem Glanz untergegangen war.

Anders als die meisten Quasare hat ein BL-Lac keine breiten Spektrallinien. Außerdem sind seine Radiowellen höher polarisiert als die von gewöhnlichen radio-lauten Quasaren. *Polarisiert* bedeutet, dass die Wellen eine Tendenz haben, auf ihrer Reise durch das All in einer bevorzugten Richtung zu schwingen. Unpolarisierte Wellen schwingen gleichmäßig in alle Richtungen, während sie sich fortbewegen. Sie müssen also im Observatorium die Polarisation überprüfen, um Ihre radio-lauten Quasare von Ihren BL-Lacs zu unterscheiden.

✔ **Blazare:** Das sind OVVs und BL-Lacs. Es ist einfach ein Begriff, der beide Typen von Objekten abdecken soll. OVVs und BL-Lacs haben viele Gemeinsamkeiten. Beide sind hochgradig variabel in der Helligkeit, und von ihren Jets wird angenommen, dass sie genau auf die Erde zeigen. Und sie sind alle radio-laut.

Brauchen wir den Begriff »Blazar« wirklich? Ich bin mir da nicht so sicher. Mein Freund Dr. Hong-Yee Chiu wurde in der Forschergemeinde durch Prägung des Begriffs »Quasar« berühmt. Sein Freund, Professor Edward Spiegel, erfand einige Jahre später den »Blazar«. Wenn Sie eine neue Art von Objekt entdecken oder eine der führenden Studien darüber schreiben, werden Sie vielleicht dazu kommen, es zu benennen. Ihrem eigenen Namen ein »ar« hinzuzufügen ist nicht erlaubt; der Begriff sollte die wissenschaftlichen Eigenschaften des Objekts beschreiben, nicht den Astronomen.

- **Radiogalaxien:** Das sind Galaxien mit aktiven galaktischen Kernen, die nicht besonders hell sind, aber starke Radioemissionen produzieren. Die meisten der am stärksten radioemittierenden Galaxien sind gigantische elliptische Galaxien. Häufig haben sie Strahlen oder Jets, die Energie aus dem AGN zu riesigen Radioblasen (auch Radiolobes genannt) transportieren, die sternenleer, weit draußen und viel größer als die Wirtsgalaxie selbst sind. Für gewöhnlich gibt es zwei solcher Blasen auf entgegengesetzten Seiten der Galaxie.

All diese verschiedenen Typen von aktiven galaktischen Kernen haben eines gemeinsam: Sie werden durch Energie angetrieben, die irgendwo in der Nachbarschaft eines supermassiven Schwarzen Lochs in ihrem Zentrum erzeugt wird.

In der Nähe des supermassiven Schwarzen Lochs umkreisen Sterne das Zentrum der Wirtsgalaxie mit ungeheuren Geschwindigkeiten. Auf diese Weise messen Astronomen die Massen von Schwarzen Löchern. Mit Teleskopen wie z.B. Hubble bestimmen sie die Geschwindigkeiten der umkreisenden Sterne bzw. manchmal der umkreisenden Gaswolken, indem Sie die Dopplerverschiebungen der Emissionen der Sterne oder des Gases messen. Die Geschwindigkeiten zeigen die Massen des zentralen Objekts an. Wenn das Schwarze Loch leichter wäre, würden die Sterne in einer bestimmten Entfernung vom Zentrum langsamer kreisen.

In einem Quasar oder einer Radiogalaxie des gigantischen elliptischen Typs erreicht das Schwarze Loch oft eine Milliarde Sonnenmassen oder sogar ein Vielfaches mehr. In Seyfert-Galaxien liegt die Masse des Schwarzen Lochs oft um die eine Million Sonnenmassen.

Das Schwarze Loch ermöglicht es dem AGN zu leuchten, aber nur die Masse, die in das Schwarze Loch hineinfällt, treibt das Leuchten tatsächlich an. Um einen Quasar leuchten zu lassen, verschlingt so ein Schwarzes Loch pro Jahr die zehnfache Masse unserer Sonne.

Wenn keine Materie in das Schwarze Loch hineinfällt, wird es sich nicht durch ein helles Leuchten, Radioemission oder starke Röntgenstrahlen enthüllen. Wie Babys, die von ihrem Brei abhängig sind, leuchten Schwarze Löcher nur, wenn sie gefüttert werden. Supermassive Schwarze Löcher lauern möglicherweise in den Zentren der meisten Galaxien, aber in den meisten Fällen werden sie nicht gefüttert. So sehen die Astronomen nur Quasare oder andere Arten von AGN in kleinen Bruchstücken der Galaxien.

Das *einheitliche Modell aktiver galaktischer Kerne* ist eine Theorie, die vorschlägt, dass alle AGN dasselbe sind, aber die Astronomen sie aus unterschiedlichen Blickwinkeln betrachten, was ihre Akkretionsscheiben und ihre Jets betrifft. Außerdem werden die Schwarzen Löcher in unterschiedlichen Mengen gefüttert, sodass einige AGN schon allein aus diesem Grund heller sind als andere. Dutzende von Astronomen schreiben jedes Jahr Artikel über das einheitliche Modell, wobei einige Anzeichen finden, die dafür, und andere Anzeichen finden, die dagegen sprechen.

Ich persönlich glaube, dass es wirklich Unterschiede zwischen dem verschiedenen Typen von AGN gibt, dass sie aber viele grundlegende Gemeinsamkeiten besitzen. Die Astronomen benötigen mehr Informationen, bevor sie sich auf das einheitliche Modell oder irgendeine andere Theorie über die AGN einigen können. Und was denken Sie in der Zwischenzeit darüber? Mit Ihren Steuern bezahlen Sie diese Forschung zu einem großen Teil mit, da haben Sie schließlich ein Recht auf eine eigene Meinung.

Teil IV

Das bemerkenswerte Universum

»Nach der Entdeckung von ›Antimatter‹ und ›Dark Matter‹ haben wir kürzlich die Existenz von ›Doesn't Matter‹ entdeckt, welche keinerlei Auswirkung auf das Universum zu haben scheint.«

In diesem Teil...

Lesen Sie diesen Teil, wenn Sie etwas Ablenkung brauchen, etwas um Ihren Geist mit provokativen Ideen und Möglichkeiten anzuregen. Machen Sie es sich bei einem Glas Rotwein und der Lektüre über SETI, der Suche nach außerirdischem Leben, gemütlich. Haben Wissenschaftler irgendwelche Belege für die Existenz jener kleinen, grünen Wesen gefunden? Informieren Sie sich über die dunkle Materie und die Antimaterie (die gibt es in der Tat im wirklichen Leben und nicht nur in Science Fictions). Wenn Sie dann so weit sind, sinnen Sie über das gesamte Universum nach, wie es begann, welche Form es hat und was damit geschehen wird.

SETI und die Planeten anderer Sonnen

In diesem Kapitel

▶ Setzen Sie sich für außerirdische Intelligenz ein

▶ Nehmen Sie an SETI-Projekten teil

▶ Jagen Sie extrasolaren Planeten nach

Das Universum ist sowohl unermesslich als auch mannigfaltig. Doch teilen wir dieses Sternenreich mit anderen denkenden Wesen? Jeder, der *Star Trek* einschaltet oder mit dem Kinoprogramm vertraut ist, kennt Hollywoods Antwort bereits: Der Kosmos ist von Außerirdischen bevölkert (worunter es einige geschafft haben, ein beträchtliches Maß unflektierten Englischs aufzuschnappen).

Was aber sagen die Wissenschaftler dazu? Gibt es dort draußen tatsächlich außerirdische Wesen? Die meisten Forscher glauben, dass die Antwort darauf positiv ist. Einige suchen sogar nach Beweisstücken. Deren Streben ist unter der Bezeichnung SETI (reimt sich auf Yeti) bekannt, der Suche nach Extraterrestrischer Intelligenz. (Andere Wissenschaftler suchen oder planen die Suche nach Spuren primitiver Lebensformen auf dem Mars, doch SETI hat den Anspruch, fortgeschrittene Zivilisationen aufzuspüren, die dazu in der Lage sind, Informationen in das All auszustrahlen.)

Ist da draußen jemand?

Warum sind so viele Wissenschaftler zuversichtlich, was die Existenz fremdartiger Wesen betrifft?

Größtenteils beruht deren optimistische Haltung darauf, dass unsere Stellung im All auf keine Weise bevorzugt ist. Die Sonne mag zwar für uns ein wichtiger Stern sein, für das Universum ist sie jedoch lediglich ein Statist. Die Milchstraße beherbergt zehn Milliarden ähnlicher Sterne. Wenn Sie diese Zahl nicht zu beeindrucken vermag, so bedenken sie, dass sich über Hundert Milliarden weiterer Galaxien in Reichweite unserer Teleskope befinden. Das bedeutet, dass weitaus mehr sonnenähnlicher Sterne im sichtbaren Universum verstreut sind, als es Grashalme auf der Erde gibt. Anzunehmen, dass unser Grashalm der einzige ist, auf dem etwas Interessantes geschieht, ist, um es mild auszudrücken, überheblich. Ganz gleich wie peinigend das für unser Selbstwertgefühl auch sein mag, ist dieser Planet vermutlich nicht der intellektuelle Nexus des Universums.

Wie soll der Erdbewohner jene geistreichen Nächsten finden? Wir können deren Zuhause nicht besuchen. Obgleich ein alltägliches Geschehen in Science Fictions, ist es in Wirklichkeit ein ziemlich schwieriges Unterfangen, zu fernen Sternsystemen zu rasen. Die beeindruckenden Geschwindigkeiten unserer Raketen von 40 000 Kilometern pro Stunde erscheinen Ihnen plötzlich weniger imponierend, wenn Sie bedenken, dass diese Fahrzeuge 1000 Jahrhunderte benötigten, um Alpha

Centauri, die nächstgelegene stellare Raststätte auf unserer Reise durchs Universum, zu erreichen. Schnellere Raketen kämen gewiss in kürzerer Zeit an, doch würden diese auch *deutlich* mehr Energie verbrauchen.

SETI und Drakes Gleichung

Obwohl wir sie nicht besuchen können, wäre es möglich, dass wir Evidenzen für technisch fortgeschrittene Außerirdische finden, indem wir deren Radioverkehr belauschen.

Frank Drake versuchte 1960 mithilfe eines 25-Meter-Radioteleskops in West Virginia in die kosmische Kommunikation hineinzuhorchen. Wenn Sie den Film *Contact* gesehen haben, dann wissen Sie, dass ein Radioteleskop wie eine kräftig aufgeblähte Satellitenschüssel aussieht (siehe Abbildung 14.1). Drake schloss seine Antenne an einen neuen, empfindlichen 1,42 MHz-Empfänger an (die Frequenz entspricht dem so genannten Mikrowellenbereich des Radiospektrums) und richtete das Teleskop auf ein paar sonnenartige Sterne.

Abbildung 14.1: Ein Radioteleskop

Mit dem Projekt Ozma gelang es Drake nicht, Außerirdische zu belauschen, doch er entfachte einen großen Enthusiasmus innerhalb der wissenschaftlichen Gemeinde. Ein Jahr später, 1961, wurde die erste bedeutende Konferenz über SETI abgehalten und Drake versuchte, das Meeting derart zu organisieren, dass er sämtliche Unbekannte der Suche in einer Gleichung zusammenfasste, die als *Drakes Gleichung* bekannt ist. (Für die mathematisch interessierten stelle ich diese einfache, kleine Gleichung in dem als »Drakes Gleichung« betitelten Kasten vor). Deren Logik ist einfach. Die Idee besteht darin, die Anzahl N der Zivilisationen unserer Galaxie abzuschätzen, welche derzeit Radiowellen verwenden. Diese Zahl hängt natürlich von der Anzahl der geeigneten Sterne in unserer Galaxie ab mal dem Bruchteil derer, welche Planeten besitzen, mal der Anzahl von ....Alles weitere können Sie ja im Kasten nachlesen.

Drakes Gleichung

Frank Drakes schicke Formel wird häufig den Diskussionen über SETI und die Chancen dafür, dass Menschenwesen jemals mit außerirdischem intelligenten Leben Kontakt aufnehmen, zugrunde gelegt. Die Gleichung ist einfach und erfordert keinerlei über das Niveau der achten Klasse hinausgehendes mathematisches Wissen.

Die Gleichung berechnet die Zahl N der aktiv sendenden Zivilisationen in der Milchstraße. Genau wie es sich mit der Bibel verhält, sind auch von Drakes Gleichung verschiedene Versionen im Umlauf. Die übliche Variante in all ihrer Pracht sieht wie folgt aus:

$N = R^* f_p n_e f_l f_i f_c L$.

R^* ist die Entstehungsrate für langlebige Sterne, in deren Umgebung gastfreundliche Planeten existieren könnten. Da die Milchstraße rund 400 Milliarden Sterne umfasst und etwa 10 Milliarden Jahre alt ist, ergibt sich daraus eine Rate R^* von vier pro Jahr.

f_p ist der Bruchteil gutartiger Sterne, d.h. solcher, die Planeten besitzen. Diese Zahl ist nicht bekannt, doch schätzt man sie auf mindestens 3%.

n_e ist die Anzahl der Planeten pro Sonnensystem, die günstige Lebensbedingungen aufweisen. In unserem Sonnensystem ist diese Zahl mindestens eins (die Erde), doch wie es in einem anderen System aussieht, wissen wir nicht. Ein typischer Schätzwert ist eins.

f_l ist der Bruchteil bewohnbarer Planeten, auf denen sich auch tatsächlich Leben entwickelt. Es ist nicht unsinnig anzunehmen, dass dies für die meisten gegeben ist.

f_i ist der Bruchteil der Planeten, auf denen sich intelligentes Leben entwickelt hat. Da Intelligenz ein seltenes Ereignis in der biologischen Evolution sein mag, ist diese Zahl natürlich umstritten.

f_c gibt den Bruchteil intelligenter Gesellschaften an, die Technologien, insbesondere Radiosender, entwickeln. Wahrscheinlich ist dies bei den meisten der Fall.

Die letzte Größe, L, ist die Lebensdauer der Radiowellen verwendenden Gesellschaften. Dies ist natürlich eher eine Frage der Soziologie denn der Astronomie, womit Ihre Schätzung genauso gut sein wird wie die des Autors. Vielleicht sogar besser.

> Das Ergebnis N von Drakes Gleichung hängt von Ihrer Auswahl des Wertes für die verschiedenen Terme ab. Bei Pessimisten lautet das Ergebnis eher eins (wir sind alleine in der Milchstraße). Carl Sagan kam auf fast eine Million. Was aber sagt Drake selbst dazu? »Etwa Zehntausend«. Die goldene Mitte.

Drakes Gleichung ist in der Tat verlockend. Sie wollen vielleicht Fremde beeindrucken, indem Sie einfach damit losrattern. Doch während Wissenschaftler die Werte der ersten paar Terme der Gleichung (wie z.B. der Rate, mit der Sterne entstehen, welche Planeten beherbergen könnten, und der Rate der Sterne, die tatsächlich von Planeten umgeben sind) einigermaßen richtig abschätzen können, wissen wir nicht, auf wie vielen Planeten es wirklich Leben gibt, wie viele unter diesen intelligente Lebensformen hervorgebracht haben und was die Lebensdauer technologischer Gesellschaften ist. Damit gibt es zu Drakes Gleichung noch immer keine »Antwort«. Sie stellt nur eine mögliche Basis für die Organisation von Diskussionen zu SETI dar.

Gegenwärtige SETI-Fahndungen: Horchen auf E.T.

Nahezu alle modernen Bemühungen von SETI (der Suche nach Extraterrestrischer Intelligenz) treten in Drakes Fußstapfen. Mit anderen Worten werden zum Horchen auf von außerirdischen Zivilisationen gesendete Signale große Radioteleskope verwendet.

Im Gegensatz zu Lichtwellen können Radiowellen die den Raum zwischen den Sternen ausfüllenden Gas- und Staubwolken durchdringen. Empfänger von Radiowellen können zudem extrem empfindlich sein. Der erforderliche Energiebetrag zum Senden eines wahrnehmbaren Signals von einem Stern zum anderen ist nicht höher als die von Ihrem lokalen Fernsehsender entnommenen, wenn man davon ausgeht, dass die Außerirdischen über eine Übertragungsantenne von einigen zig Metern verfügen.

Das Phoenix-Projekt

Das gegenwärtig empfindlichste SETI-Suchverfahren ist das am SETI-Institut in Mountain View, Kalifornien, laufende Phoenix-Projekt. Dabei handelt es sich um ein Nachfolgeprojekt eines 1993 vom Kongress gestoppten SETI-Programms der NASA (seither wurden sämtliche SETI-Experimente in den USA privat finanziert).

Das Phoenix-Projekt ist das einzige SETI-Experiment größeren Ausmaßes, welches sich mit der eingehenden Untersuchung einzelner Sterne befasst. Andere Projekte setzen ihre Teleskope für Durchmusterungen großer Bereiche des Himmels ein. Diese eröffnen uns natürlich die Möglichkeit, mehr vom Himmelsfeld zu untersuchen, doch indem es sich lediglich auf benachbarte, sonnenartige Sterne konzentriert, kann Phoenix eine höhere Empfindlichkeit erreichen. Dies bedeutet, dass damit deutlich schwächere Radiosignale empfangen werden können. Diese Suche wird derzeit mithilfe des 300-Meter-Teleskops von Arecibo (in Puerto Rico) durchgeführt, der Mutter aller Teleskope (siehe Abbildung 14.2).

Abbildung 14.2: Eine Ansicht des wuchtigen Radioteleskops von Arecibo

Phoenix (und viele anderen SETI-Projekte) suchen nach Signalen im Mikrowellenbereich. Neben ihrer Fähigkeit, Reste schmackhaft zu machen, sind Mikrowellen aus folgenden Gründen die bevorzugten Sprachrohre des SETI-Volkes:

✔ Das Universum ist im Mikrowellenbereich ziemlich ruhig – es gibt wenig natürliches Rauschen, eine Tatsache, die auch E.T. schätzen wird.

✔ Ein natürliches von Wasserstoffgas erzeugtes Signal liegt um 1,420 MHz. Da Wasserstoff das weitaus häufigste Element im All ist, wird diese natürliche Marke auch außerirdischen Astronomen bekannt sein – und auch diese dazu verführen, im Ringen um unsere (oder anderer Zivilisationen) Aufmerksamkeit ein solches Signal zu benutzen.

Sehen wir jedoch den Tatsachen ins Auge. Wissenschaftler wissen wirklich nicht *genau*, auf welche Frequenz Außerirdische ihre Sender einstellen. Das Phoenix-Projekt prüft daher viele Millionen Kanäle gleichzeitig (Milliarden Kanäle für jeden ausgehorchten Stern). Abbildung 14.3 zeigt einen Teil eines SETI-Empfängers, welcher im Projekt verwendet wird.

Angenommen, die Forscher empfingen tatsächlich ein interstellares Klingeln, wie würden wir dieses erkennen? Die Herangehensweise der SETI-Wissenschaftler besteht darin, ein Schmalbandsignal zu untersuchen (siehe Abbildung 14.4).

Abbildung 14.3: Dieser SETI-Empfänger ist für Nachrichten von außerirdischen Wesen gezimmert worden.

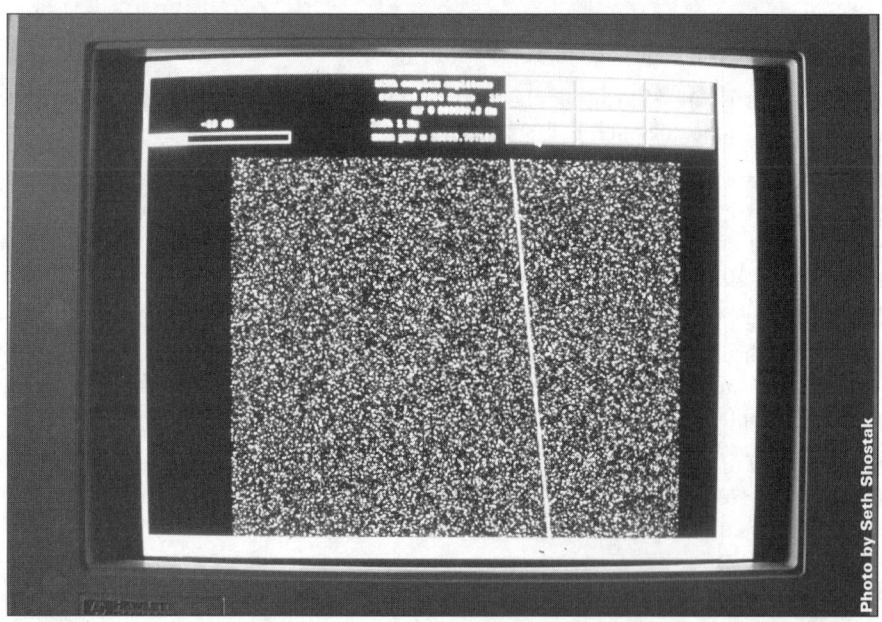

Abbildung 14.4: Dieser Empfangssystembildschirm wird den Angestellten des Phoenix-Projekts ermöglichen, von außerirdischen intelligenten Wesen gesendete Signale entgegenzunehmen.

Diese Signale liegen an einer engen Stelle der Radioskalenscheibe. Schmalbandsignale sind Sendesignale, die nur von einem Sendegerät erzeugt werden können. Quasare, Pulsare und sogar kaltes Wasserstoffgas können allesamt Radiowellen ausstrahlen. Deren natürliches Rauschen ist jedoch in der Frequenz gestreut, besprenkelt das gesamte Radiospektrum. Schmalbandsignale sind die Markierungen der Sender. Und Sender sind Zeugen der Intelligenz. Es bedarf eines Hirns, um sie zu bauen.

Andere SETI-Projekte

Neben dem Phoenix-Projekt werden im Rahmen von SETI noch verschiedene andere Programme durchgeführt:

- ✔ Die von der Planetary Society gesponserten Projekte BETA (*Billion-Channel Extraterrestial Assay*) und META (*Mega-Channel Extraterrestial Assay*), die an Radioteleskopen in der Nähe von Boston und in Argentinien durchgeführt werden.

- ✔ Das von der Universität Berkeley in Kalifornien geleitete Projekt SERENDIP (Search for Extraterrestrial Radio Emissions from Nearby Developed Intelligent Populations, die Suche nach außerirdischen Radioemissionen von benachbarten intelligenten Bevölkerungen), das sich des Teleskops von Arecibo in einem Huckepack-Modus bedient. Wissenschaftler verwenden einen zweiten, unbenutzten Empfänger am Teleskop und akzeptieren die Zufallsstückchen Himmel einfach, auf die dieses gerichtet ist. Was die Beobachtungszeit betrifft, zahlt sich diese scheinbar ziellose Vorgehensweise ganz nett aus: SERENDIP sammelt fast täglich den ganzen Tag über Daten.

- ✔ Ein weiteres Huckepack-Experiment ist das *Southern SERENDIP*, welches vom SETI Australia Centre in New South Wales geführt wird. Hierfür wird das 630-Meter-Radioteleskop in Parkes, einige hundert Kilometer von Sydney entfernt, im Reich der Schafe und Moskitos, verwendet.

- ✔ Die im malerischen New Jersey stationierte SETI League rekrutiert Radioamateure für den Einsatz ihrer Hinterhofschüssel im Dienste der Suche nach denkenden Außerirdischen.

Sämtliche Hauptprogramme von SETI haben ihre eigenen Websites. Entsprechende Links dazu finden Sie auf der Institutsseite von SETI unter www.seti.org oder auf der Website der Planetary Society unter seti.planetary.org.

SETI-Fahnder brauchen Ihre Hilfe!

Eine weitere Webadresse, die Sie aus diesem Buch beziehen können, ist die des SETI@home-Projekts: setiathome.ssl.berkeley.edu (deutscher Link www.alien.de/seti).

SETI@home ist ein Teilprojekt des SERENDIP. Wenn Sie auf seine Seite gehen, können Sie sich kostenlos einen richtig schicken Bildschirmschoner ziehen. Sobald die Software auf Ihrem Desktopcomputer installiert ist, wird Sie das Modem mit einem Server in Berkeley verbinden, um den Haufen SETI-Daten zu bekommen. Dann wird sich die Bildschirmschoner-Software über die Daten hermachen und nach Signalen suchen. Nach einigen Tagen (abhängig davon, wie häufig Sie den Computer sich selbst überlassen) werden die Daten zurück auf den Server geladen.

Die Chancen dafür, auf E.T.'s verräterische Stimme zu stoßen, sind zwar gering, jedoch nicht gleich null. Wer weiß? Sie könnten nach der Nobelpreisverleihung das Vergnügen haben, einen Teller Fleischklößchen mit dem schwedischen König zu teilen.

Heiße Jupiter: Die Wahrheit über extrasolare Planeten

Ein Term in Drakes berühmter Formulierung ist der Bruchteil f_p der Planeten besitzenden sonnenähnlichen Sterne. Jahrzehntelang haben Astronomen geglaubt, dass es Planeten im Überfluss geben müsse, da die Geburt eines Sterns unvermeidlich von Restmaterial – Schmuddelrückständen von Gas und Staub, die zu kleinen kreisenden Welten werden könnten – begleitet wird.

Planeten um Sterne zu finden, ist jedoch ein schwieriges Unterfangen. Da hilft es nicht, einfach das Teleskop auf einen benachbarten Stern zu richten und darauf zu hoffen, dass Ihnen dessen Planeten erscheinen. Dafür leuchten diese nämlich zu schwach und sind zu nahe an einer blendenden Lichtquelle (ihrer Sonne) dran. Um die volle existenzielle Herausforderung des Problems zu begreifen, stellen Sie sich vor, Sie wollten aus einer Entfernung von 16 000 Kilometern eine 27 Meter von einer Glühbirne entfernte Murmel sehen.

Trotz dieser entmutigenden Schwierigkeiten, *haben* Astronomen *extrasolare Planeten* (Planeten außerhalb unseres Sonnensystems, die andere Sterne umkreisen) gefunden, und zwar nicht aus Fotos herausgefischt, sondern durch die Messung der Bewegungen ihrer Gaststerne.

Planeten und Sterne kreisen um ihr gemeinsames Massenzentrum. Dies bedeutet, dass sich beide Objekte bewegen. Während sie unter der Wirkung ihrer gegenseitigen Gravitationsanziehung umherschwingen, zieht der Stern am Planeten und zwingt ihn, sich zu bewegen, und der Planet zerrt am Stern und zwingt diesen ebenfalls zur Bewegung. Der Planet ist jedoch deutlich leichter als der Stern. Damit ist die so genannte Reflexbewegung des Sterns verglichen mit der Planetenbewegung nicht sehr stark – vielleicht etwa 80 Kilometer pro Stunde im Vergleich zu der Geschwindigkeit des Planeten von über 10 000 Kilometern pro Stunde). Unter dem Einsatz von mit empfindlichen Spektroskopen ausgerüsteten großen Teleskopen, haben Astronomen den mickrigen *Dopplereffekt* (siehe Kapitel 11) gesucht, der durch das langsame Wackeln des Sterns in seinem Lichtspektrum reflektiert wird. Damit ist es ihnen gelungen, bereits einige Dutzend Sterne ausfindig zu machen, deren träger Tanz die kreisenden Planeten verrät.

51 Pegasis warme kleine Welt

Der erste um einen normalen Stern gefundene extrasolare Planet wurde im Herbst 1955 von den Schweizer Astronomen Michael Mayor und Didier Queloz angekündigt. Die Entdeckung löste in der Forschungsgemeinschaft große Bestürzung hervor. Hauptsächlich lag dies an dem scharfen Tempo, in dem der Planet um seinen Stern rast (51 Pegasi). Eine vollständige Umdrehung dauert nur vier Tage. Demzufolge weiß man, dass der Planet nur einen Katzensprung von 8 Millionen

Kilometern vom Stern entfernt sein kann (siehe Abbildung 14.5). Das ist etwa achtmal weniger als Merkurs Abstand zur Sonne und bedeutet wiederum, dass die Temperatur dieser neu entdeckten Welt grob 1000° C betragen muss. Die Größe von 51 Pegasis wackelndem Stern lässt auf eine Planetenmasse von einer halben Jupitermasse schließen. Aus offensichtlichen Gründen wurde er *heißer Jupiter* getauft.

Abbildung 14.5: Die Vorstellung eines Künstlers über die Nähe des Planeten zu seiner Sonne.

In den vier darauffolgenden Jahren nach der Entdeckung von 51 Pegasis warmer kleinen Welt wurden rund zwei Dutzend weiterer Planeten entdeckt, fast alle mithilfe spektroskopischer Messungen von Dopplerverschiebungen, worunter sich nicht eben wenige als heiße Jupiter – massereiche Planeten, die ihren Sonnen auf der Pelle hängen – entpuppten.

Es ist jedoch unwahrscheinlich, dass diese heißen und schweren Welten auf ihren gegenwärtigen Brutzelbahnen geboren wurden. Große Planeten können leichter in den düsteren Vorstädten der entsprechenden Sonnensysteme entstehen. Die niedrigeren Temperaturen und die Unmengen an Material in diesen Unterwelten unterstützen die rasche Verklumpung von Eistrümmern zu großen Welten. Einmal vollendet, können diese Planeten durch Zusammenstöße mit den übrig gebliebenen Trümmern auf kleinere Bahnen wandern, in die unmittelbare Nachbarschaft ihrer verbrennenden Sterne.

 Keiner weiß, wodurch jene Hitze suchenden Schwergewichte davon abgehalten werden, auf ihre Gastsonnen zu stürzen. Es ist möglich, dass diese Planeten Flutwellen heißen Gases auf der Oberfläche des Sterns hervorrufen, deren Schwerewirkung den weiteren Sturz des Planeten abhalten. Dies ist jedoch nur eine Theorie, und Astronomen geben offen zu, die Geburt und das endgültige Ende der heißen Jupiter noch nicht zu verstehen.

Das System Ypsilon Andromedae

1999 verkündeten Geoff Marcy, Paul Butler und deren Mitarbeiter (die seit 1995 viele der neuen Planeten entdeckt haben) die aufregende Nachricht, dass nicht einer, sondern gleich drei große Planeten um den Stern Ypsilon Andromedae kreisen. Diese Entdeckung machten sie, indem sie das feine Schwabbeln des Sterns sorgfältig analysierten.

Damit wurde der 44 Lichtjahre entfernte Stern des Typs F, Ypsilon Andromedae, zum ersten normalen Stern neben der Sonne, der dafür bekannt ist, ein echtes Sonnensystem aufzuweisen. Die Planten haben sich wieder als kräftig herausgestellt, mit Massen von 0,7, 2,1 und 4,6 Jupitermassen, hängen jedoch nicht ihrer Sonne auf der Pelle. Die Bahnen der beiden äußeren sind im Radius vergleichbar mit denen von Venus und Mars.

Lebenstaugliche Planeten?

Obwohl es für jene Suchende nach außerirdischem Leben beruhigend ist, zu wissen, dass es jede Menge möglicher Heime für E.T. gibt, von denen aus er uns anrufen kann, sind die neuen Planetenentdeckungen gleichzeitig entmutigend. Schließlich sind heiße Jupiter (oder diesbezüglich auch kalte Jupiter) nicht eben die wahrscheinlichsten Spielwiesen der Biologie. Wenn diese übergroßen Planeten die typischen Weltgegenstücke der Galaxis sind, dann sollte die Erde nicht allzu viel kosmische Gesellschaft erwarten.

Ein solches Szenario ist jedoch unwahrscheinlich. Die zur Entdeckung der Planeten verwendete Methode – den im Spektrum des Sterns erkennbaren Dopplereffekt zu suchen – ist am besten für das Enthüllen von in Sternnähe liegenden Riesenplaneten, den heißen Jupitern, geeignet. Insofern lässt sich die Suche mit dem Erkennen der afrikanischen Savanne aus dem Helikopter vergleichen. Sie können die Elefanten und Rhinozerosse sehen, doch nicht die Mäuse und Moskitos. Wissenschaftler haben große Planeten entdeckt, weil wir große Planeten finden *können*. Kleine Planeten sind vermutlich in Hülle und Fülle vorhanden, doch sie zu finden bleibt, ehe wir eine neue Art von Teleskopen werden bauen können, zunächst problematisch.

Wenn Sie scharf darauf sind, die neusten und tollsten Nachrichten betreffend der Suche nach extrasolaren Planeten zu erfahren, so können Sie diese unter `cfa-www.harvard.edu/planets` finden. Diese Adresse verfügt auch über zahlreiche Links zu anderen verwandten Seiten.

Die Suche wird fortgesetzt

Obwohl die Radio-Suchen die Lieblinge der SETI-Gemeinschaft waren und sind, zeigen Wissenschaftler ein wachsendes Interesse für die Suche nach starken von Sternen gesandten Leuchtsignalen. Starke Laser, insbesondere solche, die bei Infrarotwellenlängen operieren, sind in der Lage, unglaublich helle, kurze Lichtblitze zu erzeugen. Diese Blitze können für ein Billionstel einer Sekunde tatsächlich sogar die Sonne überstrahlen (zumindest bei der Wellenlänge des Laserlichts).

14 ➤ SETI und die Planeten anderer Sonnen

Vielleicht versuchen die Außerirdischen, unsere Aufmerksamkeit dadurch auf sich zu ziehen, dass Sie Laserzeiger auf uns richten. Die ersten Versuche wurden bereits beim *optischen* SETI, wie es sich nennt, durchgeführt.

40 Jahre sind vergangen, seitdem Frank Drake die ersten Versuche unternahm, Außerirdische zu kontaktieren. Seither wurde kein einziger bestätigter außerirdischer Piepser von unseren Teleskopen erhascht. Vergessen Sie jedoch nicht, dass die Suche bisher begrenzt war. Mit der ständigen Verbesserung der Technologie (und wie wir hoffen, der Finanzierung) erhöhen sich unsere Erfolgschancen. Eines Tages werden wir uns beim Nachdenken über ein aus den kalten Tiefen des Weltalls stammendes Signal wiederfinden, das uns vielleicht interessante Dinge lehren wird, wie etwa den Sinn des Lebens oder zumindest aller physikalischen Gesetze. Eins ist jedoch sicher: Es wird uns sagen, dass wir Gesellschaft haben.

Dieses Kapitel wurde beigetragen von Dr. Seth Shostak, Spezialist für Öffentlichkeitsarbeit am SETI-Institut in Mountain View, Kalifornien.

Dunkle Materie und Antimaterie

In diesem Kapitel

- Verstehen Sie die Notwendigkeit dunkler Materie
- Beleuchten Sie das Wesen der dunklen Materie
- Suchen Sie nach der geheimnisvollen Materie
- Lernen Sie Antimaterie kennen

Sterne und Galaxien bringen den Nachthimmel zum Leuchten, aber diese glitzernden Juwelen sind nur ein winziger Teil der Materie im Kosmos. Im Universum gibt es mehr als das, was ins Auge fällt – viel mehr.

Dieses Kapitel gibt Ihnen eine Einführung in das Konzept der dunklen Materie, erklärt Ihnen, warum die Astronomen davon überzeugt sind, dass dieses Zeug existieren muss, und beschreibt Experimente, die ein wenig Licht auf die Natur dieser mysteriösen, unsichtbaren Materie werfen. Außerdem befasse ich mich mit einer weiteren exotischen Sorte von Materie im Universum: der Antimaterie. Ja, Antimaterie gibt es tatsächlich auch im richtigen Leben, nicht nur in der Welt des Science Fiction. Und sie ist ganz genauso faszinierend, wie es uns die ganzen Science Fiction-Bücher, Fernseh-Shows und Kinofilme glauben machen wollen.

Dunkle Materie: Der Klebstoff, der die Welt zusammenhält

Bereits in den Dreißigern fanden die Astronomen Hinweise darauf, dass mindestens 90 Prozent der Gesamtmasse des Universums kein Licht ausstrahlt.

Dieses unsichtbare Material, das unter der Bezeichnung *dunkle Materie* bekannt ist, liefert den Gravitations-Klebstoff, der eine sich schnell drehende Galaxie davon abhält, auseinander zu fliegen, und ermöglicht es Galaxienhaufen, die sich schnell fortbewegen, zusammenzubleiben. Die dunkle Materie scheint auch eine entscheidende Rolle bei der Entwicklung des Universums, wie wir es heute kennen, gespielt zu haben – eine Art Spinnennetz von immens langen Superhaufen von Galaxien, die durch gigantische Leerräume getrennt waren (siehe Kapitel 12). Tatsache ist, dass die dunkle Materie möglicherweise das endgültige Schicksal des Kosmos bestimmen wird.

Die Materie hinter der fehlenden Masse

Der erste Hinweis auf dunkle Materie im Universum tauchte 1933 auf. Während er die Bewegungen von Galaxien innerhalb eines großen Galaxienhaufens im Sternbild Coma Berenices untersuchte, fiel dem Astronomen Fritz Zwicky am California Institute of Technology auf, dass sich einige Galaxien mit ungewöhnlich hoher Geschwindigkeit bewegten. Tatsächlich bewegten sich diese Galaxien des Sternbilds Coma Berenices dermaßen schnell, dass nach allen bekannten Gesetzen der Physik die Gravitationskraft der sichtbaren Sterne und des sichtbaren Gases in dem Haufen unmöglich dazu ausreichen konnte, die Galaxien zusammenzuhalten. Aber dennoch blieb der Haufen irgendwie intakt.

Zwicky folgerte daraus, dass eine Art unsichtbarer Materie innerhalb des Coma-Haufens existieren müsse, um die fehlende Gravitationskraft zu liefern.

So erstaunlich dieser Schluss auch war, die dunkle Materie sorgte einige Jahrzehnte lang für keine Schlagzeilen mehr. Viele Astronomen glaubten, wenn die Bewegungen der Galaxien erst einmal genauer studiert würden, würde das Grundprinzip, das das unsichtbare Material voraussagte, verschwinden. Statt dessen wurden 1970 die Anzeichen für die Existenz von dunkler Materie noch zwingender. Nicht nur schienen Sternenhaufen das Zeug zu enthalten, sondern auch einzelne Galaxien. Die folgenden Abschnitte erläutern die Hauptargumente, die für dunkle Materie sprechen.

Äußere und innere Sterne halten Schritt miteinander

Vera Rubin und Kent Ford von der Carnegie Institution of Washington D.C. studierten die Bewegungen von Sternen in Hunderten von Spiralgalaxien und kamen zu einem Ergebnis, das ein Schlag ins Gesicht der konventionellen Physik zu sein schien. Eine Spiralgalaxie ähnelt einem flachen Spiegelei, bei dem der größte Teil seiner Masse im Eigelb konzentriert zu sein scheint – Astronomen nennen das den *Bulge* der Galaxie (wie in Kapitel 12 erklärt wird). Bilder enthüllen, dass die sichtbare Masse einer Spiralgalaxie mit wachsender Entfernung zum Bulge abnimmt.

Die Wissenschaftler würden natürlich erwarten, dass die Sterne in einer Spiralgalaxie dieses massive Zentrum auf dieselbe Weise umkreisen wie in unserem Sonnensystem die Planeten die Sonne. Dem Newtonschen Gravitationsgesetz gehorchend umkreisen die äußeren Planeten wie Pluto und Neptun die Sonne langsamer als die inneren Planeten, wie etwa Merkur, Venus und die Erde. Daher sollten auch die Sterne in den Außenbezirken einer Spiralgalaxie langsamer um das Zentrum kreisen als die in der Nähe des Bulge. Dies entspricht jedoch nicht dem Ergebnis, das Rubin und Ford erhielten.

Galaxie für Galaxie enthüllten ihre Beobachtungen, dass die äußeren Sterne schnell ums Zentrum kreisten, genau wie die inneren. Aber wie schafften es die äußeren Sterne bei dem wenigen sichtbaren Material in den äußeren Bereichen, so schnell herumzuschwirren und trotzdem mit der Galaxie verbunden zu bleiben? Bei diesen Geschwindigkeiten hätten sie längst aus der Bahn geworfen worden sein müssen.

 Die Astronomen folgerten, dass *sichtbare Materie* – die Sterne und leuchtendes Gas, die auf teleskopischen Fotos zu sehen sind – nur einen kleinen Teil der Gesamtmasse einer Spiralgalaxie ausmachen.

 Obwohl die sichtbare Masse tatsächlich im Zentrum konzentriert ist, muss sich noch bis weit jenseits davon eine gewaltige Menge anderer Materie erstrecken. Jede Spiralgalaxie muss von einem enormen *Halo* aus dunkler Materie umgeben sein. Und um eine genügend starke Gravitationswirkung auf die Sterne in den Außenbereichen der Galaxie auszuüben, muss die dunkle Materie die sichtbare an Masse um einen Faktor von mindestens 100 übertreffen. Auch andere Typen von Galaxien (elliptische und irreguläre) besitzen Halos aus dunkler Materie.

Kalte dunkle Materie ist für Klumpen im Kosmos verantwortlich

Die Kosmologen (Wissenschaftler, die die Struktur des Universums im Großen und dessen Entstehung studiert haben) mussten die dunkle Materie auch deswegen beschwören, um ein fundamentales Rätsel des Universums zu erklären: Wie entwickelte es sich aus der fast gleichförmigen Suppe aus Elementarteilchen infolge des Urknalls (den ich in Kapitel 16 erklären werde) zu seiner heutigen klumpigen Struktur der Galaxien- und Superhaufen?

Selbst die annähernd 15 Billionen Jahre, die seit der Geburt des Universums vergangen sind, reichen für die sichtbare Materie allein nicht aus, um die riesigen kosmischen Strukturen auszubilden, die wir heute sehen.

Um dieses kosmologische Rätsel zu lösen, stellten die Wissenschaftler die Hypothese auf, dass das Universum einen bestimmten Typ dunkler Materie enthält, die so genannte *kalte dunkle Materie*, die sich langsamer bewegt und sich schneller zu Klumpen zusammenballt als gewöhnliche, sichtbare Materie. Infolge der Anziehung dieser exotischen Materie bildete die gewöhnliche Materie dort, wo die dichtesten Konzentrationen dieser dunklen Materie herrschten, Sterne und Galaxien. Diese Theorie würde erklären, warum jede sichtbare Galaxie in ihren eigenen Halo aus dunkler Materie eingebettet zu sein scheint.

Das Universum ist zum größten Teil gleichförmig

Die Astronomen glauben auch noch aus einem weiteren Grund an die dunkle Materie: Das Universum sieht im Großen und Ganzen in allen Richtungen gleich aus und weist eine allgemeine Glätte auf. Diese Konsistenz in der Erscheinung und die Glätte zeigen an, dass das Universum genau die richtige Materiedichte besitzt, genannt die *kritische Dichte*. Die Gesamtmenge der sichtbaren Materie, mit der das Universum ausgestattet zu sein scheint, reicht nicht annähernd dazu aus, die kritische Dichte zu erreichen. Die dunkle Materie würde diese Lücke schließen. Und die exakte Menge an gegenwärtiger dunkler Materie könnte bestimmen, ob das Universum sich immer weiter ausdehnen oder irgendwann in sich selbst zusammenfallen wird.

Materie ist zu mehr als 90 Prozent dunkel

Wenn die oben genannten Argumente stimmen, so sind mindestens 90 Prozent – vielleicht sogar 99 Prozent – der Materie des Universums dunkel. Dies ist ein Gedanke, der bescheiden macht. Das Universum, das wir durch unsere Teleskope oder, wenn wir nachts zum Himmel hochschauen, sehen, ist nur ein winziger Bruchteil dessen, was sich insgesamt da draußen befindet. Um einen Vergleich aus der Seefahrt zu entleihen, wenn die Galaxien der Meeresschaum sind, dann ist die dunkle Materie der gewaltige unsichtbare Ozean, auf dem dieser dahingleitet.

Die Preisfrage: Was zum Teufel steckt hinter der dunklen Materie?

Na gut, es existieren eine Menge guter Gründe für die Existenz der dunklen Materie. Bloß, woraus besteht dieses Zeug eigentlich?

Grob gesagt teilen die Astronomen die möglichen Arten von dunkler Materie in zwei Klassen ein: baryonische dunkle Materie und seltsame dunkle Materie.

Baryonische dunkle Materie: Klumpen im Raum

Ein Teil der dunklen Materie könnte aus demselben Stoff bestehen, aus dem auch die Sonne, die Planeten und die Menschen gemacht sind. Diese Art dunkler Materie würde zur Familie der Baryonen gehören, einer Klasse von Elementarteilchen, die auch die Protonen und Neutronen aus den Atomkernen beinhaltet.

Zu dieser *baryonischen dunklen Materie* könnten Anteile von jedem schwer zu sehenden Material gehören, inklusive Staub, Asteroiden, braune Zwerge (verhinderte Sterne) oder weiße Zwerge (die kalten ausgebrannten Kerne sonnenartiger Sterne). Diese Materieklumpen, manchmal als *MACHOs (massive compact halo objects)* bezeichnet, könnten für die Halos, die die einzelnen Galaxien umgeben, verantwortlich sein. Jedoch gibt es nicht annähernd genug von ihnen, um die Entwicklung der Strukturen im Kosmos im Ganzen zu erklären.

Seltsame dunkle Materie

Alternativ, so haben sich die Physiker ausgedacht, könnte dunkle Materie aus einem Überfluss exotischer subatomarer Teilchen bestehen, die kaum oder gar keine Ähnlichkeit mit Baryonen aufweisen. Zu diesen Teilchen gehören die Neutrinos, deren Existenz bekannt ist, und andere mit Namen wie *Axione*, *Squarks* und *Photinos*, die noch nicht gefunden wurden.

Während des Urknalls – dem gewaltigen Erguss von Energie, der die Geburt des Universums begleitete – hätte ein ganzer Zoo von seltsamen, Dunkle-Materie-Teilchen erzeugt worden sein können, von denen möglicherweise einige überlebt haben. Dazu gehören das *Axion*, eine Art Mini-Schwarzes-Loch, welches 100 Milliarden mal leichter als ein Elektron ist. Obwohl also Axione Federgewichte sind, könnten sie, wenn nur genügend von ihnen existieren, signifikant zur kosmischen Masse beitragen. Die jüngsten Experimente lassen vermuten, dass das Neutrino (ein Teilchen, von dem angenommen wurde, dass es möglicherweise die Masse Null hat) doch eine Masse besitzt und einen kleinen Teil der dunklen Materie ausmachen könnte.

Andere Kandidaten für seltsame dunkle Materie sind zwar schwerer – etwa zehnmal so schwer wie ein Proton –, aber dennoch unwesentlich, sofern sie nicht in großen Zahlen auftreten. Dazu gehören die noch zu entdeckenden Partner der subatomaren Teilchen wie *Quarks* und *Photonen*, bekannt als *Squarks* bzw. *Photinos*. Diese Exoten werden unter dem Namen *WIMPs (weakly interacting massive particles = schwach wechselwirkende massive Teilchen)* zusammengefasst.

Auf der Suche nach der dunklen Materie

Auf der ganzen Welt entwerfen die Physiker empfindliche Detektoren, um die schwer erfassbaren, verräterischen Signale der dunklen Materie zu finden. Einige analysieren die subatomaren Trümmer, die von gigantischen Teilchenbeschleunigern erzeugt werden, die für eine kurze Zeitspanne die extreme Hitze, Energie und Dichten nacherschaffen, wie sie in der Frühzeit des Universums vorhanden waren.

Die Suchtechniken müssen innovativ sein. Schließlich jagen die Forscher einer Materie nach, die per Definition unsichtbar ist und außer durch ihre Gravitationskraft kaum mit anderer Materie in Wechselwirkung steht.

WIMPs sind scheu, aber sie hinterlassen ihre Spuren

Sehen Sie sich den Aufwand an, der betrieben werden muss, um WIMPs zu finden. Diese schwach wechselwirkenden Teilchen können in keinem Behälter eingefangen werden, aber die Wissenschaftler können Anzeichen dafür finden, wenn sie durch einen Detektor hindurchgeflogen sind. Wenn ein WIMP vorbeizischt, heizt es eines der Atome des Detektors leicht auf und verleiht ihm dadurch einen zusätzlichen kleinen Stoß. Solche Zusammenstöße sind selten. Bei einem typischen Labordetektor kann sich so eine Zündung möglicherweise nur einmal in vielen Tagen ereignen.

Unglücklicherweise können kosmische Strahlen, hochenergetische Teilchen, die aus allen Richtungen im Weltraum einströmen, die Aktion eines WIMP nachahmen. Um das Bombardement der kosmischen Strahlen zu minimieren, wird der Detektor in einem unterirdischen Tunnel aufgestellt. Natürlich auftretende Radioaktivität von den Wänden des Tunnels könnte die Atome allerdings auch aufheizen, also wird der Detektor durch Blei abgeschirmt. Um das Wackeln der Atome, das mit zunehmender Energie bei höheren Temperaturen auftritt, zu reduzieren, wird der Detektor bis fast auf den absoluten Nullpunkt abgekühlt.

MACHOs lassen Sterne heller leuchten

Weil MACHOs ausgedehnte, klumpige Objekte sind (stellen Sie sie sich als die wahren Miss und Mr. Universum vor!), ist die Suche nach ihnen einfacher. Die wichtigste Methode nutzt ein unverständliches Konzept der Einsteinschen Allgemeinen Relativitätstheorie aus: Masse verzerrt die Struktur des Raums und den Weg einer Lichtwelle. Dieses Konzept bedeutet, dass ein Objekt, das zufällig auf der Sichtlinie zwischen der Erde und einem entfernten Stern liegt, das Licht von diesem Stern bündelt und ihn für kurze Zeit heller erscheinen lässt. Je massiver das Objekt, in diesem Fall ein MACHO, desto heller wird der Stern während der Ausrichtung auf eine Linie erscheinen.

Tatsächlich fungieren die MACHOs als eine Art Mini-Gravitationslinsen, oder Mikrolinsen, indem sie das Licht von Hintergrundsternen beugen und aufhellen. (Siehe Kapitel 11 für weitere Informationen über Mikrolinsen.)

Um nach MACHOs zu suchen, haben die Astronomen die Helligkeit von Sternen aus der Großen Magellanschen Wolke, einem der nächsten Nachbarn der Milchstraße, überwacht. Um die Erde zu erreichen, muss das Sternenlicht aus der Wolke den Halo der Milchstraße passieren, und MACHOs, die sich dort aufhalten, sollten einen messbaren Effekt auf dieses Licht haben.

Die Astronomen haben mehrere Ereignisse aufgezeichnet, bei denen Sterne aus der Großen Magellanschen Wolke plötzlich heller und dann wieder dunkler wurden. Allerdings kann einen die Anzahl der MACHOs, die von diesen Beobachtungen abgeleitet wurde, nicht gerade vom Hocker reißen.

Dunkle Materie kann abgebildet werden

In weit größerem Umfang nutzen die Forscher die Gravitationslinsen-Wirkung aus, um dunkle Materie in ganzen Galaxien und sogar Galaxienhaufen abzubilden.

Wenn ein Haufen zufällig auf dem Weg des Lichts liegt, das von einer Hintergrundgalaxie ausgesendet wird, wird er dieses Licht beugen und verzerren – wirkt also als *Gravitationslinse* – und erzeugt so mehrere Bilder des Hintergrundkörpers. Von der Erde aus gesehen bildet sich um den Rand des Haufens ein Halo aus diesen Geisterbildern.

Um das Muster der Geisterbilder exakt so zu erzeugen, wie es beobachtet wird, muss der dazwischenliegende Haufen eine ganz bestimmte Massenverteilung besitzen. Weil der größte Teil der Masse des Haufens aus dunkler Materie besteht, enthüllt dieser Prozess die Konzentration der dunklen Materie in dem Haufen.

Dunkle Materie darf nicht im Dunkeln bleiben

Alle Methoden zur Entdeckung und Messung dunkler Materie sind indirekt, aber der Versuch, dunkle Materie zu verstehen, ist keinesfalls eine unbedeutende Beschäftigung. Als die vorherrschende Form der Materie beeinflusst dunkle Materie wesentlich Vergangenheit, Gegenwart und Zukunft des Universums.

Antimaterie: Gegensätze ziehen sich an

Es existiert eine weitere Sorte von Materie, die fast genauso merkwürdig ist wie die dunkle Materie. Einige Leute finden sie sogar noch seltsamer. Sie heißt Antimaterie.

Antimaterie wurde 1929 von dem britischen Physiker Paul Dirac vorausgesagt, der die Theorien der Quantenmechanik, des Elektromagnetismus und die Relativitätstheorie in einem eleganten Satz mathematischer Gleichungen miteinander kombinierte. (Falls Sie mehr über diese Theorien wissen wollen, müssen Sie selber nachschauen; dies ist kein Physikbuch.) Dirac fand heraus, dass für jedes subatomare Teilchen ein spiegelbildlicher Zwilling existieren muss mit identischer Masse, aber entgegengesetzter elektrischer Ladung. So hat das Proton sein Antiproton, das Elektron sein Antielektron.

Wenn ein Teilchen auf sein Antiteilchen trifft, löschen sie sich gegenseitig aus. Ihre elektrischen Ladungen heben sich auf, und ihre Massen werden in reine Energie umgewandelt.

Die Astronomen haben Antiteilchen des Elektrons und des Protons in den kosmischen Strahlen aus den Tiefen des Raums entdeckt. Das Antielektron wird *Positron*, das Antiproton einfach *Antiproton* genannt. Es sind außerdem Experimente in Vorbereitung, mit denen versucht werden soll, Antihelium in der kosmischen Strahlung zu entdecken. Die Physiker haben auch schon Antiteilchen und sogar ganze Antiatome, wie etwa Antiwasserstoff, im Laboratorium hergestellt. Die Medizin benutzt Antiteilchen, um Krebs zu diagnostizieren und zu behandeln.

Von Astronomen, die Gammastrahlen aus dem All studieren, wurde eine Form von Licht beobachtet, die als Vernichtungs- oder Annihilationsstrahlung bekannt ist. Gammastrahlen sind kürzer und energiereicher als Röntgenstrahlen. Wenn ein Elektron und sein Antiteilchen, das Positron, aufeinander treffen, vernichten sie sich gegenseitig, wobei Gammastrahlung von bekannter Wellenlänge freigesetzt wird. Diese verräterischen Strahlen wurden an mehreren Stellen in unserer Galaxie entdeckt, inklusive eines ausgedehnten Gebiets in Richtung auf das Zentrum der Milchstraße zu. Vernichtungsstrahlung ist auch von einigen sehr starken solaren Flares empfangen worden.

Was den Gesamtkosmos betrifft, bleibt das große Geheimnis, warum er soviel mehr Teilchen als Antiteilchen enthält. Es sind Experimente im Aufbau, mit denen dies herausgefunden werden soll. Vermutlich brachte der Urknall von beiden Teilchensorten gleiche Anzahlen hervor. Was wir zumindest wissen, ist, dass uns Milliarden von Jahren bleiben, um das Problem zu lösen, bevor sich das wie auch immer geartete Schicksal des Universums (und damit auch unseres) erfüllt.

Dieses Kapitel wurde von Ron Cowen beigesteuert, der für die Science News über Astronomie und den Weltraum berichtet.

Der Urknall und die Evolution des Universums

In diesem Kapitel

▶ Werten Sie die Anzeichen aus, die für den Urknall sprechen

▶ Verstehen Sie die Inflation und die Expansion des Universums

▶ Versuchen Sie, zu erkennen, ob das Universum schneller wird

▶ Untersuchen Sie die kosmische Hintergrundstrahlung

▶ Messen Sie die Hubble-Konstante und das Alter des Universums

---

Es war einmal, vor etwa 12 Milliarden Jahren, eine Zeit, als das Universum, wie wir es heute kennen, noch nicht existierte. Es gab keine Materie – nicht mal ein einziges Atom. Es gab auch kein Licht – kein noch so winziges Photon. Der Raum musste erst erschaffen werden und die kosmische Uhr erst anfangen zu ticken.

Dann, in vielleicht weniger als einem Augenblick, nahm das Universum Form an, als ein winziger dichter lichtgefüllter Punkt. In einem winzigsten Bruchteil einer Sekunde entstand die gesamte Materie und Energie des Kosmos. Viel kleiner als ein Atom war das Universum in den Kinderschuhen stechend heiß, ein Feuerball, der anfing, gewaltig aufzugehen und dabei rapide abzukühlen.

Dieses Bild von der Geburt des Universum ist unter dem Namen *Urknall*theorie bekannt.

Der Urknall war nicht eine Art Explosion in den bereits existierenden Raum, sondern die rapide Expansion des Raums selbst.

Während der ersten Billion-Billion-Billionstel Sekunde wuchs das Universum um das über Billion-Billion-Billionenfache. Aus dem damals vorhandenen gleichmäßigen Gemisch subatomarer Teilchen und Strahlung entstanden die Galaxien, Galaxienhaufen und Superhaufen des Universums, wie wir es heute kennen. Es ist für uns unvorstellbar, dass die riesigen Strukturen des Universums, Ansammlungen von Galaxien, die sich Hunderte von Millionen von Lichtjahren über den Himmel erstrecken, als subatomare Fluktuationen der Energie des jungen Kosmos begannen. Doch die Wissenschaftler sind heute davon überzeugt, dass das Universum auf genau diese Weise Form angenommen hat.

Hinweise auf den Urknall

Wie kommt man auf die Idee, dass das Universum mit einem Knall begonnen hat?

Die Astronomen zitieren drei sehr unterschiedliche Argumentationsansätze, die diese Theorie als zwingende Folge haben:

✔ **Die Entdeckung, dass das Universum sich ausdehnt.** Der vielleicht überzeugendste Hinweis auf den Urknall stammt aus einer bemerkenswerten Entdeckung, die der amerikanische Astronom Edward Hubble 1929 machte. Bis zu diesem Zeitpunkt hielten die meisten Wissenschaftler das Universum für statisch – regungslos und unveränderlich. Hubble jedoch fand heraus, dass es sich ausdehnt. Bestimmte Gruppen von Galaxien entfernen sich voneinander, wie Trümmer einer kosmischen Explosion in alle Richtungen auseinander fliegen (siehe den Abschnitt »Die Hubble-Konstante und das Zeitalter des Universums« weiter unten in diesem Kapitel).

Es liegt nahe, dass Dinge, die auseinander fliegen, irgendwann einmal näher zusammen waren. Indem sie die Expansion des Universums durch die Zeit zurückverfolgten, haben die Astronomen abgeleitet, dass das Universum vor über 12 Milliarden Jahren (vielleicht auch einige Milliarden Jahre mehr oder weniger) ein unglaublich heißer, dichter Ort war, an dem eine gewaltige Freisetzung von Energie eine ungeheure Explosion auslöste.

✔ **Die Entdeckung der kosmischen Hintergrundstrahlung.** In den Vierziger Jahren erkannte der Physiker George Gamow, dass der heiße Urknall intensive Strahlung erzeugt haben musste. Kollegen von ihm spekulierten, dass durch die Expansion des Universums abgekühlte Reste dieser Strahlung immer noch existieren könnten – wie die Unordnung, die von einer heißen Party übrigbleibt.

1964 suchten Arno Penzias und Robert Wilson von den AT&T Bell Laboratories den Himmel mit einem Radioempfänger ab, als sie ein schwaches, gleichförmiges Knistern entdeckten. Was sie zuerst für Radiorauschen hielten, entpuppte sich als das schwache Flüstern der Strahlung, die vom Urknall übriggeblieben war. Diese *kosmische Hintergrundstrahlung* ist ein gleichförmiges Glühen, das den gesamten Raum hauptsächlich im Mikrowellenbereich durchdringt, und hat exakt die Temperatur, die sie nach den Berechnungen der Astronomen haben sollte (2,73 Kelvin- bzw. Celsiusgrade über dem absoluten Nullpunkt, der bei -273,16° C liegt), wenn sie seit dem Urknall stetig abgekühlt ist. Für ihre Entdeckung erhielten Penzias und Wilson 1978 den Nobelpreis in Physik.

✔ **Der kosmische Überschuss an Helium.** Die Astronomen haben herausgefunden, dass das Verhältnis von Helium zu Wasserstoff 24:76 beträgt. Kernreaktionen innerhalb von Sternen (siehe Kapitel 11) haben nicht lange genug gedauert, um diese Menge Helium zu produzieren. Jedoch ist diese Menge genau die, die nach den Voraussagen der Theorie während der Urknalls hervorgebracht wurde.

So erfolgreich sich die Standard-Urknalltheorie auch bei der Erklärung bestimmter Beobachtungen im Kosmos erwiesen hat, so ist sie doch nur der Startpunkt für die Erforschung des frühen Universums. Zum Beispiel schlägt die Theorie, trotz ihres Namens, keine Quelle für den kosmischen Sprengstoff vor, der den Urknall überhaupt erst auslöste.

Inflation: Das große Schwellen

Die Urknalltheorie hat neben der fehlenden Ursache noch andere Mängel. Sie erklärt z.B. nicht, warum Gebiete, die derart weit voneinander entfernt sind, dass sie niemals miteinander in Verbindung hätten stehen können – noch nicht einmal über einen Boten, der mit Lichtgeschwindigkeit gereist wäre – sich dennoch so ähnlich sehen.

1980 stellte der Physiker Alan Guth eine Theorie auf, die er *Inflation* nannte und die bei der Erklärung dieser Rätsel helfen könnte. Er schlug vor, dass das Universum einen winzigen Bruchteil einer Sekunde nach seiner Geburt einen gewaltigen Wachstumsspurt durchmachte. In nur 10^{-32} Sekunden (einem Hundertmillionstel eines Billionstels eines Billionstels einer Sekunde) dehnte das Universum seinen Umfang in einem weit größeren Maße aus als jemals wieder in den 12 Milliarden Jahren, die seitdem vergangen sind.

Diese Periode gewaltigster Ausdehnung verschlug winzige Regionen – die einstmals in engem Kontakt gestanden hatten – hinaus in weit abgelegene Ecken des Universums. Als Resultat sieht der Kosmos überall ähnlich aus, ganz egal, in welche Richtung das Teleskop eines Beobachters zeigt. Tatsächlich dehnt die Inflation winzige Gebiete auf Volumina aus, die größer sind, als die Astronomen jemals beobachten können. Diese Ausdehnung trägt die faszinierende Möglichkeit in sich, dass die Inflation Universen weit jenseits des unseren erschafft. Statt eines einzelnen Universums könnte eine ganze Sammlung von Universen existieren, ein so genanntes *Multiversum*.

Die Inflation hatte eine zweite Eigenschaft. Dieser gigantische Wachstumsschub fing zufällige subatomare Energiefluktuationen ein und blies sie zu makroskopischen Proportionen auf. Indem sie diese Quantenfluktuationen konservierte und vergrößerte, produzierte die Inflation Gebiete mit leichten Dichteschwankungen.

Einige Gebiete enthielten im Durchschnitt mehr Materie und Energie als andere. Dies entspricht den kalten und den heißen Flecken bei der Temperatur der kosmischen Hintergrundstrahlung (siehe den vorhergehenden Abschnitt und Abbildung 16.1). Mit der Zeit formte die Gravitation diese Variationen zu dem Spinnennetz der Galaxienhaufen und gigantischen Leeren, die das Universum heutzutage ausfüllen.

Etwas aus dem Nichts: Inflation und das Vakuum

Ironischerweise kommt das Reservoir der Energie, die die Inflation antreibt, aus dem Nichts: dem Vakuum. Gemäß der Quantentheorie ist das Vakuum im Weltraum alles andere als leer. Es schäumt vor lauter Teilchen und Antiteilchen, die ständig erzeugt und vernichtet werden. Das Anzapfen dieser Energie, so vermuten die Theoretiker, lieferte die explosive Energie des Urknalls und die Strahlung, die mit ihm zusammen erzeugt wurde.

Das Vakuum hat eine weitere bizarre Eigenschaft. Es kann eine abstoßende Gravitationskraft ausüben. Anstatt zwei Objekte zusammenzuziehen, treibt die *abstoßende Gravitationskraft* sie weiter auseinander. Es ist diese abstoßende Kraft, die zu der kurzen, aber mächtigen Ära der Inflation führte.

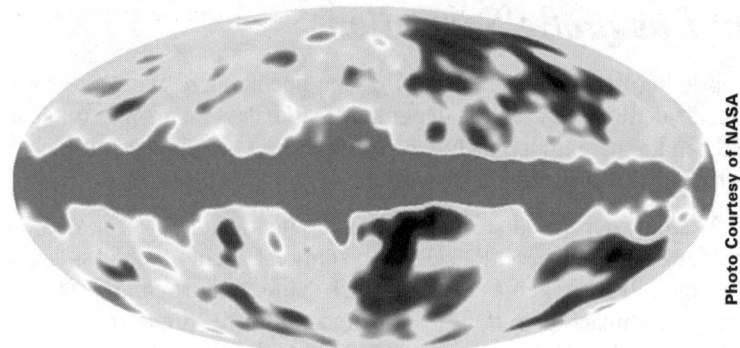

Abbildung 16.1: Die hellen und dunklen Flecken in dieser Himmelskarte vom Cosmic Background Explorer-Satellit (COBE) zeigen die heißen und kalten Stellen in der kosmischen Hintergrundstrahlung an.

Inflation und die Form des Universums

Der Inflationsprozess hätte, zumindest in seiner einfachsten Form, dem Universum eine weitere Bedingung auferlegt. Er hätte es flach gemacht. Jede Krümmung im Kosmos wäre von dieser Periode rapider Expansion gestreckt worden, wie ein Ballon, der zu enormen Proportionen aufgeblasen wird. Dies ist die vertraute ebene oder Euklidische Geometrie der Linien und Winkel, wie Sie sie in der Schule auf ein Blatt Papier gezeichnet haben.

Damit das Universum flach sein kann, muss es allerdings eine sehr spezielle Dichte besitzen, die so genannte *kritische Dichte*. Wenn die Dichte des Universums größer als dieser kritische Wert wäre, wäre der Zug der Gravitation groß genug, um die Expansion umzukehren und schließlich das Universum zum Kollabieren zu bringen, was die Astronomen den *Big Crunch* nennen.

Ein solches Universum würde sich in sich selber zurückkrümmen, um einen geschlossenen Raum von endlichem Volumen zu bilden, wie es die Oberfläche einer Kugel ist. Ein Raumschiff, das sich in gerade Linie fortbewegt, würde am Ende genau dort ankommen, wo es losgeflogen ist. Die Mathematiker nennen eine solche Geometrie *positiv gekrümmt*.

Wenn die Dichte kleiner als der kritische Wert wäre, so könnte die Gravitation die Ausdehnung niemals überwinden, und das Universum würde ewig weiterwachsen. Von solch einem Universum sagt man, es besitze eine *negative Krümmung*, mit einer Form, die einem Pferdesattel ähnelt.

Obwohl die Inflationstheorie verlangt, dass das Universum flach ist, haben verschiedene Arten von Beobachtungen ergeben, dass der Kosmos nur etwa 40 Prozent der Materie enthält, die erforderlich ist, um ihn flach zu halten. Was die Masse betrifft, so besagen die kosmischen Bilanzen, dass das Universum zu kurz gekommen ist.

Wenn das Universum also flach ist, so können Materieklumpen alleine – sei es sichtbare oder unsichtbare, dunkle Materie – das nicht hinbiegen. Es muss eine spezielle Form von Materie oder Energie geben (die beiden sind nach Einstein äquivalent), die den gesamten Kosmos ausfüllt und die restlichen 60 Prozent liefert. Der Kosmologe Michael Turner von der University of Chicago und dem Fermi National Accelerator Laboratory nennt diese spezielle Komponente *merkwürdige Energie (funny energy)*.

Merkwürdige Energie: Beschleunigt sie die Expansion?

Diese merkwürdige Art von Energie (dies ist kein Fachbegriff!), sofern sie existiert, hat eine verblüffende Konsequenz. Auch sie würde eine abstoßende Gravitationkraft ausüben. Als Folge würde das Universum, anstatt seine Ausdehnung seit dem Urknall zu verlangsamen, schneller werden.

Diese bizarre Erkenntnis erhielt kürzlich unerwartete Unterstützung durch Beobachtungen, wenn die Jury auch noch an den endgültigen Ergebnissen arbeitet. (Weitere Informationen über die Theorie der Beschleunigung des Universums und zu anderen Konzepten dieses Kapitels finden Sie auf der Site der University of California, Los Angeles, Frequently Asked Questions in Cosmology unter www.astro.ucla.edu/~wright/cosmology_faq.html)

Die neuen Daten basieren auf Beobachtungen von Typ-Ia-Supernovas in entfernten Galaxien. (Sie können sich ein Bild von diesem Typ Supernova im Farbteil ansehen und über Typ-Ia- und andere Supernovas in Kapitel 11 lesen.)

Alle Supernovas sind hell genug, um in entfernten Galaxien gesehen zu werden, aber die Ia-Variante hat eine besondere Eigenschaft. Die Astronomen glauben, dass diese Explosionen ungefähr alle dieselbe innere Helligkeit besitzen wie Glühbirnen derselben Wattzahl (siehe den Abschnitt »Hubbles Konstante und das Alter des Universums« weiter unten in diesem Kapitel).

Weil das Licht aus einer entfernten Galaxie Hunderte von Millionen von Jahren braucht, um die Erde zu erreichen, können die Astronomen, die durch ein Teleskop auf diese Galaxie schauen, Supernovas sehen, die ausbrachen, als der Kosmos viel jünger war als heute. Wenn das Universum seine Expansion verlangsamt hätte, sollte die Distanz zwischen Erde und der weit entfernten Galaxie – und die Reisezeit für das Licht – kürzer sein als bei gleich bleibender Geschwindigkeit. Daher sollte im Falle einer langsameren Expansion eine Supernova aus einer entfernten Galaxie ein bisschen heller erscheinen.

Allerdings kamen zwei Astronomenteams zu dem genau entgegengesetzten Ergebnis: Entfernte Supernovas sehen leicht dunkler aus als erwartet, als ob ihre Heimatgalaxien weiter entfernt als berechnet seien. Es scheint so – ist aber keineswegs sicher –, als ob das Universum seine Ausdehnung beschleunigt hätte.

Dieser Befund ist allerdings mit Vorsicht zu genießen. Zum einen könnten Typ-Ia-Supernovas aus der fernen Vergangenheit eine andere Helligkeit besitzen als die jüngeren – vielleicht weil ihre Zusammensetzung eine andere war. In diesem Fall wären die Astronomen einer Täuschung erlegen in ihrem Glauben, dass die dunkleren Supernovas eine Beschleunigung des Universums bedeuten, wenn alles, was sie gesehen haben, weit entfernte Supernovas waren, die eine leicht dunklere innere Helligkeit besitzen als die näheren Supernovas.

Eine neue Generation von Experimenten, die die kosmische Hintergrundstrahlung untersuchen (siehe den vorhergehenden Abschnitt) hat begonnen, sich mit ihren eigenen Resultaten einzumischen. Ein flaches Universum schreibt für die Temperaturschwankungen – die heißen und kalten Flecken in der Hintergrundstrahlung – ein bestimmtes Muster vor. Zur Zeit deuten eine Menge von Beobachtungen mit Ballon- und Bodenteleskopen darauf hin, dass die Hintergrundstrahlung tatsächlich dieses Muster besitzt.

Der Microwave Anisotropy Probe-Satellit (MAP) der NASA hat die Aufgabe, die Hintergrundstrahlung über den gesamten Himmel in noch schärferen Einzelheiten als bisher abzubilden. (Eine *Anisotropie* bedeutet, dass sich die physikalischen Eigenschaften des Raums, wie etwa Temperatur und Dichte, in einer Richtung von denen in einer anderen Richtung unterscheiden.) Er könnte den bisher gründlichsten Test für die Inflation, die Form des Universums und sein endgültiges Schicksal liefern – ob es sich für immer ausdehnt oder ob die Gravitation die Ausdehnung irgendwann stoppen und zum ultimativen Kollaps führen wird.

 Sie können die Fortschritte von MAP auf der Website `map.gsfc.nasa.gov`. mitverfolgen.

Die Samen der Galaxienbildung: Eine genauere Betrachtung der kosmischen Hintergrundstrahlung

Die kosmische Hintergrundstrahlung (das schwache Flüstern der Strahlung, die vom Urknall übriggeblieben ist) stellt einen Schnappschuss des Universums aus der Zeit dar, als es etwa 300 000 Jahre alt war. Vor dieser Zeit war das junge Universum mit einem Nebel aus Elektronen erfüllt, und die beim Urknall erzeugte Strahlung konnte nicht frei in den Raum strömen. Statt dessen wurde sie wiederholt von diesen negativ geladenen Teilchen absorbiert und gestreut.

Etwa um die Zeit, als der Kosmos seinen 300 000sten Geburtstag feierte, war das Universum genug abgekühlt, dass die Elektronen sich mit Atomkernen verbinden konnten. Und sobald sich diese Teilchen gebildet hatten, lichtete sich der absorbierende Nebel. Dieses Licht aus dem Universum im Alter von 300 000 Jahren wird heute, in der Wellenlänge durch die Expansion des Raums verschoben, als Mikrowellen und fern-infrarotes Licht entdeckt.

Als die kosmische Hintergrundstrahlung in den Sechzigern zum ersten Mal entdeckt wurde, schien sie eine perfekt gleichmäßige Temperatur über den ganzen Himmel zu besitzen. Es schien keinen Fleck zu geben, der auch nur leicht heißer oder kälter war. Das gab Rätsel auf, denn nur durch solche winzigen Temperaturunterschiede ließ sich erklären, wie das Universum als gleichförmige Suppe aus Teilchen und Strahlung begonnen haben konnte, aber als klumpige Ansammlung von Galaxien, Sternen und Planeten endete.

Laut Theorie war das junge Universum nicht perfekt glatt. Wie die Klümpchen im Pudding sollte es dichtere und weniger dichte Stellen, also Orte mit mehr bzw. weniger Atomen pro Kubikzentimeter, gehabt haben. Sie repräsentieren die winzigen Samenkörner, um die herum die Materie begonnen haben könnte, sich zusammenzuballen und schließlich Galaxien zu bilden. Diese Dichteschwankungen sollten heute als winzige Fluktuationen oder Anisotropien in der Temperatur der kosmischen Hintergrundstrahlung zu sehen sein.

1992 erreichte der Cosmic Background Explorer-Satellit der NASA, der gerade mal drei Jahre zuvor die Temperatur der kosmischen Hintergrundstrahlung mit beispielloser Genauigkeit gemessen hatte, das, was die Astronomen als noch größeren Triumph ansehen: Er entdeckte heiße und kalte Flecken in der kosmischen Hintergrundstrahlung.

Die Schwankungen sind wirklich winzig – weniger als ein 10 000stel Kelvin (oder ein 10 000stel Grad Celsius) heißer oder kälter als die Durchschnittstemperatur von 2,73° K. Dennoch ist diese kosmische Kräuselung groß genug, um das Wachstum der Strukturen des Universums zu erklären.

Hubbles Konstante und das Alter des Universums

Wie alt ist das Universum? Nach jahrelangen gereizten Debatten glauben einige Astronomen, dass sie die Zahl plus minus 10 Prozent oder so festgenagelt haben. Nach ihren Schätzungen ist das Universum entweder etwa 12 oder etwa 13,5 Milliarden Jahre alt. Der erste Wert setzt voraus, dass das Universum sich immer weiter ausdehnt, aber immer langsamer; der letzte, dass irgendeine geheimnisvolle Kraft die Expansion sogar noch beschleunigt (siehe auch den Abschnitt »Merkwürdige Energie: Beschleunigt sie die Expansion?«).

Wie schnell bewegen sich Galaxien wirklich?

Die Schätzungen des Alters des Kosmos hängen entscheidend von einer Zahl ab, die die Astronomen seit Jahrzehnten beschäftigt: die Hubble-Konstante, die die Geschwindigkeit repräsentiert, mit der das Universum sich gegenwärtig ausdehnt. Die Zahl geht auf das Jahr 1929 zurück, als der Astronom Edward Hubble Hinweise darauf fand, dass wir in einem expandierenden Universum leben. Insbesondere machte er die bemerkenswerte Entdeckung, dass jede weit entfernte Galaxie (das sind jene, die jenseits der Lokalen Gruppe von Galaxien liegen, was in Kapitel 12 beschrieben ist) sich von unserer Heimatgalaxie, der Milchstraße, zu entfernen scheint.

Hubble fand heraus, dass eine Galaxie um so schneller entflieht, je weiter sie entfernt ist. Betrachten sie zum Beispiel zwei Galaxien, von denen die eine doppelt so weit von der Milchstraße entfernt ist wie die andere. Die doppelt so weit entfernte Galaxie scheint sich doppelt so schnell fortzubewegen. (Nach Albert Einsteins Allgemeiner Relativitätstheorie bewegen sich die Galaxien selbst nicht, sondern die Struktur des Raums, in den sie eingebettet sind, dehnt sich aus.) Diese Beziehung ist als *Hubblesches Gesetz* bekannt.

Die Proportionalitätskonstante, die die Entfernung einer Galaxie in Beziehung zu ihrer Fliehgeschwindigkeit setzt, wird *Hubble-Konstante* oder H_0 genannt. Mit anderen Worten, die Geschwindigkeit, mit der die Galaxie entflieht, ist gleich H_0 mal die Entfernung der Galaxie. H_0 liefert so ein Maß für das Tempo der Expansion des Universums und als Folge davon auch sein Alter.

Die Hubble-Konstante wird in Kilometern pro Sekunde pro Megaparsec gemessen. (Ein Megaparsec sind 3,26 Millionen Lichtjahre.) Nach jahrelangem Studium haben die Astronomen, die das Hubble-Weltraumteleskop (das erdumkreisende Observatorium, das zu Ehren Edward Hubbles nach ihm benannt wurde) benutzen, einen Wert für die Hubble-Konstante mit 70 angegeben. Diese Zahl bedeutet, dass eine Galaxie, die über 30 Megaparsecs (über 100 Millionen Lichtjahre) von der Erde entfernt ist, mit 2100 Kilometern pro Sekunde weg rast.

Eine veränderliche Konstante?

Weil die gegenseitige Anziehungskraft der Galaxien die Expansion, die mit dem Urknall begann, verlangsamt haben könnte oder irgendeine mysteriöse Energie im Kosmos sie in letzter Zeit vielleicht beschleunigt hat, ist die Hubble-Konstante in Wirklichkeit vielleicht gar keine Konstante. Die Expansionsgeschwindigkeit könnte in der Vergangenheit einen anderen Wert gehabt haben. Genauso zeigt die Inverse der Hubble-Konstante ($1/H_0$), das sogenannte *Hubble-Alter*, nur dann das Alter des Universums an, wenn die Expansionsgeschwindigkeit seit dem Urknall konstant war.

Die Wissenschaftler berechnen H_0, indem sie die Geschwindigkeit, mit der eine Galaxie sich bewegt, durch ihre Entfernung dividieren. Die Geschwindigkeit zu bestimmen ist einfach: Die Astronomen bestimmen die spezifischen Farben, oder Wellenlängen, von Licht, das von einer Galaxie ausgesendet oder absorbiert wird. Licht von einem Objekt, das von der Erde weg rast, ist ins Rote bzw. zu längeren Wellenlängen hin verschoben; je größer die Rotverschiebung, desto schneller flieht die Galaxie.

Dagegen hat sich die Messung der Entfernung als wesentlich komplizierter erwiesen.

Zunächst einmal müssen die Astronomen, um die Expansionsgeschwindigkeit des Universums genau messen zu können, die Distanz zu sehr weit entfernten Galaxien schätzen, solchen, die 600 Millionen Lichtjahre oder weiter von der Erde entfernt liegen. Bei geringeren Entfernungen wird die Expansion teilweise durch den Gravitationszug von Galaxien, die relativ nahe an der Milchstraße liegen, kompensiert.

Wie dem auch sei, die Astronomen haben keinen absolut zuverlässigen Weg, um Entfernungen zu weit abgelegenen Galaxien direkt zu messen. Statt dessen müssen sie auf eine Vielzahl indirekter Mittel zurückgreifen, um den Kosmos auszumessen. Indem sie die Entfernung zu nahe gelegenen Galaxien kalibrieren und sich Schritt für Schritt nach außen zu weiter entfernten Galaxien vorarbeiten, haben die Astronomen einen Maßstab für das Universum zusammengefügt.

Wie werden Entfernungen zwischen Galaxien gemessen?

Die meisten Strategien zur Distanzmessung erfordern eine Art *Standard-Kerze*, das kosmische Äquivalent einer Glühbirne mit bekannter Wattzahl.

16 ➤ Der Urknall und die Evolution des Universums

Stellen Sie sich z.B. vor, Sie glauben, die wahre Helligkeit oder *Leuchtkraft* eines bestimmten Typs Stern zu kennen. Die Helligkeit von Licht aus einer entfernten Quelle nimmt proportional zum Quadrat der Entfernung ab. Daher zeigt die Mattigkeit eines solchen Sterns in einer entfernten Galaxie an, wie weit diese Galaxie entfernt liegt.

Gelbliche pulsierende Sterne, die unter dem Namen Cepheiden bekannt sind, gehören immer noch zu den vertrauenswürdigsten Standard-Kerzen zur Abschätzung der Entfernung relativ naher Galaxien (siehe Kapitel 12). Diese jugendlichen Sterne werden periodisch heller und dunkler.

1912 entdeckte Henrietta Leavitt vom Harvard College-Observatorium, dass die Schnelligkeit, mit der Cepheiden ihre Helligkeit ändern, direkt mit ihrer wahren Leuchtkraft zusammenhängt. Je länger die Periode, desto größer die Leuchtkraft.

Typ-Ia-Supernovas (siehe den früheren Abschnitt »Merkwürdige Energie: Beschleunigt sie die Expansion?« und Kapitel 11) sind eine weitere Sorte von Standard-Kerzen. Weil Supernovas viel heller sind als Cepheiden, können sie in viel weiter entfernten Galaxien gesehen werden. Jüngste Berechnungen der Hubble-Konstante benutzen beide Arten von Kerzen sowie zwei andere Kalibrationsmethoden.

Diese Methoden sind immer noch ziemlich unausgefeilt, sodass, obwohl wir mit Sicherheit wissen, dass das Universum sich ausdehnt, nicht genau bekannt ist, mit exakt welcher Geschwindigkeit und wie sich diese über die Äonen kosmischer Zeit verändert hat. Vielleicht steht irgendwo eine Art Kosmospolizist mit einem Radargerät herum, das die Spur der Geschwindigkeit aufzeichnen kann, aber es ist ganz schön schwer, ihm über die Schultern zu schauen und einen Blick auf die Geschwindigkeit zu erhaschen.

Dieses Kapitel wurde von Ron Cowen beigesteuert, der für die Science News über Astronomie und den Weltraum berichtet.

Teil V

Der Teil der Zehn

In diesem Teil...

Haben Sie sich jemals in einer Gesellschaft in der Lage befunden, verzweifelt zu versuchen, etwas Einmaliges und Interessantes zu sagen? Sie durchwühlten Ihr Hirn nach einem bombenartigen Gedanken, der die Aufmerksamkeit eines jeden Anwesenden auf Ihre bemerkenswerte Intelligenz ziehen würde. Nun gut, lesen Sie diesen Teil, und Sie werden für die nächste Konversationslücke gerüstet sein. Ich biete Ihnen zehn seltsame Fakten über das Weltall an, die Sie garantiert zum Brennpunkt allgemeinen Interesses machen werden. Anschließend setze ich Sie über zehn Hauptfehler ins Bild, die von Leuten im Allgemeinen und den Medien im Besonderen begangen wurden und werden, wenn es um Astronomie geht.

Zehn seltsame Fakten zur Astronomie und dem Weltraum

In diesem Kapitel

▶ Erfahren Sie die Wahrheit über Kometenschweife, Marsgestein, Meteoriten in Ihrem Haar und den Urknall im Schwarzweißfernseher

▶ Finden Sie heraus, weshalb die Entdeckung des Pluto ein Zufall war, warum Sonnenflecken nicht dunkel sind und der Regen Venus' Boden nie erreicht

▶ Erkunden Sie Gezeitenmythen, explodierende Sterne und die Einzigartigkeit der Erde

---

Es folgen nun einige meiner Lieblingsfakten über Astronomie und insbesondere über die Erde und deren Sonnensystem. Mit dieser Information in der Tasche werden Sie die Astronomie bei gesellschaftlichen Anlässen fest im Griff haben.

Ein Kometenschweif führt oftmals an, statt hinterher zu hängen

Mit einem Kometenschweif verhält es sich anders als mit einem Pferdeschweif, der stets hinten dran hängt, während das Pferd voraus eilt. Der Kometenschweif zeigt stets von der Sonne weg. Wenn also ein Komet sich der Sonne nähert, dann liegt sein Schweif bzw. liegen seine Schweife hinter ihm. Wenn sich der Komet jedoch zurück in die Weiten des Sonnensystems begibt, dann führt der Schweif an. (Mehr Informationen zu Kometen gibt es in Kapitel 4).

Marsgestein gibt es überall auf der Erde

Es wurden auf der Erde etwa ein Dutzend Meteoriten gefunden, bei denen es sich um Fragmente von Mars' Kruste handelt. Sie wurden durch Einschläge deutlich größerer, vermutlich aus dem Asteroidengürtel stammender Objekte von dem Planeten fortgefegt und auf der Erde von Meteoritenjägern gefunden oder von Zeugen während ihres Falls tatsächlich gesehen. Statistisch gesehen, müssten jedoch deutlich mehr in den Ozean gefallen oder an entlegenen Orten abgestürzt sein, wo sie nicht entdeckt werden konnten.

In Ihrem Haar hängen kleine Meteoriten

Mikrometeoriten, winzige, nur unter dem Mikroskop sichtbare Partikel aus dem All, regnen dauernd auf die Erde nieder. Wann immer Sie hinausgehen, fallen einige auch auf Sie. Ohne fortgeschrittene Laborausrüstung und Analyseverfahren können Sie diese jedoch nicht entdecken. Sie gehen in dem Gewühl an Pollen, Smogteilchen, Hausstaub und vermutlich (tut mir leid, dies sagen zu müssen) Schuppen, die auf Ihrem Haupte ansässig sind, unter.

Sie könnten den Urknall in einem alten Fernseher gesehen haben

Ein Teil des »Schnees« in einem alten Schwarzweißfernseher (ein Interferenzmuster, das wie kleine weiße Punkte oder Streifen aussieht) wird eigentlich von der Mikrowellen-Hintergrundstrahlung – ein aus dem frühen Universum stammendes, dem Urknall folgendes Leuchten – verursacht. Es handelt sich dabei um empfangene Radiowellen (siehe Kapitel 16). Als die Hintergrundstrahlung in den Bell Telephone-Laboratorien entdeckt wurde, studierte man viele verschiedene mögliche Ursachen für dieses unerwartete »Rauschen« im Radioempfänger. Selbst Taubenmist geriet in Verdacht und wurde eingehend untersucht.

Pluto wurde dank der Voraussagen einer falschen Theorie entdeckt

Die Existenz und ungefähre Lage Plutos wurde von Percival Lowell vorhergesagt. Als dann Clyde Tombaugh den entsprechenden Bereich durchmusterte, fand er den Planeten. Heute wissen wir jedoch, dass Lowells Theorie, nach der die Existenz Plutos aus dessen Gravitationswirkung auf Uranus' Bewegung gefolgert wurde, falsch ist. Plutos Masse ist zu klein, um die besagten Effekte hervorzurufen. Ferner handelte es sich bei diesen Effekten einfach um bei der Beobachtung von Uranus' Bewegung aufgetretene Messfehler. (Es lagen nicht genügend Informationen zu Neptuns Bewegung vor, um aus deren eingehendem Studium Hinweise für die Existenz Plutos zu bekommen.) Die Entdeckung Plutos erforderte zweifelsohne harte Arbeit, war jedoch pures Glück. (Um mehr über Pluto zu erfahren, sehen Sie sich Kapitel 9 an).

Sonnenflecken sind nicht dunkel

Jeder »weiß«, dass Sonnenflecken jene »dunklen« Flecken auf der Sonne sind. In Wirklichkeit aber sind Sonnenflecken einfach Bereiche, in denen das heiße koronale Gas etwas kühler ist als in ihrer Umgebung (für weitere Erläuterungen siehe Kapitel 10). Die Flecken erscheinen im Vergleich zu ihrer Umgebung dunkel. Sähen Sie jedoch nur den Fleck selbst, so würde dieser strahlend hell erscheinen.

Auf Venus fällt der Regen nie auf den Grund

An sich fällt der beständige Regen auf der Venus nirgendwo hin. Er verdampft, bevor er den Boden erreichen könnte und ist reine Säure. (Siehe Kapitel 6.)

Die Gezeiten sind auf der dem Mond zugewandten Seite der Erde nicht stärker als auf der abgewandten Seite

Diese Tatsache mag dem gesunden Menschenverstand einen Strich durch die Rechnung machen, jedoch nicht der physikalischen und mathematischen Analyse: Die vom Mond zu einer gegebenen Zeit herrührenden Gezeiten sind auf der mondzugewandten und der entgegengesetzten Seite der Erde gleich (wenn Sie an weiteren Details über den Mond interessiert sind, verweise ich Sie auf Kapitel 5). (Selbiges gilt für die schwächeren Gezeiten, die von der Sonne hervorgerufen werden.)

Ein in voller Sicht liegender Stern könnte in eine wuchtige Supernova-Explosion ausgebrochen sein, doch keiner weiß es wirklich

Erwartungsgemäß sollte Eta Carinae, einer der massereichsten und wie wild leuchtenden Sterne unserer Galaxis, jederzeit in eine heftige Supernova-Explosion ausbrechen, falls dies nicht bereits geschehen ist. Da jedoch das Licht von Eta Carinae bis zur Erde etwa 9000 Jahre reist, kann eine vor weniger als 9000 Jahren stattgefundene Explosion für uns noch nicht sichtbar sein. (Für weitere Informationen zu den Lebenszyklen der Sterne sei auf Kapitel 11 verwiesen.)

Die Erde besteht aus seltener und ungewöhnlicher Materie

Der größte Teil der Materie im Universum ist die so genannte dunkle Materie, unsichtbares Zeug, welches Astronomen noch nicht identifiziert haben (siehe Kapitel 15). Selbst die normale Materie liegt zum größten Teil in Form von Plasma (heißem elektrisierten Gas, aus welchem die normalen Sterne, wie z.B. unsere Sonne, bestehen) oder entarteter Materie vor (deren Atome und selbst Kerne zu unvorstellbaren Dichten zusammengepresst sind, derart wie sie in den in Kapitel 11 beschriebenen Weißen Zwergen und Neutronensternen vorherrschen). Auf der Erde gibt es keine dunkle, keine entartete Materie und auch kaum Plasma. Verglichen mit dem Großteil des Universums sind wir in dieser Hinsicht mitsamt unseres Planeten die Aliens. (Mehr über die einzigartigen Eigenschaften der Erde finden Sie in Kapitel 5).

Zehn häufige Irrtümer über die Astronomie und den Weltraum

In diesem Kapitel

▶ Stelle ich Ihnen beliebte Missverständnisse in der Astronomie vor

▶ Erfahren Sie die von den Nachrichten- und Unterhaltungsmedien häufig begangenen Fehler

---

*I*m Alltagsleben, beim Zeitungslesen, Fernsehnachrichtengucken oder bei Diskussionen mit Freunden werden Sie auf manche häufig vorkommenden Fehler über die Astronomie stoßen. In diesem Kapitel kläre ich einige dieser Irrtümer.

Wenn Sie im Asteroidengürtel stünden, so wären Sie rundherum von Asteroiden umgeben

In nahezu jedem Film über Weltallreisen gibt es eine Szene, in welcher der Pilot das Raumschiff gekonnt an Hunderten von in alle Richtungen vorbeisausenden Asteroiden vorbeilenkt, von denen mitunter fünf gleichzeitig auf ihn zurasen. Filmemacher begreifen die Ausdehnung des Sonnensystems einfach nicht. Stünden Sie auf einem Asteroiden inmitten des Asteroidengürtels zwischen Mars und Jupiter, so könnten Sie von Glück sprechen, wenn Sie mit bloßem Auge mehr als einen oder zwei Asteroiden sähen. (Für weitere Informationen über Asteroiden sei auf Kapitel 7 verwiesen.)

Einen auf Kollisionskurs mit der Erde stehenden »Killer-Asteroiden« mit einer Nuklearrakete zu sprengen, würde die Erde retten

Es gibt zahlreiche beliebte Irrtümer über Asteroiden, und die neue Sparte von Filmen und Berichten über das durch »Killer-Asteroiden« drohende Weltende hat ausgiebigst Gelegenheit geboten, diese Irrtümer in der Öffentlichkeit auszubreiten.

Wenn ein sich auf Kollisionskurs mit der Erde befindlicher Asteroid mit einer H-Bombe gesprengt würde, so würden daraus lauter kleinere und nicht minder gefährliche Klumpen entstehen, die weiterhin auf den Planeten zusteuerten. Vor *Armageddon* war ich ein Bruce Willis-Fan, jetzt bin ich jedoch nur ein Halbbewunderer.

Asteroiden sind rund wie kleine Planeten

Einige der größten Asteroiden sind rund, doch die meisten sind unregelmäßige Stein- oder Eisenblöcke. Viele sind erdnuss- oder kartoffelförmig und mit Kratern besprenkelt. (Lesen Sie hierzu Kapitel 7, in dem mehr Details über Asteroiden stehen.)

Der Urknall ist tot

Wenn eine Entdeckung gemeldet wird, die nicht in das gegenwärtige Bild von der Kosmologie hineinpasst, dann schreien die Medien lauthals »der Urknall ist tot«. (Für eine Erläuterung des Urknall verweise ich Sie auf Kapitel 16.) Die Astronomen finden einfach Unterschiede zwischen der beobachteten Expansion des Universums und der entsprechenden mathematischen Formulierung. Die rivalisierenden Theorien – einschließlich der die frisch bekannt gegebenen Daten erklärenden – stimmen mit dem Urknall überein; die Unterschiede liegen hierbei im Detail.

Ein gerade auf den Boden gefallener Meteorit ist »noch heiß«

Eigentlich sind frisch auf den Erdboden gefallene Meteorite kalt. Manchmal bildet sich auf einem eben gelandeten Stein (durch den Kontakt mit der Luftfeuchtigkeit) eine dünne Eisschicht. Wenn ein Augenzeuge berichtet, er habe sich an dem Klumpen die Finger verbrannt, dann ist die Meldung vermutlich eine Ente. (In Kapitel 4 finden Sie mehr Informationen zu Meteoriten.)

Sommer ist, wenn die Erde der Sonne am nächsten steht

Der Glaube daran, dass Sommer ist, wenn Erde und Sonne sich am nächsten stehen, ist der beliebteste aller Fehler; der gesunde Menschenverstand sagt uns jedoch, dass dies falsch ist. Schließlich ist Winter in Australien, wenn bei uns Sommer ist. Australien liegt aber genauso weit von der Sonne weg wie Europa oder die USA. (Eingehende Erklärungen hierzu finden Sie in Kapitel 5.)

»Das Licht dieses Sterns hat 1000 Lichtjahre gebraucht, um die Erde zu erreichen «

Das Lichtjahr wird von vielen Leuten als Zeiteinheit, wie etwa der Tag, der Monat oder das normale Jahr, missverstanden. Das Lichtjahr ist jedoch eine Längeneinheit. Es gibt die vom Licht im Vakuum in einem Jahr zurückgelegte Entfernung an. (Siehe Kapitel 1.)

Wenn die Entfernung einer Galaxie als, sagen wir mal, »zwei Milliarden Lichtjahre« gemeldet wird, dann ist das eine Tatsache

Das Wissen der Astronomen über die Entfernungen sehr ferner Galaxien (solche mehr als Hunderte von Millionen Lichtjahre entfernte) ist derart ungenau, dass wir für professionelle Zwecke solche abgeschätzten Entfernungen niemals veröffentlichen. Weil die Medien jedoch nach genaueren Informationen verlangen, äußern sich Astronomen folgendermaßen: »Wenn die X-Version des Urknalls die richtige Theorie ist, dann beträgt die Entfernung der Galaxie zwei Milliarden Lichtjahre«. Reporter aber vereinfachen ihre Berichte und vermeiden solcherart Aussagen mit Hintertürchen. Bis vor kurzem konnten die gemeldeten Werte mit Fehlern von bis zu 200% behaftet sein.

»Der Morgenstern« ist ein Stern

Der Morgenstern ist nie und nimmer ein Stern, sondern stets ein Planet. Mitunter erscheinen sogar zwei Morgensterne, wie etwa Merkur und Venus, zur gleichen Zeit (siehe Kapitel 6). Dasselbe gilt für den Abendstern. Dieser ist ein Planet, und es kann mehr als einen geben. »Fallende Sterne« fallen zwar, aber nur unter die Kategorie Namensirrtümer. Es fallen nämlich keine Sterne vom Himmel. Was Sie sehen, sind die Meteore, von kleinen, durch die Erdatmosphäre fallenden Meteoroiden hervorgerufene Lichtblitze.

Die Sonne ist ein Durchschnittsstern

Journalisten behaupten mitunter, die Sonne sei ein durchschnittlicher Stern, und die Aussage taucht sogar in veröffentlichten populärwissenschaftlichen, von Astronomen, die es besser wissen sollten, geschriebenen Büchern auf. Tatsächlich ist die überwiegende Mehrheit aller Sterne kleiner, leuchtschwächer, kühler und masseärmer als unsere Sonne (siehe Kapitel 10). Seien Sie stolz auf unsere Sonne!

Das Hubble-Weltraumteleskop geht ganz nah ran

Das Hubble-Weltraumteleskop segelt nicht durch den Weltraum bis zu jenen Nebeln, Sternhaufen und Galaxien und schießt die wundervollen Fotos aus deren Nähe. Das Teleskop bleibt auf seiner erdnahen Bahn. Es kann einfach toll fotografieren!

Teil VI

Anhänge

»Mach die Funzel aus, Paul. Ich versuche gerade, einen echt interessanten Sternhaufen zu fotografieren.«

In diesem Teil...

Die in diesem Teil vorkommenden Anhänge bieten Ihnen Informationen zur Erweiterung Ihrer Erfahrung in der Himmelsüberwachung über die kommenden Jahre. Im ersten befinden sich Tabellen, denen Sie die ungefähren Lagen der vier hellsten und am einfachsten zu ortenden Planeten, Venus, Mars, Jupiter und Saturn, jederzeit zwischen den Jahren 2000 und 2004 entnehmen können. Der zweite enthält Karten, auf denen Sie interessante Sterne entdecken können. Zum Schluss füge ich einfache Definitionen einiger astronomischer Begriffe an, die Sie, während Sie Ihr Sternwachenhobby genießen, verwenden werden.

Wie Sie die Planeten finden: von 2000 bis 2004

Die Tabellen auf den folgenden Seiten geben für die Jahre 2000 bis 2004 die ungefähren Positionen der vier hellen Planeten an, die am häufigsten beobachtet werden: Venus, Mars, Jupiter und Saturn. Diese Planeten können normalerweise mit dem bloßen Auge leicht entdeckt und, einmal gefunden, über mehrere aufeinander folgende Monate verfolgt werden. Für jedes Jahr habe ich für die beiden Zwielichtperioden – Morgen- und Abenddämmerung – separate Tabellen aufgenommen. Diese Zeiten sind für die meisten Menschen am günstigsten zur Himmelsbeobachtung. In jeder Tabelle gebe ich an, in welcher Richtung Sie nach den Planeten suchen müssen. Die Tabellen sind am genauesten für die mittleren nördlichen Breiten.

Wenn Sie täglich in der Morgen- oder Abenddämmerung dem Mond folgen, werden Sie ihn sehr häufig in der Nähe eines der fünf hellen Planeten (Merkur, Venus, Mars, Jupiter oder Saturn) oder in der Nähe eines der verschiedenen hellen Sterne oder bemerkenswerten Muster im Tierkreis (Zodiakus) sehen: die Plejaden, Hyaden oder Aldebaran in *Taurus* (Stier); Pollux und Castor in *Gemini* (Zwillinge), Regulus in *Leo* (Löwe); Spica in *Virgo* (Jungfrau); Antares in *Scorpius* (Skorpion); und die Teekanne im *Sagittarius* (Schütze). (Siehe Kapitel 3 für weitere Informationen über den Tierkreis.)

Wenn Sie die Spur der Planeten über Tage, Wochen oder Monate verfolgen, werden Sie bemerken, dass sie aneinander vorbei treiben und auch an denselben Tierkreissternen wie der Mond. Die Planetenbeobachtung ist ein Hobby, das ein Leben lang Vergnügen machen kann!

Die folgenden Tabellen wurden von Robert Victor zur Verfügung gestellt, einem ehemaligen Mitarbeiter des Abrams-Planetariums der Michigan State University.

Empfehlenswerte Quellen für Planetenbeobachter sind *Das Kosmos Himmelsjahr*, Verlag Stuttgart, sowie *Ahnerts Kalender für Sternfreunde* von Sterne und Weltraum.

2000

Monat	Venus	Mars	Jupiter	Saturn	Planetenereignisse
Januar	—	SW	S	SO	—
Februar	—	WSW	SW	SW	Während der ersten drei Wochen sind vier helle Planeten gleichzeitig sichtbar, wenn Merkur in der Abenddämmerung tief in WSW ausgezeichnet zu sehen ist.
März	—	W	W	WSW	—
April	—	tief in WNW	tief in WNW	tief in WNW	Am 5. April zieht Mars an Jupiter vorbei; vom 6. bis 17. passen alle drei hellen äußeren Planeten ins selbe Feld des Fernglases; am 15. zieht Mars an Saturn vorbei, und die drei äußeren Planeten erscheinen dichtgedrängt aneinander (auf einer Länge von nur 5 Grad).
Mai	—	Untergang in WNW	—	—	Am 19. Mai zieht der auftauchende Merkur nördlich am matt leuchtenden weichenden Mars vorbei.
Juni	—	—	—	—	—
Juli	—	—	—	—	—
August	Untergang in W	—	—	—	—
September	tief in WSW	—	—	—	Vom 26. bis zum 28. erscheint Merkur rechts unten von der Venus, im selben Feld des Fernglases.
Oktober	tief in SW	—	—	—	—
November	SW	—	Aufgang in ONO	tief in ONO	Am 19. November ist Saturn die ganze Nacht sichtbar; am 27. ist Jupiter die ganze Nacht sichtbar.
Dezember	SW	—	O	O	—

Tabelle A.1: Planeten in der Abenddämmerung (etwa 45 Minuten nach Sonnenuntergang)

A ➤ Wie Sie die Planeten finden: von 2000 bis 2004

Monat	Venus	Mars	Jupiter	Saturn	Planetenereignisse
Januar	SO	—	—	—	—
Februar	tief in SO	—	—	—	—
März	Aufgang in OSO	—	—	—	Am 16. März steht Merkur über der Venus.
April	—	—	—	—	—
Mai	—	—	—	—	Am 17. Mai kommt es zu einer sehr engen Paarstellung von Jupiter und Venus, aber die Ansicht wird vom Glanz der Sonne überstrahlt; am 18. wird eine dichtgedrängte Zusammenstellung von Venus, Jupiter und Saturn ebenfalls von der Sonne überstrahlt; am 28. zieht Jupiter an Saturn vorbei, was von den Tropen und den südlichen Breiten aus zu beobachten ist.
Juni	—	—	tief in ONO	tief in ONO	Nach ihrem Auftauchen aus dem Glanz der Sonne sind Jupiter und Saturn am 6. Juni 1,5 Grad auseinander, am 13. Juni 2 Grad. Auf die nächste Paarung dieser langsamen Giganten müssen wir bis zum 21. Dezember 2020 warten.
Juli	—	—	O	O	—
August	—	tief in ONO	OSO	SO	Am 10. August steht der weichende Merkur südlich vom schwach leuchtenden auftauchenden Mars.
September	—	O	S	SSW	—
Oktober	—	OSO	WSW	WSW	—
November	—	SO	W	tief in WNW	—
Dezember	—	SSO	Untergang in WNW	—	—

Tabelle A.2: Planeten in der Morgendämmerung (etwa 45 Minuten vor Sonnenaufgang)

2001

Monat	Venus	Mars	Jupiter	Saturn	Planetenereignisse
Januar	SW	—	OSO	OSO	In der zweiten Januarhälfte ist Venus halbvoll durch ein Teleskop zu sehen; von Mitte Januar bis Anfang Februar steht Merkur günstig im tiefen WSW, weit unterhalb rechts von Venus. Vier Planeten sind gleichzeitig sichtbar.
Februar	WSW	—	S	SSW	Im Februar und März zeigt Venus ihre Sichelphase und ist am besten durch ein Fernglas oder Teleskop bei Sonnenuntergang zu beobachten.
März	W	—	WSW	WSW	Im März leuchtet die Venus am hellsten.
April	—	—	W	W	—
Mai	—	—	tief in WNW	Untergang in WNW	Fast den ganzen März lang steht Merkur überaus günstig. Am 6. Mai zieht er an Saturn vorbei, am 15. an Jupiter.
Juni	—	tief in SOhell.	—	—	Im ganzen Juni ist der Mars ungewöhnlich Er ist am 13. Juni die ganze Nacht lang sichtbar und am 21. Juni der Erde am nächsten.
Juli	—	SSO	—	—	
August	—	S	—	—	
September	—	S	—	—	
Oktober	—	S	—	—	
November	—	S	—	Aufgang in ONO	—
Dezember	—	S	Aufgang in ONO	ONO	Am 3. Dezember ist Saturn die ganze Nacht lang sichtbar, und am 31. ist Jupiter die ganze Nacht lang sichtbar.

Tabelle A.3: Planeten in der Abenddämmerung (etwa 45 Minuten nach Sonnenuntergang)

A ➤ Wie Sie die Planeten finden: von 2000 bis 2004

Monat	Venus	Mars	Jupiter	Saturn	Planetenereignisse
Januar	—	S	—	—	—
Februar	—	S	—	—	—
März	—	S	—	—	—
April	tief im O	S	—	—	Den ganzen April und Mai lang zeigt Venus ihre Sichelphase und kann am besten mit dem Fernglas oder Teleskop bei Sonnenaufgang beobachtet werden.
Mai	O	SSW	—	—	Venus erstrahlt in ihrem größten Glanz.
Juni	O	tief in SW	—	Aufgang in ONO	Anfang Juni erscheint Venus durch ein Teleskop betrachtet halbvoll.
Juli	O	—	tief in ONO	O	Nachdem Merkur und Jupiter Anfang Juli im ONO aufgetaucht sind, sind vier Planeten gleichzeitig sichtbar; Merkur zieht am 13. Juli an Jupiter vorbei, und vom 8. bis zum 16. passen sie zusammen in ein 5-Grad-Feld; am 15. zieht Venus an Saturn vorbei. Venus, Saturn und der helle Stern Aldebaran passen vom 11. bis 17. Juli in ein 5-Grad-Feld.
August	O	—	O	OSO	Am 5. und 6. August zieht Venus an Jupiter vorbei.
September	O	—	OSO	SSO	—
Oktober	O	—	S	WSW	Vom 28. Oktober bis zum 7. November sind Merkur und Venus weniger als 1 Grad voneinander entfernt.
November	tief in OSO	—	WSW	W	Von Ende Oktober bis Mitte November sind vier Planeten gleichzeitig sichtbar.
Dezember	Aufgang in OSO	—	W	Untergang in WNW	—

Tabelle A.4: Planeten in der Morgendämmerung (etwa 45 Minuten vor Sonnenaufgang)

2002

Monat	Venus	Mars	Jupiter	Saturn	Planetenereignisse
Januar	—	SSW	O	OSO	Vom 1. bis 20. Januar sind in der Abenddämmerung vier Planeten gleichzeitig sichtbar, wenn Merkur günstig tief in WSW erscheint.
Februar	Untergang im W	WSW	OSO	SSO	Nachdem Venus Ende des Monats erscheint, sind bis Ende Mai in der Abenddämmerung mindestens vier Planeten sichtbar.
März	tief im W	W	S	WSW	—
April	WNW	W	WSW	W	Ende April und Anfang Mai, wenn Merkur schön tief in WNW steht, sind alle fünf hellen Planeten gleichzeitig sichtbar.
Mai	WNW	WNW	W	tief in WNW	Am 2. Mai zieht Mars an Saturn vorbei; am 5. und 6. bilden Venus, Mars und Saturn ein enges Dreieck; am 6. zieht Venus an Saturn vorbei; am 10. zieht Venus an Mars vorbei.
Juni	WNW	Untergang in WNW	tief in WNW	—	Am 3. Juni zieht Venus an Jupiter vorbei.
Juli	W	—	—	—	—
August	WSW	—	—	—	Mitte August erscheint Venus halbvoll.
September	tief in WSW	—	—	—	Im September und Anfang Oktober erscheint Venus als Sichel und lässt sich am besten bei Sonnenuntergang beobachten. Sie erreicht ihre größte Helligkeit im September.
Oktober	Untergang in SW	—	—	—	
November	—	—	—	—	
Dezember	—	—	—	tief in ONO	Am 17. Dezember ist Saturn die ganze Nacht lang sichtbar.

Tabelle A.5: Planeten in der Abenddämmerung (etwa 45 Minuten nach Sonnenuntergang)

A ➤ Wie Sie die Planeten finden: von 2000 bis 2004

Monat	Venus	Mars	Jupiter	Saturn	Planetenereignisse
Januar	—	—	Untergang in WNW	—	—
Februar	—	—	—	—	—
März	—	—	—	—	—
April	—	—	—	—	—
Mai	—	—	—	—	—
Juni	—	—	—	Aufgang in ONO	—
Juli	—	—	—	ONO	Am 2. Juli zieht Merkur an Saturn vorbei.
August	—	—	tief in ONO	O	—
September	—	Aufgang im O	O	SO	—
Oktober	—	O	OSO	SW	Der größte Teil des Oktobers bietet eine schöne Sicht auf Merkur, der tief in O bis OSO steht; vom 9. bis 11. zieht Merkur nahe bei Mars vorbei. Vier Planeten sind während Merkurs Erscheinen gleichzeitig sichtbar.
November	OSO	OSO	S	W	Vier Planeten sind gleichzeitig sichtbar, wenn Venus auftaucht. Im November und im Dezember erscheint Venus als Sichel und lässt sich am besten bei Sonnenaufgang beobachten.
Dezember	SO	SO	WSW	WNW	Anfang Dezember erreicht Venus ihre größte Helligkeit, in der Nähe von Mars vom 4. bis 8. Dezember.

Tabelle A.6: Planeten in der Morgendämmerung (etwa 45 Minuten vor Sonnenaufgang)

2003

Monat	Venus	Mars	Jupiter	Saturn	Planetenereignisse
Januar	—	—	Aufgang in ONO	O	—
Februar	—	—	O	SO	Am 2. Februar ist Jupiter die ganze Nacht sichtbar.
März	—	—	OSO	SW	Die Saturnringe zeigen ihre größte Neigung (27 Grad) zur Sichtlinie Erde-Saturn.
April	—	—	S	W	Ende März bis Ende April erscheint Merkur sehr günstig tief im W bis WNW.
Mai	—	—	WSW	WNW	—
Juni	—	—	W	Untergang in WNW	—
Juli	—	—	tief in WNW	—	Am 25. Juli zieht Merkur an Jupiter vorbei.
August	—	Aufgang in OSO	—	—	Am 27. August befindet sich Mars in seinem kürzesten Abstand zur Erde, ist ungewöhnlich hell und fast die ganze Nacht lang sichtbar; dies ist seit über 2000 Jahren und bis zum Jahr 2287 die dichteste Annäherung von Mars an die Erde.
September	—	SO	—	—	—
Oktober	Untergang in WSW	SO	—	—	—
November	tief in SW	SO	—	—	—
Dezember	SW	SSO	—	Aufgang in ONO	Am 4. und 5. Dezember befindet sich Merkur rechts unterhalb von Venus; am 31. ist Saturn die ganze Nacht lang sichtbar.

Tabelle A.7: Planeten in der Abenddämmerung (etwa 45 Minuten nach Sonnenuntergang)

A ➤ Wie Sie die Planeten finden: von 2000 bis 2004

Monat	Venus	Mars	Jupiter	Saturn	Planetenereignisse
Januar	SO	SSO	W	—	Mitte und Ende Januar erscheint Venus halbvoll durch ein Teleskop.
Februar	SO	SSO	Untergang in WNW	—	Während der günstigen Stellung von Merkur in OSO von Ende Januar bis Mitte Februar sind vier Planeten gleichzeitig sichtbar.
März	tief in OSO	SSO	—	—	—
April	tief im O	SSO	—	—	—
Mai	tief im O	SSO	—	—	Am 26. und 27. Mai zieht Merkur an Venus vorbei, was von südlicheren Breiten aus durch ein Fernglas zu beobachten ist.
Juni	tief in ONO	SSO	—	—	Am 21. Juni können Sie mit einem Fernglas Merkur an Venus vorbeiziehen sehen.
Juli	Aufgang in ONO	S	—	tief in ONO	Am 8. Juli zieht Venus an Saturn vorbei und ist von den südlichen USA aus durch ein Fernglas zu beobachten.
August	—	SW	—	O	—
September	—	Untergang in WSW	tief im O	OSO	Am 21. Und 22. September steht Merkur tief im O, links unterhalb von Jupiter.
Oktober	—	—	OSO	S	Ende September und Anfang Oktober steht Merkur günstig.
November	—	—	SO	WSW	—
Dezember	—	—	SSW	W	—

Tabelle A.8: Planeten in der Morgendämmerung (etwa 45 Minuten vor Sonnenaufgang)

2004

Monat	Venus	Mars	Jupiter	Saturn	Planetenereignisse
Januar	SW	S	—	O	—
Februar	WSW	SW	Aufgang im O	OSO	Von Ende Februar bis Mai sind mindestens vier Planeten in der Abenddämmerung sichtbar.
März	W	WSW	O	S	Am 4. März ist Jupiter die ganze Nacht lang sichtbar. Mitte März bis Anfang April gibt es einen schönen Blick auf Merkur im W bis WNW; alle fünf hellen Planeten sind sichtbar.
April	W	W	SO	SSW	Von April bis Anfang Juni zeigt Venus ihre Sichel durch ein Fernglas oder Teleskop, am besten zu sehen bei Sonnenuntergang. Vom 23. bis zum 25. April befindet sich Venus nicht weit rechts unterhalb von Mars.
Mai	WNW	WNW	SSW	W	Anfang Mai erreicht Venus ihre größte Helligkeit; am 24. Mai zieht Mars an Saturn vorbei.
Juni	—	WNW	WSW	Untergang in WNW	—
Juli	—	Untergang in WNW	W	—	Am 10. Juli befindet Merkur sich dicht über dem schwach leuchtenden Mars.
August	—	—	tief im W	—	—
September	—	—	—	—	—
Oktober	—	—	—	—	—
November	—	—	—	—	—
Dezember	—	—	—	—	—

Tabelle A.9: Planeten in der Abenddämmerung (etwa 45 Minuten nach Sonnenuntergang)

A ➤ Wie Sie die Planeten finden: von 2000 bis 2004

Monat	Venus	Mars	Jupiter	Saturn	Planetenereignisse
Januar	—	—	WSW	Untergang in WNW	—
Februar	—	—	W	—	—
März	—	—	tief im W	—	—
April	—	—	—	—	—
Mai	—	—	—	—	—
Juni	Aufgang in ONO	—	—	—	Ende Juni bis Anfang August erscheint Venus durch ein Fernglas oder Teleskop als Sichel und ist am besten bei Sonnenaufgang zu beobachten.
Juli	O	—	—	Aufgang in ONO	Mitte Juli erstrahlt die Venus in ihrem größten Glanz.
August	O	—	—	ONO	Mitte August erscheint die Venus halbvoll. Am 31. August und am 1. September zieht Venus an Saturn vorbei.
September	O	—	—	O	Den größten Teil des Septembers haben Sie eine schöne Sicht auf Merkur, der sich in der Morgendämmerung tief im O befindet, weit links unterhalb der Venus.
Oktober	OSO	Aufgang im O	tief im O	SSO	Nachdem Ende Oktober Jupiter und Mars aufgetaucht sind, können für den Rest des Jahres mindestens vier Planeten gleichzeitig in der Morgendämmerung beobachtet werden.
November	OSO	OSO	SO	SW	Am 4. und 5. November zieht Venus an Jupiter vorbei.
Dezember	SO	SO	SSO	W	Am 5. und 6. Dezember zieht Venus an Mars vorbei; wenn Merkur nach der Mitte des Monats auftaucht, sind alle fünf hellen Planeten sichtbar. Vom 26. Dezember bis tief in den Januar 2005 hinein hält sich Merkur sehr nahe bei Venus auf.

Tabelle A.10: Planeten in der Morgendämmerung (etwa 45 Minuten vor Sonnenaufgang)

Sternkarten

Die folgenden Seiten enthalten acht Sternkarten, davon vier für die Nordhalbkugel und vier für die Südhalbkugel, die Ihnen beim Start auf Ihrem sternenreichen Weg behilflich sein werden.

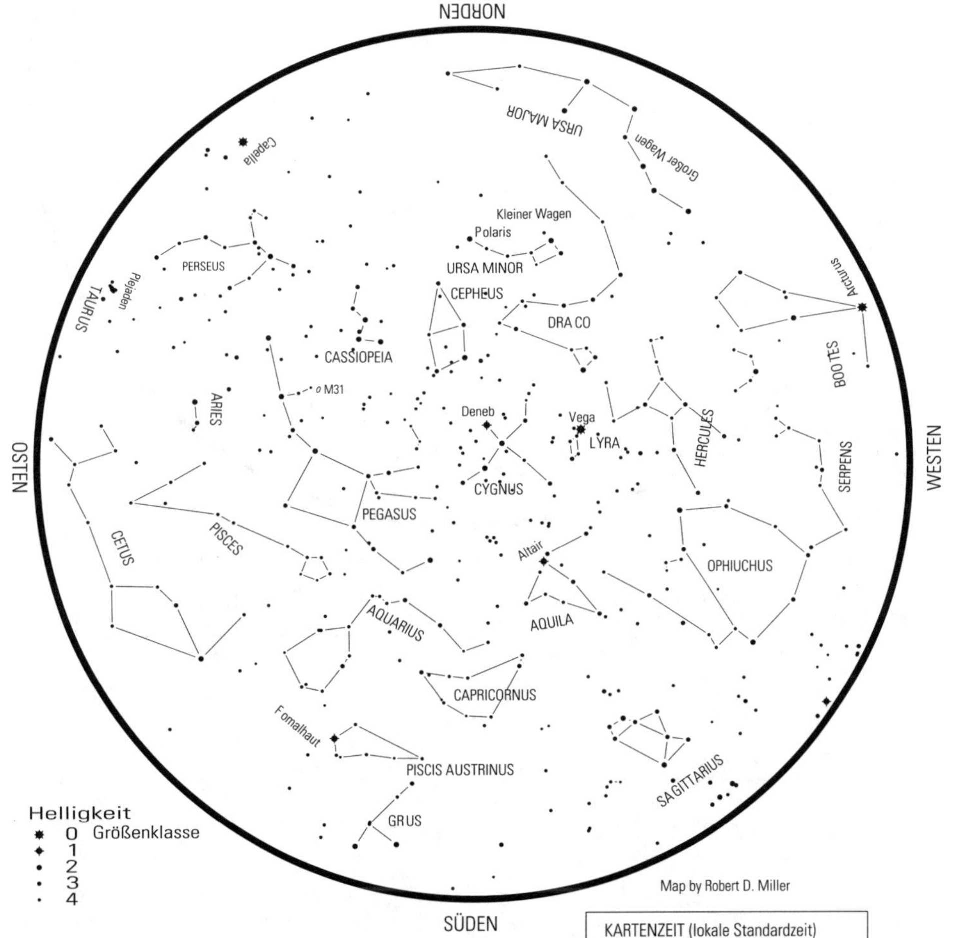

Diese Karte gilt bei 35° Nördlicher Breite, ist jedoch im gesamten europäischen Kontinent verwendbar.

KARTENZEIT (lokale Standardzeit)
23:00 20. August
22:00   5. September
21:00 21. September
20:00   5. Oktober

Map by Robert D. Miller

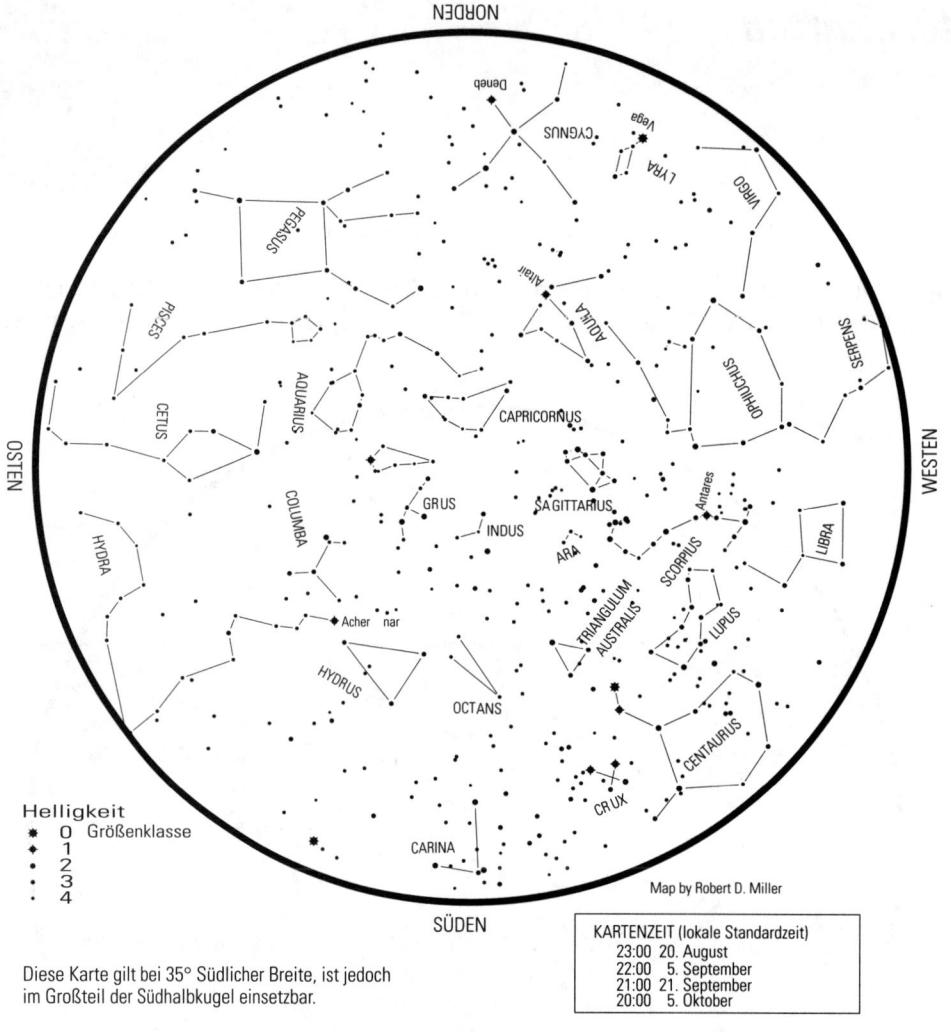

Diese Karte gilt bei 35° Südlicher Breite, ist jedoch im Großteil der Südhalbkugel einsetzbar.

KARTENZEIT (lokale Standardzeit)
23:00 20. August
22:00 5. September
21:00 21. September
20:00 5. Oktober

B ▶ Sternkarten

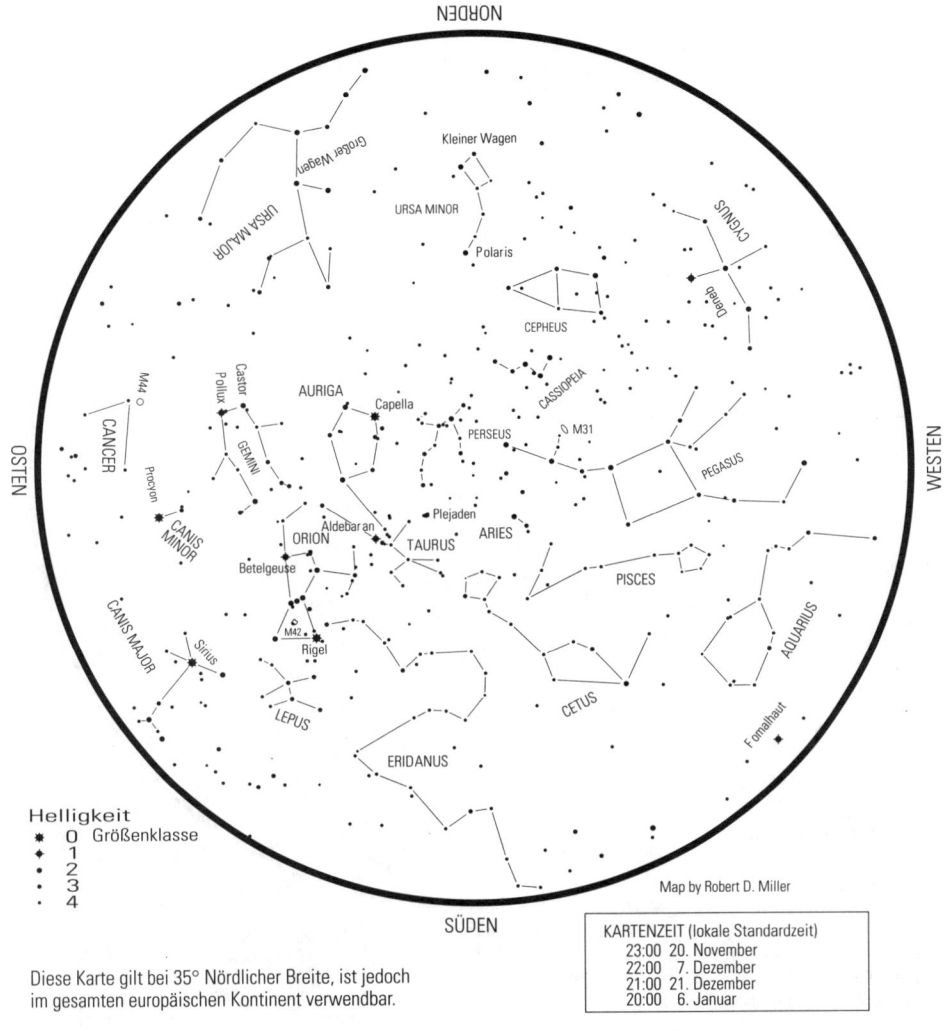

Diese Karte gilt bei 35° Nördlicher Breite, ist jedoch im gesamten europäischen Kontinent verwendbar.

KARTENZEIT (lokale Standardzeit)
23:00 20. November
22:00 7. Dezember
21:00 21. Dezember
20:00 6. Januar

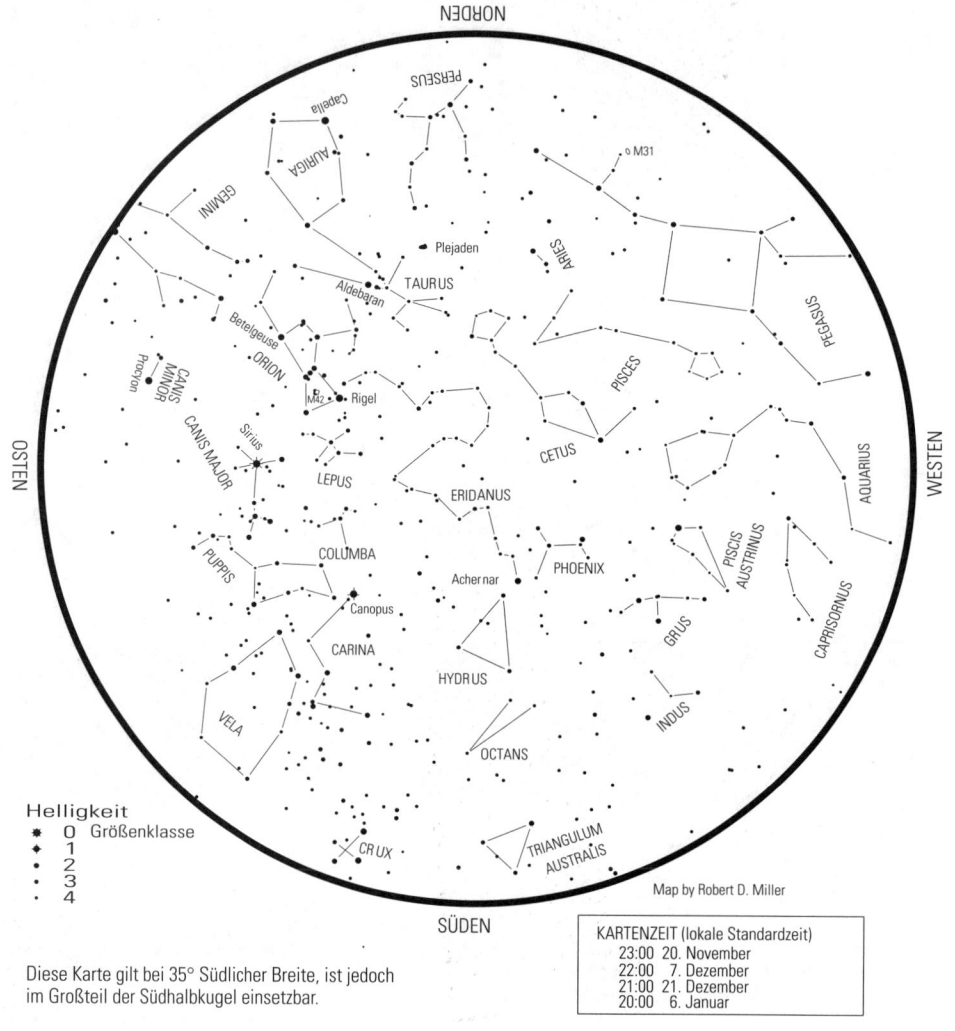

Diese Karte gilt bei 35° Südlicher Breite, ist jedoch im Großteil der Südhalbkugel einsetzbar.

B ➤ Sternkarten

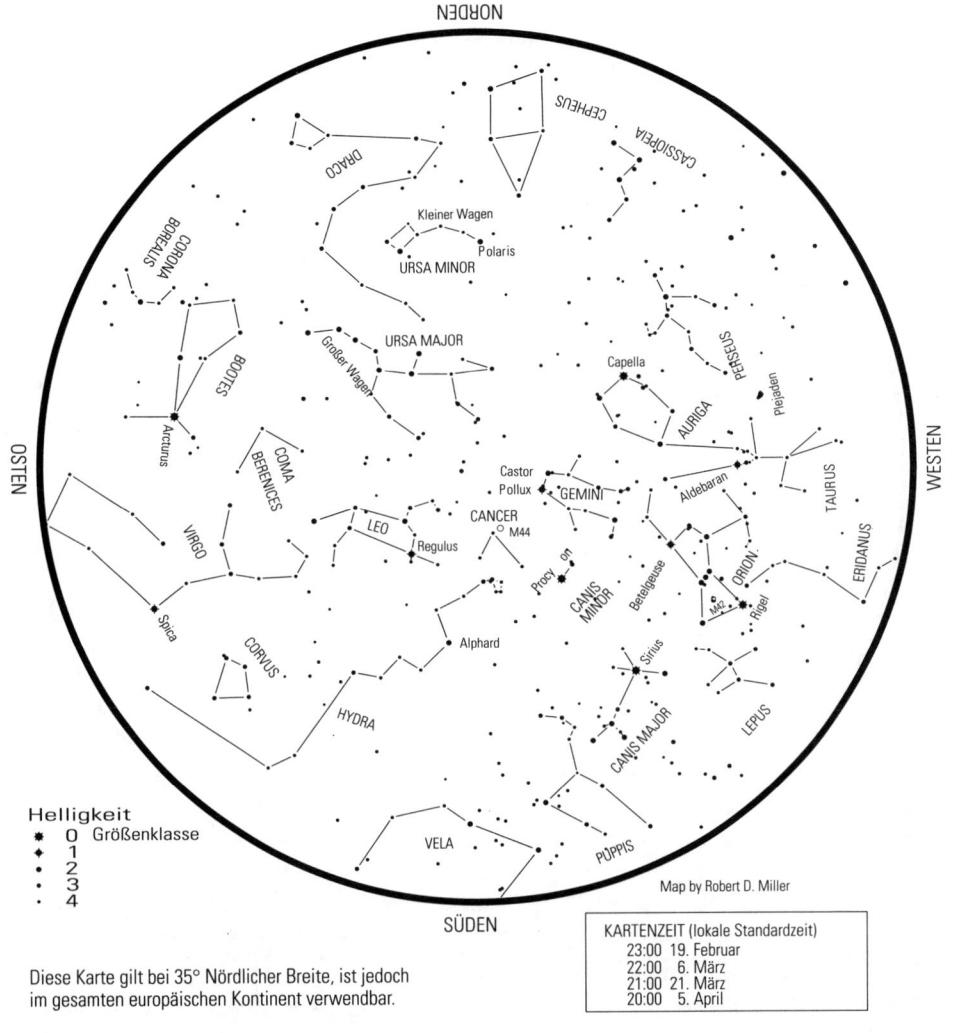

Helligkeit
- ✱ 0 Größenklasse
- ◆ 1
- • 2
- • 3
- · 4

Diese Karte gilt bei 35° Nördlicher Breite, ist jedoch im gesamten europäischen Kontinent verwendbar.

Map by Robert D. Miller

KARTENZEIT (lokale Standardzeit)
23:00 19. Februar
22:00 6. März
21:00 21. März
20:00 5. April

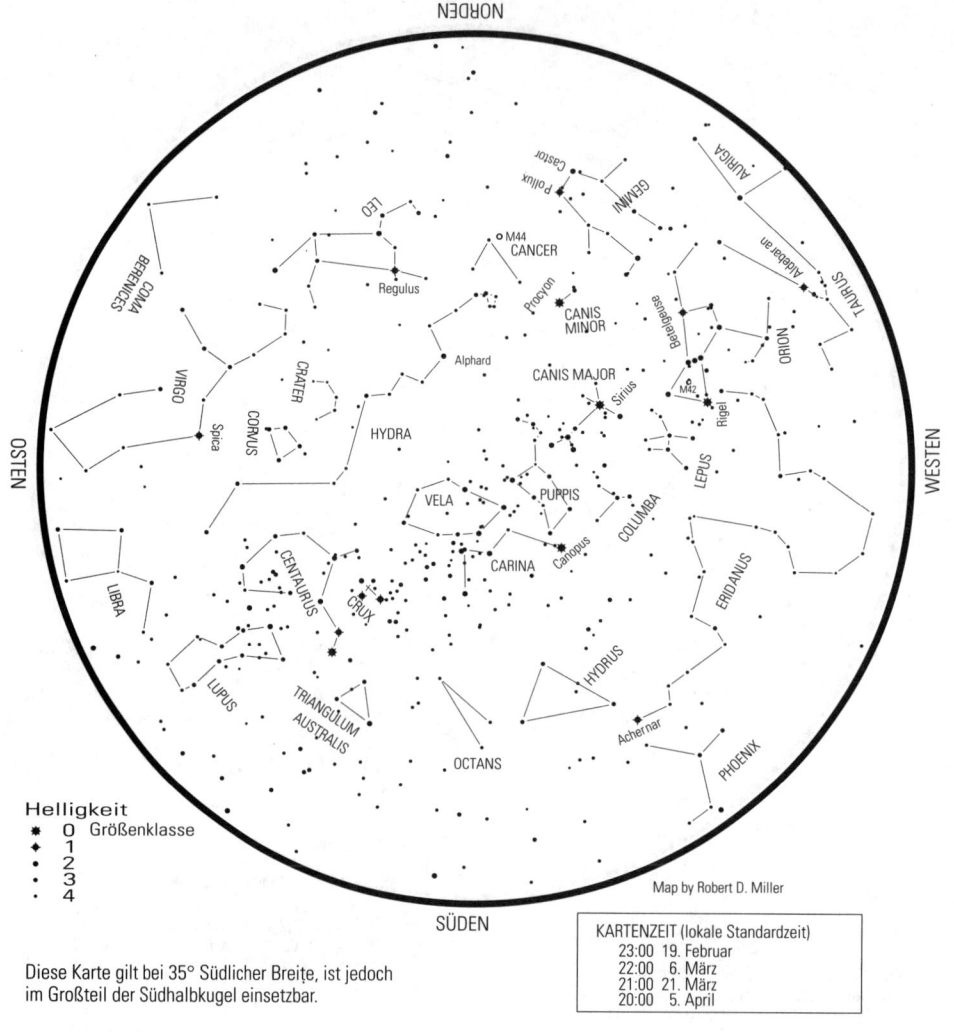

Diese Karte gilt bei 35° Südlicher Breite, ist jedoch im Großteil der Südhalbkugel einsetzbar.

B ▶ Sternkarten

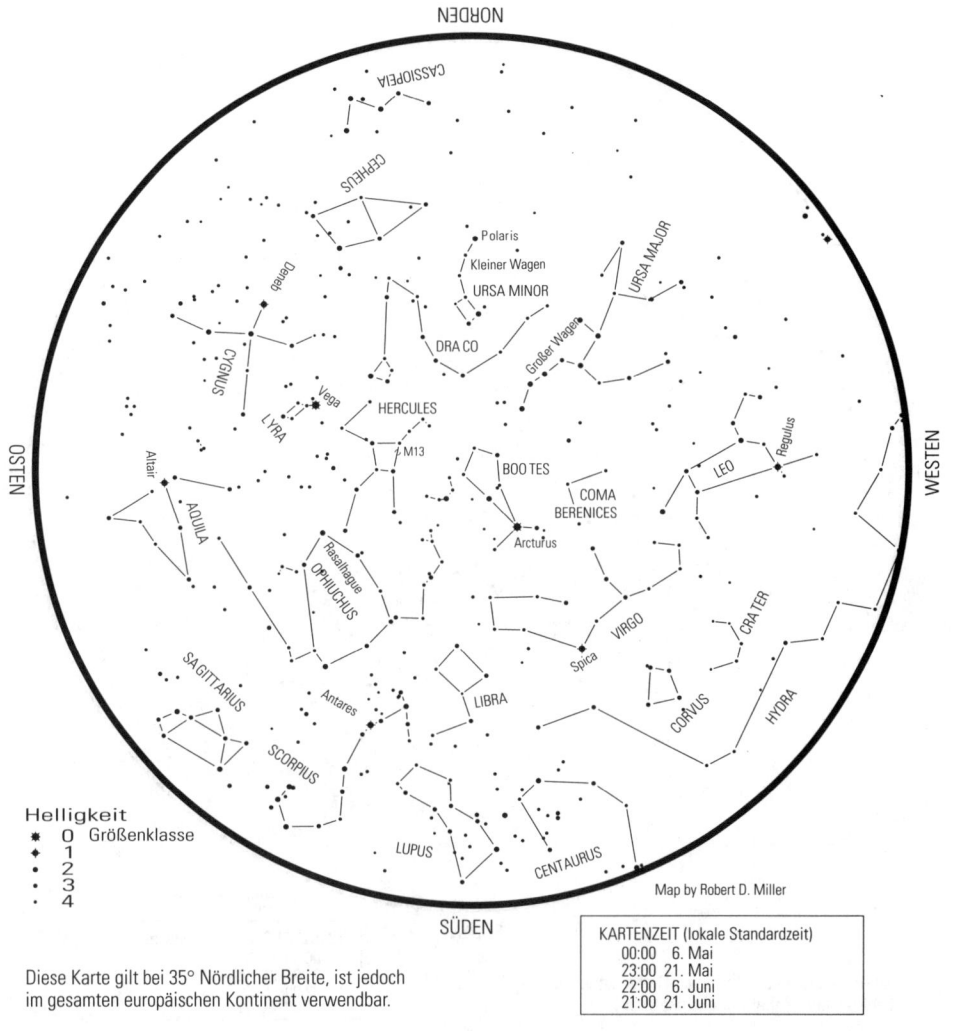

Diese Karte gilt bei 35° Nördlicher Breite, ist jedoch im gesamten europäischen Kontinent verwendbar.

KARTENZEIT (lokale Standardzeit)	
00:00	6. Mai
23:00	21. Mai
22:00	6. Juni
21:00	21. Juni

Map by Robert D. Miller

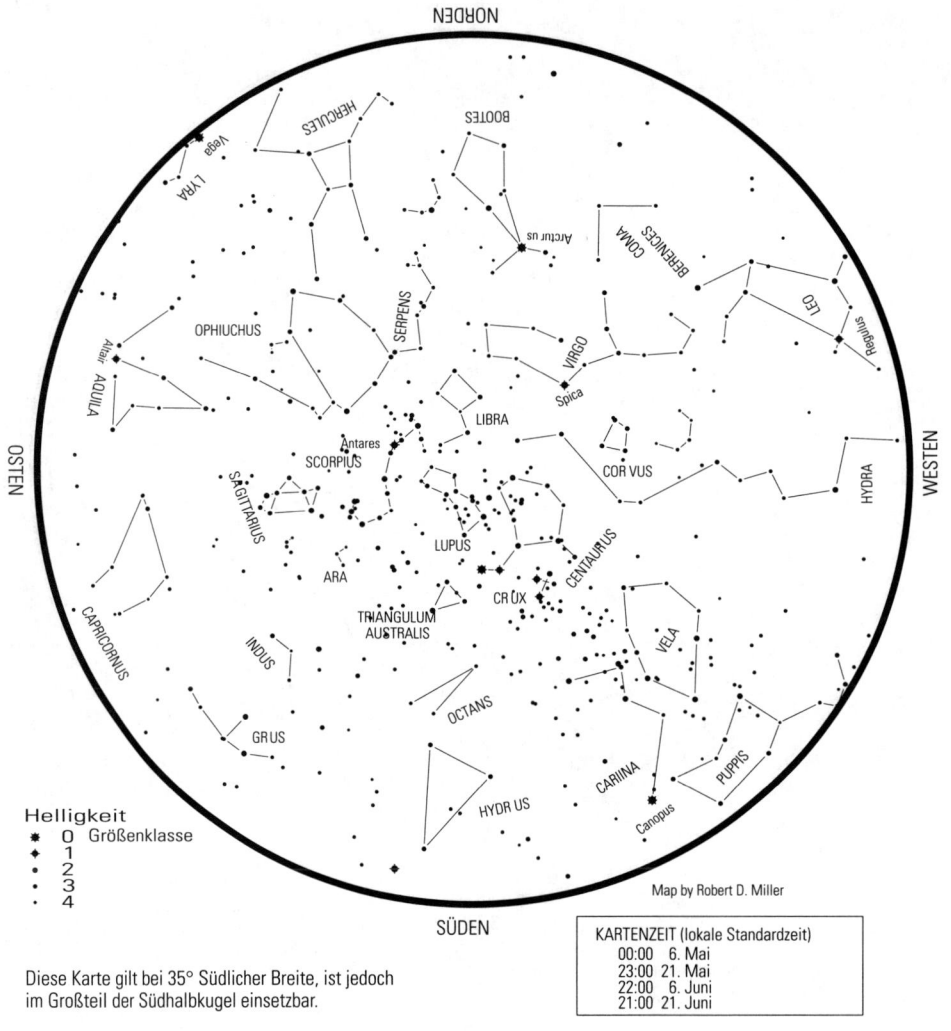

Diese Karte gilt bei 35° Südlicher Breite, ist jedoch im Großteil der Südhalbkugel einsetzbar.

KARTENZEIT (lokale Standardzeit)
00:00 6. Mai
23:00 21. Mai
22:00 6. Juni
21:00 21. Juni

Glossar

Asterismus Ein benanntes Sternmuster, wie z.B. der Große Wagen, welches nicht unter die 88 offiziellen zählt.

Asteroid Einer der zahlreichen kleinen, felsigen und/oder metallischen Körper, welche die Sonne umkreisen.

Bahn Der von einem Himmelskörper oder Raumschiff verfolgte Weg.

Bedeckung Der Prozess, bei dem ein Objekt vor einem anderen vorbeizieht und die Sicht auf dieses blockiert.

Doppelsternsystem Zwei um ein gemeinsames Massenzentrum kreisende Sterne.

Doppelstern Zwei Sterne, die am Himmel scheinbar sehr nah zueinander liegen und ein **Doppelsternsystem** sein können, oder aber auch in keiner Weise miteinander verbunden sind und in verschiedenen Entfernungen von der Erde liegen.

Dopplereffekt Die Änderung der Frequenz des Lichts oder des Schalls aufgrund der Bewegung seiner Quelle relativ zum Beobachter.

Dunkle Materie Unbekannte Substanz(en) im All, deren Anwesenheit durch ihren Gravitationseffekt auf andere Himmelskörper nachgewiesen wird.

Durchgang Die Bewegung eines kleineren Objekts, wie etwa dem Merkur, vor einem größeren wie der Sonne.

Ekliptik Der scheinbare Weg der Sonne entlang der Tierkreiszeichen.

Galaxie Riesiges, Milliarden von Sternen beherbergendes System, welches mitunter große Mengen an Staub und Gas enthält.

Komet Einer der vielen kleinen aus Eis und Staub bestehenden Körper, welche die Sonne umkreisen.

Krater Eine runde Vertiefung auf der Oberfläche eines Planeten, Mondes oder Asteroiden, die infolge des Einschlags eines Objekts aus dem All, einem Vulkanausbruch oder dem Einsturz eines Gebietes zustande gekommen ist.

Meteor Der Lichtblitz, welcher beim Sturz eines Meteoroiden durch die Erdatmosphäre erzeugt wird. Der Begriff wird oftmals in inkorrekter Weise verwendet, um den Meteoroiden selbst zu bezeichnen.

Meteorit Ein Meteoroid, der auf der Erde gelandet ist.

Meteoroid Ein Gesteinsbrocken, der aus Stein und/oder Eisen besteht und wahrscheinlich ein Fragment eines Asteroiden ist.

Nebel Emittierende, reflektierende und/oder absorbierende Wolke aus Gas und Staub.

Neutronenstern Ein Objekt mit einem Durchmesser von nur einigen Dutzend Meilen, doch schwerer als die Sonne (alle Pulsare sind Neutronensterne, jedoch nicht alle Neutronensterne sind Pulsare).

Planet Großes, rundes Objekt, welches in einer abgeflachten Wolke um einen Stern entstanden ist und das im Gegensatz zum Stern keine Energie durch Kernreaktionen erzeugt.

Planetarischer Nebel Strahlende expandierende Gaswolke, die im Todeskampf eines sonnenartigen Sterns ausgehaucht wurde.

Pulsar Schnell rotierendes, kleines und ungeheuer dichtes Objekt, welches in einen oder mehreren Strahlenbündeln (ähnlich einem Leuchtturm) Licht-, Radio- und/oder Röntgenstrahlung emittiert.

Quasar Kleines, extrem helles Objekt im Zentrum einer entfernten Galaxie, von dem man vermutet, dass es den Großteil der in der Umgebung eines riesigen Schwarzen Loches abgestrahlten Energie repräsentiert.

Rotation Das Kreisen eines Objekts um eine durch dieses laufende Achse.

Roter Riese Großer, sehr heller Stern mit einer geringen Oberflächentemperatur; eine späte Phase im Leben eines sonnenartigen Sterns.

Rotverschiebung Eine Zunahme der Wellenlänge von Licht oder Schall, oft durch den Dopplereffekt verursacht.

Schwarzes Loch Ein Objekt mit einem derart starken Gravitationsfeld, dass ihm nichts, auch kein Lichtstrahl, entwischen kann.

Seeing Ein Maß für die Stetigkeit der Luft am Beobachtungsort (bei gutem Seeing ist das Bild durch das Teleskop schärfer).

Stern Eine riesige Masse heißen Gases, das durch seine eigene Gravitation zusammengehalten und durch Kernreaktionen erhitzt wird.

Sternhaufen Eine Sterngruppe, welche kraft der gegenseitigen Gravitationswirkung etwa zur selben Zeit gebildet wurde und zusammengehalten wird (**Kugelhaufen** und **offene Haufen** sind Beispiele von Sternhaufenarten).

Supernova Eine gewaltige Explosion, die den gesamten Stern zerreißt und ein Schwarzes Loch oder Neutronenstern erzeugen kann.

Terminator Die Trennlinie zwischen dem beschienenen und dunklen Bereich eines Körpers, der aufgrund des von der Sonne reflektierten Lichts strahlt.

Veränderlicher Stern Ein Stern, dessen Helligkeit zeitlich variiert.

Weißer Zwerg Ein kleines, dichtes Objekt, welches seine gespeicherte Hitze abstrahlt und daher vergeht; die Endphase im Leben eines sonnenähnlichen Sterns.

Zenit Der Punkt am Himmel, welcher unmittelbar über dem Beobachter liegt.

Himmelsmaße

Astronomische Einheit (A.E. oder **A.U.** von Astronomical Unit) Misst einen räumlichen Abstand, welcher der mittleren Entfernung der Erde von der Sonne entspricht, und beträgt etwa 150 Millionen Kilometer.

Bogenminute/Bogensekunde Maßeinheiten am Himmel. Ein voller Kreis um den Himmel entspricht 360 Grad, wovon ein jeder in 60 Bogenminuten unterteilt ist; jede Bogenminute ist in 60 Bogensekunden unterteilt.

Deklination Die Koordinate am Himmel, die der geographischen Breite entspricht und in Grad nördlich oder südlich des Himmelsäquators gemessen wird.

Größenklasse Ein Maß für die relative Helligkeit von Sternen. Kleinere Größenklassen entsprechen helleren Sternen. Ein Stern 1. Größenklasse ist hundertmal heller als einer 6. Klasse.

Lichtjahr Die in einem Jahr vom Licht im Raum zurückgelegte Distanz; entspricht etwa 9,5 Milliarden Kilometern.

Rektaszension Die Koordinate am Himmel, die der geographischen Länge entspricht und östlich der Sommersonnenwende (einem Punkt am Himmel, wo der Himmelsäquator die Ekliptik schneidet und wo die Sonne auf der Nordhalbkugel bei Frühlingsanfang steht) gemessen wird.

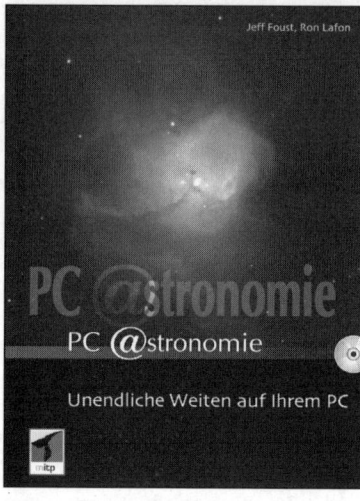

480 Seiten, Mai 2000
69,– DM, brosch. mit CD
ISBN 3-8266-0618-3

Jeff Foust, Ron Lafon

PC @stronomie

Unendliche Weiten auf Ihrem PC

Ein Eldorado für jeden Astronomie- und Weltraumfreak, aber auch für alle Star Wars-Begeisterten. Ihr Computer wird zur Eingangstür ins Weltall: Dieses Buch ist der direkte Zugang zur besten Astronomie-Software und zu den aufregendsten Internet Quellen für Amateur und Profi. Nehmen Sie Kontakt auf mit Gleichgesinnten, steuern Sie online entfernte Teleskope, verfolgen Sie die Bewegung von Planeten, Kometen & Co und betrachten Sie faszinierende Weltraumbilder zum Greifen nah auf Ihrem PC.

Aus dem Inhalt:

- ✔ Wo Sie die aufregendsten astronomischen Daten im Internet finden
- ✔ Wie Sie Weltraumteleskope online fernsteuern können
- ✔ Wie Sie weltweit Kontakt zu anderen Astronomen herstellen
- ✔ Jede Menge Astronomie-Software auf CD
- ✔ Welche Software Sie einsetzen können, um die Bewegung von Himmelskörpern wie Planeten, Asteroiden u.a. präzise zu verfolgen

Auf der CD:

- ✔ Software (hunderte von Megabytes)
- ✔ Viele faszinierende Weltraumbilder und Animationen
- ✔ Eine elektronische Version des Buchs mit Suchmöglichkeiten (Adobe PDF) mit aktiven Links zu den besonders interessanten Astronomie Web-Seiten.

Stichwortverzeichnis

Symbole

51 Pegasi 256

A

AAVSO (American Association of Variable Star Obsers) 212
AGN 242
Akkretionsscheibe 238
aktive galaktische Kerne (AGN) 242
Alan Guth 271
Albedo-Karte 130
Aldebaran 218
Algol 209
Allgemeine Relativitätstheorie 265
Alpha Centauri 210
ALPO 132
AMANDA 172
Anglo-Australian Observatory 217
Anisotropie 274, 275
Annihilationsstrahlung 267
Antihelium 267
Antihydrogen 267
Antimaterie 267
Antipode 118
Antiproton 267
Antiteilchen 267, 271
Äquinoktium 104
Arno Penzias 270
Assoziationen 214
Asterism 26
Asteroiden 76, 135
    Benennung 89
Asteroidengürtel 136
Astronomical League 36
Astronomical Society of the Pacific 46
Astronomische Einheit 38
Astronomy 47
Atmosphäre 99
Aurora
    Australis 115
    Borealis 115
Axion 264

B

Bahnebene 208
Baltis Vallis 119
Baryonen 264
baryonische dunkle Materie 264
Bedeckung 141
Betelgeuse 211
Big Crunch 272

BL Lacertae-Objekt 243
BL-Lac 243
Blauverschiebung 242
Blazar 243
Bolide 78
Bootes 80
brauner Zwerg 264
British Astronomical Association 46
Butler, Paul 258

C

Canis Major 211
Carl Seyfert 243
Cassinische Teilung 150
Cepheiden 277
CHANDRA 239
Coma Berenices 262
Cosmic Background Explorer-Satellit 275

D

David Levy 88
Deep-sky Objekte 36
Deklination 39
Deklinationskreise 41
Delta-Aquariden 80
Dirac, Paul 267
Doppler, Christian 202
Doppler-Effekt 202
Dopplereffekt 204, 256
Dopplerverschiebung 244
Drake, Frank 250
    Drakes Gleichung 251
Dunkeladaption 81
dunkle Materie 261
    abbilden 266
    baryonische 264
    kalte 263
    seltsame 264
    Suche nach 265
Durchgang 71

E

Edgar Wilson Award 90
Edward Hubble 270, 275
einheitliches Modell aktiver galaktischer Kerne 245
Einschlagstheorie 114
Eisen-Steinmeteorit 76
Eisenmeteorit 76

Ekliptik 62, 104
Elongation 124
Energie, merkwürdige 273
Entfernung 27
Entfernungsbestimmung 205
Erde
    Alter 106
    Aufbau 100
    Magnetosphäre 168
Erdnahe Objekte, NEO 137
Ereignishorizont 236
ESA 181
ET 235
Eta Aquarii 79
Eta-Aquariden 80
Expansion des Universums 270
Expansionsgeschwindigkeit des Universums 276
Explorer 1 168

F

Fernglas 59
Feuerkugel 77, 78
Filter, H-alpha 176
Fixsterne 39
Fluchtgeschwindigkeit 235, 236
Ford, Kent 262
Foucaultsches Pendel 62

G

galaktische Koordinaten 216
    Breite 216
    Länge 216
galaktische Scheibe 214, 215
Galaktischer Äquator 215
Galaktischer Bulge 215
Galaktisches Jahr 44, 216
Galaktisches Zentrum 215
Galaxien
    Andromeda 215, 229
    Balkenspiralen 226
    Centaurus A 231
    Dreieck 215
    Elliptische 226
    Irreguläre 226
    Kollisionen 228
    Milchstraße 213
    NGC 205 229
    Spiralgalaxien 226
    Zwerggalaxien 226
    Zwischenarmregionen 214

Galaxienbildung 274
Galaxienhaufen 232
  Virgo 213
Galilei, Galileo 164, 177, 213
Galileo 173
Gammastrahlen 267
Gamow, George 270
Geminiden 79, 80
geomagnetsiche Stürme 168
George Gamow 270
Gezeitenkraft 239, 240
Global Positioning System 77
Globalpositionierungssystem 141
GONGWL 180
Gravitation 27, 166
Gravitationskraft
  abstoßende 271
  fehlende 262
Gravitationslinse 266
Gravitationsliseneffekt 209
Große Magellansche Wolke 266
Größenklasse 32, 218
Großer Komet von 1910 87
Großer Roter Fleck 145
GSOC 93
Gürtel
  Kuiper 157
  Van Allen 99, 168
Guth, Alan 271

H

Halbwertszeit 105
Hale-Bopp 83, 88
Halleyscher Komet 83, 87
Halo 263
Haufen
  Bienenstock 218
  NGC 6231 218
Helium
  Überschuss 270
Helligkeit 212
  absolute 63
  Grenzwert 63
  scheinbare 63
Henrietta Leavitt 277
Heraclid 62
Hertzsprung-Russel-Diagramm 196
HII Regionen 189
Hintergrundstrahlung 282
  kalte und heiße Flecken 271, 275
  kosmische 270
Hubble, Edward 270, 275
Hubble, Edwin 222
Hubble, Edwin P. 227
Hubble Weltraumteleskop 91, 149, 156, 189
Hubble-Alter 276
Hubblesche Konstante 275, 276

Hubblesches Gesetz 275
Hyakutake 88
Hydrosphäre 98

I

Ikeya-Seki 87
Inflation 271
Internationale Raumstation 91
Ionenschweif 86
IRAS-Iraki-Alcock 87
Iridium-Kommunikationssatellit 91
Isotope 105

J

Jahrhundertkomet 87
Jets 194, 242
Jupiter 143, 152, 291
  das Große Rote Auge 143
Jupiter Monde
  Bedeckungen 148
  Durchgänge 148
  Europa 146, 147
  Ganymed 146, 147
  Io 146, 147
  Kallisto 146, 147
  Schattenvorübergänge 148
  Verfinsterungen 148

K

kalte dunkle Materie 263
Katalog, Neuer Allgemeiner (NGC) 218
Kent Ford 262
Kern, des Kometen 84
Kernfusion 188, 189
Kirschner, Robert 232
Koma 85, 86
Komet 76, 83
  Benennung 89
  Hale-Bopp 83, 88
  Halleyscher 83, 87
  Hyakutake 88
  Ikeya-Seki 87
  IRAS-Iraki-Alcock 87
  Kern 84
  Kopf 84
  Schweif 84
  Shoemaker-Levy 149
  West 87
Kometenschweif 85
Kometensuche
  planlos 88
  systematisch 89
Konjunktion 124
Kopernikus, Nikolaus 131
Kopf, eines Kometen 84

kosmische Hintergrundstrahlung 270
Kreuz des Südens 218
kritische Dichte 263, 272
Kryosphäre 98
Kugelhaufen
  47 Tucanae 220
  M15 220
  Omega Centauri 220
Kugelsternhaufen 205
künstlicher Satellit 90
  Beobachtung 91
  Interferenzen 91
  Vorhersagen 92

L

Lacertiden 243
Leavitt, Henrietta 205, 277
lensing 209
Leuchtkraft 198, 277
Levy, David 149
Licht 27
Lichtgeschwindigkeit 236
Lichtjahr 37
LINEAR 139
Lithosphäre 98
Lokale Gruppe 213, 229, 231
Lowell, Percivall 50, 121
Lucida 32
Lyriden 80

M

MACHO 264, 265
Magellansche Wolken
  große 215
  kleine 215
Magnetosphäre 99
MAP 274
Marcy, Geoff 258
Mare 110
Mariner 10 117
Mariner 4 121
Mars 120, 291
Mars Global Surveyor 120
massive kompakte Halo-Objekte
  (MACHOs) 264
Mayor, Michael 256
Meeresbodenwachstum 98
Merkur 117, 122, 291
merkwürdige Energie 273
MESSENGER 117
Messier 217
Messier, Charles 35
Messier Katalog 35
Meteor 75
  Beobachtung 81
  fotografieren 82
  sporadischer 76

Stichwortverzeichnis

Meteorit 75
   Eisen- 76
   Eisen-Stein- 76
   Mikrometeorit 282
   Stein-Meteorit 76
   Suche nach 77
Meteoritenkrater 110
Meteoroid 75, 136
   asteroidischer 76
   kometarer 76
Meteorschauer 77, 78
   Delta-Aquariden 80
   Eta-Aquariden 80
   fotografieren 82
   Geminiden 79, 80
   Lyriden 80
   Orioniden 80
   Perseiden 79, 80
   Quadrantiden 79, 80
Michael Turner 273
microlensing 209
Microwave Anisotropy Probe-Satellit (MAP) 274
Mikrometeorit 76
Mond, Finsternis 110
Mondphasen 107
Morgenstern 123
Multiversum 271

N

NEAT 139
Nebel 221
   Carina 225
   eight-burst 226
   Hantelnebel 224
   HII-Regionen 221
   Krebsnebel 193, 224
   Lagunennebel 225
   Nordamerikanischer 225
   Nördlicher Kohlensack 225
   Orion 189, 224
   planetarische 222
   Reflexionsnebel 221
   Riesen-Molekülwolken 221
   Ringnebel 192, 223, 224
   Tarantel 215, 225
   Trifidennebel 225
negativ gekrümmt 272
Neptun 153, 154, 159
Neptun Monde, Triton 154, 159
Neutrinos 172, 264

O

Öffnungsverhältnis 88
Okular 69
Opposition 124
optically violently variable quasar 243

Orioniden 80
OVV 243

P

Parsec 231
Pathfinder 120
Paul Dirac 267
Penzias, Arno 270
Perseiden 79, 80
Perseus 79, 218
Photino 264, 265
Photon 265
Planet 28
planetarischer Nebel 173
Planetariumsprogramm 48
Planeten 97
   Beobachtungstabellen 291
   extrasolare 256
   Transneptunische Kleinplaneten 157
Planisphäre 63
Plasmaschweif 86
Pluto 155, 157
   Charon 155
Polarlichter 115
Polarlichtoval 115
positiv gekrümmt 272
Positron 267
Projektionsverfahren 173
Protuberanzen 176
Proxima Centauri 190, 210

Q

Quadrantiden 79, 80
Quarks 265
Quasar 238, 240
   radio-lauter 242
   radio-ruhiger 241, 242
quasistellares Objekt 243
Queloz, Didier 256

R

Radiant 79, 82
radio-laut 242
radio-ruhig 241, 242
Radiogalaxie 244
Radionuklidmethode 105
Radiowellen 241
Raum-Zeit-Verzerrung 239
Raumsonden
   Cassini 152
   Galileo 149
   Voyager 1 149
   Voyager 2 149
Reflektor
   Newtonscher 173

Refraktor
   Newtonscher 173
Rekonnexion 169
Rektaszension 39
Relation, Periode-Helligkeit 205
Relativitätstheorie, Allgemeine 209
Revolution 44
Rigel 211
Rillen 110
Robert Wilson 270
Rotation 44
Rotverschiebung 239, 242
Royal Astronomical Society 46
Rubin, Vera 262

S

Sagan, Carl 252
Sagittarius A* 215
Satelliten, SOHO 181
Saturn 143, 151, 152, 291
Saturn Monde
   Dione 152
   Rhea 152
   Titan 151
schwach wechselwirkende massive Teilchen (WIMPs) 265
Schwarzes Loch 235
   Ereignishorizont 236
   reines 239
   Singularität 236, 238
   stellares 236, 237, 240
   supermassives 236, 237, 240, 244
   Wurmloch 238
schwarzes Loch 195
Schweif eines Kometen 84
Seeing 66, 130
seltsame dunkle Materie 264
Sernsysteme
   Mehrfachsterne 201
SETI
   optisches 259
   Phoenix Projekt 252
   Search for Extraterrestrial Inteligence 249
SETI League 255
SETI Projekte
   BETA 255
   META 255
   SERENDIP 255
SETI@home 255
Seyfert-Galaxie 243
siderischer Tag 102
Singularität 236, 238
Sirius 211
Sky&Telescope 47
Sojourner 120
Solarkonstante 171
Sombrerogalaxie 230

Sonne 163, 188
  Flares 169
  Kernfusion 164
  Koronale Massenausbrüche 170
  Leuchtkraft 165
  Poren 179
  Protuberanzen 170
Sonnenaktivität 169
Sonnenaufbau
  Chromosphäre 167
  Kern 166
  Konvektionszone 166
  Korona 168
  Photosphäre 167
  Übergangszone 168
Sonnenfilter 178
  Thousand Oaks Optical 178
  Tuthill 178
Sonnenfinsternisse
  partiale 182
  totale 182
Sonnenflecken 164, 167, 170, 179
Sonnenfleckenzahl 179
Sonnenfleckenzyklus 169
Sonnenleuchtkraft 171
Sonnenwende 105
Sonnenwind 86, 168
Sonnenzeit, mittlere 102
Space Environment Center 169
Space Shuttle 91
Spektralklasse 60, 197
Spektralklassen 220
Spektrallinien 203
Spektroskopie 202
sporadischer Meteor 76
Squarks 264, 265
Standard-Kerze 276
Staub 221
Staubschweif 85
Steinmeteorit 76
Sternatmosphäre 204
Sterne
  Bedeckung 208
  Bedeckungsveränderliche 208
  Cepheiden 205
  Eta Carinae 207
  Flaresterne 206
  Größenbestimmung eines 209
  Hauptreihensterne 189
  Herbig-Haro-Objekte 189
  Junge Stellare Objekte 189
  Mira 206
  Neutronensterne 188, 192
  Novae 207
  Proxima Centauri 206
  Pulsare 193
  Pulsierende 205
  rote Riesen 190
  rote Überriesen 190

rote Zwerge 188, 190
RR-Lyrae 205
schwarze Löcher 194
schwarzes Loch 194
Supernovae 193, 207
T Tauri 189
Überriese 194
Überriesen 198, 199
Veränderliche 204
weiße Ywerge 188
weiße Zwerge 191, 192, 198, 199
Sterne und Weltraum 47
Sternhaufen 217
  Hyaden 214, 218
  Kugelhaufen 217, 219
  OB Assoziationen 217
  offene 217
  Omega Centauri 214
  Plejaden 214, 217
  Schmuckkästchen 214, 218
Sternklassen 187
Sternschnuppe 75, 76
Sternsysteme, Doppelsterne 200
Sternzeit
  lokale 103
Students for the Exploration and
  Development of Space 35
Suche
  Nova 212
  Supernova 212
Superhaufen 213, 232
Supernova 273
Supernovaüberreste 224

T

Tageslichtfeuerkugel 77
Teleskop 60
  Abblenden 177
  Azimutalmontierung 71
  Maksutov-Cassegrain 174
  Newtonscher Reflekor 69
  Newtonscher Reflektor 71
  Newtonscher Refraktor 71
  Öffnung 177
  Reflektoren 69
  Refraktoren 68
  Schmidt-Cassegrain 174
Teleskophersteller
  Celestron 73
  Meade Instruments Corporation 73
Terminator 113, 126
Tierkreis 291
Tombaugh, Clyde 157
Transneptunischen Kleinplaneten 157
Triangulum 229
Turner, Michael 273
Typ-1a-Supernova 273, 277

U

Uranus 153, 154, 158
Urknall 264, 270
Urknalltheorie 269, 270
  Mängel 271

V

Vakuum 271
Van Allen, James 168
Vega 211
Vehrenberg 48
Vela 207
Venus 122, 291
Vera Rubin 262
Veränderliche, Kataklysmische 207
Vergleichende Planetologie 101
Vernichtungsstrahlung 267
Viking 122
VLBA (Very Large Baseline Array) 195, 216
Voids 213

W

Wasserstoffatom 221
weißer Zwerg 173, 264
Weißes Loch 238
Weltzeit 102
West 87
Whirlpoolgalaxie 230
Wilson, Robert 270
WIMP 265
Wirtsgalaxie 242
Wolke, Große Magellanische 210
Wurmloch 238

X

X-Strahlen 239, 241

Y

Ypsilon Andromedae 258
YSO, junge stellare Objekte 187

Z

Zeitminute 40
Zeitsekunde 40
Zentrifugalkraft 166
Zirkumpolarsterne 64
Zwerggalaxien 228

Astronomie aus erster Hand

Die Zeitschrift für Astronomie

Monatlich entsteht im Max-Planck-Institut für Astronomie, Heidelberg, Sterne und Weltraum, die Zeitschrift für Astronomie.

Fachleute schildern dem interessierten Laien die Methoden und Ergebnisse der astronomischen Forschung und der wissenschaftlichen Weltraumfahrt.

Der Leser erhält ausführliche Anleitungen zu eigenen Beobachtung des aktuellen Himmelsgeschehens.

Amateurastronomen beschreiben ihre Instrumente – Bauanleitungen, Tests, Auswertungen eigener Beobachtungen.

Gesamtumfang: 1200 Seiten. Fordern Sie ein kostenloses Probeheft an!

Die CD-ROM zur Zeitschrift

Auf dieser CD-ROM finden Sie den kompletten Jahrgang als elektronische Datei inklusive aller Bilder, einschließlich des im Jahrgang enthaltenen SuW-Special-Heftes. Enthalten sind außerdem die Jahresinhaltsverzeichnisse aller bisher erschienen SuW-Jahrgänge. Der Text ist völlig durchsuchbar und zum raschen Finden bereits indiziert. Für Windows 3.1/95/98/NT, Mac und Unix

SuW-CD-ROM 1999
Ca. 49.– DM 358.– öS 45.50 sFr
ISBN 3-87973-939-0

Hüthig Fachverlage, Im Weiher 10, D-69121 Heidelberg,
Tel.: 06221/489-555, Fax: 06221/489-623,
Internet http://www.huethig.de

Sterne und Weltraum
Hüthig

Erleben Sie den Sternenhimmel!

Ein verlässlicher Begleiter in himmlischen Nächten

Ahnerts Astronomisches Jahrbuch bietet allen, die den Himmel beobachten und verstehen möchten, umfassende Informationen über die Himmelserscheinungen des Jahres 2001. Einsteigern hilft Ahnerts Astronomisches Jahrbuch bei ihren ersten Beobachtungen des Sternenhimmels.

2000. Ca. 350 Seiten mit zahlreichen Tabellen und Abbildungen (farbig und s/w). Gebunden.
Ca. 26.80 DM, 196.– öS, 24.50 sFr
ISBN 3-87973-935-8

Ein ganzes Jahr den Himmel an der Wand

Himmel und Erde 2001 ist der ideale Wandschmuck für alle, die sich ein Stück erlebter Natur in ihr Wohnzimmer oder Büro holen möchten!

2000. Format 60 cm × 50 cm mit 13 farbigen Großphotos. Spiralbindung.
Ca. 58.– DM, 423.– öS, 52.50 sFr.
ISBN 3-87973-938-2

Hüthig Fachverlage, Im Weiher 10, D-69121 Heidelberg,
Tel.: 06221/489-555, Fax: 06221/489-623,
Internet http://www.huethig.de

Sterne und Weltraum

Hüthig